# Applikation maschinell lernender Systeme in der vernetzten adaptiven Produktion

# Application of Machine Learning Systems in the Connected Adaprive Production

Von der Fakultät für Maschinenwesen
der Rheinisch-Westfälischen Technischen Hochschule Aachen
zur Erlangung des akademischen Grades eines
D o k t o r s d e r I n g e n i e u r w i s s e n s c h a f t e n
genehmigte Dissertation

vorgelegt von

Paul Scholz



**Berichter/in:**

Univ.-Prof. Dr.-Ing. Dipl.-Wirt. Ing. Günther Schuh
apl. Professor Dr.-Ing. Wolfgang Boos

Tag der mündlichen Prüfung: 04. Februar 2022

ERGEBNISSE AUS DER PRODUKTIONSTECHNIK

**Paul Scholz**

# Applikation maschinell lernender Systeme in der vernetzten adaptiven Produktion

**Herausgeber:**
Prof. Dr.-Ing. T. Bergs
Prof. Dr.-Ing. Dipl.-Wirt. Ing. G. Schuh
Prof. Dr.-Ing. C. Brecher
Prof. Dr.-Ing. R. H. Schmitt

Band 19/2022

WZL | RWTH AACHEN UNIVERSITY

Fraunhofer IPT

**Bibliografische Information der Deutschen Nationalbibliothek**
Die Deutsche Nationalbibliothek verzeichnet diese Publikation in der Deutschen Nationalbibliografie; detaillierte bibliografische Daten sind im Internet über https://portal.dnb.de abrufbar.

Paul Scholz:

Applikation maschinell lernender Systeme in der vernetzten adaptiven Produktion

1. Auflage, 2022

Gedruckt auf holz- und säurefreiem Papier, 100% chlorfrei gebleicht.

Apprimus Verlag, Aachen, 2022
Wissenschaftsverlag des Instituts für Industriekommunikation und Fachmedien an der RWTH Aachen
Steinbachstr. 25, 52074 Aachen
Internet: www.apprimus-verlag.de, E-Mail: info@apprimus-verlag.de

Druck: CPI Druckdienstleistungen GmbH
Ferdinand-Jühlke-Straße 7 | 99095 Erfurt

ISBN 978-3-98555-069-2

D 82 (Diss. RWTH Aachen University, 2022)

# Vorwort

*»Technology is a gift of God. After the gift of life it is perhaps the greatest of God's gifts. It is the mother of civilizations, of arts and of sciences.« (Freeman Dyson)*

Neben meiner Faszination für die in dieser Arbeit behandelte Technologie, ihr – meinem persönlichen Ermessen nach – fast grenzenloses Potenzial und meinem Ziel des Verständlichmachens eines inhaltlich komplexen und besonders relevanten Themenfelds, möglichst mit Beitrag zur Diffusion der Technologie in der Praxis produzierender Unternehmen, war es insbesondere auch die Aussicht auf das Schreiben dieser Zeilen, die mich beim Verfassen dieser Arbeit im letzten Jahr besonders angetrieben hat.

Da das »Groß- und Dauerprojekt« Dissertation ganz allein nicht zu bewältigen ist und da in der Tat viele Personen einen wesentlichen Beitrag zu meinem Erfolg geleistet haben, möchte ich an dieser Stelle all jenen danken, die mich dabei unterstützt haben.

Entstanden ist die vorliegende Arbeit in meiner Assistentenzeit am Fraunhofer IPT. Charakteristisch für diese Zeit ist sicherlich der besondere Mix aus Unternehmensberatung und eigenen Forschertätigkeiten – früh verbunden mit Verantwortung für verschiedene Großprojekte oder der Entwickung hochtalentierter Studenten. Für die Gestaltung dieser außerordentlichen, zunehmend unternehmerisch geprägten Arbeitsumgebung möchte ich besonders meinem Doktorvater Prof. Schuh danken. Die nach vorne gerichtete, stets konstruktive Art und Weise der Zusammenarbeit, der Antrieb, Dinge zu Ende zu bringen, aber auch die Gelegenheit, sich bei der Arbeit mit dem Morgen beschäftigen zu können, was analytisches Denken und einen Blick aufs Wesentliche verlangt und schult, habe ich stets als im positiven Sinne antreibend erlebt.

Dank gebührt in diesem Zusammenhang auch meinen Vorgesetzten Markus und Ramon, die diese Kultur maßgeblich geprägt haben, deren volles Vertrauen ich zu jeder Zeit gespürt habe, die förderten und forderten, die aber immer eine wertvolle Lektion bereithielten und deren besondere Gaben ich bewundere.

Außerdem hatte ich in diversen Industrieprojekten die Möglichkeit, mich mit relevanten Fragestellungen der Gegenwart auseinanderzusetzen und teils auch die tägliche Arbeit mit Forschungsinteresen zu verbinden. Für die seltene Chance, mit sehr viel Gestaltungsfreiheit und -möglichkeit in quasi-interner Funktion lange in ein besonderes Unternehmen eintauchen zu können, geht mein Dank insbesondere an Thomas.

Viel Arbeit war sehr sicher das prägende Merkmal dieser Zeit. Spätabends oder sonntags im Büro zu sein war normal und ist sicherlich nichts für jeden. Beides scheint besondere Persönlichkeiten anzuziehen. Die in dieser Zeit entstandenen Freundschaften bleiben hängen und machen die Assistentenzeit ganz speziell und intensiv. Besonders begeistert haben mich dabei immer die Zusammenarbeit mit außergewöhnlich guten und motivierten Personen und das bedingungslose Vertrauen in unseren Projektteams. Dafür, dass die Arbeit sich zumindest meistens nicht wie Arbeit angefühlt hat, danke ich insbesondere Leonie, Caro, Bastian, Thomas, Thomas, Max, Marc und Patrick sehr.

Meine persönliche Forschung hätte ohne außerordentliche Abschlussarbeiter und Studenten und ihre Intelligenz und Muße nicht ein derartiges Level erreichen können, und das soll nicht unerwähnt bleiben. Hier geht mein besonders großer Dank vor allem an Luisa, Max, Timon, Richard und Steffen – ihr habt den Unterschied gemacht.

Weiterhin wäre mir das Schreiben dieser Arbeit ganz ohne gewisse Grundlagen nicht möglich gewesen. Zu meinem Selbstvertrauen, innerer Ruhe sowie Scharfsinnigkeit haben in erster Linie meine Eltern Sabine und Reinhard maßgeblich beigetragen und ich bin ihnen für ihre lebenslange Rückendeckung und Ermutigung sehr dankbar.

Die größte Stütze und Unterstützung – vor allem durch Verzicht auf gemeinsame Abende, Wochenenden oder Urlaube – war in den zurückliegenden dreieinhalb Jahren meine Freundin. Ohne deine Geduld hätte es nicht geklappt. Danke Ali.

Aachen, im Juni 2021

Paul Scholz

# Zusammenfassung

Die Suche nach dem nächsten operativen Effektivitätshorizont führt Unternehmen zur zunehmenden Digitalisierung ihrer Produktion und der Vision einer vernetzten, sich adaptiv an ein wandelndes Umfeld anpassenden Produktion. Maschinelles Lernen (ML) stellt bei der Realisierung von Produktivität und Adaptivität in diesem Zusammenhang eine Schlüsseltechnologie dar.

Obwohl das Potenzial von ML allgemein bereits weitgehend bekannt ist, vollzieht sich der Transfer in die unternehmerische Praxis nur langsam und produktionsspezifische Potenziale sind nur in wenigen Unternehmen erschlossen. Durch mangelnde Kenntnis der Technologieeigenschaften von ML und konstituierender Merkmale von Herausforderungen der vernetzten, adaptiven Produktion zur Anwendung der Technologie werden die relevanten Handlungsfelder nicht erkannt. Die Diffusion maschinell lernender Systeme (MLS) wird maßgeblich durch eine bestehende Unklarheit darüber verlangsamt, welche Herausforderungen der vernetzten, adaptiven Produktion durch MLS und die ihnen inhärenten Wirkprinzipien bewältigt werden können.

Kernanspruch vorliegender Arbeit ist daher die Entmystifizierung des Anwendungsnutzens MLS zur Überwindung von Herausforderungen mit dem übergeordneten Ziel der Entwicklung und direkten Anwendung einer Methodik zur *Applikation MLS in der vernetzten, adaptiven Produktion*.

Vorliegende Arbeit leistet dabei einen wesentlichen Beitrag zur Reduzierung der Unklarheit darüber, welche Herausforderungen der vernetzten, adaptiven Produktion durch welche MLS bewältigt werden können. Die Einsatzmöglichkeiten von ML im Produktionsumfeld werden durch Typen MLS und Herausforderungstypen der vernetzten, adaptiven Produktion strukturiert. Dies ermöglicht es produzierenden Unternehmen, Herausforderungen im Hinblick auf ihre Überwindbarkeit durch spezifische MLS zu analysieren. Vorliegende Arbeit leistet daher auch einen Beitrag zu einem tieferen Verständnis der Potenziale MLS im Produktionsumfeld. Dieses tiefere Verständnis hat das Potenzial, die Diffusion MLS maßgeblich zu beschleunigen. Produzierende Unternehmen können die Technologiepotenziale MLS erkennen, für sich interpretieren und zur Steigerung ihrer Wettbewerbsfähigkeit nutzen.

# Summary

The quest for the next operational effectiveness horizon is leading organizations to the increasing digitization of their production and the vision of a connected production that adapts to a changing environment. Machine learning (ML) represents a key technology in the realization of productivity and adaptivity in this context.

Although the potential of ML is already widely known, its transfer into business practice is slow and production-specific potentials have only been tapped in few companies. Due to a lack of knowledge of the technological properties of ML and the constituent characteristics of challenges of the connected, adaptive production for the application of the technology, the relevant fields of action are not recognized. The diffusion of machine learning systems (MLS) is significantly slowed down by an existing lack of clarity about which challenges of the connected, adaptive production can be overcome by MLS and their inherent working principles.

Therefore, the core objective of this thesis is the demystification of the application benefits of MLS in order to overcome challenges with the overall goal of developing and directly applying a methodology for the application of MLS in the connected, adaptive production.

In doing so, this thesis makes a significant contribution to reducing the ambiguity about which challenges of the connected, adaptive production can be overcome by which MLS. The possible applications of ML in the manufacturing environment are structured by types of MLS and types of challenges. This enables manufacturing companies to analyze challenges in terms of their ability to be overcome by specific MLS. Therefore, this thesis also contributes to a deeper understanding of MLS potential in the manufacturing environment. This deeper understanding has the capability to accelerate the diffusion of MLS. Manufacturing companies may recognize the technology potentials of MLS, interpret them for themselves and utilize them to increase their competitiveness.

# Inhaltsverzeichnis

# Verzeichnis der Abbildungen

# Verzeichnis der Tabellen

# Verzeichnis der Abkürzungen

| | |
|---|---|
| A | Anforderung |
| Abb. | Abbildung |
| AG | Aktiengesellschaft |
| AI | Artificial Intelligence |
| APS | Advanced-Planning-Systeme |
| BDE | Betriebsdatenerfassung |
| bspw. | beispielsweise |
| bzgl. | bezüglich |
| bzw. | beziehungsweise |
| ca. | circa |
| CAD | Computer-aided design |
| CAE | Computer-aided engineering |
| CAM | Computer-aided manufacturing |
| CAP | Computer-aided process planning |
| CAQ | Computer-aided quality |
| CNN | Convoluational Neural Networks |
| CRISP | Cross-Industry Standard Process |
| d. h. | das heißt |
| dbzgl. | diesbezüglich |
| DIN | Deutsches Institut für Normung e.V. |
| EDV | Elektronische Datenverarbeitung |

| | |
|---|---|
| ERP | Enterprise Resource Planning |
| et al. | et alii |
| etc. | et cetera |
| F | Fähigkeit |
| f. | folgende |
| ff. | fortfolgende |
| ggf. | gegebenenfalls |
| HM | Herausforderungsmerkmal |
| Hrsg. | Herausgeber |
| i. a. A. | in Anlehnung an |
| i. d. R. | in der Regel |
| Ind. | Industrielle (Revolution) |
| inkl. | inklusive |
| insb. | insbesondere |
| IoP | Internet of Production |
| IIoT | Industrial Internet of Things |
| IoT | Internet of Things |
| ISO | International Organization for Standardization |
| I4.0 | Industrie 4.0 |
| Jg. | Jahrgang |
| Jhdt. | Jahrhundert |
| Kap. | Kapitel |
| KDD | Knowledge Discovery in Databases |
| KI | Künstliche Intelligenz |
| KPI | Key Performance Indicator |

| | |
|---|---|
| LPS | Lean Production System |
| MES | Manufacturing-Execution-Systeme |
| MDE | Maschinendatenerfassung |
| Mio. | Millionen |
| ML | Machine Learning |
| MLS | Maschinell lernende Systeme |
| Mrd. | Milliarden |
| NGO | Non Governmental Organization |
| OEE | Overall Equipment Effectiveness |
| o. g. | oben genannte |
| o. Ä. | oder Ähnliche |
| PLM | Product Lifecycle Management |
| PPS | Produktionsplanung und -steuerung |
| RE | Requirements Engineering |
| RNN | Recurrent Neural Networks |
| RWTH | Rheinisch-Westfälische Technische Hochschule |
| S. | Seite |
| SCM | Supply Chain Management |
| SE | Systems Engineering |
| SGMM | St. Galler Management-Modell |
| SPS | Speicherprogrammierbare Steuerung |
| Tab. | Tabelle |
| u. a. | unter anderem |
| u. U. | unter Umständen |
| Verl. | Verlag |

| | |
|---|---|
| vgl. | vergleiche |
| VUCA | Volatilität, Unsicherheit, Komplexität, Ambiguität |
| z. B. | zum Beispiel |

# 1 Einleitung

*»Much of the difficult but abstract work of AI research has been done, and it's now time for entrepreneurs to roll up their sleeves and get down to the dirty work of turning algorithms into sustainable businesses.«*[1]

Das Zitat von LEE ist repräsentativ für diese Arbeit. Ein Großteil der für einen Erfolg der Technologie maschinellen Lernens (ML) notwendigen theoretischen Vorarbeiten wurde geleistet. Trotzdem findet der Transfer in praktische Anwendungen der vernetzten, adaptiven Produktion[2] nur begrenzt statt. Ziel dieser Arbeit ist es daher, die Applikationsmöglichkeiten maschinell lernender Systeme (MLS) in der Produktionsumgebung der Zukunft aufzuzeigen.

Dieses Kapitel gibt dabei einen einleitenden Überblick. Nachfolgend werden die Ausgangssituation und Motivation erläutert (Kapitel 1.1). Anschließend wird die praktische und wissenschaftliche Problemstellung beschrieben (Kapitel 1.2) und die Zielsetzung vorliegender Arbeit dargelegt (Kapitel 1.3). Abschließend werden der forschungsmethodische Ansatz und der Aufbau der Arbeit beschrieben (Kapitel 1.4).

## 1.1 Ausgangssituation und Motivation

Produzierende Unternehmen stehen gegenwärtig vor besonderen Herausforderungen. U. a. die zunehmende Individualisierung von Kundenwünschen treibt die Nachfrage nach Produkten in nur geringer Stückzahl[3]. Diese Segmentierung des Absatzes induziert ein immer variantenreicheres Produktportfolio der Unternehmen. Eine zusätzliche Belastung ist gegenwärtig der intensive globale Wettbewerb und der damit verbundene Kosten- und Innovationsdruck. Die zur Sicherung des Erfolgs benötigten Wettbewerbsvorteile können z. B. erreicht werden, indem es produzierenden Unter-

[1] vgl. Lee (AI Superpowers), 2018, S. 19.

[2] abweichend vom Titel dieser Dissertationsschrift wird im Text durchgängig die grammatikalisch korrekte Schreibweise mit Komma verwendet

[3] vgl. Schuh; Schmidt (Produktionsmanagement), 2014, S. 2.

nehmen gelingt, technologische Innovationen zur Produktivitätssteigerung oder Qualitätssicherung zu implementieren.[4] Nachdem in den vergangenen Jahrzehnten vor allem Lean-Management, die Verlagerung von Arbeitsumfängen in Niedriglohnländer und Automatisierung der Arbeit vorangetrieben wurden, sind produzierende Unternehmen nun auf der Suche nach dem nächsten operativen Effektivitätshorizont, welcher gleichzeitig der formulierten individualisierungsbedingten Flexibilitätsanforderung gerecht wird.

Dieses Streben führte in den zurückliegenden Jahren zur zunehmenden Digitalisierung der Produktion und der Vision einer vernetzten, sich adaptiv an ein wandelndes Umfeld anpassenden Produktion[5,6]. Die *vernetzte, adaptive Produktion* (auch bekannt unter dem weitgehend synonym verwendeten Begriff *Smart Factory*) ist bisher noch unerreicht. Jedoch sind viele produzierende Unternehmen auf dem Weg dorthin (50 % aller untersuchten Firmen weisen eine teilweise oder vollständig vernetzte Produktion auf).[7] Insbesondere datenbasierte Analysen können in diesem Zusammenhang genutzt werden, um Fertigungsprozesse zu optimieren – bspw. durch Fehlerminimierung, Verkürzung der Lagerhaltungskosten, verbesserte Produktions- und Logistikplanung oder bessere Entscheidungsfindung[8]. Dies verspricht u. a. eine signifikante Erhöhung der Fertigungserträge durch z. B. geringere Ausfallzeiten oder Ausschusskosten[9]. Dabei ist die vollständige Automatisierung komplexer Aufgaben, bspw. eine dynamische Auftragsplanung auf Grundlage von Echtzeitdaten, durch Algorithmen denkbar[10]. Hier stoßen Unternehmen allerdings gegenwärtig an Grenzen. Trotz aller Vorzüge, die eine automatisierte Datenanalyse mit sich bringt, ist die technische Realisierung o. g. Szenarien nicht trivial. Etablierte Ansätze der Entwicklung von Algorithmen, welche auf Methoden der *imperativen Programmierung* (»if, then«) basieren, sind durch das volatile Umfeld und die begrenzte Abbildbarkeit aller möglichen Zustände der Produktion (d. h. erhöhter Komplexität) nur bedingt geeignet[11,12]. Zum einen sind die gesammelten Daten oft unstrukturierter Natur. Die Datenquellen variieren z. B. hinsichtlich ihres Formats, der Genauigkeit der Messung oder der Einheit. Zum anderen führt die Vielzahl der Sensoren z. B. innerhalb einer Maschine zu einer sehr hohen Dimensionalität

[4] vgl. Ganz; Warschat (Innovationsakteure stärken), 2012, S. 58.

[5] vgl. Bauer et al. (Industry 4.0), 2015, S. 19.

[6] vgl. Schuh et al. (Industrie 4.0 Maturity Index), 2020a, S. 10.

[7] vgl. Geissbauer et al. (Digital Factories 2020), 2017, S. 6.

[8] vgl. Yao et al. (From Intelligent Manufacturing to Smart Manufacturing for Industry 4.0 Driven by Next Generation Artificial Intelligence and Further On), 2017, S. 313 ff.

[9] vgl. Bauer et al. (Smartening up with Artificial Intelligence), 2017, S. 14 ff.

[10] vgl. Mayr et al. (Machine Learning in Production), 2019, S. 50.

[11] vgl. Hong et al. (Connected vs. Automated Vehicles as Generators of Useful Data), 2014, S. 5.

[12] vgl. Brynjolfsson; Mitchell (What Can Machine Learning Do), 2017, S. 1531.

des Datensatzes. Dies kann zu Problemen bei standardmäßigen Rechenoperationen führen – insbesondere kann dies die Laufzeit des Algorithmus beeinträchtigen. Viele scheinbar simple Optimierungsprobleme haben bei großen Datensätzen und ohne Verwendung von ML-Algorithmen eine zeitlich bedingte Unlösbarkeit zur Folge.[13,14] Die Freilegung der in den Daten liegenden Erkenntnisse erfordert somit einen neuartigen Ansatz der Programmierung von Algorithmen. Methoden der künstlichen Intelligenz (KI), insbesondere des ML, bieten das Potenzial, Probleme klassischer Programmierung zu umgehen und Wissen unter diesen komplexen Umgebungsbedingungen automatisiert aus Daten zu extrahieren[15,16]. Komplexe Zusammenhänge echtzeitnah zu erfassen, Analysen stetig zu verbessern und sich externen Umweltfaktoren dynamisch anzupassen, sind drei wesentliche Vorteile MLS – die Einbettung von ML in reale Systeme – gegenüber klassischen Verfahren der Programmierung.[17]

Die Technologie ML wird, ähnlich wie die Elektrizität, als *Basistechnologie* eingestuft. D. h., sie ist allgegenwärtig, verbessert sich im Laufe der Zeit und generiert komplementäre Innovationen.[18] Angetrieben durch eine große Menge zur Verfügung stehender Daten, eine deutlich höhere Rechenleistung sowie leistungsfähigere Algorithmen sind MLS ein wesentlicher Schlüssel zum Erreichen von Produktivität und Adaptivität. Die *Applikation MLS in der vernetzten, adaptiven Produktion* gilt daher gemeinhin als ausgesprochen vielversprechend.

## 1.2 Praktische und wissenschaftliche Problemstellung

Obwohl das allgemeine Potenzial von ML bekannt ist, vollzieht sich der Transfer in die unternehmerische Praxis nur langsam – 78 % der von BÖTTCHER ET AL. untersuchten Unternehmen haben höchstens erste, elementare Erfahrungen im Umgang mit ML gemacht[19]. Die theoretisch sehr gut verstandene und beschriebene Technologie schafft es bisher selten in praktische Anwendungen[20]. Fehlende Erfahrung der Führungskräfte und Mitarbeiter erschweren die Entwicklung und den effizienten Einsatz MLS[21]. Die weitreichenden Möglichkeiten werden nur sporadisch realisiert. Durch mangelnde

[13] vgl. Wüst et al. (Machine Learning in Manufacturing), 2016, S. 23 f.
[14] vgl. Gaspers (Exponential Time Algorithms), 2010, S. 19.
[15] vgl. Géron (Hands-on Machine Learning with Scikit-Learn and TensorFlow), 2017, S. 6.
[16] vgl. Witten et al. (Data Mining), 2011, S. 4 f.
[17] vgl. Géron (Hands-on Machine Learning with Scikit-Learn and TensorFlow), 2017, S. 7.
[18] vgl. Brynjolfsson et al. (What Can Machines Learn, and What Does It Mean for Occupations and the Economy?), 2018, S. 43.
[19] vgl. Böttcher et al. (Machine Learning in deutschen Unternehmen), 2018.
[20] vgl. Lee (AI Superpowers), 2018, S. 19.
[21] vgl. Berlucci et al. (Artificial Intelligence in the Real World), 2016, S. 113.

Kenntnis der Technologiepotenziale von ML und konstituierender Merkmale von Herausforderungen zur Anwendung der Technologie erkennen Unternehmen die relevanten Handlungsfelder der Technologie nicht, ihnen ist keine systematische Priorisierung und Auswahl von Anwendungsfällen möglich. Die Entwicklung funktionierender Lösungen für relevante Herausforderungen bleibt entweder komplett aus oder beschränkt sich auf weniger relevante Problemaspekte und -bereiche.

Das sich daraus ergebende praktische Problem produzierender Unternehmen liegt somit im Nichterkennen von Herausforderungen der vernetzten, adaptiven Produktion, die mit MLS überwunden werden können.

Dies führt bei produzierenden Unternehmen momentan zu hohen Ineffizienzen in mehreren Dimensionen: Die Entwicklung neuer MLS ohne systematisches Vorgehen führt zu *zeitlichen Ineffizienzen*. Ein durch Trial-and-Error-Vorgehen entstandenes, funktionierendes MLS ist möglicherweise nicht optimal und führt zu *technologischen Ineffizienzen*. Die ausbleibende Replikation funktionierender MLS bzw. das Auslassen von Synergieeffekten bei der Entwicklung neuer MLS führen zu *systemischen Ineffizienzen*. Schlussendlich übersehen Unternehmen durch die mangelnde Kenntnis der Technologiepotenziale relevante neue Einsatzfelder der Technologie, welches als *organisatorische Ineffizienz* bezeichnet werden kann.[22,23]

Bestehende wissenschaftliche Arbeiten weisen im Hinblick auf das hier formulierte Forschungsvorhaben verschiedene Defizite auf (vgl. Kapitel 2.5). Speziell können vier Defizite identifiziert werden. Diese stellen sich dar als wenig differenziertes Verständnis der Potenziale MLS im Produktionskontext, eine fehlende Systematisierung der Herausforderungen der vernetzten, adaptiven Produktion, eine fehlende Analyse und Abgrenzung verschiedener Datenanalysetechnologien sowie das Nichterkennen von Herausforderungen in der vernetzten, adaptiven Produktion, die mit MLS überwunden werden können. Bestehende wissenschaftliche Ansätze verknüpfen also die Potenziale MLS nicht hinreichend gut mit den Herausforderungen der vernetzten, adaptiven Produktion. Die fehlende systematische Herleitung und Strukturierung der Herausforderungen der vernetzen, adaptiven Produktion sowie Abgrenzung verschiedener Datenanalysetechnologien von ML, insbesondere hinsichtlich ihrer Anwendungseigenschaften, verhindert in der Folge die Verknüpfung des Anwendungsnutzens von ML mit geeigneten Herausforderungen der vernetzten, adaptiven Produktion.

[22] vgl. Rohrback (Führungskräfte bremsen digitale Transformation aus), 2017.

[23] vgl. Industrial AI (KI ist wichtig, die Umsetzung läuft noch schleppend), 2020.

Auf Basis dieser Problembeschreibung lässt sich die Zielsetzung dieser Arbeit spezifizieren und vier wesentliche Anforderungen an die Lösung ableiten. Erstens besteht wegen des wenig differenzierten Verständnisses MLS im Produktionskontext die Anforderung an die Lösung nach einer systematischen Beschreibung und Strukturierung MLS sowie Zuordnung ihrer typischen Potenziale im Kontext der vernetzten, adaptiven Produktion. Zweitens besteht wegen der fehlenden Systematisierung von Herausforderungen der vernetzten, adaptiven Produktion die Anforderung an die Lösung nach einer Beschreibung und Strukturierung der Herausforderungen der vernetzten, adaptiven Produktion. Drittens besteht wegen der fehlenden Analyse und Abgrenzung von Datenanalysetechnologien die Anforderung an die Lösung nach einer spezifischen Betrachtung der Gruppe von ML-Verfahren sowie Ableitung der die Applikation MLS konstituierenden Herausforderungsmerkmale. Viertens besteht wegen des Nichterkennens von Herausforderungen in der vernetzten, adaptiven Produktion, die mit MLS überwunden werden können, die Anforderung an die Lösung nach einem Abgleich der Eignung MLS für Herausforderungen der vernetzten, adaptiven Produktion.

## 1.3 Zielsetzung der Arbeit

Im Kern der Arbeit steht die Entmystifizierung des Anwendungsnutzens MLS zur Überwindung von Herausforderungen in der vernetzten, adaptiven Produktion und somit die Frage nach den *»Aufgaben, die ein Algorithmus oder eine Maschine […] erfolgreich bewältigen kann«*.[24]

Zur Erreichung dieses Ziels ist es erforderlich, dass die Identifikation und Strukturierung der Herausforderungen der vernetzten, adaptiven Produktion systematisch erfolgt. Dazu gilt es zunächst, konstituierende Merkmale für den Einsatz von Datenanalysetechnologien, insbesondere des ML, zu identifizieren. Auf Basis dieses Verständnisses werden anschließend die technologieinhärenten Wirkprinzipien des ML (z. B. *Umgang mit hochkomplexer Logik*) mit den Herausforderungen der vernetzten, adaptiven Produktion (z. B. *Herausforderungen zur Vorhersage von Zuständen*) verknüpft. Die Kenntnis der technologieinhärenten Wirkprinzipien ermöglicht es, die vernetzte, adaptive Produktion hinsichtlich des Einsatzes MLS zu analysieren, letztlich also typische relevante Herausforderungen der vernetzten, adaptiven Produktion zu identifizieren, für die eine Applikation MLS vielversprechend ist. Zusammenfassend lässt sich das Ziel des vorliegenden Forschungsvorhabens folgendermaßen formulieren:

---

[24] vgl. Daum (Missing Link), 2018.

**Ziel dieser Arbeit** ist die Entwicklung und direkte Anwendung einer Methodik zur *Applikation maschinell lernender Systeme in der vernetzten, adaptiven Produktion.*

Nach KUBICEK ist der Ausgangspunkt eines explorativen Forschungsprozesses die Formulierung von gezielten Fragen[25]. Ausgehend von der beschriebenen Zielsetzung lässt sich folgende übergeordnete Forschungsfrage formulieren:

»Ist eine *Applikation MLS in der vernetzten, adaptiven Produktion* sinnvoll?«

Die Beantwortung der Forschungsfrage erfolgt im Rahmen eines Forschungsprozesses, der sich durch folgende Teilforschungsfragen weiter strukturieren lässt:

- Welche durch Datenanalysetechnologien überwindbaren Herausforderungen existieren in der vernetzten, adaptiven Produktion und hinsichtlich welcher Kriterien lassen sich diese sinnvoll strukturieren?
- Welche konstituierenden Merkmale einer Herausforderung müssen für die Verwendung MLS gegeben sein und wie unterscheiden sich diese Merkmale von denen alternativer Datenanalysetechnologien?
- Wie lassen sich MLS systematisch hinsichtlich ihres Potenzials und eingesetzter Datenanalysetechnologien beschreiben und welche Anwendungsfälle existieren bereits heute?
- Für welche der identifizierten, potenziell durch Datenanalysetechnologien überwindbaren Herausforderungscluster ist die Applikation MLS sinnvoll?

Aus der Zielsetzung der Arbeit sowie dem beschriebenen Vorgehen lassen sich die folgenden Teilmodelle der Lösung ableiten:

- Modell zur Charakterisierung der vernetzten, adaptiven Produktion
- Modell zur Spezifikation konstituierender Herausforderungsmerkmale MLS
- Modell zur Charakterisierung MLS
- Modell zur Applikation MLS in der vernetzten, adaptiven Produktion

Um die Zielsetzung dieser Arbeit zu erreichen und die Forschungsfrage beantworten zu können, werden die Teilmodelle im Folgenden erarbeitet und integriert. Dafür wird die in Kapitel 1.4 beschriebene Vorgehensweise gewählt.

[25] vgl. Kubicek (Heuristische Bezugsrahmen und heuristisch angelegte Forschungsdesign als Elemente einer Konstruktionsstrategie empirischer Forschung), 1977, S. 15.

## 1.4 Vorgehensweise und Aufbau der Arbeit

Aufgrund der gegebenen Praxisnähe und der Interdisziplinarität des Problems vorliegender Arbeit bietet der systemtheoretische Forschungsprozess nach ULRICH einen geeigneten Ansatz zur Lösung[26]. Dieser bildet folglich die wissenschaftlich-methodische Grundlage des gewählten Vorgehens. Die Kernidee des Forschungsansatzes ist die wissenschaftliche Überführung von Erkenntnissen der Grundlagenwissenschaften in praxisrelevante Anwendungen. Der Forschungsansatz ist durch drei Hauptfunktionen gekennzeichnet: eine *terminologische*, eine *heuristische* sowie eine *integrative* Funktion. Die terminologische Funktion schafft eine abstrakte, interdisziplinäre Begriffsstruktur ohne inhaltliche Voreingenommenheit über die Wirklichkeit. Durch die heuristische Funktion können vernachlässigte Aspekte und Zusammenhänge mithilfe von Modellen (re-)strukturiert und somit in den Fokus gerückt werden. Die Offenheit des Ansatzes ermöglicht die Integration verschiedenster Einflussfaktoren und Variablen und somit die Berücksichtigung von Aspekten verschiedener Disziplinen.[27]

Wie durch LEE dargestellt, besteht der Bedarf der Überführung von Grundlagenerkenntnissen auf dem Gebiet des ML in relevante Anwendungen der Praxis (vgl. einleitendes Zitat). Weiterhin besteht in Wissenschaft und Praxis kein ausreichendes Verständnis darüber, welche Herausforderungen der vernetzen, adaptiven Produktion mit MLS überwunden werden können (vgl. Kapitel 1.2). Die Auseinandersetzung mit dieser Fragestellung erfordert die Berücksichtigung von Aspekten verschiedener Disziplinen. Aufgrund der fehlenden Systematik und Detailgenauigkeit bestehender Ansätze wird im Rahmen dieser Arbeit die *Applikation MLS in der vernetzten, adaptiven Produktion* untersucht. Vergleicht man die Problemstellung und die damit verbundene Zielsetzung dieser Arbeit (die Überführung von grundlegenden Erkenntnissen des ML in praxisrelevante Anwendungen) mit den Eigenschaften des Forschungsansatzes nach ULRICH, wird deutlich, dass dieser einen geeigneten wissenschaftlichen Rahmen für die Entwicklung eines Lösungsansatzes bietet. Der gewählte Forschungsansatz ist in Abbildung 1-1 dargestellt. Der Aufbau der Arbeit orientiert sich an der Struktur des Forschungsansatzes und ist ebenfalls in dieser Abbildung enthalten.

In Kapitel 1 wird in die Thematik der Arbeit eingeführt. Es wird das praxisrelevante Problem dargestellt, die Zielsetzung zur Lösung der Problematik abgeleitet und abschließend der verwendete Forschungsansatz und der damit verbundene Aufbau der Arbeit vorgestellt. In Kapitel 2 werden die für die Arbeit benötigten Grundlagen vor-

[26] vgl. Ulrich; Fluri (Management), 1984, S. 193.
[27] vgl. Ulrich; Hill (Wissenschaftstheoretische Grundlagen der Betriebswirtschaftslehre), 1976, S. 308.

gestellt – strukturiert nach den Themenbereichen der vernetzten, adaptiven Produktion, den Daten sowie der Datenanalyse und dem ML. Für die Vergleichbarkeit zu anderen wissenschaftlichen Arbeiten wird in Kapitel 2.4 der Betrachtungsbereich dieser Arbeit abgegrenzt. Anschließend werden in Kapitel 2.5 bestehende Ansätze vorgestellt sowie existierende Forschungslücken in bestehenden Arbeiten identifiziert und so der bestehende Forschungsbedarf begründet. In Kapitel 3 wird die theoretische Grundlage für die Entwicklung der Methodik geschaffen. Es werden Anforderungen an die Methodik abgeleitet sowie die Modelltheorie und analytische Forschungsmethoden vorgestellt. Abschließend wird die Struktur der Methodik hergeleitet. In Kapitel 4 erfolgt die Detaillierung der Methodik und zugehöriger einzelner Teilmodelle anhand einer Ausarbeitung, Verknüpfung sowie Beschreibung von geeigneten Lösungsansätzen. Kapitel 5 dient der Validierung und der kritischen Reflexion der erarbeiteten Methodik. Dazu wird diese anhand eines Fallbeispiels aus der Praxis auf praktische Anwendbarkeit sowie Validität der Ergebnisse geprüft. In Kapitel 6 werden abschließend die gesamte Arbeit zusammengefasst, bestehende Limitierungen des Ansatzes herausgestellt und ein Ausblick auf den anknüpfenden Forschungsbedarf skizziert.

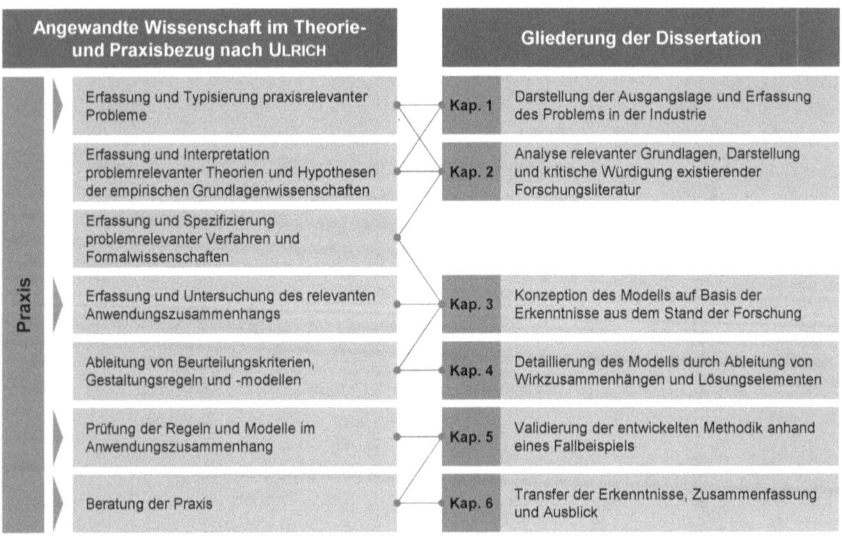


**Abbildung 1-1: Aufbau der Arbeit nach dem Forschungsansatz von ULRICH[28]**

[28] vgl. Ulrich; Fluri (Management), 1984, S. 193.

# 2 Grundlagen und Stand der Forschung

An Kapitel 1 mit Motivation und Zielsetzung vorliegender Arbeit anknüpfend, werden in diesem Kapitel wichtige Grundlagen für die Behandlung der *Applikation MLS in der vernetzten, adaptiven Produktion* geschaffen. Der Beginn eines wissenschaftlichen Forschungsprozesses ist meist durch die Schaffung eines einheitlichen Begriffsverständnisses geprägt, das alle relevanten Aspekte des Forschungsprogramms erfasst. Neben den inhaltlichen Hauptthemengebieten der vernetzten, adaptiven Produktion (Kapitel 2.1), den Daten (Kapitel 2.2) sowie der Datenanalyse und dem ML (Kapitel 2.3) wird der Betrachtungsbereich vorliegender Arbeit eingegrenzt (Kapitel 2.4). Anschließend werden bestehende Forschungsansätze im Themenfeld vorliegender Arbeit vorgestellt und kritisch gewürdigt (Kapitel 2.5).

## 2.1 Grundlagen der vernetzten, adaptiven Produktion

*»Produktionssysteme werden hochflexible, vernetzte und anpassungsfähige Einheiten – ganz im Sinne der Industrie 4.0.«*[29]

Die vernetzte, adaptive Produktion als Vision vernetzter und sich selbst steuernder Maschinen und Prozesse wurde als eine der Leitlinien von Industrie 4.0 identifiziert[30]. Ermöglicht von einer diversen Anwendungslandschaft werden entsprechend dieser Vision Effizienzsteigerungen auf hohem Niveau erzielt, bspw. ist die Optimierung von Prozessen durch Verkürzung der Vorlaufzeiten oder adaptive Routen- und Zeitplanung möglich[31]. Dies verspricht eine signifikante Steigerung der Produktionsausbeute, z. B. durch reduzierte Ausfallzeiten oder Ausschusskosten[32]. Die praktische Umsetzung der vernetzten, adaptiven Produktion ist jedoch unbefriedigend. Ungeachtet des vielversprechenden Potenzials bleiben einerseits die angestrebten Produktivitätsziele unerreicht bzw. weit hinter den Zielen zurück – teils aufgrund der nur sporadischen Umsetzung von Anwendungsfällen.[33] Andererseits müssen im gegenwärtig existierenden

[29] vgl. Bergs (Industrie 4.0).

[30] vgl. International Center for Networked Adaptive Production (Produktionssysteme und Wertschöpfungsketten im Sinne der Industrie 4.0), 2020.

[31] vgl. Yao et al. (From Intelligent Manufacturing to Smart Manufacturing for Industry 4.0 Driven by Next Generation Artificial Intelligence and Further On), 2017, S. 313 ff.

[32] vgl. Bauer et al. (Smartening up with Artificial Intelligence), 2017, S. 14 ff.

[33] vgl. Schuh et al. (Produktivitätsbaukasten 4.0), 2019, S. 408.

kundenzentrierten, nachfrage- und wettbewerbsorientierten Umfeld (vgl. Kapitel 2.1.2) Entscheidungen präzise, in Echtzeit und unter Berücksichtigung mehrerer mehrdeutiger Ziele getroffen werden[34]. Traditionelle Ansätze des Produktionsmanagements (z. B. das Lean-Management) sind in diesem Umfeld ein nur noch bedingt geeignetes Steuerungsinstrument. Dieses Kapitel widmet sich daher der vernetzen, adaptiven Produktion, ihrem veränderten Zielsystem sowie Möglichkeiten ihrer Steuerung im Hinblick auf die Erschließung zukünftiger Produktivitätspotenziale unter Berücksichtigung neuer Flexibilitätsanforderungen.

Einleitend wird in diesem Kapitel das Produktionsmanagement im Kontext des St. Galler Management-Modells eingeordnet (Kapitel 2.1.1) Außerdem werden der Erfüllungsauftrag und die Ziele einer Produktion analysiert (Kapitel 2.1.2). Auch Industrie 4.0 (Kapitel 2.1.3) sowie relevante Informationssysteme im Produktionsprozess (Kapitel 2.1.4) sind Gegenstand weiterer Betrachtung. In einem Zwischenfazit werden die Erkenntnisse abschließend resümiert (Kapitel 2.1.5).

### 2.1.1 Produktionsmanagement

Produzierende Unternehmen können basierend auf dem systemtheoretischen Ansatz nach ULRICH als komplexe soziotechnische Systeme aufgefasst werden. Ein System stellt einen von seiner Umwelt abgegrenzten Untersuchungsbereich der Wirklichkeit dar. Das wechselseitige Zusammenwirken verschiedener Systemelemente (Systemverhalten) gilt als komplex, wenn die Wechselwirkungen schwer ersichtlich, die Interaktionen der Systemelemente schwer vorhersagbar und das Systemverhalten nicht einfach aus dem Verhalten einzelner Elemente erschließbar ist (vgl. Kapitel 3.2).[35]

Einen Ansatz zur Beschreibung der Beziehungen und Wechselwirkungen in komplexen soziotechnischen Systemen liefert das *Neue St. Galler Management-Modell (SGMM)* (vgl. Abbildung 2-1)[36].

[34] vgl. Porter; Heppelmann (How Smart, Connected Products Are Transforming Competition), 2014, S. 6 ff.

[35] vgl. Rüegg-Stürm (The New St. Gallen Management Model), 2005, S. 7 f.

[36] vgl. Rüegg-Stürm (The New St. Gallen Management Model), 2005, S. 11.

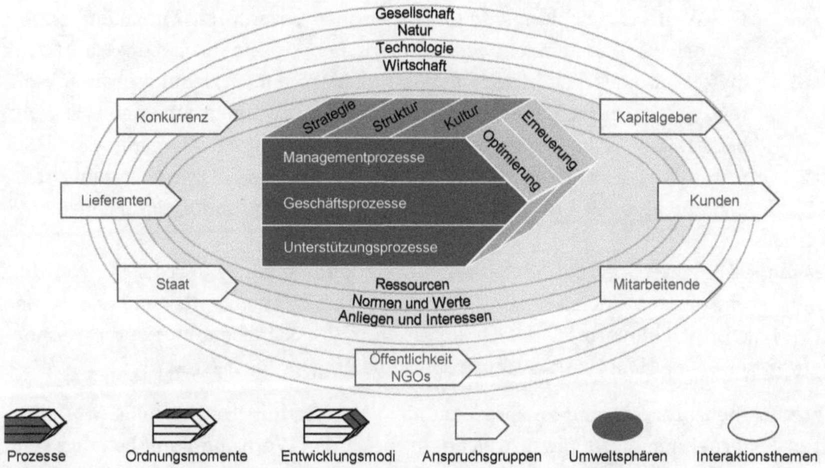


**Abbildung 2-1: Ordnungsrahmen des Neuen St. Galler Management-Modells**

Das Neue SGMM unterscheidet verschiedene Betrachtungsebenen des Systems Unternehmen, welche im Folgenden definiert werden:

- *Umweltsphären* sind der spezifische Kontext, in dem ein Unternehmen agiert. Sie umfassen Gesellschaft, Natur, Technologie und Wirtschaft[37].
- *Anspruchsgruppen* (auch Stakeholder) sind die von der unternehmerischen Tätigkeit tangierten Entitäten. Z. B. hinsichtlich der *Interaktionsthemen* Ressourcen, Normen, Werte, Anliegen und Interessen.[38]
- *Prozesse* beschreiben die zeitliche Reihenfolge der Wertschöpfungsaktivitäten entlang der Wertschöpfungskette. Es kann zwischen Leistungserstellung, Führung und Unterstützung differenziert werden.[39]
- *Ordnungsmomente* sichern die Langfristigkeit einer Unternehmung ab. Dazu bedarf es sinnstiftender Elemente wie bspw. einer Unternehmenskultur, einer differenzierten Strategie zur Beschreibung der inhaltlichen Aspekte der unternehmerischen Tätigkeit sowie der Organisationstruktur zur Koordination der arbeitsteiligen Aktivitäten und effizienten Leistungserstellung.[40]

[37] vgl. Rüegg-Stürm (The New St. Gallen Management Model), 2005, S. 14 ff.
[38] vgl. Rüegg-Stürm (The New St. Gallen Management Model), 2005, S. 18 ff.
[39] vgl. Rüegg-Stürm (The New St. Gallen Management Model), 2005, S. 50 ff.
[40] vgl. Rüegg-Stürm (The New St. Gallen Management Model), 2005, S. 25 ff.

- Die Weiterentwicklung von Organisationen wird durch *Entwicklungsmodi* beschrieben und kann entweder inhaltlicher Art sein (Sachebene), aber auch die Zusammenarbeit in der Organisation betreffen (Beziehungsebene). Während erstere meist Veränderungen in der Prozessdimension nach sich zieht, betrifft letztere hauptsächlich die Ordnungsmomente der Organisation. Weiterhin wird entsprechend der Veränderungsintensität zwischen einer stetigen und einer tiefgreifenden Erneuerung der Organisation unterschieden.[41]

Das in dieser Arbeit verfolgte Ziel der Identifikation und Charakterisierung von Herausforderungen der vernetzten, adaptiven Produktion kann entsprechend dem Neuen SGMM als Entwicklungsmodi der Organisation in der Sachebene mit den Unternehmensprozessen als Hauptbetrachtungsgegenstand eingeordnet werden.

Unternehmensprozesse sind entsprechend dem Verständnis des Neuen SGMM diejenigen Unternehmensaktivitäten, welche direkt an der Wertschöpfung beteiligt sind. Es können *Kundenprozesse*, *Leistungserstellung* sowie *Leistungsinnovation* unterschieden werden. Kundenprozesse sind dabei kundenzentrierte Aktivitäten, welche eine Kaufentscheidung der Kunden herbeiführen sollen (bspw. Akquise oder Vertrieb). Die Leistungserstellung umfasst wertschöpfende Aktivitäten (bspw. Beschaffung, Logistik oder Produktion). Der Leistungsinnovation sind Prozesse zuzuordnen, welche die zukünftige Leistungserstellung sicherstellen (bspw. Forschung oder Entwicklung).[42] Forschungsgegenstand vorliegender Arbeit sind aufgrund dieses Betrachtungsrahmens folglich Produktionsprozesse der direkten Leistungserstellung. Nachfolgend wird daher dieser spezifische Produktionsbegriff näher erläutert.

GUTENBERG liefert eine faktororientierte Definition der Produktion als die betriebliche Leistungserstellung durch den Einsatz produktiver Faktoren. Er unterscheidet zwischen menschlicher Arbeitsleistung, Betriebsmitteln und Werkstoffen eines Unternehmens *(Elementarfaktoren)* sowie den Aufgaben der Leitung, Planung und Organisation *(dispositive Faktoren)*.[43] Ergänzend dazu existiert eine systemorientierte Definition. Die Produktion kann im Sinne eines betrieblichen Wertschöpfungsprozesses als Transformationsprozess von Input- zu höherwertigen Outputfaktoren definiert werden, welche die Elementarfaktoren Materialien, Dienste, Rechte und Informationen umfassen (vgl. Abbildung 2-2). Die Produktion ist dabei als Produktionssystem organisiert, das sich aus der Summe mehrerer Transformationsprozesse auf verschiedenen

[41] vgl. Rüegg-Stürm (The New St. Gallen Management Model), 2005, S. 65 ff.
[42] vgl. Rüegg-Stürm (The New St. Gallen Management Model), 2005, S. 50 ff.
[43] vgl. Gutenberg (Unternehmensführung), 2013, S. 20 ff.

hierarchischen Ebenen ergibt. Die Koordination übernehmen *Lenkungsinstanzen*, die die Effektivität und Effizienz der *Ausführungsinstanzen* des Systems – der direkten Transformationsprozesse – sichern.[44]

Im Sinne eines betrieblichen Wertschöpfungsprozesses bezeichnet der Begriff Produktion die Transformation von Materialien, Diensten, Rechten und Informationen. Die Produktion ist als Produktionssystem organisiert. Eine koordinative Lenkungsinstanz zur Sicherung der Effektivität und Effizienz wirkt über die Vorgabe von Sollfaktoren auf eine Ausführungsinstanz ein, in welcher der Transformationsprozess stattfindet.[45]

Als Lenkungsinstanz der eigentlichen Geschäftsprozesse steht dabei die Managementebene im Fokus der weiteren Betrachtung. SCHUH ET AL. definieren diese Managementebene als das *Produktionsmanagement*.[46] Gemäß dem Neuen SGMM kann zwischen einer normativen, einer strategischen und einer operativen Managementdimension differenziert werden. Der normativen und strategischen Managementdimension kommt dabei eine Gestaltungs- und Entwicklungsfunktion zu. Herausforderungen, die die Lebens- und Entwicklungsfähigkeit eines Unternehmens betreffen, werden dort durch die Formulierung normativer und strategischer Unternehmensziele behandelt. Beide Dimensionen finden im operativen Management ihre Umsetzung, welches Aktivitäten zum Erreichen der normativen und strategischen Ziele ausführt.[47] Die Anwendung des Neuen SGMM auf das Produktionsmanagement ermöglicht die Differenzierung des *normativen*, *strategischen* und *operativen Produktionsmanagements*. Im strategischen Produktionsmanagement wird ein Unternehmen entsprechend den im normativen Produktionsmanagement definierten Zielen, Prinzipien und Normen ausgerichtet. Die Überführung strategischer in messbare produktionsbezogene Ziele, welche der Ausführungsinstanz eines Unternehmens als Sollvorgabe dienen, ist Aufgabe des operativen Produktionsmanagements[48]. Die Prozesse des operativen Produktionsmanagements werden unter dem Begriff der *Produktionsplanung und -steuerung (PPS)* zusammengefasst[49].

Die vorliegende Arbeit stellt wegen des Ziels der effektiven Leistungserstellung durch Ausführungs- und Lenkungsinstanzen das operative Produktionsmanagement ins Zentrum der Betrachtung.

[44] vgl. Schuh; Schmidt (Produktionsmanagement), 2014, S. 4.
[45] vgl. Schuh; Schmidt (Produktionsmanagement), 2014, S. 4.
[46] vgl. Schuh; Schmidt (Produktionsmanagement), 2014, S. 4.
[47] vgl. Boos et al. (Grundlagen des Managements produzierender Unternehmen), 2011, S. 50.
[48] vgl. Schuh; Schmidt (Produktionsmanagement), 2014, S. 20.
[49] vgl. Schuh; Schmidt (Produktionsmanagement), 2014, S. 9.

### 2.1.2 Ziele produzierender Unternehmen

Aus dem operativen Produktionsmanagement heraus werden nachfolgend nun die Ziele der Produktion abgeleitet. Wegen des Zukunftscharakters vorliegender Arbeit wird dabei zwischen den klassischen und erweiterten Zielen produzierender Unternehmen unterschieden. Letztgenannte ergeben sich aus der umweltturbulenzbedingten strategischen Neuausrichtung produzierender Unternehmen[50].

**Klassisches Zielsystem der Produktion**

Das Produktionssystem, bestehend aus Lenkungs- und Ausführungsinstanz, wurde bereits eingeführt. Die Abstraktion eines Regelkreises (vgl. Abbildung 2-2) vereinfacht die Beschreibung der Wechselwirkungen zwischen diesen beiden Instanzen[51]. Ziel der Lenkungsinstanz ist es, auf Basis vorgegebener *Führungsgrößen* (bspw. Gewinnmaximierung oder Termintreue) – auch *Zielgrößen* genannt – sowie der *Rückkopplung* der Regelstrecke *Stellgrößen* zu ermitteln, welche dem Einfluss von *Störgrößen* (bspw. Maschinenausfall oder Engpass) entgegenwirken[52].

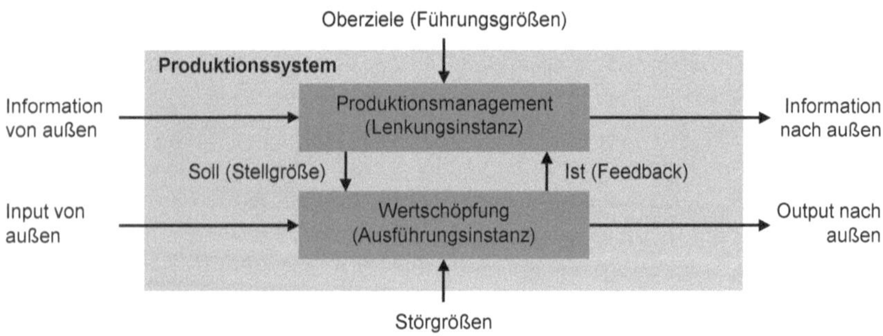


**Abbildung 2-2: Regelkreis der Produktion[53]**

Der Begriff der Führungsgröße kann als *»ein angestrebter, zukünftiger Zustand«* und damit als Ziel betrachtet werden[54]. STAEHLE definiert den Begriff des Unternehmensziels als *»selbst formulierte Vorstellungen über erwünschte organisatorische Zustände oder Verhaltensweisen«*[55]. In diesem Zusammenhang dienen Ziele der Strukturierung,

---

[50] vgl. Schuh; Schmidt (Produktionsmanagement), 2014, S. 7.
[51] vgl. Schuh; Schmidt (Produktionsmanagement), 2014, S. 4.
[52] vgl. Schuh; Schmidt (Produktionsmanagement), 2014, S. 4.
[53] vgl. Dyckhoff (Grundzüge der Produktionswirtschaft), 2003, S. 7.
[54] vgl. Hungenberg; Wulf (Grundlagen der Unternehmensführung), 2011, S. 43.
[55] vgl. Staehle (Management), 1999, S. 438.

Relativierung, Koordination und Steuerung von Entscheidungen zur Unternehmensplanung und -führung[56]. Dieses für Unternehmen spezifizierte Zielverständnis ergänzt die Definition nach HUNGENBERG im Kontext vorliegender Arbeit sinnvoll. Die Beschreibung oben genannter Führungsgrößen ist daher Gegenstand dieses Kapitels.

Übergreifendes Ziel der PPS ist die rechtzeitige Fertigstellung der vom Markt geforderten Produkte in der geforderten Qualität und Quantität zu möglichst geringen Kosten[57]. Die Führungsgrößen der PPS stehen daher in einem Spannungsfeld. Einerseits haben Kunden sowohl Preis- und Qualitätsanforderungen als auch Ansprüche an Lieferzeiten und Liefertreue, andererseits gebietet das Wirtschaftlichkeitsprinzip, unter Berücksichtigung maximaler Effizienz und Effektivität zu produzieren.[58] SCHMIDT ET AL. beschreiben dieses Spannungsfeld als Polylemma (vgl. Abbildung 2-3). Das Polylemma der Produktionstechnik beschreibt den Zielkonflikt zwischen *Kosten, Qualität* und *Durchlaufzeit*. Über die Zeit streben Unternehmen dabei eine kontinuierliche Optimierung entsprechend dieser Dimensionen an (z. B. Reduktion von Kosten bei gleichzeitig konstanter Qualität und Durchlaufzeit). Diese Kriterien stehen in einem direkten Widerspruch, welcher nicht ohne Weiteres aufzulösen ist:[59]

- Kosten beschreiben z. B. die Logistikkosten (maßgeblich induziert durch Kapitalbindung) sowie die Prozesskosten der Leistungserstellung zuzüglich weiterer Kostenarten im Rahmen von Materialverbräuchen.
- Qualität beschreibt die Produkt-, Dienstleistungs- und Prozesserwartung des Unternehmens oder Kunden und ist somit als Wertmaßstab zu verstehen.[60]
- Durchlaufzeit beschreibt die angemessene Zeitdauer zwischen der Auslösung eines Auftrags durch Auftragsfreigabe und dem Bearbeitungsende des letzten Arbeitsvorgangs.[61] Die marktseitigen Zielgrößen Lieferzeit und Liefertreue sind durch diese unternehmensinternen Kennzahlen bedingt. Bspw. hängt eine kurze Durchlaufzeit direkt mit einer kurzen Lieferzeit zusammen.[62]

---

[56] vgl. Poeschl (Strategische Unternehmensführung zwischen Shareholder-Value und Stakeholder-Value), 2013, S. 38.
[57] vgl. Jodlbauer (Produktionsoptimierung), 2008, S. 105.
[58] vgl. Schuh; Schmidt (Produktionsmanagement), 2014, S. 20-21.
[59] vgl. Schmitt; Pfeifer (Qualitätsmanagement), 2010, S. 108.
[60] vgl. Schmitt; Pfeifer (Qualitätsmanagement), 2010, S. 11-13.
[61] vgl. Lödding (Verfahren der Fertigungssteuerung), 2016, S. 62.
[62] vgl. Wiendahl (Betriebsorganisation für Ingenieure), 2014, S. 250.

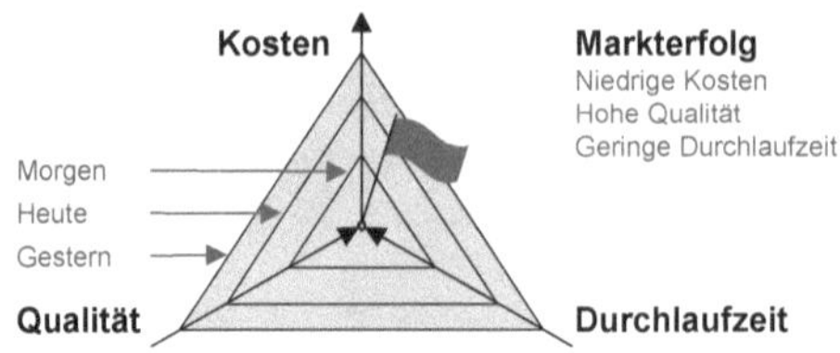


**Abbildung 2-3: Polylemma der Produktionstechnik**[63]

Übergreifendes Ziel der PPS ist die rechtzeitige Fertigstellung der vom Markt geforderten Produkte in der geforderten Qualität und Quantität zu möglichst geringen Kosten. Konkretisieren lässt sich dieses Zielsystem als eine kostengerechte Produktion bei angemessener Durchlaufzeit in einer definierten Qualität.

**Erweitertes Zielsystem der Produktion**

Unternehmen haben durch strategische Neuausrichtungen die Möglichkeit, sich den marktseitigen Veränderungen anzupassen (vgl. Kapitel 2.1.1). Externe Wandlungstreiber (Umweltfaktoren) haben nach dem Neuen SGMM direkten Einfluss auf die Produktion und ihr Zielsystem. Dieser Logik folgend müssen solche Umweltfaktoren identifiziert werden, welche in Form zusätzlicher Zielgrößen auf die PPS einwirken.

Die Ausgangslage produzierender Unternehmen wandelt sich von einem Verkäufer- (gekennzeichnet durch größtenteils unspezifische, auf ganze Marktsegmente ausgerichtete Produkte) zu einem Käufermarkt (gekennzeichnet durch immer stärker individualisierte Produkte). Die Verwirklichung größtmöglicher Skaleneffekte ist oberste Priorität einer Massenfertigung – das klassische Zielsystem entsprechend dem Polylemma ist repräsentativ für diese Situation.[64] Die Entwicklung des Käufermarktes stellt die Unternehmen zunehmend vor gegenläufige Ziele: Kunden sind bei hohen Ansprüchen hinsichtlich Qualität und Verfügbarkeit weiterhin auf möglichst niedrige Preise bedacht, fordern gleichzeitig aber Individualisierung.[65] Das klassische Zielsystem des Polylemmas ist nicht mehr repräsentativ für diese Situation.

Darüber hinaus sind die Produktion und ihre Umgebung durch Volatilität, Unsicherheit, Komplexität und Ambiguität der Zielgrößen geprägt. Dieses auch als VUCA bezeichnete Phänomen stellt eine große Herausforderung dar und wurde in einem strukturierten Ansatz von BENNET UND LEMOINE zusammengefasst. Die genannten Elemente sind in einem Portfolio entsprechend den Dimensionen des vorhandenen Wissens über

[63] vgl. Schmitt; Pfeifer (Qualitätsmanagement), 2010, S. 108.
[64] vgl. Piller (Mass Customization), 2006, S. 41.
[65] vgl. Pfeifer (Autonome Produktionszellen), 2006, S. 6.

die Situation und der Vorhersagbarkeit der Ergebnisse zusammengefasst (vgl. Abbildung 2-4). Volatilität, Unsicherheit, Komplexität und Ambiguität werden von den Autoren kontextspezifisch und differenziert betrachtet und bieten einen pragmatischen, orientierungsstiftenden Ansatz für Entscheider.[66]

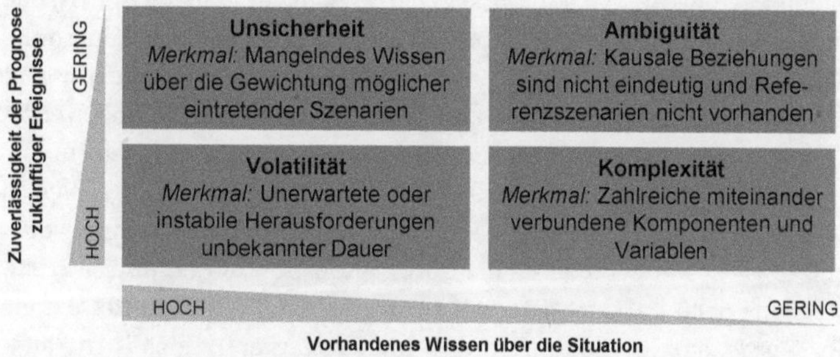


**Abbildung 2-4: Turbulenzeigenschaften des Unternehmensumfelds[67]**

Insbesondere technologische Fortschritte im Bereich der Informations- und Kommunikationstechnologie eröffnen Unternehmen die Chance, den veränderten Kundenforderungen (Käufermarkt) und Marktunsicherheiten (VUCA-Umgebung) durch den Einsatz neuer Technologien und Anwendungen gerecht zu werden – bspw. durch die Steuerungsfähigkeit hochflexibler Prozessketten. Digitale Werkzeuge und Lösungen prägen zunehmend das Produktionssystem. Die Informationstechnik unterstützt bspw. den Prozess der Individualisierung ebenso wie die Reduzierung des Ressourcenverbrauches.[68] Die damit verbundene Vision kann als vernetzte, adaptive Produktion beschrieben werden. Entsprechend dieser Zielvision muss das klassische Zielsystem der Produktion um die Dimension der *Wandlungsfähigkeit* bzw. *Flexibilität* erweitert werden.

Die Wandlungsfähigkeit bzw. Flexibilität eines Systems ist die Fähigkeit, durch beabsichtigte Handlungen das Verhältnis zu seiner durch Umweltturbulenz gekennzeichneten Systemwelt reaktiv, proaktiv und selbstbestimmt zu gestalten.

### 2.1.3 Industrie 4.0

Die Digitalisierung der Produktion und Industrie 4.0 – die sogenannte vierte industrielle Revolution – sind wesentliche Treiber der vernetzten, adaptiven Produktion. Die

---

[66] vgl. Bennett; Lemoine (What a Difference a Word Makes), 2014, S. 3.
[67] vgl. Bennett; Lemoine (What a Difference a Word Makes), 2014, S. 3.
[68] vgl. Westkämper et al. (Digitale Produktion), 2013, S. 9.

erste industrielle Revolution begann um 1750, getrieben durch die Entwicklung der Dampfmaschinentechnologie und der Arbeits- und Kraftmaschinen. Einerseits konnte durch eine sprunghafte Verbesserung des Transportsystems (Dampfschifffahrt, Eisenbahn) die Bevölkerung versorgt werden, andererseits stieg auch die Produktivität in der Herstellung von Grundversorgungsgütern (z. B. in der Landwirtschaft) enorm. Die zweite industrielle Revolution war geprägt durch arbeitsteilige Massenproduktion mithilfe elektrischer Energie. In diesem Zusammenhang wird oft von einer organisationsgetriebenen Revolution gesprochen, da Fließbandarbeit und Zeitmessverfahren zur Optimierung Einzug hielten. Gleichzeitig wurden elektrische Antriebe und Verbrennungsmotoren entwickelt. Durch zwei Weltkriege verzögert, vollzog sich die dritte industrielle Revolution ab Anfang der 1960er Jahre. Getrieben wurde diese durch Elektronik sowie später auch durch die Informations- und Kommunikationstechnologie, welche eine noch stärkere Automatisierung der Produktionsprozesse ermöglichte. Einerseits wurde der Produktionsprozess immer stärker rationalisiert, andererseits aber auch eine besonders variantenreiche Serienproduktion ermöglicht. Darüber hinaus kam es (später auch durch das Internet) zu einer gesteigerten weltweiten Verfügbarkeit von Wissen, welches die Grundlage der vierten industriellen Revolution darstellt.[69] Vgl. Abbildung 2-5 zu den vier industriellen Revolutionen.

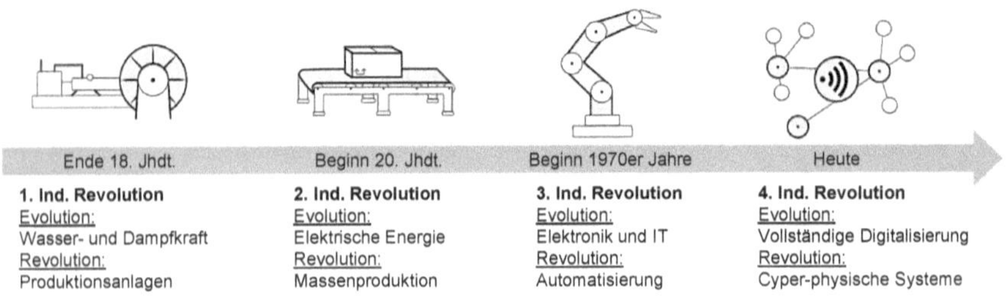


**Abbildung 2-5: Historie der industriellen Revolutionen**[70]

Industrie 4.0 ist ein vielfach verwendeter Begriff, welcher eine enorme Bandbreite an Aspekten im Themenfeld der Digitalisierung der Produktion zusammenfasst. *»Eine Vernetzung von autonomen, sich situativ selbst steuernden, sich selbst konfigurierenden, wissensbasierten, sensorgestützten und räumlich verteilten Produktionsressourcen (Produktionsmaschinen, Roboter, Förder- und Lagersysteme, Betriebsmittel) inklusive deren Planungs- und Steuerungssysteme«*[71]. Darüber hinaus ist Industrie 4.0

[69] vgl. Bauernhansl et al. (Industrie 4.0 in Produktion, Automatisierung und Logistik), 2014, S. 5 ff.

[70] vgl. Blog Viernull (Historie der industriellen Revolutionen), 2018.

[71] vgl. Bauernhansl et al. (Deutschlands Zukunft als Produktionsstandort sichern), 2013, S. 24.

nach SCHUH ET AL. mehr als ein Produktionsthema. Neben der technologischen Perspektive ist auch die mit Industrie 4.0 einhergehende Notwendigkeit zur Transformation der Organisationskultur und -struktur zu berücksichtigen. Das übergeordnete Ziel eines sich seiner wandelnden Umwelt kontinuierlich und agil anpassenden Unternehmens kann nur so erreicht werden.[72]

Die Verfügbarkeit der richtigen Information zur richtigen Zeit am richtigen Ort im Produktionsprozess ist dabei eine zentrale Voraussetzung für Industrie 4.0 und wird maßgeblich durch Informationssysteme beeinflusst.

### 2.1.4 Informationssysteme

Die Vision der vernetzten, adaptiven Produktion erfordert neue Ansätze der Entscheidungsfindung sowie die Verbesserung elementarer Entscheidungsprozesse und die Bereitstellung der dafür notwendigen Informationen. Informationssysteme haben für die vernetzte, adaptive Produktion befähigenden Charakter. Durch die effiziente Bereitstellung notwendiger Informationen können sie z. B. dazu beitragen, weitere Produktivitätspotenziale zu erschließen oder dem Flexibilitätsbedarf einer vernetzten, adaptiven Produktion gerecht zu werden. Die wichtigsten Informationssysteme werden daher nachfolgend erläutert. Ziel dieses Kapitels ist es, auf Basis bestehender Konzepte und des Wandels der Informationssysteme die Industrie 4.0-Referenzarchitektur des *Internet of Production (IoP)* einzuführen.

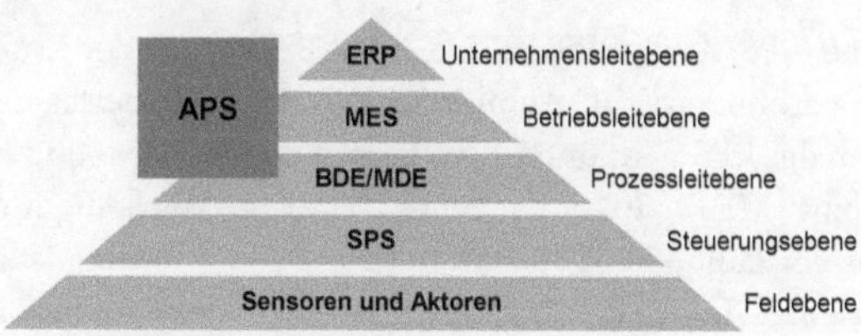


**Abbildung 2-6: Informationssysteme in der Produktion**[73]

Die Entwicklung der Informationssysteme in der Produktion hat zu einer hierarchischen Struktur geführt (vgl. Abbildung 2-6). Sie entstanden aus der Notwendigkeit heraus, einen effektiven Ablauf der Produktion zu gewährleisten. Bspw. wurde durch

[72] vgl. Schuh et al. (Industrie 4.0 Maturity Index), 2020b, S. 7.

[73] vgl. Andelfinger; Hänisch (Industrie 4.0), 2017, S. 59.

eine zunehmende Produktvielfalt ein übergreifendes System zur reibungslosen Organisation der Produktion und Abwicklung von Fertigungsaufträgen notwendig.[74] Zudem machte die abnehmende Fertigungstiefe und die damit einhergehende Informationsabhängigkeit entlang der Wertschöpfungskette den Einsatz datenverarbeitender Technologie unerlässlich[75]. Lokale Wertschöpfungsketten wandelten sich durch die Globalisierung zu globalen Wertschöpfungsnetzwerken – mit dem Bedarf weiterer Steuerungs- und Planungsaktivitäten[76]. Daraus entwickelten sich in logischer Konsequenz das sogenannte *Enterprise Ressource Planning (ERP)* und das *Supply Chain Management (SCM)*, welche Planungs- und Steuerungsaufgaben über verschiedene Bereiche und Unternehmensgrenzen hinweg ordnen.[77]

Aufgrund der Vorteile einer besseren Planung sowie Simulation der Produktion kamen in den 1990er Jahren *Advanced-Planning-Systeme (APS)* auf[78]. Dabei ersetzten APS keineswegs bestehende ERP-Systeme, sondern ergänzen vielmehr deren Planungsfähigkeiten[79]. Dazu greifen APS unter anderem auf die im ERP-System vorhandenen Daten zurück und führen eine deutlich weitreichendere und integrierte Planung der Supply Chain im Vergleich zum ERP-System durch[80]. Zusätzlich greifen APS auf granulare Planungsdaten aus sogenannten *Manufacturing-Execution-Systemen (MES)* zurück. Weitere Datenquellen in Unternehmen sind die *speicherprogrammierbaren Steuerungen (SPS)* der Maschinen und die durch Sensoren und Aktoren verarbeiteten Ein- und Ausgangssignale[81].

Genannte Systeme (SPS, MES, PPS, ERP, SCM, APS) sind in der Unternehmenspraxis eng miteinander verbunden (vgl. Abbildung 2-6). Die Datenerfassung und -überwachung im Rahmen der PPS wird unter dem Begriff der Betriebs- und Maschinendatenerfassung (BDE bzw. MDE) zusammengefasst. Diese ist zuständig für die Gewinnung der Ist-Daten aus der laufenden Produktion. Die Datenerfassung ist zur Planung und Steuerung essenziell, da nur so der Regelkreis zwischen der Planungsinstanz (PPS) und der Transformationsinstanz (Produktion) geschlossen werden kann.[82]

[74] vgl. Wiendahl (Betriebsorganisation für Ingenieure), 2014, S. 249.
[75] vgl. Vahrenkamp; Siepermann (Produktionsmanagement), 2008, S. 11 f.
[76] vgl. Wiendahl (Betriebsorganisation für Ingenieure), 2014, S. 248.
[77] vgl. Schuh; Schmidt (Produktionsmanagement), 2014, S. 9.
[78] vgl. Entrup (Advanced Planning in Fresh Food Industries), 2005, S. 9.
[79] vgl. Entrup (Advanced Planning in Fresh Food Industries), 2005, S. 10.
[80] vgl. Entrup (Advanced Planning in Fresh Food Industries), 2005, S. 9.
[81] vgl. Andelfinger; Hänisch (Industrie 4.0), 2017, S. 60.
[82] vgl. Andelfinger; Hänisch (Industrie 4.0), 2017, S. 59.

Zusammenfassend lässt sich feststellen, dass die integrierte Informationsverarbeitung aller mit der Leistungserstellung zusammenhängenden Planungs- und Steuerungsaufgaben den Antrieb hinter der Entstehung der heute etablierten hierarchischen Informationssystemstruktur darstellen. Für die PPS dienen diese Systeme insbesondere der Entscheidungsunterstützung (bspw. um einen mengen- und zeitgemäßen Produktionsablauf unter Beachtung verfügbarer Ressourcen zu planen und zu überwachen).

Das generische *Y-Modell* nach SCHEER ordnet die Verwendung der Daten und Informationssysteme im Rahmen der PPS (vgl. Abbildung 2-7). Es stellt einen Ordnungsrahmen zur integrierten Informationsverarbeitung für die relevanten betriebswirtschaftlichen und technischen Aktivitäten eines Unternehmens dar.[83] Die Trennung zwischen primär-technischen Funktionen und primär-wirtschaftlichen Tätigkeiten der PPS erlaubt eine weitere funktionale Eingrenzung des Betrachtungsbereichs vorliegender Arbeit. Die aufgezeigten betriebswirtschaftlich-planerischen Aktivitäten sowie technische Funktionen der Produktrealisierung werden in vorliegender Arbeit als Leitbild für die spätere Identifikation von Herausforderungen dienen.

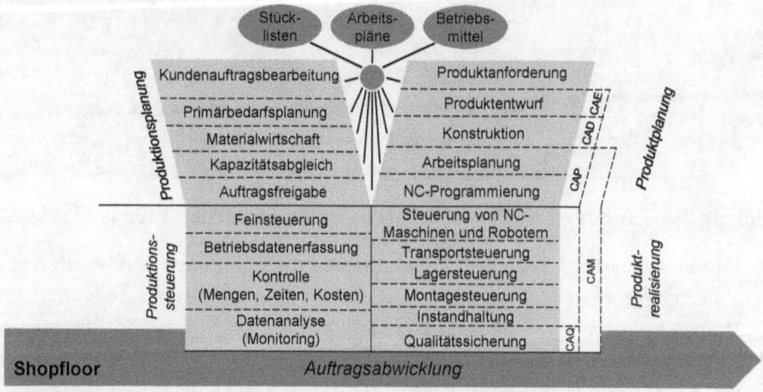


**Abbildung 2-7: Y-Modell des Computer Integrated Manufacturing[84]**

Darüber hinaus geht aus der Analyse des Y-Modells hervor, dass die Funktionsweise der hierarchischen Informationssysteme ungeeignet für die Vision einer vernetzten, adaptiven Produktion ist. Insbesondere im Planungsprozess werden die beiden Stränge der technischen und betriebswirtschaftlichen Planung noch getrennt voneinander

[83] vgl. Obermaier (Industrie 4.0 als unternehmerische Gestaltungsaufgabe), 2017, S. 25.
[84] vgl. Obermaier (Industrie 4.0 als unternehmerische Gestaltungsaufgabe), 2017, S. 17.

durchlaufen. Eine Verzahnung erfolgt erst auf Basis der Steuerungs- und Realisationsebene. In den hierarchischen Systemen sowie anderen datenführenden Systemen des Unternehmens sind enorm große Mengen an Daten und Informationen gespeichert, welche nur bedingt mit anderen Systemen interagieren und somit die Selbstorganisation nicht ermöglichen. Um die entsprechenden betrieblichen Abläufe zu unterstützen und zu verbessern, ist eine integrierte Informationsverarbeitung zwischen prozessual zusammenhängenden betrieblichen Einheiten (Menschen, Organisationseinheiten, EDV-Systemen, Produktionsanlagen) erforderlich.[85] Diesem Ansatz folgt das Leitbild des IoP, welches nachfolgend betrachtet wird.

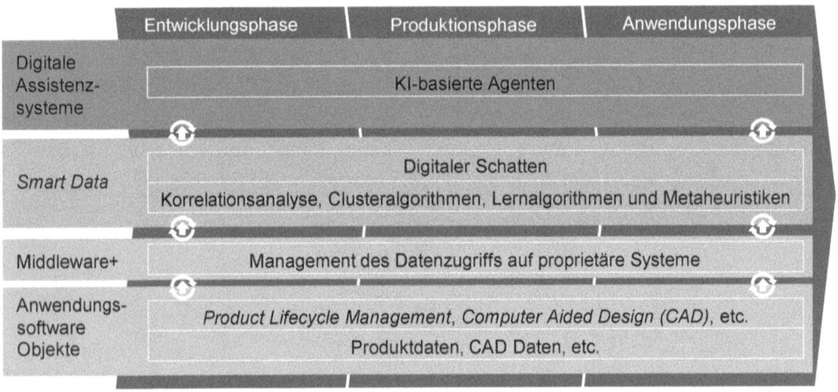


**Abbildung 2-8: Internet of Production als Referenzinfrastruktur für Industrie 4.0[86]**

Das IoP löst dieses strukturelle Defizit auf, bricht mit dem hierarchisch-isolierten Ansatz etablierter Informationssysteme und zielt auf eine bereichsübergreifende Vernetzung. Das in Abbildung 2-8 dargestellte Modell dient als holistische Referenzinfrastruktur für die Industrie 4.0. Es bildet die drei Phasen des Produktlebenszyklus Entwicklung, Produktion und die Anwendung ab[87]. Die vier Ebenen des IoP unterscheiden sich bzgl. ihrer Datengranularität. Die unterste Ebene bündelt die Vielzahl an Anwendungssoftware eines Unternehmens wie z. B. das *Product Lifecylce Management* oder das *Computer Aided Design*. Der großen Unterschiede der Daten in Bezug auf Vollständigkeit, Genauigkeit, Semantik und Granularität wegen bedarf es einer Zwischenschicht. In der *Middleware+* werden die Rohdaten durch Korrelationsanalyse,

[85] vgl. Schuh et al. (Engineering Valley), 2017, S. 5.

[86] vgl. Schuh et al. (Industrie 4.0), 2020, S. 470.

[87] vgl. Schuh et al. (Internet of Production - Steigerung des Wertschöpfungsanteils durch domänenübergreifende Kollaboration), 2017, S. 3 ff.

Clusteralgorithmen, Lernalgorithmen und Metaheuristiken zu Daten mit hohem Informationsgehalt in Form *digitaler Schatten* in der *Smart Data*-Ebene angereichert.[88] Digitale Schatten sind ein reduziertes, echtzeitfähiges Abbild der relevanten Zusammenhänge im Produktionssystem[89]. Auf der Ebene der geringsten Datengranularität verarbeiten *digitale Assistenzsysteme* die teils komplexe Smart Data und unterstützen in Entscheidungsprozessen[90]. Als Schnittstelle zwischen Menschen und ihrer digitalen Umgebung ermöglichen sie die Mensch-Technik-Kommunikation[91]. Der Einsatz KI-basierter Agenten für die Entscheidungsunterstützung ist dabei explizit vorgesehen[92].

Die Ziele des IoP sind die *»bedarfsgerechte Bereitstellung entscheidungsrelevanter Daten in adäquater Granularität«* sowie die *»Verbesserung der datenbasierten, interdisziplinären Kollaboration«*[93]. Zusammenfassend betrachtet ist diese IT-Architektur somit für die Vision einer vernetzten, adaptiven Produktion erforderlich.

### 2.1.5 Zwischenfazit zur vernetzten, adaptiven Produktion

In diesem Kapitel wurden die elementaren Grundlagen der vernetzten, adaptiven Produktion betrachtet. Der Produktionsbegriff ist im Rahmen vorliegender Arbeit als zielgerichtete Aktivitäten zur wertschöpfenden Transformation von Materialien definiert. Die Produktion ist als System organisiert und beschreibt aus funktionaler Perspektive des Y-Modells Planungs- und Steuerungsaufgaben, die über Regelkreise miteinander verbunden sind. Die Regelkreise werden dabei über Führungsgrößen (Ziele) gesteuert. Die produktionsbezogenen Ziele eines Unternehmens sind nach dem klassischen Verständnis die Reduktion der Kosten, der Durchlaufzeit und die Erhöhung der Qualität. Diese Ziele sind als Polylemma zu verstehen und entwickeln sich zum Teil gegenläufig. Produzierende Unternehmen sind dabei externen Unsicherheiten und Schwankungen ausgesetzt. Verkürzte Produktlebenszyklen und der Individualisierungsanspruch des Kunden stellen sie vor unerwartete und instabile Situationen unter Unsicherheit. Um auf diese Ereignisse zu reagieren, bedarf es der Ergänzung des klassischen Zielsystems um die Dimensionen der Flexibilität bzw. Wandlungsfähigkeit.

Getrieben durch technologische Innovation verschmelzen physische Prozesswelt und Prozessdaten und treiben dabei die Komplexität von Produktionssystemen[94]. Das IoP

[88] vgl. Schuh et al. (Industrie 4.0), 2020, S. 470.
[89] vgl. Engels (Der digitale Fußabdruck, Schatten oder Zwilling von Maschinen und Menschen), 2020, S. 368.
[90] vgl. Schuh et al. (Industrie 4.0), 2020, S. 470.
[91] vgl. Mättig; Kretschmer (Einsatz digitaler Assistenzsysteme in der Logistik 4.0), 2017, S. 2.
[92] vgl. Schuh et al. (Industrie 4.0), 2020, S. 471.
[93] vgl. Schuh et al. (Engineering Valley), 2017, S. 4.
[94] vgl. Jeschke et al. (Industrial Internet of Things), 2017, S. 287 ff.

gilt als zukunftsfähige Referenzarchitektur für die übergreifende Vernetzung der datenbasierten Produktion und löst die hierarchische Strukturierung nach dem klassischen Verständnis auf. Die vernetzte, adaptive Produktion gilt als Leitbild zur strategischen Gestaltung eines Produktionssystems angesichts großer Umweltturbulenz. Der Wandlungsfähigkeitsanspruch erfordert die Verbesserung der Entscheidungsprozesse eines Unternehmens und die Verfügbarkeit dafür notwendiger Informationen. Das IoP ermöglicht dies und darüber hinaus die Auswertung dieser Daten.

Auf Basis des etymologischen Begriffsverständnisses des Umfeldes als auf *»etwas […] unmittelbar einwirkende Umgebung«*[95] kann die vernetzte, adaptive Produktion daher zusammenfassend als ein sich selbst organisierendes, an ihre Umwelt anpassendes System von Agenten charakterisiert werden. Diesem Grundverständnis folgend stellt das Produktionssystem der Zukunft ein sich durch Wandlung selbstoptimierendes System dar, welches – befähigt durch ein neuartiges technologisches Setup – Produktivitätssteigerungen systematisch anstrebt sowie extern induzierte Unsicherheit beherrscht.

## 2.2 Grundlagen der Daten

*»Information is the oil of the 21st century, and analytics is the combustion engine.«*[96]

In Anlehnung an diese Metapher von SONDERGAARD stellt die auf Daten und Informationen basierende Analyse einen Schlüsselfaktor der digitalisierten Wirtschaft des 21. Jahrhunderts dar. Daten sind die dafür notwendige Basis. Sie spielen industrieübergreifend zunehmend eine zentrale Rolle für die Entwicklung neuer Innovationen und werden als Unternehmensvermögen anerkannt.[97] Ohne Daten ist es nicht möglich, MLS einzusetzen; denn diese dienen lediglich der Verarbeitung von Daten.

Nachfolgend wird die Wissenspyramide vorgestellt (vgl. Kapitel 2.2.1). Danach werden wesentliche Eigenschaften von Daten analysiert (vgl. Kapitel 2.2.2). Anschließend wird der Anwendungskontext im Sinne von Big Data beleuchtet (vgl. Kapitel 2.2.3) sowie der Modellcharakter von Daten untersucht (vgl. Kapitel 2.2.4). In einem Zwischenfazit werden die gewonnenen Erkenntnisse resümiert (vgl. Kapitel 2.2.5).

### 2.2.1 Wissenspyramide

Daten dienen der formalen Beschreibung von Informationen und sind so eine statische Repräsentation der Problembeschreibung[98]. Der Begriff *Daten* ist dabei der Plural des

[95] vgl. Duden (Stichwort "Umfeld"), 2020.
[96] vgl. Sondergaard (Data Analytics), 2011.
[97] vgl. Porter; Heppelmann (How Smart, Connected Products Are Transforming Companies), 2015, S. 6.
[98] vgl. Schmidt (Informationsmanagement), 1999, S. 66.

lateinischen Wortes *Datum*, das *gegeben* heißt[99]. Nach ROWLEY sind Daten im Allgemeinen Symbole, welche Eigenschaften von Objekten, Ereignissen und ihrer Umwelt darstellen. Sie sind in der Regel das Ergebnis von Beobachtungen[100]. Ohne Kontext und Interpretation haben Daten per se weder Bedeutung noch Wert. Sie sind diskrete, objektive Fakten oder Beobachtungen, welche weder verarbeitet noch organisiert sind.[101] Dieses Fehlen von Wert oder Bedeutung unterscheidet Daten von Informationen. AAMODT UND NYGÅRD beschreiben die Zusammenhänge der Konzepte Daten, Information und Wissen. Hierbei werden Daten als syntaktische Einheiten bezeichnet, welche lediglich Folgen von Zeichen ohne Bedeutung sind. Sie sind die Eingangsgröße eines Interpretationsprozesses. Werden Daten verarbeitet und interpretiert, entstehen daraus Informationen mit Bedeutungsgehalt. Informationen haben beschreibenden Charakter und beantworten Fragen nach dem *wer*, *was*, *wann* und *wie viele*[102]. Informationen gelten als Eigenschaft von Daten – ohne letztere könnten erstere folglich nicht existieren.[103] Informationen können wiederum gelernt werden, wodurch Wissen entsteht. Auf Basis von Wissen können schließlich Entscheidungen getroffen werden.[104] Eine geläufige Darstellung des Zusammenhangs von Daten, Information und Wissen ist die Wissenspyramide in Abbildung 2-9.

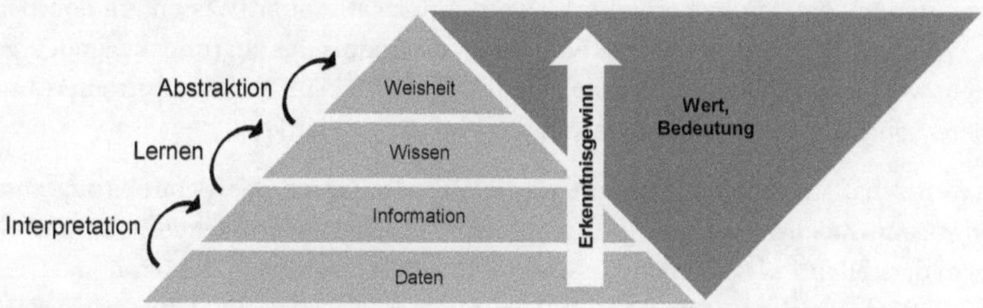


**Abbildung 2-9: Wissenspyramide[105]**

Im wissenschaftlichen Erkenntnisprozess wird die Pyramide von unten nach oben durchlaufen, wodurch an Wert und Bedeutung gewonnen wird[106]. Der qualitative Un-

[99] vgl. Wortbedeutung (Stichwort "Daten"), 2019.
[100] vgl. Rowley (The Wisdom Hierarchy), 2007, S. 166.
[101] vgl. Rowley (The Wisdom Hierarchy), 2007, S. 170 f.
[102] vgl. Rowley (The Wisdom Hierarchy), 2007, S. 166.
[103] vgl. Kendal; Creen (An Introduction to Knowledge Engineering), 2007, S. 4.
[104] vgl. Aamodt; Nygård (Different Roles and Mutual Dependencies of Data, Information, and Knowledge - an AI Perspective on Their Integration), 1995, S. 196 f.
[105] vgl. Engelmann; Großmann (Was wissen wir über Information?), 2011, S. 6.
[106] vgl. Schulz; Nocke (Maschinelle Datenanalyse im Informationszeitalter), 2007, S. 2.

terschied zwischen Daten und Informationen wird durch das Modell der Wissenspyramide jedoch nicht deutlich. Denn Daten stellen in dieser Hinsicht den materiellen Träger von Informationen dar und sind so ein physikalisches Objekt. Informationen sind dagegen ein immaterielles, abstraktes Objekt und existieren nur im Bewusstsein des Menschen[107]. Andere Definitionsansätze unterscheiden zusätzlich Zeichen bzw. Ziffern und Worte bzw. Werte von Daten. Hierbei sind Zeichen und Ziffern lediglich Bausteine für Worte und Werte. Zeichen dienen der Darstellung von Daten. Man unterscheidet in der Informatik zwischen der internen und externen Darstellung der Zeichen. *Rechenintern* werden alle Zeichen in auf Binärzahlen basierenden Bitmustern genutzt. *Rechenextern* dagegen bezeichnet die druckfähige Darstellung der Zeichen.[108] Diese haben eine allgemeine semantische Bedeutung, d. h. sie bilden eine Größe oder ein Objekt verständlich ab, jedoch ohne kontextuelle Bedeutung. Durch das Zuschreiben einer konkreten Bedeutung entstehen schließlich Daten, welche in der Informatik häufig als Stammdaten bezeichnet werden.[109]

Im Rahmen vorliegender Arbeit wird auf diese zusätzliche Unterscheidung verzichtet. Daten sind somit sowohl Zeichen ohne semantische Bedeutung als auch Stammdaten.

Wiederum andere Ansätze erweitern Daten, Information und Wissen um den Begriff der Weisheit. Weisheit beschreibt ein tiefes Verständnis der zugrundeliegenden Prinzipien, welches sich aus dem Wissen ableitet. Dadurch kann Wissen abstrahiert und in andere Kontexte übertragen sowie kritisch hinterfragt werden.[110]

Die Wirtschaftsinformatik definiert Daten als zum Zweck der Verarbeitung zusammengefasste Zeichen, welche Informationen (Angaben über Sachverhalte und Vorgänge) darstellen[111]. Das Verständnis von OTTO ET AL. ist sowohl ein ökonomisches als auch ein informationstechnisches. Ökonomisch sind Daten ein immaterielles Wirtschaftsgut. Informationstechnisch stellen Daten eine formalisierte, für die Kommunikation oder Verarbeitung mehrfach verwertbare Darstellung von Information dar.[112]

Zusammenfassend können Daten also als eine Sammlung von Zeichen verstanden werden, welche durch Verarbeitung zu Informationen, Wissen oder gar Weisheit interpretiert werden können und damit Bedeutung und Wert erhalten.

---

[107] vgl. Engelmann; Großmann (Was wissen wir über Information?), 2011, S. 6.

[108] vgl. Gabler Wirtschaftslexikon (Stichwort "Zeichen"), 2018.

[109] vgl. Hannig (Knowledge Management und Business Intelligence), 2002, S. 123.

[110] vgl. Rowley (The Wisdom Hierarchy), 2007, S. 174.

[111] vgl. Gabler Wirtschaftlexikon (Stichwort "Daten"), 2018.

[112] vgl. Otto et al. (Industrial Data Space - Digitale Souveränität über Daten), 2016, S. 38.

### 2.2.2 Dateneigenschaften

Die Eigenschaften von Daten sind im Kontext vorliegender Arbeit von besonderem Interesse, da sich bspw. die Herausforderungsdimension der vernetzten, adaptiven Produktion durch Daten mit speziellen Eigenschaften auszeichnet. Dies gilt ebenso für die Datenbedarfe MLS in der Systemdimension. Im Rahmen vorliegender Arbeit werden die Qualität, die Quantität sowie der Wert von Daten betrachtet.

**Qualität von Daten**

Wie gut MLS Erkenntnisse aus Daten ziehen können, hängt maßgeblich von der Qualität der Daten ab, die in Training und Anwendung zugeführt werden[113,114]. Qualität wird als *»Charakterisierung einer Sache oder einer Leistung hinsichtlich relevanter Größen«* definiert[115]. Sie ist somit ein Maß für die Anwendungstauglichkeit von Daten[116]. Dies macht die Datenqualität zu einer anwendungsspezifischen Größe, welche in einem Anwendungskontext ausreichend ist, in einem anderen sich jedoch als unbrauchbar erweist[117]. Eines der wichtigsten Konzepte zur Beschreibung der Qualität von Daten basiert auf einem durch WANG UND STRONG durchgeführten Interview zur Identifikation relevanter Kriterien[118]. Besonders ein Verständnis der Ausprägungszustände der Kriterien und ihr Einfluss auf die Datenqualität sind dabei wichtig[119]. Eine Auswahl der relevantesten Kriterien und die zugehörige Beschreibung ist in Tabelle 2-1 dargestellt. Die hier diskutierten Kriterien sind im Kontext vorliegender Arbeit besonders relevant und werden teils bei der Untersuchung der Daten- und Datenmodellanforderungen in Kapitel 4.3.2 erneut aufgegriffen.

**Tabelle 2-1: Kriterien der Datenqualität[120,121]**

| Kriterium | Beschreibung |
|---|---|
| Aktualität | Daten sind aktuell, wenn sie die tatsächliche Eigenschaft des beschriebenen Objektes zeitnah abbilden |
| Bearbeitbarkeit | Daten sind bearbeitbar, wenn sie leicht zu ändern und für unterschiedliche Zwecke zu verwenden sind |
| Fehlerfreiheit | Daten sind fehlerfrei, wenn sie mit der Realität übereinstimmen |

[113] vgl. Mahdavinejad et al. (Machine Learning for Internet of Things Data Analysis), 2018, S. 172.
[114] vgl. Géron (Hands-on Machine Learning with Scikit-Learn and TensorFlow), 2017, S. 48.
[115] vgl. Helmis; Hollmann (Webbasierte Datenintegration), 2009, S. 7.
[116] vgl. Helmis; Hollmann (Webbasierte Datenintegration), 2009, S. 7-8.
[117] vgl. Even; Shankaranarayanan (Utility-Driven Assessment of Data Quality), 2007, S. 1.
[118] vgl. Wang; Strong (Beyond Accuracy), 1996.
[119] vgl. Tayi; Ballou (Examing Data Quality in Context), 1998, S. 56.
[120] vgl. Rohweder et al. (Informationsqualität), 2011, S. 28.
[121] vgl. Wang; Strong (Beyond Accuracy), 1996, S. 14.

| Kriterium | Beschreibung |
|---|---|
| Glaubwürdigkeit | Daten sind glaubwürdig, wenn die Informationsquelle, das Transportmedium und das verarbeitende System im Ruf einer hohen Vertrauenswürdigkeit und Kompetenz stehen |
| Interpretierbarkeit | Daten sind eindeutig auslegbar, wenn sie in gleicher, fachlich korrekter Art und Weise begriffen werden |
| Konsistenz | Daten sind konsistent dargestellt, wenn die Informationen fortlaufend auf dieselbe Art und Weise abgebildet werden |
| Relevanz | Daten sind relevant, wenn sie für das zu betrachtende Problem (explizit oder implizit) Informationen liefern |
| Vollständigkeit | Daten sind vollständig, wenn die Menge der verfügbaren Informationen den gestellten Anforderungen genügt |
| Zugänglichkeit | Daten sind zugänglich, wenn sie anhand einfacher Verfahren und auf direktem Weg abrufbar sind |

Weitere Kriterien sind *Wertschöpfung* und *Objektivität*. Nach ROHWEDER ET AL. folgt Wertschöpfung aus Relevanz. Da erst die Aktion auf Basis der extrahierten Information von wahrem Wert ist, wird die Wertschöpfung nur indirekt betrachtet. Die Objektivität hängt von der Glaubwürdigkeit der Daten ab, sodass die beiden Kriterien zusammengefasst werden können.[122] Daten können darüber hinaus aufgrund ihrer Modelleigenschaften nicht objektiv sein (vgl. Kapitel 2.2.4). Daher wird das Kriterium der Objektivität nicht weiter betrachtet. Weitere durch WANG UND STRONG identifizierte Kriterien, die für den Kontext dieser Arbeit eine weniger relevante Rolle spielen und daher nicht weiter betrachtet werden, sind: *Vielseitigkeit, Übersichtlichkeit, Verständlichkeit, Nachverfolgbarkeit, Kosteneffizienz, Zugriffssicherheit* und *Flexibilität*[123]. Ein weiteres identifiziertes Kriterium ist ein *angemessener Umfang*. Dieses wird nachfolgend als Quantität von Daten näher betrachtet.

### Quantität von Daten

Ein weiterer entscheidender Faktor für den Anwendungserfolg MLS ist die Menge an verfügbaren (Trainings-)Daten. Wie viel Daten konkret benötigt werden, lässt sich dabei nicht pauschal sagen – es hängt von verschiedenen Eigenschaften des Problems und der Problembeschreibung ab.[124] Einerseits ist entscheidend, in welcher Güte die Informationen für die Anwendung benötigt werden. Mit steigendem Güteanspruch braucht ein Algorithmus mehr Daten, um die Zusammenhänge zu erkennen und in ein Modell

[122] vgl. Rohweder et al. (Informationsqualität), 2011, S. 27.
[123] vgl. Wang; Strong (Beyond Accuracy), 1996, S. 14.
[124] vgl. Marsland (Machine Learning), 2015, S. 20.

zu überführen.[125] Andererseits ist auch die Anzahl der zur Problembeschreibung ausgewählten Attribute entscheidend – mehr Attribute bieten einen breiteren Kontext des Problems. Je komplexer das zu beschreibende Problem ist, desto mehr Attribute werden zur Beschreibung benötigt[126]. Mit der Anzahl der gewählten Attribute wächst allerdings auch der zugehörige Lösungsraum, also die Anzahl der möglichen zu untersuchenden Beziehungen zwischen den Daten. Im Falle zu komplexer Datenzusammenhänge besteht das Risiko des *Dimensionality Dilemma*. Der Algorithmus kann bei zu großer Komplexität nicht alle Zusammenhänge zwischen den Attributen in der zur Verfügung stehenden Laufzeit untersuchen[127,128]. Die Auswahl der für die Problembeschreibung relevantesten Attribute ist daher entscheidend. Auch die Anzahl möglicher Ausprägungszustände je Attribut ist ein wichtiger Faktor. Die Ausprägungszustände müssen einerseits so gewählt werden, dass sie den kompletten Problemraum abdecken.[129] Andererseits erhöht auch ihre Anzahl die Komplexität des Modells.

Die Qualität der Trainingsdaten hat Auswirkungen auf die benötigte Datenmenge. In einer geringen Datenmenge fallen beim Erstellen des Modells qualitativ schlechtere Daten stärker ins Gewicht. Mit zunehmender Qualität der Daten sinkt die benötigte Datenmenge, um realitätsnahe Zusammenhänge im Modell widerzuspiegeln.[130] Ausgehend von der von jedem Algorithmus benötigten Mindestmenge an Daten unterscheiden sich die genauen Mengen entsprechend den spezifischen Algorithmuseigenschaften[131]. Die bearbeitete Menge an Daten hat dabei Auswirkungen auf die Laufzeit des Lernalgorithmus und ist wiederum für die Anwendung zu berücksichtigen[132].

**Wert von Daten**

Der Wert von Daten hängt stark von spezifischen Datenmerkmalen und Kontexten ab. Daher haben die gleichen Daten für verschiedene Anwendungsfälle unterschiedlichen Wert. Der Wert von Daten steht dabei in keinem direkten Zusammenhang mit der Datenmenge.[133] Jedoch besteht mit zunehmender Datenmenge das Problem eines sinkenden Werts der Daten im Verhältnis zu ihrem Volumen[134]. Der Datenwert wird durch Methoden der Informationsextraktion und -bereinigung sowie durch Methoden

[125] vgl. Agrawal et al. (Prediction Machines), 2018, S. 233.
[126] vgl. Fayyad et al. (Knowledge Discovery and Data Mining), 1996, S. 86.
[127] vgl. Géron (Hands-on Machine Learning with Scikit-Learn and TensorFlow), 2017, S. 278 f.
[128] vgl. Marsland (Machine Learning), 2015, S. 18.
[129] vgl. Marsland (Machine Learning), 2015, S. 86.
[130] vgl. Corea (An Introduction to Data), 2019, S. 2.
[131] vgl. Marsland (Machine Learning), 2015, S. 20.
[132] vgl. Marsland (Machine Learning), 2015, S. 86.
[133] vgl. Boyd; Crawford (Critical Questions for Big Data), 2012, S. 668 ff.
[134] vgl. Laney (3D Data Management: Controlling Data Volume, Velocity, and Variety), 2001, S. 1.

der Datenintegration, -modellierung oder -analyse erzeugt[135,136]. Wenn Daten in einer Darstellung verarbeitet werden, die nicht in ihren ursprünglichen Kontext passt, können sie ihren Wert verlieren[137]. Ein Problem ergibt sich hinsichtlich der Lernmethoden: Das Lernen aus Daten mit geringem Wert erzeugt Ergebnisse mit geringem Wert und geringer Signifikanz[138]. Es ist also die Aufgabe der Entwickler, Analysemethoden zu verstehen und für die spätere Datenverarbeitung angemessen zu gestalten. Darüber hinaus führen bspw. Eingabefehler oder Redundanzen in Datensätzen zu einem geringeren Datenwert. Ein angemessenes Datenqualitätsmanagement ist daher im Zusammenhang mit dem Datenwert unerlässlich[139].

### 2.2.3 Big Data

Das *Internet of Things (IoT)* fördert die Verbreitung einer Sonderform der Daten – *Big Data*[140]. Big Data stellt die wertsteigernde Verarbeitung von Daten jedoch vor verschiedene große Herausforderungen, bei denen MLS Abhilfe versprechen[141]. Im Folgenden werden daher Big Data-Eigenschaften und die Herausforderungen vorgestellt. Während das IoT eine Hardware-Perspektive auf die Daten einnimmt, beschreibt Big Data diese aus einer Software-Perspektive[142]. Big Data bezeichnet in ihrer Rohform auftretende Daten. Konstituierend für Big Data ist das Vorliegen von Informationen in impliziter Form. Das Gegenteil von Big Data sind somit Smart Data (vgl. Kapitel 2.1.4).[143]

Ein etablierter Ansatz zur Beschreibung von Big Data sind ihre sogenannten »V-Eigenschaften«, welche Daten als Big Data qualifizieren. Nachfolgend werden die Eigenschaften sowie die durch sie induzierten Herausforderungen im Hinblick auf die Datenverarbeitung genannt. Dabei sollte berücksichtigt werden, dass – um Daten als Big Data einzustufen – nicht stets alle Eigenschaften (gleich stark) ausgeprägt sein müssen. Jedoch bleibt unklar, ab welchem Grad der Eigenschaften Daten Big Data darstellen.[144]

[135] vgl. Jagadish et al. (Big Data and Its Technical Challenges), 2014.
[136] vgl. Labrinidis; Jagadish (Challenges and Opportunities with Big Data), 2012, S. 2032.
[137] vgl. Boyd; Crawford (Critical Questions for Big Data), 2012, S. 670 f.
[138] vgl. Qiu et al. (A Survey of Machine Learning for Big Data Processing), 2016, S. 8.
[139] vgl. Saha; Srivastava (Data Quality), S. 1294.
[140] vgl. Jesse (Internet of Things and Big Data), 2018, S. 275.
[141] vgl. Zhou et al. (Machine Learning on Big Data: Opportunities and Challenges), 2017, S. 1.
[142] vgl. Jesse (Internet of Things and Big Data), 2018, S. 5 ff.
[143] vgl. Mahdavinejad et al. (Machine Learning for Internet of Things Data Analysis), 2018, S. 162.
[144] vgl. Kitchin; McArdle (What Makes Big Data, Big Data), 2016, S. 1 f.

**Tabelle 2-2: Charakterisierung von Big Data anhand der 5 V[145]**

| Eigenschaft | Herausforderung |
|---|---|
| Volumen (engl.: volume) | Automatisierte Verwaltung und sinnvolle Nutzung aller erfassten und gespeicherten Daten |
| Geschwindigkeit (engl.: velocity) | Schnelle Datenerfassung (sonst werden die Daten nicht erfasst) und schnelle Verarbeitung (sonst sind die Verarbeitungsergebnisse weniger wertvoll oder gar wertlos) |
| Vielfalt (engl.: variety) | Komplexität durch hohe Heterogenität der Daten aufgrund von verschiedenen Datenquellen und -formaten |
| Richtigkeit (engl.: veracity) | Unsicherheit bzgl. der Richtigkeit der Daten durch unterschiedliche Quellen und analytische Modellierungen |
| Wert (engl.: value) | Ableiten wertvoller Informationen basierend auf Daten mit geringer Informationsdichte |

### 2.2.4 Modellcharakter von Daten

Bei ihrer Generierung unterliegen Daten einer zweifachen Abstraktion: Die erste Abstraktion erfolgt auf Basis der gewählten Information, um die reale Welt (das Problem) darzustellen. Die zweite Abstraktion erfolgt auf Basis der gewählten Daten, um diese Information auszudrücken.[146] Daten sind daher Modelle. Sie sind Konstrukte, die die Realität aufgrund einer gefilterten Verarbeitung reduzieren. Sie nehmen einen spezifischen Blickwinkel ein und sind somit zweck- und wertrelativ[147]. Aufgrund dieser Modelleigenschaften unterliegen die durch MLS verarbeiteten Daten ebenfalls einem Interpretationsspielraum. Erst durch das Stellen der richtigen Fragen können wertvolle Informationen gewonnen werden und so Rückschlüsse auf die reale Welt gezogen werden[148]. Die Interpretation unterliegt dabei zwei möglichen Problemen. Zum einen dem Risiko der falschen Kausalitäten: Ein Zusammenhang zwischen Daten wird beim Lernen erkannt. Die Kausalität wird jedoch falsch gedeutet und somit auf neue Daten falsch angewendet.[149] Zum anderen kann ein Lernalgorithmus die Relevanz der ausgewählten Daten vorurteilsbehaftet bewerten und so das Modell falsch aufstellen, wenn die Trainingsdatenbasis nicht realitätsnah ausgewählt wurde[150]. Realitätsnah bedeutet

[145] vgl. Zhou et al. (Machine Learning on Big Data: Opportunities and Challenges), 2017, S. 4.
[146] vgl. Veregin (Data Quality Parameters), 1998, S. 179.
[147] vgl. Engelmann; Großmann (Was wissen wir über Information?), 2011, 14 ff.
[148] vgl. Hong et al. (Connected vs. Automated Vehicles as Generators of Useful Data), 2014, S. 5.
[149] vgl. Agrawal et al. (Prediction Machines), 2018, S. 63.
[150] vgl. Marsland (Machine Learning), 2015, S. 46-47.

hier, dass die Trainingsdaten für die Anwendungsdaten repräsentativ sind[151]. Daher sind Daten nie objektiv, sie zeigen nur einen Ausschnitt der objektiven Realität[152].

Um eine relevante Lösung zu generieren, muss der gesamte Problemkontext der Daten betrachtet werden[153]. Der Kontext ist jedoch ausschließlich abhängig von den zugeführten Daten[154]. So können auch MLS keine absoluten Wahrheiten der realen Welt wiedergeben, sondern nur die Wahrheit der gegebenen Daten. Daher spielt die Auswahl der Daten und die Bereitstellung dieser in den richtigen Datenmodellen eine entscheidende Rolle für die Entwicklung eines funktionierenden MLS. Die hier diskutierten Modelleigenschaften werden daher bei der Untersuchung der Daten- und Datenmodellanforderungen in Kapitel 4.3.2 erneut aufgegriffen.

### 2.2.5 Zwischenfazit zu den Grundlagen der Daten

In diesem Kapitel wurden elementare Daten betreffende Grundlagen betrachtet, um ein Verständnis des Datenbegriffs zu schaffen und ihn z. B. von den verwandten Begriffen Zeichen, Informationen und Wissen abzugrenzen. Es konnte in diesem Zusammenhang gezeigt werden, dass Daten und Zeichen durch Datenanalyse in eine höhere Aggregationsform transformiert werden können und damit i. d. R. auch einen höheren Wert aufweisen. Dieser Wert ist allerdings nicht universeller, sondern spezifischer, ja fast schon subjektiver Natur und geprägt von verschiedenen Eigenschaften der Daten – insbesondere Qualität und Quantität. So kann festgestellt werden, dass sich u. a. vollständige und fehlerfreie Daten besonders für eine Analyse und damit zum Erkenntnisgewinn eignen. Diese wünschenswerten Merkmale (Vollständigkeit, Fehlerfreiheit) sind dabei einerseits durch die Modelleigenschaften von Daten verzerrt. Andererseits sind sie vom Anwendungskontext geprägt, z. B. von Big Data-Eigenschaften der Daten.

Daten entstehen nicht lokal, sondern global. In tendenziell immer mehr Domänen werden dabei Daten höherer Merkmalsdichte mit geringer Latenz aufgenommen. Von einem Zukunftszeitpunkt aus betrachtet wird die gegenwärtige Realität relativ lückenlos in Daten abgebildet sein. Auflösung und Frequenz dieses Abbilds werden dabei in Zukunft voraussichtlich weiter zunehmen. Durch Verknüpfung von Daten miteinander oder mit Kontextinformationen wird die Modelleignung der Daten für die Realität verbessert – was wiederum den Wert für eine Analyse erhöht.

[151] vgl. Witten et al. (Data Mining), 2011, S. 377.

[152] vgl. Corea (An Introduction to Data), 2019, S. 2-3.

[153] vgl. Witten et al. (Data Mining), 2011, S. 378.

[154] vgl. Corea (An Introduction to Data), 2019, S. 14.

Daten sind dabei nicht gleich Daten. Sie haben durch den Anwendungskontext definierte Eigenschaften, welche wichtige Randbedingungen für den Lösungskontext darstellen. Ohne Berücksichtigung der Daten ist die *Applikation MLS in der vernetzten, adaptiven Produktion* nicht zu bewerkstelligen. Ohne Berücksichtigung der Daten kann keine relevante Lösung entwickelt werden – ihre Art, Auswahl und Aufbereitung spielen eine entscheidende Rolle bei der Entwicklung funktionierender MLS in der vernetzten, adaptiven Produktion.

## 2.3 Grundlagen der Datenanalyse und des maschinellen Lernens

*»Wherever there is data, things can be learned from it. Whenever there is too much data for people to pore over themselves, the mechanics of learning will have to be automatic.«*[155]

Wie bereits beschrieben, stellen etablierte Ansätze des Produktionsmanagements im veränderten Zielsystem der vernetzen, adaptiven Produktion kein uneingeschränkt geeignetes Steuerungsinstrument mehr dar, um zukünftige Produktivitätspotenziale unter Berücksichtigung der neuen Flexibilitätsanforderungen zu erschließen (vgl. Kapitel 2.1). Datenanalysetechnologien im Allgemeinen, KI und ML im Besonderen haben das Potenzial, komplexe Zusammenhänge in Echtzeit zu erkennen, Analysen kontinuierlich zu verbessern und sich dynamisch an externe Faktoren anzupassen[156]. Diese Technologien können so dabei helfen, Produktivitätspotenziale zu heben sowie den erweiterten Flexibilitätsanforderungen gerecht zu werden. Trotz identifizierter Potenziale und getätigter Investitionen in die digitale Produktion sind die Technologien noch nicht in vollem Umfang implementiert. Ein Großteil der Unternehmen hat höchstens erste Erfahrungen mit ML gesammelt[157]. ML ist theoretisch zwar sehr gut verstanden, schafft es allerdings nur selten in Anwendungen[158,159]. Beim (End-)Anwender fehlt daher das Wissen darüber, was die Technologie im Vergleich zu etablierten Datenanalysetechnologien zu leisten vermag und für welche Zwecke bzw. Herausforderungen sie eingesetzt werden kann.[160]

Nachfolgend wird in diesem Kapitel daher die statistische Datenanalyse eingeführt (Kapitel 2.3.1), bevor ML und KI behandelt werden (Kapitel 2.3.2). Des Weiteren werden MLS im Allgemeinen (Kapitel 2.3.3) und ihre Gestaltung im Besonderen (Kapitel

[155] vgl. Witten et al. (Data Mining), 2011, S. 375.
[156] vgl. Géron (Hands-on Machine Learning with Scikit-Learn and TensorFlow), 2017, S. 7.
[157] vgl. Böttcher et al. (Machine Learning in deutschen Unternehmen), 2018.
[158] vgl. Berlucci et al. (Artificial Intelligence in the Real World), 2016, S. 112.
[159] vgl. Geissbauer et al. (Digital Factories 2020), 2017, S. 6.
[160] vgl. Zhou et al. (Machine Learning on Big Data: Opportunities and Challenges), 2017, S. 14 ff.

2.3.4) untersucht. Zum Schluss werden die gewonnenen Erkenntnisse in einem Fazit resümiert (Kapitel 2.3.5).

### 2.3.1 Statistische Datenanalyse

Ein Verständnis für Datenanalysetechnologien ist bedeutsam, da die Sammlung und Analyse immer größerer Mengen an Daten eine Grundkompetenz moderner Unternehmen darstellt[161]. Trotz der Wichtigkeit und Ubiquität von Datenanalysetechnologien gibt es keine einheitliche Terminologie für die verschiedenen Arbeitsgebiete der Datenwissenschaften. Nachfolgend werden daher die für vorliegende Arbeit relevanten Begriffe der Datenanalyse definiert und voneinander abgegrenzt.

Eine Analyse ist eine Untersuchung, bei der der Untersuchungsgegenstand in seine Bestandteile zerlegt wird[162]. Der Begriff Datenanalyse steht für den Prozess des Erkenntnisgewinns aus Daten, ohne für eine spezifische wissenschaftliche Disziplin zu stehen. D. h., Datenanalysen werden in der Statistik sowie in allen anderen Gebieten verwendet, sobald aus Daten Informationen extrahiert werden. Bei der Datenanalyse werden systematisch die Einzeldaten eines Datensatzes untersucht, um daraus zusammenfassende Informationen über Erscheinungen, Strukturen und Vorgänge zu gewinnen. Dazu werden neben grafischen und mathematischen Verfahren insbesondere Methoden der Statistik und Probabilistik angewandt, weshalb häufig der Begriff statistische Datenanalyse verwendet wird. Die praktische Relevanz der Erkenntnisse steht dabei im Mittelpunkt.[163,164] Statistik ist hierbei die Formalwissenschaft, welche die Methoden zur Analyse von Daten bereitstellt. Da sie eine zentrale Rolle spielt, wird nachfolgend näher auf sie eingegangen.

Zusammenfassend beschreiben Methoden der Datenanalyse Verfahren, i. d. R. statistische Verfahren, mit denen Informationen aus Daten gewonnen werden.

Die Statistik ist die Kunst, Daten zu gewinnen, darzustellen, zu analysieren und zu interpretieren, um zu neuem Wissen zu gelangen[165]. Die Statistik ist eine Zusammenfassung von Methoden, die im Rahmen empirischer Untersuchungen zur Datenerhe-

[161] vgl. Manyika et al. (Big Data), 2011, S. 1.
[162] vgl. Duden (Stichwort: "Analyse"), 2020.
[163] vgl. Hedderich; Sachs (Angewandte Statistik), 2016, S. 4.
[164] vgl. Gabler Wirtschaftlexikon (Stichwort "deskriptive Statistik"), 2018.
[165] vgl. Hedderich; Sachs (Angewandte Statistik), 2016, S. 1.

bung und -analyse genutzt werden. Sie ermöglichen es, vernünftige optimale Entscheidungen unter Ungewissheit zu treffen.[166,167,168] Die Grundlage aller beschriebenen Datenanalyseverfahren bilden Methoden der Statistik und Mathematik.

Im Bereich der Datenanalyse können drei Grundaufgaben der Statistik unterschieden werden: Beschreiben (Deskription), Suchen (Exploration) und Schließen (Induktion)[169]. Ausgehend von diesen Grundaufgaben lässt sich die Statistik in die drei Teilgebiete der *deskriptiven*, *explorativen* und *induktiven Statistik* einteilen.

- Die deskriptive Statistik umfasst sämtliche Methoden zur Beschreibung einer Grundgesamtheit. Dies beinhaltet insbesondere die Erstellung von Diagrammen, Tabellen sowie die Verwendung charakteristischer Parameter und Maßzahlen wie Mittelwerte und Streuungsmaße[170,171,172]. Die deskriptive Statistik beschreibt die zugrundeliegende Grundgesamtheit, ohne verallgemeinerbare Rückschlüsse über diese Grundgesamtheit hinaus zu ermöglichen[173].
- Als Weiterführung der Deskription entwickelte sich die explorative Statistik, welche die Suche nach Strukturen und Besonderheiten in der Datenbasis einschließt. Die Erkenntnisse können als Grundlage für die Erstellung neuer Hypothesen verwendet werden. Auch hier sind noch keine verallgemeinernden Rückschlüsse möglich, jedoch ergeben sich häufig deutliche Indizien oder eine empirische Evidenz für bestimmte Forschungshypothesen.[174]
- Die induktive Statistik (auch inferenzielle, schließende oder mathematische Statistik) macht zusätzlich Gebrauch von Methoden der Stochastik, also der Wahrscheinlichkeitsrechnung. Dies ermöglicht über die Grenzen der erhobenen Daten hinaus generalisierbare Rückschlüsse.[175] Diese wahrscheinlichkeitsbasierte Inferenz ist die relevanteste Disziplin für die Datenanalyse[176].

---

[166] vgl. Fahrmeir et al. (Statistik), 2016, S. 12.
[167] vgl. Friedman (Data Mining and Statistics: What's the Connection?), 1997, S. 5.
[168] vgl. Sachs (Angewandte Statistik), 2013, S. 26.
[169] vgl. Fahrmeir et al. (Statistik), 2016, S. 10.
[170] vgl. Fahrmeir et al. (Statistik), 2016, S. 10 f.
[171] vgl. Cleff (Deskriptive Statistik und moderne Datenanalyse), 2008, S. 4.
[172] vgl. Gabler Wirtschaftlexikon (Stichwort: "Datenanalyse"), 2018.
[173] vgl. Fahrmeir et al. (Statistik), 2016, S. 11.
[174] vgl. Fahrmeir et al. (Statistik), 2016, S. 11 f.
[175] vgl. Fahrmeir et al. (Statistik), 2016, S. 12.
[176] vgl. Friedman (Data Mining and Statistics: What's the Connection?), 1997, S. 5.

Um Informationen zu reduzieren und Zusammenhänge zu identifizieren und zu erklären, benutzt die Statistik Modelle. Statistische Modelle sind Annahmen über die Entstehung und Struktur der zu analysierenden Daten[177]. In der wissenschaftlichen Arbeit der Statistik entstehen Modelle in einem Kreisprozess. Hierzu wird zunächst ein Modell auf Basis von Annahmen erstellt, welches danach anhand der Datenanalyse bestätigt, abgelehnt oder verfeinert werden kann. In letzterem Fall durchläuft das verfeinerte Modell weitere Iterationsschleifen mit angepassten Parametern, bis ein angemessenes statistisches Modell identifiziert ist.[178] Dieser Kreisprozess bildet das charakteristische Funktionsprinzip der Statistik und ist in Abbildung 2-10 dargestellt.

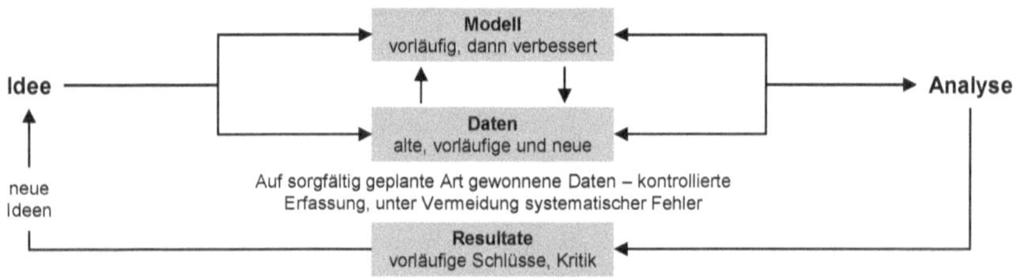


**Abbildung 2-10: Kreisprozess der wissenschaftlichen Arbeit[179]**

Nachfolgend werden die gängigsten Methoden der Datenanalyse beschrieben. Hierzu wird ein allgemeines Grundlagenwissen der statistischen Datenanalyse vermittelt, welches nötig ist, um die verschiedenen Anwendungen der Methoden zu verstehen.

### Merkmalstypen und Skalenniveaus

Um die Unterschiede der einzelnen Datenanalysemethoden zu verstehen, ist es zunächst notwendig, die verschiedenen *Merkmalstypen* und *Skalenniveaus* kennenzulernen. Bei einer statistischen Datenerhebung werden für die betrachteten Objekte bestimmte Größen erfasst, die sogenannten Merkmale oder Variablen bzw. im Allgemeinen die Daten[180,181]. Diese Merkmale können in unterschiedliche Merkmalstypen eingeteilt werden. Die vorliegenden Merkmalstypen einer Datenanalyse beeinflussen die Auswahl der zu verwendenden Datenanalysemethode.

[177] vgl. Hedderich; Sachs (Angewandte Statistik), 2016, S. 3.
[178] vgl. Hedderich; Sachs (Angewandte Statistik), 2016, S. 3 f.
[179] vgl. Hedderich; Sachs (Angewandte Statistik), 2016, S. 4.
[180] vgl. Fahrmeir et al. (Statistik), 2016, S. 13.
[181] vgl. Hedderich; Sachs (Angewandte Statistik), 2016, S. 18.

Zunächst lassen sich Merkmale nach Art der Problemstellung unterscheiden. *Abhängige Variablen* sind diejenigen Merkmale, deren Verteilung und Abhängigkeit von anderen Merkmalen mithilfe der Datenanalyse zu erklären ist. Sie werden daher auch Zielgrößen genannt. Diejenigen Merkmale, welche die Zielgröße beeinflussen, werden Einflussgrößen oder auch *unabhängige Variablen* genannt. Dazu kommen Störgrößen, welche die abhängige Variable beeinflussen, jedoch nicht zu quantifizieren oder zu kontrollieren sind und daher nicht im Modell berücksichtigt werden.[182]

Betrachtet man die Charakteristika von Merkmalen etwas genauer, so lassen sich diese weiter anhand ihres *Skalenniveaus* einteilen. Eine *Nominalskala* liegt vor, wenn Merkmale unterschiedlichen Kategorien zugeordnet werden können und lediglich Gleichheit bzw. Ungleichheit der Kategorien bestimmt werden kann. Können diese Kategorien der Größe nach geordnet werden, ohne dass deren Abstände interpretierbar bestimmt werden können, so spricht man von einer *Ordinalskala*. Können diese Abstände gemessen werden, so spricht man von einer *Intervallskala*. Besitzt diese Skala nun zusätzlich einen absoluten Nullpunkt, sodass Werte zueinander in Relation gesetzt werden können, so wird sie *Verhältnisskala* genannt. Intervall- und Verhältnisskala werden zudem häufig als *Kardinalskala* zusammengefasst. Nominal- und ordinalskalierte Merkmale sind nichtmetrisch bzw. qualitativ oder kategorial, d. h. sie besitzen endlich viele Ausprägungen. Hierbei repräsentieren die Ausprägungen der Merkmale vielmehr eine Qualität und nicht ein Ausmaß. Kardinalskalierte Merkmale werden als metrisch angesehen; sie nehmen das Ausmaß einer Ausprägung an und sind durch Zahlen darstellbar. Vgl. Abbildung 2-11 zur Übersicht der beschriebenen Skalenniveaus nach HEDDERICH UND SACHS.[183]

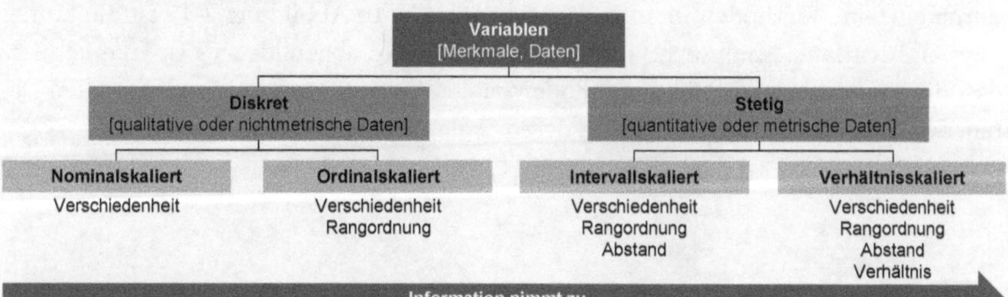


**Abbildung 2-11: Merkmalstypen und Skalenniveaus**[184]

---

[182] vgl. Hedderich; Sachs (Angewandte Statistik), 2016, S. 20.
[183] vgl. Hedderich; Sachs (Angewandte Statistik), 2016, S. 21 f.
[184] vgl. Hedderich; Sachs (Angewandte Statistik), 2016, S. 22.

### Analyseverfahren

Analyseverfahren lassen sich anhand der Dimensionalität der betrachteten Daten in *univariate* und *multivariate Verfahren* unterteilen. Univariate Analyseverfahren untersuchen ein einzelnes Merkmal. Zu den univariaten Verfahren gehören hauptsächlich Methoden der deskriptiven Statistik wie Histogramme und Maßzahlen zur Lage und Streuung der Daten, aber auch explorative Methoden wie die Schätzung von Dichtekurven und Quantil-Plots[185]. In den meisten Fällen wird aber nicht nur ein einziges Merkmal, sondern gleich mehrere Variable betrachtet. In diesem Fall spricht man von einem mehrdimensionalen oder multivariaten Problem[186]. Die Verfahren der multivariaten Datenanalyse bauen auf der univariaten Analyse auf.

Datenanalyseverfahren lassen sich zudem in strukturprüfende *(konfirmative)* und strukturentdeckende *(explorative)* Verfahren unterteilen[187]. Strukturprüfende Verfahren dienen der Überprüfung von Zusammenhängen zwischen Variablen. In den meisten Fällen handelt es sich dabei um die Überprüfung von kausalen Abhängigkeiten von einer oder mehreren Variablen. Der zu überprüfende Zusammenhang entspringt dabei den Überlegungen des Anwenders (Vorwissen und logische Schlussfolgerungen). Falls der Anwender über keine Hypothesen zu den Zusammenhängen in den Daten verfügt, können strukturentdeckende Verfahren dazu genutzt werden, diese aufzudecken.[188]

Datenanalyseverfahren lassen sich anhand der Charakterisierung ihrer Input- sowie Output-Daten kennzeichnen. Der Output eines Verfahrens kann wiederum als Input für ein weiteres Verfahren verwendet werden. Durch Kombination verschiedener Datenanalyseverfahren lässt sich daher ein erwünschtes Analyseziel erreichen, welches durch einzelne Methoden nicht realisierbar wäre.[189] In Abbildung 2-12 ist die Einteilung multivariater Analyseverfahren nach HAIR ET AL. abgebildet. Es ist zu erkennen, dass die Auswahl einer Analysemethode von der Art der Beziehung zwischen den Daten, der Anzahl der Variablen sowie deren Skalenniveau abhängt[190].

---

[185] vgl. Fahrmeir et al. (Statistik), 2016, S. 29.

[186] vgl. Hedderich; Sachs (Angewandte Statistik), 2016, S. 14.

[187] vgl. Hedderich; Sachs (Angewandte Statistik), 2016, S. 15 f.

[188] vgl. Backhaus et al. (Fortgeschrittene multivariate Analysemethoden: Eine anwendungsorientierte Einführung), 2015, S. 15.

[189] vgl. Wirtschaftslexikon (Stichwort "Datenanalyseverfahren"), 2016.

[190] vgl. Hair et al. (Multivariate Data Analysis), 2009, S. 12.

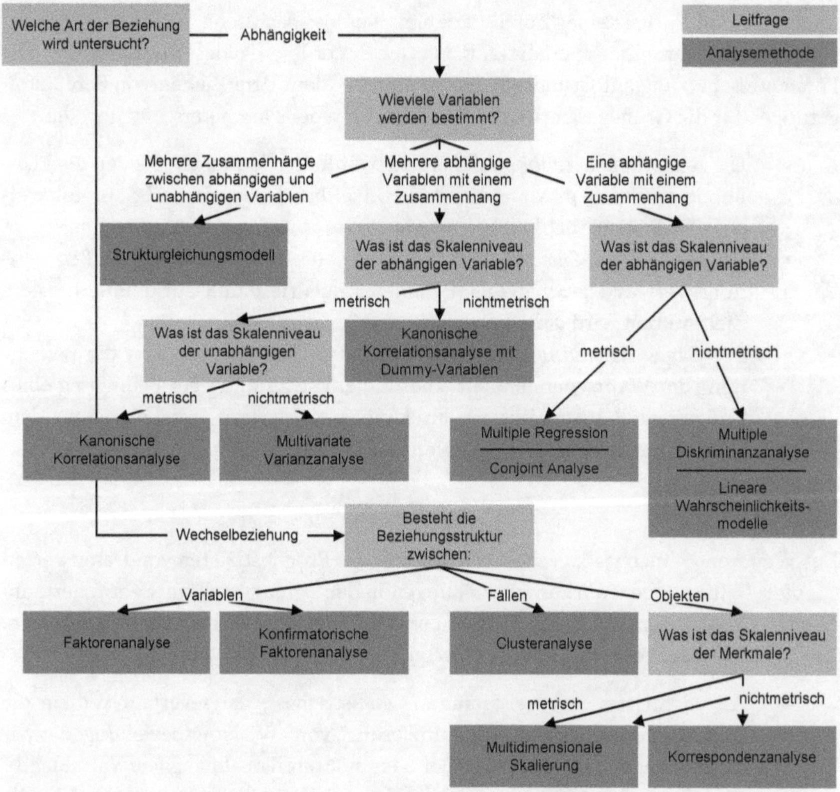


**Abbildung 2-12: Überblick multivariater Analyseverfahren**[191]

Da die isolierte Fokussierung auf multivariate Datenanalyseverfahren für das hier formulierte Forschungsvorhaben nicht ausreicht und da selbst die bereits sehr ausführliche Ausarbeitung von HAIR ET AL. weiterer Ergänzung bedarf, werden nachfolgend die wichtigsten Methoden der Datenanalyse nach ihren Funktionen gruppiert vorgestellt.

***Parameterschätzung***

Statistische Analyseverfahren werden u. a. zur Parameterschätzung eingesetzt. Parameter treten in der Statistik entweder als Kennwerte der Datenverteilung (z. B. Erwar-

[191] vgl. Hair et al. (Multivariate Data Analysis), 2009, S. 13.

tungswert und Varianz einer Zufallsvariable) oder als spezifische Parameter eines angenommenen Verteilungsmodells (z. B. Parameter der Regressionsfunktion) auf[192]. Die Parameterschätzung auf Grundlage der Stichprobe dient dem Ziehen von Schlussfolgerungen für die Grundgesamtheit[193]. Die Verfahren der Parameterschätzung sind:

- Die *Maximum-Likelihood-Schätzung* wählt den Parameter, für den die Likelihood-Funktion maximal ist.[194] Die Likelihood-Funktion gibt an, mit welcher Wahrscheinlichkeit bestimmte Werte einer Variablen auftreten.
- Bei der *Kleinste-Quadrate-Schätzung* wird die Differenz zwischen Beobachtungswert und geschätztem Parameter quadriert und aufsummiert. Diese Zielfunktion wird dann minimiert.[195]
- Die *Bayes-Schätzung* basiert auf dem Satz von Bayes, welcher die Berechnung der Wahrscheinlichkeit eines Ereignisses A unter der Bedingung eines Ereignisses B beschreibt. Dadurch können a-priori-Verteilungen in dem Schätzvorgang berücksichtigt werden.[196]

### *Prognose*

Des Weiteren werden statistische Verfahren für das Prognostizieren von Datenwerten genutzt. Dafür werden Wirkungsbeziehungen in der Datengrundlage identifiziert, um diese auf neue Datenpunkte anzuwenden und somit neue Werte schätzen zu können. Die Verfahren der Prognose sind:

- Als wichtigstes und meistgenutztes statistisches Analyseverfahren dient die *Regressionsanalyse* der Quantifizierung von Wirkungsbeziehungen zwischen einer abhängigen und einer oder mehreren unabhängigen Variablen.[197]
- Eine Sonderform der Regressionsanalyse ist die *Zeitreihenanalyse*, bei der die zeitliche Entwicklung einer Variablen untersucht wird, um Trends und Korrelationen zu identifizieren und Prognosen zu erstellen[198].

[192] vgl. Fahrmeir et al. (Statistik), 2016, S. 338.
[193] vgl. Fahrmeir et al. (Statistik), 2016, S. 337.
[194] vgl. Fahrmeir et al. (Statistik), 2016, S. 349.
[195] vgl. Fahrmeir et al. (Statistik), 2016, S. 351.
[196] vgl. Fahrmeir et al. (Statistik), 2016, S. 351 f.
[197] vgl. Backhaus et al. (Fortgeschrittene multivariate Analysemethoden: Eine anwendungsorientierte Einführung), 2015, S. 16.
[198] vgl. Fahrmeir et al. (Statistik), 2016, S. 506.

### *Zusammenhänge erkennen*

Weitere Methoden dienen dem Erkennen und Prüfen von Zusammenhängen in Daten:

- Die *Varianzanalyse* ist eines der wichtigsten Verfahren, um die Wirkung von unabhängigen auf abhängige Variablen zu prüfen. Dafür wird die Varianz der Datengruppen für unterschiedliche Merkmalsausprägungen der unabhängigen Variablen verglichen. Aus Unterschieden kann geschlossen werden, dass diese Merkmalsausprägung eine Wirkung auf die abhängige Variable hat.[199]
- Um Zusammenhänge zwischen nominal skalierten Variablen aufzudecken, werden die Kreuztabelle und *Kontingenzanalyse* verwendet.[200]
- Die *Conjoint-Analyse* dient der Bestimmung des Einflusses einzelner Merkmale eines Gutes auf den Gesamtnutzen des Gutes. Sie findet vor allem in der Produktentwicklung und der Marktsegmentierung Anwendung[201].
- Die *multidimensionale Skalierung* dient der räumlichen Positionierung von Objekten. Dabei sollen die Distanzen zwischen den Objekten die Ähnlichkeiten der untersuchten Merkmale darstellen. D. h., Objekte, welche ähnliche Eigenschaften aufweisen, werden nah zueinander positioniert.[202]

### *Klassifikation*

Die wichtigsten Verfahren zur Klassifikation von Objekten sind:

- Die *Diskriminanzanalyse* ist ein Überbegriff für statistische Verfahren, die der Analyse von Gruppenunterschieden sowie der Klassifikation von Objekten dienen[203].
- Unter Verwendung einer logistischen Funktion untersucht die *logistische Regression* die Wahrscheinlichkeit der Zugehörigkeit zu einer Gruppe[204].

[199] vgl. Backhaus et al. (Fortgeschrittene multivariate Analysemethoden: Eine anwendungsorientierte Einführung), 2015, S. 176 ff.

[200] vgl. Backhaus et al. (Fortgeschrittene multivariate Analysemethoden: Eine anwendungsorientierte Einführung), 2015, S. 358.

[201] vgl. Gabler Wirtschaftlexikon (Stichwort "Conjoint Analyse"), 2018.

[202] vgl. Backhaus et al. (Fortgeschrittene multivariate Analysemethoden: Eine anwendungsorientierte Einführung), 2015, 16.

[203] vgl. Backhaus et al. (Fortgeschrittene multivariate Analysemethoden: Eine anwendungsorientierte Einführung), 2015, S. 216.

[204] vgl. Backhaus et al. (Fortgeschrittene multivariate Analysemethoden: Eine anwendungsorientierte Einführung), 2015, S. 18.

***Dimensionsreduktion***

Verfahren der Dimensionsreduktion reduzieren die Anzahl an Merkmalen einer statistischen Grundgesamtheit. Die wichtigsten Verfahren sind:

- Die *Faktorenanalyse* realisiert das Ziel der Dimensionsreduktion anhand der Untersuchung von Korrelationen.
- Die *Korrespondenzanalyse* ist ein grafisches Werkzeug zur Darstellung von Kontingenztabellen und kann dadurch zur Identifikation latenter Faktoren verwendet werden.[205]

### 2.3.2 Künstliche Intelligenz und maschinelles Lernen

Nachdem in Kapitel 2.3.1 Datenanalyseverfahren im Allgemeinen behandelt wurden, widmet sich dieser Abschnitt speziell der KI und dem ML.

Bereits der Begriff des *Lernens* unterliegt unterschiedlichen Perspektiven. Nach RUSSEL UND NORVIG lernt ein System, wenn es seine Leistung bei zukünftigen Aufgaben verbessert, nachdem es Beobachtungen über die Außenwelt gemacht hat[206,207]. AAMODT UND NYGÅRD beschreiben Lernen als den Erwerb neuen expliziten Wissens[208]. Diese Definition unterstreicht die Wichtigkeit, das erworbene Wissen explizit auszudrücken, um eine Prüfung, Modifikation und Erklärung zu ermöglichen. Weiterhin gilt Lernen als der Erwerb von Fähigkeiten. Diese Definition stützt sich auf die psychologische Erkenntnis, dass Menschen für die kompetente Ausführung einer Tätigkeit nicht ausschließlich des dafür notwendigen Wissens bedürfen (z. B. durch verbale Anweisungen), sondern auch Übung. BARR UND FEIGENBAUM beschreiben Lernen als Theoriebildung, Hypothesenaufstellung und induktive Inferenz, also das Ziehen von Schlussfolgerungen. Diese Perspektive passt gut zum Funktionsprinzip MLS (vgl. Kapitel 2.3.3). Hierbei erfolgt die Hypothesenaufstellung durch die Entwicklung des ML-Modells und die Inferenz durch die Anwendung des Modells auf neue Eingabedaten.[209]

Ausgehend davon handelt es sich um ML, wenn das Lernen durch eine Maschine, i. d. R. durch einen Computer, ausgeführt wird. In der Literatur finden sich auch für diese Definition eine Reihe unterschiedlicher Perspektiven. SAMUEL, einer der Pioniere des ML, definiert im Jahr 1959 ML als das Studiengebiet, das Computern die Fähigkeit

---

[205] vgl. Backhaus et al. (Fortgeschrittene multivariate Analysemethoden: Eine anwendungsorientierte Einführung), 2015, S. 619.

[206] vgl. Barr; Feigenbaum (The Handbook of Artificial Intelligence), 1982, S. 326.

[207] vgl. Russell; Norvig (Artificial Intelligence), 2010, S. 525.

[208] vgl. Aamodt; Nygård (Different Roles and Mutual Dependencies of Data, Information, and Knowledge - an AI Perspective on Their Integration), 1995, S. 197 f.

[209] vgl. Barr; Feigenbaum (The Handbook of Artificial Intelligence), 1982, S. 326 ff.

verleiht, ohne explizite Programmierung zu lernen. Eine anwendungsorientiertere Definition formulierte MITCHELL im Jahr 1997. Demnach lernt ein Computerprogramm eine Aufgabe, wenn sich seine Leistung in der Aufgabe, gemessen an einem Leistungsmaß, mit der Erfahrung verbessert.[210] Näher an der ML-Praxis ist die moderne Definition von KOZYRKOV, nach der ML ein Ansatz zur Automatisierung sich wiederholender Entscheidungen ist, bei dem algorithmisch Muster in Daten gefunden und zur Erstellung von Rezepten verwendet werden, die mit neuen Daten korrekt umgehen[211].

ML beschreibt die algorithmische Optimierung eines Computerprogrammes durch Erfahrung hinsichtlich eines Leistungsmaßes für die Erfüllung einer Aufgabe.

**Abgrenzung von maschinellem Lernen und künstlicher Intelligenz**

KI ist wohl eines der populärsten Buzzwords des 21. Jahrhunderts. Definitionen des Begriffs sind oft ungenau und werfen weitere Fragen auf. ML und KI werden dabei oft synonym verwendet[212]. Nachfolgend soll daher ein besseres Verständnis für den Begriff der KI vermittelt sowie das Verhältnis von KI und ML verdeutlicht werden.

Erste Arbeiten auf dem Gebiet der KI gehen auf das Jahr 1943 zurück[213]. Ausgehend davon hat sich das Forschungsfeld unter Einfluss verschiedener wissenschaftlicher Bereiche wie der Mathematik, der Informatik, der Philosophie und der Neurowissenschaften rasant entwickelt[214]. Nachdem der Hype um die KI aufgrund technologischer Limitationen in den 1980er Jahren abgeflacht war, ermöglichten die Verfügbarkeit immer größerer Datensätze, steigende Rechenleistungen der Computer sowie Fortschritte in relevanten Technologien wie der Sensorik zur Jahrhundertwende ein Wiederaufleben der KI, welches bis heute andauert[215].

RUSSELL UND NORVIG, Verfasser eines der populärsten Standardwerke der KI, definieren KI als die Fähigkeit einer Maschine, menschlich und rational zu denken und zu handeln. Hierbei beschreibt die rationale Dimension das Ausführen der auf Basis des vorhandenen Wissens idealen Aktion, während die menschliche Dimension nicht zwingend an ein ideales Leistungsmaß gebunden ist.[216] Eine disziplinarisch differenziertere Betrachtungsweise liefern SCHUH ET AL. Sie unterscheiden das wissenschaftliche und das technische Ziel der KI. Das wissenschaftliche Ziel der KI ist es, die Prinzipien der

[210] vgl. Géron (Hands-on Machine Learning with Scikit-Learn and TensorFlow), 2017, S. 20.
[211] vgl. Kozyrkov (When Not to Use Machine Learning or AI), 2020.
[212] vgl. Döbel et al. (Maschinelles Lernen), 2018, S. 10.
[213] vgl. Russell; Norvig (Artificial Intelligence), 2010, S. 16.
[214] vgl. Russell; Norvig (Artificial Intelligence), 2010, S. 8 ff.
[215] vgl. Hwang (Computational Power and the Social Impact of Artificial Intelligence), 2018, S. 4.
[216] vgl. Russell; Norvig (Artificial Intelligence), 2010, S. 4.

Wissensrepräsentation zu verstehen, welche intelligentes Verhalten ermöglichen. Das technische Ziel ist die Schaffung computerbasierter Agenten, die reale Probleme genauso effektiv und effizient lösen können wie der Mensch. Die KI-Technologien stellen dabei Werkzeuge zur Erfüllung dieser Ziele bereit.[217]

KI ist ein Sammelbegriff für Theorien und Methoden, welche es Computern durch Nachbildung menschlicher Entscheidungsstrukturen ermöglicht, Aufgaben zu erledigen, die typischerweise die kognitiven Fähigkeiten eines Menschen benötigen.

Um in einem sich ändernden Umfeld intelligent agieren zu können, muss ein System die Fähigkeit besitzen zu lernen[218]. Das bedeutet, dass ML eine zentrale Position im Bereich der KI einnimmt. Das bedeutet aber nicht, dass ML mit KI gleichzusetzen ist. Viele KI-Anwendungen kommen gänzlich ohne ML-Methoden aus. Dazu gehören bspw. regelbasierte Expertensysteme (vgl. Anhang A.1)[219]. Oft wird ML als eines der Arbeitsgebiete der KI beschrieben, auf einer Ebene mit anderen Gebieten wie u. a. der Bildverarbeitung, Sprachverarbeitung und der Robotik[220]. Dies ergibt Sinn, wenn man sich an den theoretischen Zielen und Aufgaben der verschiedenen Gebiete orientiert. In der Praxis ist jedoch festzustellen, dass auch die anderen Gebiete zum Großteil fundamental auf ML-Technologien basieren. Diese Abgrenzung von ML ist also technologisch nicht trennscharf zu verstehen, sondern vielmehr ideell-anwendungsbezogen.

Zusammenfassend betrachtet ist KI ein breites wissenschaftliches Feld, welches die Nutzung computerbasierter Systeme zur Nachbildung kognitiver Funktionen des Menschen erforscht. Das Ziel ist die menschenähnliche Erledigung von Aufgaben durch Maschinen. ML wird als Teilgebiet der KI verstanden, welches sich im Speziellen damit beschäftigt, wie ein System anhand von Erfahrung in Form von Daten lernen kann, sich anzupassen und seine Aufgabe dadurch besser zu erledigen.

### 2.3.3 Maschinell lernende Systeme

Abbildung 2-13 zeigt das Strukturmodell eines über Sensoren und Aktuatoren mit der Umwelt interagierenden MLS. Das MLS besteht im Kern aus einem ausführenden und einem lernenden Element. Das ausführende Element benötigt Wissen zum Ausführen seiner Aufgabe. Dafür interagiert es mit dem lernenden Element, welches das Wissen verwaltet, entsprechend dem zugeführten Feedback verändert und dem ausführenden

[217] vgl. Schuh et al. (Data Mining Definitions and Applications in Production Management), 2019, S. 875.

[218] vgl. Alpaydin (Introduction to Machine Learning), 2014, S. 3.

[219] vgl. Grosan; Abraham (Intelligent Systems), 2011, S. 149.

[220] vgl. Schuh et al. (Prediction of Workpiece Quality), 2019, S. 192.

Element wieder zuspielt.[221,222] Das beurteilende Element gibt dem lernenden Element in Form des Feedbacks Aufschluss darüber, wie gut das ausführende Element seine Aufgabe hinsichtlich des Leistungsmaßes erledigt. Der Problemgenerator ist dafür verantwortlich, neue Handlungen zu motivieren, welche zu neuen informativen Erfahrungen führen können. Dies ist für den Lernprozess essenziell, da durch die Wiederholung von bereits erledigten Tätigkeiten kein Informationsgewinn entsteht.[223]

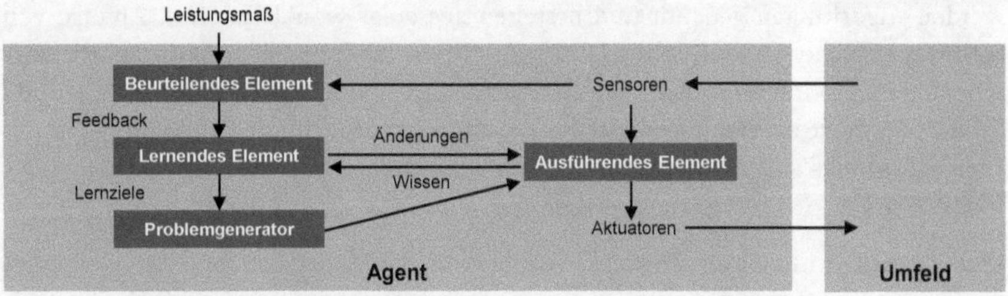


**Abbildung 2-13: Lernendes System[224]**

Ein MLS ist entsprechend dem Konzept des lernenden Agenten die Gesamtheit aus lernendem, beurteilendem und ausführendem Element sowie dem Problemgenerator, welche mit der Umwelt über Sensoren und Aktuatoren kommunizieren.

**Funktionsprinzip MLS**

Als Ergebnis des Lernprozesses steht das Modell im Mittelpunkt MLS[225]. Im Allgemeinen sind Modelle Abbildungen eines natürlichen oder künstlichen Originals und erfassen nicht alle Attribute des betrachteten Originals, sondern nur die für die Anwender relevanten Aspekte[226]. So ist ein Modell bspw. auf Attribute der Funktion, Struktur oder des Verhaltens seines Originals reduziert[227]. Im ML sind Modelle mathematische Darstellungen, welche Zusammenhänge in den Eingabedaten abbilden, im einfachsten Fall bspw. durch eine lineare Funktion. Hierbei handelt es sich i. d. R. um statistische Modelle (vgl. Kapitel 2.3.1). In erster Linie sind dies Hypothesen über Zusammenhänge in den Daten. Ist ein Modell bestimmt worden, welches die Zusammenhänge in den

[221] vgl. Barr; Feigenbaum (The Handbook of Artificial Intelligence), 1982, S. 330 f.
[222] vgl. Dillmann (Lernende Roboter), 1988, S. 19 f.
[223] vgl. Russell; Norvig (Artificial Intelligence), 2010, S. 526.
[224] vgl. Russell; Norvig (Artificial Intelligence), 2010, S. 526.
[225] vgl. Flach (Machine Learning), 2012, S. 20.
[226] vgl. Fleischmann et al. (Ganzheitliche Digitalisierung von Prozessen), 2018, S. 22.
[227] vgl. Gabler Wirtschaftlexikon (Stichwort: "Modell"), 2018.

Daten mit ausreichender Genauigkeit beschreibt, so kann das Modell auf weitere unbekannte Daten der gleichen Art angewandt werden, um z. B. neue Ausgabewerte zu prognostizieren.

Das Erstellen des Modells geschieht durch den Lernalgorithmus. In der Informatik wird generell zwischen Verfahren zur Lösung von Problemen sowie deren Implementierung in einer spezifischen Programmiersprache unterschieden[228]. Erstere Verfahren werden Algorithmen genannt und bestehen aus einer wohldefinierten Abfolge von Schritten, welche schließlich zur Lösung des Problems führen[229]. Algorithmen unterscheiden sich in ihren formalen Eigenschaften, insbesondere in ihrer Korrektheit und Effizienz, welche die Hauptkriterien bei der Algorithmenwahl sind[230,231]. Im ML ist der Lernalgorithmus also die vorprogrammierte Abfolge von Schritten zum Erstellen des Modells.

Damit der Algorithmus lernen kann, welche Form das Modell annehmen soll, benötigt dieser einen Input an Beispielen. Dieses sogenannte Trainingsdatenset wird in der Trainings- oder Lernphase durch den Algorithmus verwendet, um die Parameter des Modells zu definieren. Ist die Art des Modells bekannt, passt der Lernalgorithmus die Modellparameter so an, dass das Modell die historischen Trainingsdaten möglichst gut beschreibt. Dies nennt man *Fitting*. Darüber hinaus gilt es, nicht nur die geeigneten Werte für Komplexitätsparameter innerhalb eines bestimmten Modells zu finden, sondern auch das korrekte Modell aus einer Reihe verschiedener Modelltypen zu wählen, um das bestmögliche Modell für die spezifische Anwendung zu finden.[232]

Im ML werden die unabhängigen Variablen, deren Einfluss auf die abhängigen Outputvariablen es zu untersuchen gilt, Features (Merkmale) genannt. Diese Merkmale sind numerische oder kategoriale Metriken, die die relevanten Aspekte der einzelnen Anwendung erfassen[233]. Diese werden dem lernenden Element nicht als Rohdaten zugeführt, sondern vorausgewählt, vorverarbeitet und in übergeordnete Informationen transformiert[234]. Dieses Bestimmen der relevanten Merkmale nennt man *Feature Engineering*. Die Anzahl der Merkmale wird auch Dimensionen genannt.

---

[228] vgl. Ottmann; Widmayer (Algorithmen und Datenstrukturen), 2017, S. 1.
[229] vgl. Gabler Wirtschaftslexikon (Stichwort "Algorithmus"), 2018.
[230] vgl. Alpaydin (Introduction to Machine Learning), 2014, S. 4.
[231] vgl. Ottmann; Widmayer (Algorithmen und Datenstrukturen), 2017, S. 2.
[232] vgl. Bishop (Pattern Recognition and Machine Learning), 2006, S. 32.
[233] vgl. Brink et al. (Real-World Machine Learning), 2016, S. 11 f.
[234] vgl. Dietterich (Machine Learning and Ecosystem Informatics).

Ein Lernalgorithmus erstellt anhand von Trainingsdaten ein Modell der Zusammenhänge, welches für unbekannte Eingabedaten neue Ausgabewerte vorhersagen kann.

Die Hauptfunktion MLS ist daher die Inferenz, also das Ziehen von Rückschlüssen auf Basis einer Beispielmenge[235]. Vgl. Abbildung 2-14 für das generische Funktionsprinzip.

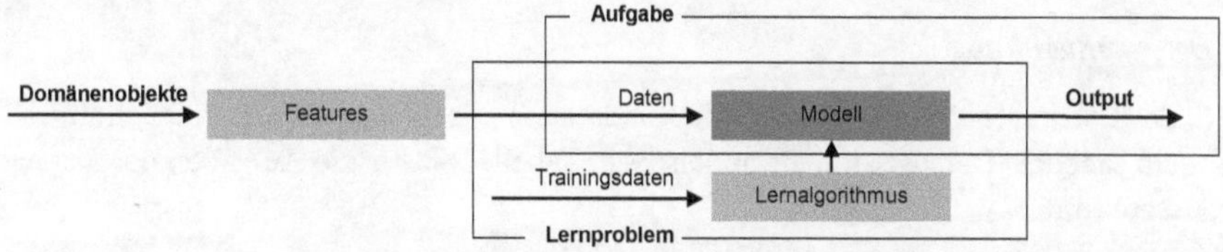


**Abbildung 2-14: Das Funktionsprinzip maschinell lernender Systeme[236]**

Der Prozess des ML lässt sich, wie in Abbildung 2-15 dargestellt, in die nachfolgend erklärten Phasen Vorverarbeitung, Lernen (Trainieren) und Evaluation einteilen[237].

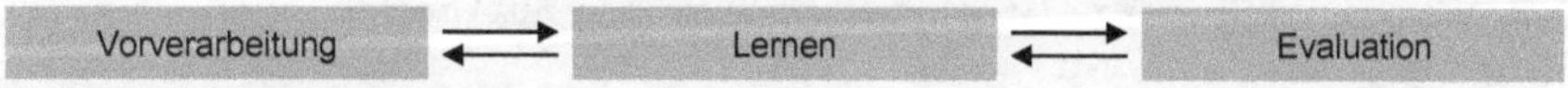


**Abbildung 2-15: Phasen des ML[238]**

**Vorverarbeitung**

Unter der (Daten-)Vorverarbeitung (engl.: (data) preprocessing) versteht man sämtliche Transformationen der Rohdaten, bevor sie dem ML-Algorithmus zugeführt werden. Die Vorverarbeitung ist notwendig, um die Qualität der Daten zu erhöhen, was Auswirkungen auf die Qualität des Lernergebnisses hat, aber auch auf andere Faktoren, wie z. B. die Dauer des Lernprozesses[239]. Die Vorverarbeitung umfasst die beiden Schritte Datenaufbereitung und Feature Engineering (vgl. Abbildung 2-16). Die Datenaufbereitung ist der Prozess der Umwandlung von Rohdaten in vorbereitete Daten. Im Feature Engineering werden dann die vorbereiteten Daten angepasst, um die vom ML-Modell erwarteten Merkmale zu erstellen.[240]

---

[235] vgl. Alpaydin (Introduction to Machine Learning), 2014, S. 3.
[236] vgl. Flach (Machine Learning), 2012, S. 11.
[237] vgl. Zhou et al. (Machine Learning on Big Data: Opportunities and Challenges), 2017, S. 2.
[238] vgl. Zhou et al. (Machine Learning on Big Data: Opportunities and Challenges), 2017, S. 2.
[239] vgl. LeCun et al. (Efficient BackProp), 2012.
[240] vgl. Google Cloud (Datenvorverarbeitung für maschinelles Lernen), 2020.

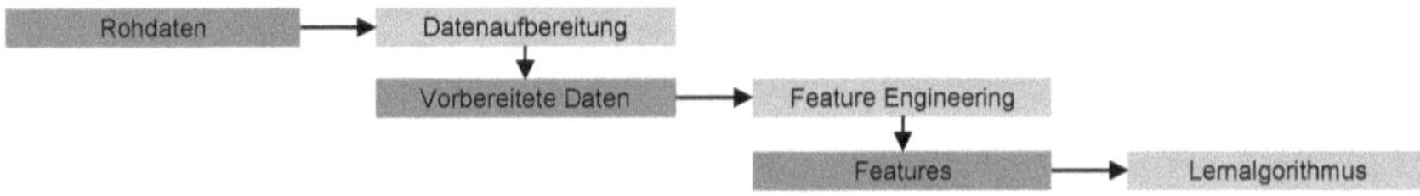


**Abbildung 2-16: Prozess der Datenaufbereitung im Machine Learning**[241]

***Datenaufbereitung***

In der Datenaufbereitung werden die Rohdaten von jeglicher Art Störung befreit und in ein sauberes Datenset umgewandelt. Vgl. Tabelle 2-3 für die Aufgaben der Datenaufbereitung[242].

**Tabelle 2-3: Aufgaben der Datenaufbereitung**

| **Aufgabe** | 243 | 244 |
|---|---|---|
| Löschen redundanter Daten | x | |
| Umgang mit fehlenden Datenwerten | | x |
| Reduktion von Datenrauschen (z. B. fehlerhafte Werte oder Ausreißer) | x | |
| Heterogenisierung von Daten | x | |
| Diskretisierung von Daten | x | x |

***Feature Engineering***

Die Auswahl relevanter Merkmale und das Löschen irrelevanter Merkmale sind für die Leistung des ML-Verfahrens ausschlaggebend[245]. Nicht immer enthält die Datengrundlage die für das ML-Modell relevanten Merkmale in expliziter Form[246]. Deshalb müssen diese im Rahmen des Feature Engineerings bestimmt werden. Dies kann sowohl durch die Auswahl der relevanten Features aus einer Reihe existierender Features (engl.: *Feature Selection*) geschehen als auch durch die Schaffung neuer, aussagekräftiger Features, indem vorhandene Merkmale miteinander kombiniert werden (engl.: *Feature*

[241] vgl. Google Cloud (Datenvorverarbeitung für maschinelles Lernen), 2020.

[242] Über die gesamte vorliegende Arbeit hinweg wird zum Beleg von Einträgen in Tabellen durchweg ein Format genutzt, welches die einer Aussage zugehörige Referenz jeweils über ein *x* indiziert. Dieses Tabellenformat wird gewählt, da sich die Belege so sehr viel übersichtlicher darstellen lassen und die Gesamtanzahl an zum Beleg benötigten Fußnoten – ohne Informationsverlust – signifikant reduziert wird.

[243] vgl. Zhou et al. (Machine Learning on Big Data: Opportunities and Challenges), 2017, S. 5 ff.

[244] vgl. Kotsiantis et al. (Data Preprocessing for Supervised Learning), 2006, S. 112.

[245] vgl. Blum; Langley (Selection of Relevant Features in Machine Learning), 1997, S. 246.

[246] vgl. Flach (Machine Learning), 2012, S. 48.

*Extraction*)[247]. Die Nutzung aussagekräftiger Features ermöglicht neben dem Erzielen besserer Ergebnisse auch die recheneffiziente Ausführung des Algorithmus[248].

Eine Erweiterung des Feature Engineerings ist das *Feature Learning*, auch Repräsentationslernen genannt. Dabei werden die Merkmale nicht händisch durch den Anwender erstellt und ausgewählt, sondern mittels ML-Verfahren gelernt, also automatisch bestimmt[249]. Gelernte Features erzielen oft bessere Ergebnisse als händisch bestimmte Features und ermöglichen es MLS, sich selbstständig an neue Aufgaben anzupassen[250]. Verfahren des *Deep Learnings* (vgl. Kapitel A.1) gehen noch einen Schritt weiter und erstellen selbstständig mehrere hierarchisch strukturierte Repräsentationsebenen, welche die Features auf mehreren Abstraktionsebenen darstellen[251]. Die Fähigkeit, aussagekräftige Features automatisch zu erlernen, gewinnt an Bedeutung, je größer die Datenmenge und der Anwendungsbereich von ML-Methoden werden[252]. Die Automatisierung der Repräsentationserstellung war ein zentraler Katalysator für den Fortschritt, den KI in den letzten Jahren erfahren hat. Bei wissensbasierten Systemen wie Expertensystemen musste die gesamte Wissensbasis händisch erstellt und verwaltet werden. ML, Feature Learning und insbesondere Deep Learning weisen dagegen immer automatischere Mechanismen zur Wissensdarstellung auf (vgl. Abbildung 2-17).

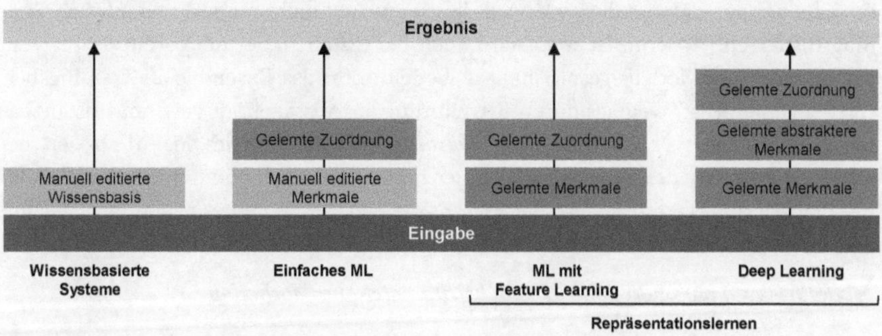


**Abbildung 2-17: Wissensrepräsentation im Machine Learning**[253]

[247] vgl. Géron (Hands-on Machine Learning with Scikit-Learn and TensorFlow), 2017, S. 49.
[248] vgl. Bishop (Pattern Recognition and Machine Learning), 2006, S. 2 f.
[249] vgl. Zhong et al. (An Overview on Data Representation Learning), 2016, S. 267.
[250] vgl. Goodfellow et al. (Deep Learning), 2016, S. 4.
[251] vgl. Zhong et al. (An Overview on Data Representation Learning), 2016, S. 272.
[252] vgl. Bengio (Learning Deep Architectures for AI), 2009, S. 5.
[253] vgl. Döbel et al. (Maschinelles Lernen), 2018, S. 40.

**Lernen**

Nachdem die Eingangsdaten vorverarbeitet und relevante Features identifiziert wurden, werden diese an den Lernalgorithmus übergeben, welcher den Prozessschritt des eigentlichen Lernens ausübt. Dieser Prozess wird in der Literatur oft vereinfacht als Anpassen eines Modells (Fitting) beschrieben. Dieser Lernprozess kann aber je nach Wahl des Algorithmus unterschiedliche Formen annehmen. Deshalb werden im Folgenden die häufigsten Ausprägungen vorgestellt.

***Instanzbasiertes und modellbasiertes Lernen***

ML-Verfahren lassen sich nach der Art, wie sie erlerntes Wissen verallgemeinern, in *instanzbasierte* und *modellbasierte Ansätze* einteilen. Bei instanzbasierten Ansätzen werden die Trainingsbeispiele, auch Instanzen genannt, auswendig gelernt, d. h. das MLS speichert die Werte der relevanten Features dieser Beispiele. Die Generalisierung, also die Übertragung auf neue Eingabedaten, erfolgt, indem diese mit den gelernten Instanzen verglichen werden. Anhand eines Ähnlichkeitsmaßes können damit Rückschlüsse gezogen werden. Modellbasierte Ansätze gehen einen Schritt weiter und abstrahieren die Zusammenhänge der Eingabedaten in Form eines Modells. Neue Ausgabewerte werden anhand dieses Modells bestimmt und nicht mehr direkt aus den Trainingsinstanzen.[254] Vereinfachend wird auch bei instanzbasierten Verfahren oft vom Trainieren eines Modells gesprochen, wobei darunter das Ensemble an Trainingsbeispielen gemeint ist, welches durch Erweiterung an Aussagekraft gewinnt. Instanzbasierte Verfahren werden zum *Lazy Learning* gezählt, welches ML-Methoden beschreibt, bei denen der Großteil der Rechenzeit auf die Anwendungsphase (im Fall der instanzbasierten Verfahren also der Prozess des Vergleiches eines neuen Beispiels mit den Trainingsinstanzen) und nicht auf die Trainingsphase entfällt.[255]

***Modellbasierte parametrische und nichtparametrische Methoden***

Die meisten ML-Verfahren modellieren eine Funktion *f*, welche Eingangswerte auf Ausgangswerte abbildet. Diese Funktion wird mittels der gegebenen Trainingsdaten geschätzt. Beim Schätzen von f können *parametrische* und *nichtparametrische Methoden* unterschieden werden.

Parametrische Methoden ähneln stark dem Vorgehen statistischer Analyseverfahren (vgl. Kapitel 2.3.1). Zuerst wird eine Hypothese über die Form von f aufgestellt, z. B.

---

[254] vgl. Géron (Hands-on Machine Learning with Scikit-Learn and TensorFlow), 2017, S. 37 ff.

[255] vgl. Webb et al. (Lazy Learning), 2020.

die Wahl eines linearen Modells mit bestimmten Parametern. Danach folgt das Schätzen der Parameter durch eine Schätzmethode – das Fitting oder Trainieren des Modells. Die verbreitetste Schätzmethode ist die Methode der kleinsten Quadrate.[256]

Nichtparametrische Methoden hingegen machen im Voraus keine expliziten Annahmen über die Form der Funktion f. Stattdessen wird eine Funktion f approximiert, die die gegebenen Datenpunkte möglichst genau annähert, ohne zu grob zu sein. Der Vorteil dieser Methoden gegenüber parametrischen Methoden ist, dass sie das Potenzial haben, eine größere Bandbreite möglicher Formen für f genau anzupassen. Im Gegenzug sind für das Trainieren nichtparametrischer Modelle eine größere Anzahl an Beispielen notwendig, da sich f nicht durch wenige Parameter beschreiben lässt.[257]

***Generative und diskriminative Modellierung***

Des Weiteren können *generative* und *diskriminative* Modellierungsmethoden unterschieden werden. Die Unterscheidung zwischen diesen beiden Ansätzen spielt eine große Rolle für die Abwägung zwischen Interpretierbarkeit und Genauigkeit eines ML-Modells. Der generative Ansatz erstellt ein vollständiges Modell der Verteilung der Features und vergleicht dann, wie sich die Verteilungen von Test- und Trainingsdaten voneinander unterscheiden. Im Gegensatz dazu konzentriert sich der diskriminative Ansatz darauf, nur die Grenze zwischen unterschiedlichen Klassen von Merkmalsausprägungen akkurat zu modellieren. Der generative Ansatz basiert also mehr auf den Eigenschaften der Daten und bietet dadurch eine höhere Interpretierbarkeit, während der diskriminative Ansatz genauere Vorhersagen ermöglicht.[258]

***Modellauswahl***

Aufgrund der großen Anzahl unterschiedlicher ML-Modelle ist die Auswahl des Modells ein entscheidender Schritt in der Gestaltung MLS. ML-Algorithmen sind in der Regel keine universell einsetzbaren Werkzeuge, sondern stark auf eine bestimmte Anwendung spezialisiert und bringen daher spezifische Vor- und Nachteile mit sich[259]. Die Auswahl des Modells ist neben dem Anwendungsfall vor allem stark von den verfügbaren Daten abhängig[260]. Das Ergebnis unterschiedlicher Algorithmen für dieselbe

[256] vgl. James et al. (An Introduction to Statistical Learning with Applications in R), 2013, S. 21.
[257] vgl. James et al. (An Introduction to Statistical Learning with Applications in R), 2013, S. 23.
[258] vgl. Libbrecht; Noble (Machine Learning Applications in Genetics and Genomics), 2015, S. 5.
[259] vgl. Wüst et al. (Machine Learning in Manufacturing), 2016, S. 30.
[260] vgl. Krauß et al. (Selection and Application of Machine Learning), 2019, S. 48.

Aufgabe schwankt teilweise stark, weshalb die Wahl des besten Modells für ein spezifisches Problem eine schwierige Aufgabe darstellt[261]. Zudem steigt die Anzahl an hybriden ML-Ansätzen (Verwendung mehrerer ML-Algorithmen in Kombination), was die Komplexität der Modellselektion zusätzlich steigert[262].

Aufgrund dieser Komplexität existiert für die Modellselektion noch kein bewährtes, systematisches Vorgehen[263]. Der Selektionsprozess ist vielmehr ein auf Erfahrung des Anwenders gestützter Trial-and-Error-Prozess. Oft wird mit der Betrachtung der verfügbaren Daten begonnen und eine geeignete Lernstrategie bestimmt (vgl. Kapitel 2.3.4). Danach wird die Anwendbarkeit verfügbarer Algorithmen in Bezug auf die problembedingten Anforderungen geprüft. Im Anschluss ist es oft hilfreich, nach Anwendungen mit ähnlichen Anforderungen zu suchen und die Ansätze zu vergleichen.[264] Für einige Verfahren existieren Selektionshilfen, doch ergeben diese nicht für alle Situationen einen guten Modellvorschlag[265]. Das tiefe Verständnis einer breiten Auswahl an ML-Algorithmen ist für eine gute Modellselektion also ausschlaggebend. Vgl. Tabelle 2-4 für zu beachtende Kriterien zur Auswahl von Modellen.

**Tabelle 2-4: Kriterien zur Auswahl von Modellen**

| **Kriterium** | 266 | 267 | 268 |
|---|---|---|---|
| Art des Problems (Aufgabe und Lernstrategie) | x | | |
| Größe des Trainingssets | x | | |
| Benötigte Genauigkeit | x | x | |
| Verfügbare Trainingszeit | x | x | |
| Anzahl an Features | x | | |
| Transparenz bzw. Interpretationsmöglichkeit der Modelle | | x | x |

### *Hyperparameter-Tuning*

Die meisten ML-Algorithmen besitzen nicht nur Parameter, welche intern durch den Algorithmus angepasst werden, sondern auch Hyperparameter. Hyperparameter sind

[261] vgl. Bermúdez-Chacón et al. (Automatic Problem-Specific Hyperparameter Optimization and Model Selection for Supervised Machine Learning), 2015, S. 2.

[262] vgl. Wüst et al. (Machine Learning in Manufacturing), 2016, S. 30.

[263] vgl. Bermúdez-Chacón et al. (Automatic Problem-Specific Hyperparameter Optimization and Model Selection for Supervised Machine Learning), 2015, S. 2.

[264] vgl. Wüst et al. (Machine Learning in Manufacturing), 2016, S. 30.

[265] vgl. Ravanshad (How to Choose Machine Learning Algorithms?), 2018.

[266] vgl. Ravanshad (How to Choose Machine Learning Algorithms?), 2018.

[267] vgl. Krauß et al. (Selection and Application of Machine Learning), 2019, S. 53.

[268] vgl. Wüst et al. (Machine Learning in Manufacturing), 2016, S. 30.

externe Einstellungsmöglichkeiten, die durch den Benutzer angepasst werden können. Ein Beispiel für einen Hyperparameter ist die Anzahl der Nachbarn k bei einer *k-Nearest Neighbor-Klassifikation*. Der Raum der möglichen Hyperparameter kann recht groß sein. Die Implementierung einer *Support Vector Machine* erfordert z. B., dass der Benutzer aus 64 verschiedenen Kategorien von Modellen wählt und dann zwei bis vier numerische Werte für jede Kategorie festlegt. In vielen Fällen ist eine umfassende Auswertung aller möglichen Hyperparameterkombinationen nicht praktikabel und oft nicht einmal möglich. In der Praxis ist das Hyperparameter-Tuning eher eine Kunst als eine Wissenschaft, und selbst ML-Experten führen das Tuning oft auf willkürliche Weise durch.[269] Unterstützung bei der Bestimmung der Hyperparameter bieten Methoden des *AutoML* (vgl. Kapitel A.1).

**Evaluation**

Nachdem das Modell erstellt und anhand der Trainingsdaten angepasst wurde, gilt es, dessen Leistungsfähigkeit anhand eines Testdatensets zu evaluieren. Im ML sind verschiedene Metriken für die Performance-Evaluation geläufig. Dazu gehören Maßzahlen wie die Genauigkeit (Prozentsatz der korrekt bestimmten Werte des Testsets) und Fehlerraten[270]. Diese Metriken betrachten lediglich die Vorhersagegenauigkeit des Modells. Vgl. Tabelle 2-5 für weitere Kriterien zur Modellevaluation.

**Tabelle 2-5: Weitere Kriterien zur Modellevaluation**

| **Kriterium** | 271 | 272 | 273 |
|---|---|---|---|
| Dauer des Lernprozesses und der Anwendung | x | x | |
| Toleranz gegenüber unsauberen Daten (fehlende Werte, Rauschen) | | x | |
| Toleranz gegenüber irrelevanten oder redundanten Attributen | | x | |
| Interpretierbarkeit | | x | x |
| Robustheit | x | | x |
| Nutzerfreundlichkeit | | | x |

Die k-fache Kreuzvalidierung (vgl. Abbildung 2-18) ist eine in diesem Zusammenhang sehr etablierte Methode. Sie partitioniert die verfügbaren Daten in k Gruppen (im einfachsten Fall sind diese gleich groß). Danach werden k-1 Gruppen verwendet, um eine

[269] vgl. Bermúdez-Chacón et al. (Automatic Problem-Specific Hyperparameter Optimization and Model Selection for Supervised Machine Learning), 2015, S. 2 f.

[270] vgl. Kotsiantis et al. (Supervised Machine Learning), 2007, S. 250.

[271] vgl. Bermúdez-Chacón et al. (Automatic Problem-Specific Hyperparameter Optimization and Model Selection for Supervised Machine Learning), 2015, S. 23.

[272] vgl. Kotsiantis et al. (Supervised Machine Learning), 2007, S. 263.

[273] vgl. Zhou et al. (Machine Learning on Big Data: Opportunities and Challenges), 2017, S. 16.

Reihe von Modellen zu trainieren, die dann in der verbleibenden Gruppe getestet werden. Diese Prozedur wird für alle k möglichen Alternativen wiederholt und die Performancewerte aus den k Läufen gemittelt. Nachteile dieser Technik sind unter anderem die hohen notwendigen Rechenkapazitäten.[274]

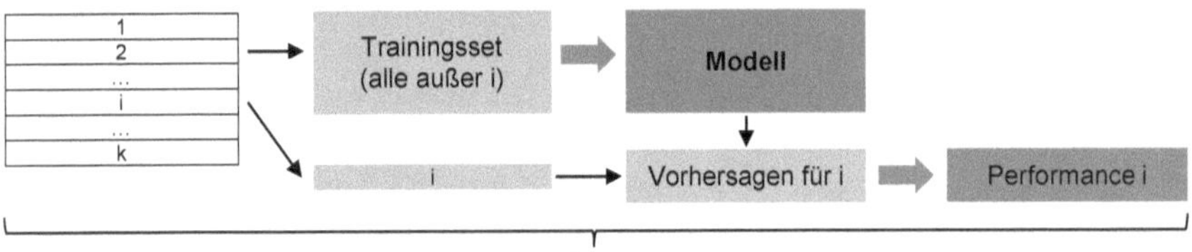


$$\textbf{Performanz} = \frac{1}{k}\sum_{i=1}^{k} \textbf{Performanz}_i$$

**Abbildung 2-18: k-fache Kreuzvalidierung**[275]

### 2.3.4 Gestaltung maschinell lernender Systeme

ML-Verfahren können nach unterschiedlichen Gesichtspunkten beschrieben und unterteilt werden. So unterscheiden sie sich darin, ob sie durch den Anwender überwacht werden oder nicht, in ihrer Lernaufgabe sowie in der Art und Verfügbarkeit der eingegebenen Daten. Nachfolgende Abschnitte geben einen Überblick über die Faktoren, welche die Gestalt MLS besonders beeinflussen. Aufgrund ihrer Geläufigkeit und um Unklarheiten zu vermeiden, werden die etablierten englischen Begriffe verwendet.

#### Lernstrategie

Die meisten ML-Anwendungen arbeiten mit Input, der in Vektoren mit Attributwerten dargestellt wird, und einem Output in Form eines kontinuierlichen numerischen Wertes oder eines diskreten Wertes. Deswegen wird im Folgenden von Eingabedaten, dem Input und Ausgabedaten, dem Output als Lernergebnis gesprochen. Die verschiedenen Lernverfahren eines MLS lassen sich nach der Art des Feedbacks, welches den Lernprozess bestimmt, unterteilen. Man unterscheidet die drei Hauptgruppen *Supervised Learning*, *Unsupervised Learning* und *Reinforcement Learning*.[276]

Beim Supervised Learning geschehen Prognosen im Allgemeinen anhand einer erlernten Zuordnung (engl.: *Mapping*) von Input-Output-Paaren eines Trainingssets[277]. Daten, die über eine solche Zuordnung von Outputwerten verfügen, nennt man markiert

[274] vgl. Bishop (Pattern Recognition and Machine Learning), 2006, S. 33.
[275] vgl. Brink et al. (Real-World Machine Learning), 2016, S. 85.
[276] vgl. Russell; Norvig (Artificial Intelligence), 2010, 528.
[277] vgl. Jordan; Mitchell (Machine Learning: Trends, Perspectives, and Prospects), 2015, S. 257.

(engl.: *labeled*). Auf dieser Basis kann das System Muster erlernen, welche die Inputdaten auf die Outputdaten abbilden[278]. Ziel ist das Finden und Anpassen eines Modells, welches für zukünftige Inputs den entsprechenden Output prognostizieren kann (Prognose) oder zum besseren Verständnis der Zusammenhänge von Input und Output beiträgt (Inferenz)[279].

Im Gegensatz zum Supervised Learning existieren beim Unsupervised Learning keine bereits zugeordneten Outputwerte zu den Inputdaten[280]. Die Aufgabe des Systems ist es, Muster in den Inputdaten zu erkennen, ohne dass direkt ein Feedback darüber zur Verfügung steht, ob die identifizierten Zusammenhänge korrekt bzw. auf diese Weise gewünscht sind[281]. Die wohl bekannteste unüberwachte Methode ist die Clusteranalyse, deren Aufgabe es ist, in den Eingabedaten voneinander abgrenzbare Gruppen zu erkennen und die Datenpunkte diesen Clustern zuzuordnen[282].

Beim Reinforcement Learning lernt das System anhand eines Feedbacks in Form einer Belohnung bzw. einer Bestrafung. Im Gegensatz zum Supervised Learning gibt dieses Feedback keine direkte Auskunft darüber, ob ein vom System erkanntes Muster oder eine ausgeführte Aktion korrekt oder falsch war. Vielmehr erhält das System eine Rückmeldung zu einer Gesamtheit an ausgeführten Aktionen bzw. gegebenen Ausgaben. Das System selbst muss entscheiden, welche der Aktionen hauptsächlich verantwortlich war für das Feedback.[283] Da der Algorithmus ebenfalls nicht weiß, ob eine ausgeführte Aktion die beste Alternative war, muss er zwischen Exploration und Exploitation abwägen[284]. D. h., er muss zwischen dem Ausprobieren möglicher besserer Optionen und dem Wiederholen bereits positiv belohnter Strategien entscheiden, um zu dem insgesamt bestmöglichen Ergebnis zu kommen. Ein Beispiel hierfür ist die KI eines Computers beim Tic-Tac-Toe-Spiel. Der Computer muss dabei nicht explizit dafür programmiert werden, welches Feld er in welcher Spielsituation auswählt. Stattdessen kann dieser durch Reinforcement Learning anhand des Spielausgangs mehrerer Spielrunden eine erfolgreiche Strategie entwickeln.

In der Praxis sind diese drei Hauptgruppen nicht überschneidungsfrei abgrenzbar. Es existieren Mischverfahren wie das sogenannte *Semi-Supervised Learning*. Dabei ist lediglich eine Teilmenge der Eingangsdaten markiert und dies möglicherweise auch

---

[278] vgl. Alpaydin (Introduction to Machine Learning), 2014, S. 11.
[279] vgl. James et al. (An Introduction to Statistical Learning with Applications in R), 2013, S. 26.
[280] vgl. Alpaydin (Introduction to Machine Learning), 2014, S. 11.
[281] vgl. Russell; Norvig (Artificial Intelligence), 2010, S. 528.
[282] vgl. James et al. (An Introduction to Statistical Learning with Applications in R), 2013, S. 27.
[283] vgl. Russell; Norvig (Artificial Intelligence), 2010, S. 598.
[284] vgl. Bishop (Pattern Recognition and Machine Learning), 2006, S. 3.

nicht fehlerfrei. Teilüberwachte Verfahren sind besonders attraktiv, da bei einer kleineren Menge an markierten Inputdaten ein ähnliches, in seltenen Fällen sogar besseres Lernergebnis als bei überwachten Lernmethoden erreicht werden kann, ohne dass der Aufwand und die Kosten eines komplett markierten Datensets entstehen[285]. Zudem ist die Erstellung eines fehlerfrei markierten Datensets in der Praxis aufgrund zufälliger Fehler nicht möglich und Anwender befinden sich meistens im Spektrum zwischen überwachtem und unüberwachtem Lernen[286].

**Aufgaben**

In der ML-Forschung und Anwendung wird zwischen unterschiedlichen Aufgaben des Lernens unterschieden. Unter einer Aufgabe im ML versteht man die abstrahierte Form des zu lösenden Problems[287]. Die bekanntesten Aufgaben sind *Regression*, *Klassifikation* und *Clusterung*.

Regression und Klassifikation sind Aufgaben des Supervised Learning. Ist der Output des Lernverfahrens Teil einer endlichen Menge diskreter Klassen, so spricht man von einer Klassifikationsaufgabe. Dies ist bspw. der Fall, wenn ein System unterschiedliche Farben erkennen soll, z. B. die diskreten Werte {rot, grün, blau}. Ist der Ausgabewert quantitativ bzw. metrisch, so spricht man von einer Regressionsaufgabe, wie bspw. bei der Vorhersage von Immobilienpreisen.[288]

Wie bei der Klassifikation werden auch bei der Clusterung die Inputdaten in diskrete Klassen eingeteilt. Der Unterschied zur Klassifikation besteht darin, dass die Klassen bzw. Cluster noch nicht durch den Anwender vorgegeben sind, weshalb die Clusterung zum Unsupervised Learning gehört. Zur Erkennung von Clustern ermittelt der Algorithmus Ähnlichkeiten unter den Instanzen und ordnet ähnliche Instanzen in gleiche Cluster.[289]

Es existieren zusätzlich zu diesen drei Aufgabentypen zahlreiche weitere Aufgaben, wie bspw. die Dimensionsreduktion. Diese lassen sich aber oft auf eine Kombination dieser Hauptaufgaben zurückführen.[290] So können bspw. beim Semi-Supervised Learning anhand der markierten Beispiele Cluster erkannt werden, denen mithilfe von

[285] vgl. Zhu; Goldberg (Introduction to Semi-Supervised Learning), 2009, S. 11.
[286] vgl. Russell; Norvig (Artificial Intelligence), 2010, S. 598 ff.
[287] vgl. Flach (Machine Learning), 2012, S. 13.
[288] vgl. James et al. (An Introduction to Statistical Learning with Applications in R), 2013, S. 28.
[289] vgl. Flach (Machine Learning), 2012, S. 14 f.
[290] vgl. Flach (Machine Learning), 2012, S. 15 f.

Klassifizierungsalgorithmen anschließend die unmarkierten Beispiele zugeordnet werden.[291] Eine vollständige und überschneidungsfreie Strukturierung von ML-Aufgaben ist in der Praxis nicht möglich.

**Operationen**

Zur Übersicht über die Vielfalt der Verfahren des ML werden nachfolgend die wichtigsten Gruppen von Algorithmen nach BROWNLEE tabellarisch vorgestellt. Für weitere Details zu den vorgestellten Algorithmen vgl. auch Kapitel 2.3.1 sowie A.1.

**Tabelle 2-6: Algorithmen des Machine Learning[292]**

| Gruppe | Beschreibung | Beispiele |
|---|---|---|
| Regressions-algorithmen | Umsetzung der statistischen Regression im ML | Lineare Regression; Logistische Regression |
| Instanzbasierte Algorithmen | Direkter Vergleich der Merkmale von Test- und Trainingsdaten | k-Nearest Neighbor; Support-Vector-Maschinen |
| Entscheidungs-bäume | Erstellung eines Entscheidungsstrukturmodells anhand der Merkmalsausprägungen | Entscheidungsbäume |
| Bayes-Algorithmen | Anwendung des bayesschen Theorems | Naive Bayes Klassifikatoren |
| Cluster-algorithmen | Nutzung dateninhärenter Strukturen zur Bildung von Gruppen maximaler Zusammengehörigkeit | k-means |
| Künstliche neuronale Netze | Inspiriert von der Struktur biologischer neuronaler Netze | Verschiedene Arten neuronaler Netze |

### 2.3.5 Zwischenfazit der Datenanalyse und des maschinellen Lernens

In diesem Kapitel wurden die Grundlagen der Datenanalyse aufgearbeitet. Die Datenanalyse beschreibt Verfahren, welche der Extraktion von Informationen aus Daten dienen. ML-Verfahren gehören zur Datenanalyse und können aus den extrahierten Informationen zusätzlich lernen, um Wissen zu generieren. Durch fortgeschrittene ML-Verfahren kann dieses Wissen weiter abstrahiert werden, um als sogenannte Weisheit auch in neuen Kontexten anwendbar zu sein. Dieser Zusammenhang ist anhand der Wissenspyramide in Abbildung 2-19 dargestellt (vgl. auch Kapitel 2.2.1).

[291] vgl. Döbel et al. (Maschinelles Lernen), 2018, S. 28.
[292] vgl. Brownlee (A Tour of Machine Learning Algorithms), 2018.

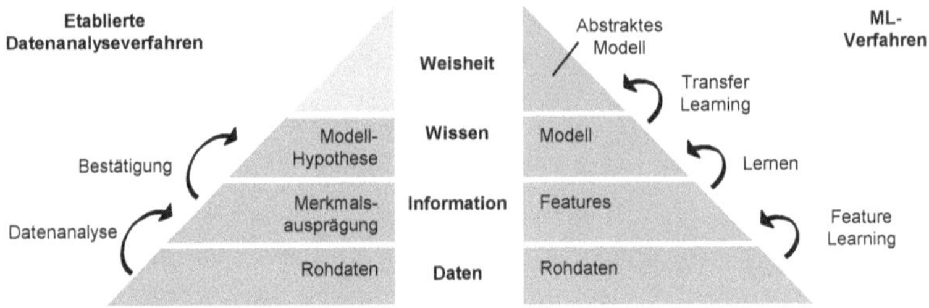


**Abbildung 2-19: Etablierte Datenanalyseverfahren und Machine Learning in der Wissenspyramide**[293]

Die Grafik zeigt, dass etablierte Datenanalyseverfahren den Zweck erfüllen, Merkmalsausprägungen und Kennwerte aus den Rohdaten zu gewinnen, welche die vom Anwender erstellte Modellhypothese bestätigen oder widerlegen. Im ML existieren Methoden für den gesamten wissenschaftlichen Erkenntnisprozess, die von den zugrundeliegenden Daten bis zur abstrahierten Weisheit führen. Dies veranschaulicht bereits das große Potenzial von ML-Technologien und zeigt, dass ML als eine Erweiterung der etablierten Datenanalyseverfahren verstanden werden kann. Zudem lässt sich bzgl. der Unterschiede zwischen etablierten Datenanalyseverfahren und ML schließen, dass ML-Verfahren fundamental auf statistischen Verfahren basieren. So verwenden Bayessche ML-Verfahren bspw. die statistische Bayes-Schätzung, und die statistische Regressionsanalyse existiert auch im ML.

Auf Datenanalyse basierende Anwendungen haben quasi-grenzenloses Potenzial. Sowohl die Daten selbst als auch die Anwendungen zu ihrer Analyse können zu sehr geringen Grenzkosten repliziert werden. Beide erschöpfen sich durch einmalige Analyse nicht, sondern existieren weiter. So ist eine mehrmalige Analyse zu verschiedenen Zeitpunkten, in verschiedenen Kontexten und mit verschiedenen Zielen möglich. Diese wiederum liefert Erkenntnisse höheren Nutzens sowie weitere Daten.

Zum Abschluss der Auseinandersetzung mit den theoretischen Grundlagen wird ein kurzes abschließendes Zwischenfazit vorgenommen, welches die behandelten Grundlagenaspekte integriert. Vorliegende Arbeit versteht die vernetzte, adaptive Produktion als Zukunftsbild eines Produktionssystems, welches durch fortschreitende Vernetzung eine höhere Wirtschaftlichkeit von Unternehmen im VUCA-geprägten Umfeld ermöglicht. Die Gestaltung und Steuerung der Wertschöpfung übernimmt dabei

[293] vgl. Schuh et al. (Derivation of Constituent Problem Characteristics for the Application of Machine Learning), 2020, S. 3.

das Produktionsmanagement. Durch eine Integration und Vernetzung cyber-physischer Systeme ist eine vernetzte, adaptive Produktion zur Selbstoptimierung in der Lage und stellt damit den höchsten derzeit bekannten Reifegrad von Industrie 4.0 in Bezug auf ein Produktionssystem dar. Vorliegende Arbeit definiert ein MLS als Agenten mit der Fähigkeit, derartige selbstbestimmte Entscheidungen zu treffen, welche die Wahrscheinlichkeit der Erfüllung des dem MLS mitgeteilten Ziels erhöhen. Dieser Fähigkeit wegen können MLS als KI angesehen werden. Das für die Entscheidungen notwendige Wissen erlangen MLS selbstständig durch Beobachtungen und Auswertungen ihrer Umgebung. MLS sind so dazu in der Lage, ihre Leistung in der Bearbeitung zukünftiger Aufgaben kontinuierlich zu verbessern. Das Konzept des KI-basierten Agenten verbindet MLS und die vernetzte, adaptive Produktion. MLS als KI-basierte Agenten in Form digitaler Assistenzsysteme steuern Prozesse adaptiv, handeln autonom und treffen ereignisbasierte Entscheidungen zur Steuerung der Wertschöpfung innerhalb einer vernetzten, adaptiven Produktion auf Basis von Daten.

## 2.4 Eingrenzung des Betrachtungsbereichs

Die Eingrenzung des Betrachtungsbereichs dieser Arbeit bildet den Abschluss der Grundlagenuntersuchung. Zweck dieser Abgrenzung ist die Konkretisierung des Forschungsrahmens auf einen handhabbaren Umfang. Diese Eingrenzung ermöglicht darüber hinaus die Formulierung von Problemstellungen und ist damit die Grundlage der Kriterien des Literaturvergleiches im nachfolgenden Kapitel 2.5.2. Zur Strukturierung des Betrachtungsbereichs wird zwischen den drei begrifflichen Kategorien der Objekte, Prädikate und Subjekte differenziert. Objekte umfassen die Betrachtungsobjekte der Arbeit. Prädikate beschreiben Prozesse und Aktivitäten, welche die vorliegende Methodik unterstützen. Subjekte wiederum adressieren die Anwender der Methodik.

### 2.4.1 Objektbezogene Eingrenzung

Dem Objektbereich zugeordnet ist die Beschreibung der Analysegegenstände sowie deren Wechselwirkungen. In vorliegender Arbeit stehen die vernetzte, adaptive Produktion, MLS sowie konstituierende Merkmale einer Applikation MLS im Fokus.

Das Produktionsumfeld der Zukunft wurde in Kapitel 2.1 auf Basis des Systemansatzes der Produktionsplanung und -steuerung in einzelne Elemente wertschöpfender Aktivitäten zerlegt, die über gemeinsame Ziele miteinander in Wechselwirkung stehen. Diese Ziele sind der Ausgangspunkt der Gestaltung von Geschäftstätigkeiten des Unternehmens. Das zunehmend von Volatilität, Unsicherheit, Komplexität und Ambiguität geprägte Umfeld sowie die Vernetzung und Digitalisierung wirken auf das klassische Zielsystem eines produzierenden Unternehmens (Kosten-, Durchlaufzeit- sowie

Qualitätsoptimierung) ein. Dieses ist daher um die Dimension der Wandlungsfähigkeit bzw. Flexibilität zu erweitern. Die Relevanz der Nutzung von Informationssystemen, Daten und Datenanalyse, um diese Zielgrößen weiter zu optimieren und bestmöglich zu beherrschen, ist ebenfalls in Kapitel 2.1 dargestellt worden. Die Referenzarchitektur des IoP bildet dabei die notwendige Grundlage einer vernetzten, adaptiven Produktion. Dieses sich selbst organisierende, an seine Umwelt anpassende System von Agenten erfordert neue Ansätze der Entscheidungsfindung, da die Anzahl an Handlungsalternativen und die Vernetzung der Systemelemente die Leistungsfähigkeit etablierter Informationssysteme übersteigen.

MLS sind ein Lösungsansatz zur Unterstützung der Entscheidungsprozesse in einem Unternehmen. Es sind konkret softwarebasierte Anwendungen, welche die Entscheidungsfindung des Menschen bei der Umsetzung von z. B. Steuerungs- oder Optimierungsaufgaben unterstützen. MLS überführen Daten durch Analyse in Informationen, auf deren Basis Entscheidungen ausgeführt oder Handlungsanweisungen automatisiert ausgegeben werden können. Den Kern MLS stellt die Datenanalyse dar. Insbesondere in der vernetzten, adaptiven Produktion haben MLS ein großes Potenzial, die Entscheidungen auf Basis der zur Verfügung stehenden Daten effektiv zu unterstützen. Derzeit finden sie allerdings nur selten Anwendung – u. a. da der Entwicklungsaufwand oftmals noch in keinem günstigen direkten Verhältnis zum Nutzen steht. Grund für dieses ungünstige Verhältnis ist häufig die Applikation in technisch nicht machbaren bzw. wenig mehrwertschaffenden Anwendungen.

Gegenstand vorliegender Arbeit ist die vernetzte, adaptive Produktion. Das Treffen richtiger Entscheidungen im VUCA-geprägten Umfeld der Produktion ist eine Basiskompetenz zum Erhalt der Wettbewerbsfähigkeit. Dieser Bedarf und die durch die Digitalisierung bedingten technischen Möglichkeiten begünstigen den Einsatz MLS, welche neues Wissen zur Entscheidungsunterstützung generieren und automatisiert zur Anwendung bringen.

### 2.4.2 Prädikatsbezogene Eingrenzung

Die prädikatsbezogene Eingrenzung bestimmt, bei welchen Aktivitäten die Methodik dem Anwender von Nutzen sein soll. Zielstellung dieser Arbeit ist die Identifikation und Charakterisierung von Herausforderungen zur Anwendung datenbasierter Technologien im Kontext der vernetzten, adaptiven Produktion.

Die Identifikation und Einordnung von Herausforderungen kann formal der ersten Prozessstufe *(Business Understanding)* des *Cross-Industry Standard Process (CRISP),* des generischen Vorgehens eines Datenanalyseprojektes, zugeordnet werden (vgl. Abbildung 2-20).

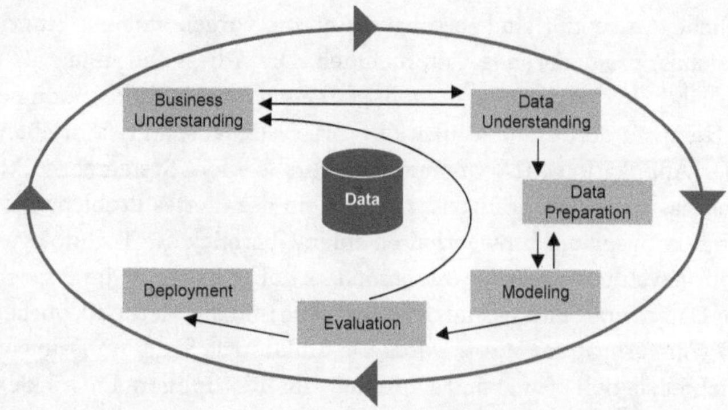


**Abbildung 2-20: Entwicklungsprozess eines Datenanalyseprojektes[294]**

Das Verständnis der Geschäftsaktivitäten und das Ableiten von Anwendungsbereichen der Datenanalysetechnologien sind Gegenstand dieses Prozessschrittes. Die auf das Business Understanding folgenden Phasen greifen auf dieses grundlegende Verständnis zurück und geben dem initialen Schritt, welcher bspw. die Definition der Projektziele und -planung umfasst, eine entscheidende Bedeutung. Folglich lassen sich die zur Verfügung stehenden Ressourcen in der Form von Budget, Humankapital und Zeit umso effizienter einsetzen, je spezifischer die Auswahl der Anwendungsfälle von durch Datenanalyse befähigten entscheidungsunterstützenden Systemen erfolgt.[295]

Die Methodik vorliegender Arbeit unterstützt den Auswahlprozess datenbasierter Analysetechnologien und bietet im Rahmen der initialen Technologie- und Anwendungsidentifikation, -analyse und -auswahl Orientierung.

### 2.4.3 Subjektbezogene Eingrenzung

Die subjektbezogene Eingrenzung des Betrachtungsraums bestimmt den Nutzer der Methodik. Diese Nutzer lassen sich in primäre und sekundäre Nutzergruppen einteilen. Primäre Nutzer vorliegender Arbeit sind Hauptnutzergruppen, die direkt an der Entwicklung und Nutzung entscheidungsunterstützender Systeme beteiligt sind. Sekundäre Nutzer profitieren passiv und indirekt von den Erkenntnissen vorliegender

[294] vgl. Chapman et al. (CRISP-DM 1.0), 2000, S. 13.
[295] vgl. Chapman et al. (CRISP-DM 1.0), 2000, S. 13 ff.

Arbeit in Form der genutzten und spezifizierten Methoden und der Typisierung der Betrachtungsbereiche.

Grundsätzliche Anwender sind (bedingt durch die vorgenommene Eingrenzung des Objektbereiches) produzierende Unternehmen. Die Adressaten innerhalb dieser Unternehmen sind Produktionsplaner und Systementwickler, deren Kompetenzkreise durch die Herausforderungsidentifikation, ihre systematische Beschreibung und Zuordnung der Applikation MLS zusammengeführt werden. Systementwickler können bspw. durch das Ergebnis vorliegender Arbeit ein dezidiertes Problemverständnis erlangen. Produktionsplaner bspw. erhalten einen Überblick der Technologiepotenziale MLS. Für ausgewählte Anwender mit besonders hoher Expertise im Bereich der automatisierten Datenverarbeitung sind die Ergebnisse und die Methodik vorliegender Arbeit jedoch von geringerem Wert. Durch die funktionale Sicht auf Datenanalysetechnologien richtet sie sich primär an Fachfremde, interdisziplinäre Entwicklerteams und Technologiemanager produzierender Unternehmen und ermöglicht diesen einen ganzheitlichen und systematisch hergeleiteten Betrachtungswinkel. Weitere Nutzer sind Außenstehende, die nicht direkt in den Entwicklungsprozess der Anwendungen involviert sind – mit diesem Entwicklungsprozess jedoch in Verbindung stehen. Diesen wird durch den Ansatz und durch die Ergebnisse vorliegender Arbeit ein besseres Prozess- und Systemverständnis ermöglicht. Insbesondere Projektsponsoren (Führungskräfte und Entscheider produzierender Unternehmen) sowie spätere Anwender dieser entscheidungsunterstützenden Systeme (in Ausführungs- bzw. Planungsfunktion direkt produktive Produktionsmitarbeiter) sind dieser Nutzergruppe zuzuordnen.

Entscheider in der Produktion (bspw. Führungskräfte, Technologiemanager, Produktionsplaner) stellen die primäre Nutzergruppe dieser Arbeit dar. Eine sekundäre Nutzergruppe sind Entwickler im Bereich der automatisierten Datenanalyse. Vorliegende Arbeit leistet Übersetzungs- und Verknüpfungsarbeit zwischen technologischen und anwendungsbezogenen Problemaspekten und hilft dabei, Entwicklungsvorhaben effektiver zu gestalten.

## 2.5 Analyse und kritische Würdigung des Stands der Forschung

In diesem Kapitel wird der Stand der Forschung zur *Applikation MLS in der vernetzten, adaptiven Produktion* analysiert und kritisch gewürdigt. Zunächst werden Bewertungskriterien identifiziert (Kapitel 2.5.1). Die bestehenden Ansätze werden dann, ihrem thematischen Schwerpunkt entsprechend, den relevanten Gruppen der Wissenschaftsliteratur zugeordnet, analysiert und kritisch gewürdigt (Kapitel 2.5.2). Das Kapitel endet mit der zusammenfassenden Bewertung betrachteter Ansätze. Das Forschungsdefizit, dessen Überwindung das Ziel vorliegender Arbeit ist, wird spezifiziert (Kapitel 2.5.3).

### 2.5.1 Kriterien zur Bewertung bestehender Ansätze

Anhand von Kriterien, die sich in zwei Gruppen einteilen lassen, erfolgt eine Bewertung der bestehenden Ansätze. Die erste Kriteriengruppe umfasst den Objektbereich vorliegender Arbeit – relevante wissenschaftliche Ansätze werden auf die Intensität der Auseinandersetzung mit den in Kapitel 2.4.1 beschriebenen Betrachtungsobjekten untersucht:

- Betrachtung der Anwendungen und Technologiepotenziale MLS
- Betrachtung der Herausforderungen der vernetzten, adaptiven Produktion
- Beschreibung des Einflusses von Dateneigenschaften auf das Problem-Lösungspotenzial

Die zweite Kriteriengruppe umfasst den Zielbereich vorliegender Arbeit – relevante wissenschaftliche Ansätze werden auf eine mögliche Beantwortung der Forschungsfrage untersucht. Die Ansätze werden daher entsprechend ihrer Intensität der Auseinandersetzung mit den in Kapitel 1.3 formulierten Zielen der Teilmodelle bewertet:

- Charakterisierung von Herausforderungseigenschaften zur Anwendung MLS
- Strukturierung von Herausforderungen der vernetzten, adaptiven Produktion
- Zuordnung der Eignung MLS zu Herausforderungen der vernetzten, adaptiven Produktion

### 2.5.2 Darstellung und Bewertung bestehender Ansätze

Die untersuchten wissenschaftlichen Ansätze lassen sich unter Berücksichtigung der in Kapitel 2.4.1 definierten Objektbereiche den folgenden Themenfeldern zuordnen:

(1) Ansätze zur Untersuchung von Herausforderungen der Produktion
(2) Ansätze zur Untersuchung der Eigenschaften von ML
(3) Ansätze zur Untersuchung der Gestaltung MLS
(4) Ansätze zur Untersuchung der Applikation MLS in der Produktion
(5) Eigene Ansätze zur *Applikation MLS in der vernetzten, adaptiven Produktion*

Diese Themenfelder werden nachfolgend kurz beschrieben. Bestehende Ansätze innerhalb der Themenfelder werden analysiert und beschrieben. Das dabei gewählte, für alle Ansätze gleiche Vorgehen von Beschreibung und Analyse umfasst das Forschungsziel, den -inhalt sowie eine kritische Würdigung der Arbeit.

### (1) Ansätze zur Untersuchung von Herausforderungen der Produktion

Die wissenschaftlichen Arbeiten innerhalb dieses Themenfeldes bieten eine Übersicht über typische Herausforderungen in einer Produktionsumgebung der Zukunft. Die Herausforderungen werden in den vorgestellten Ansätzen allgemein eher bedarfsgetrieben abgeleitet. Ausgehend von ihrer Analyse abstrahieren die Autoren die Eigenschaften des Anwendungskontexts (bspw. LEE ET AL.). Auch werden wie bei KHAN ET AL. exemplarische Herausforderungen für Datenanalysetechnologien genannt. Nachfolgend wird eine Auswahl der relevantesten wissenschaftlichen Arbeiten innerhalb dieses Themenfeldes vorgestellt.

*LEE ET AL. (2013) – Recent Advances and Trends in Predictive Manufacturing Systems in Big Data Environment*[296]
Die Arbeit von LEE ET AL. behandelt aktuelle Fortschritte und Trends des ML im Bereich prädiktiver Fertigung. Sensoren haben das Sammeln von Daten in der Fertigung enorm vereinfacht. Die zur Verfügung stehenden Technologien müssen die richtigen Informationen jedoch auch für den richtigen Zweck zur richtigen Zeit liefern. Um sowohl sichtbare als auch unsichtbare Herausforderungen der Fertigung aufzudecken, ist vorausschauende Analyse ein probater Weg, der jedoch die Entwicklung fortschrittlicher Vorhersagewerkzeuge erfordert. Zur Explikation des Herausforderungskontexts postulieren die Autoren ein 5S-Modell, bestehend aus *Sensing* (Systeminformationen und physikalisches Wissen), *Storage* (Datenspeicherung), *Synchronisation* (Aufzeichnung des Maschinenzustands), *Synthesis* (Konnektivität durch Cloud-Computing) und *Service* (Zugänglichkeit des Maschinenzustands). Für vorliegende Arbeit dient das 5S-Modell als wichtige Anregung zur Strukturierung der Identifikation existierender Herausforderungen im Produktionskontext.

*KHAN UND TUROWSKI (2016) – A Survey of Current Challenges in Manufacturing Industry and Preparation for Industry 4.0*[297]
Die Arbeit thematisiert die aktuellen Herausforderungen der Fertigung und die Integration neuer Technologien (u. a. Echtzeitdatensammlung für prädiktive Wartung). Besonders beleuchten die Autoren den Einfluss von Industrie 4.0 als technische Integration cyber-physischer Systeme in Fertigung und Logistik und die Nutzung in industriellen Prozessen. Diesem Ansatz folgend geben die Autoren einen Überblick über

[296] vgl. Lee et al. (Recent Advances and Trends in Predictive Manufacturing Systems in Big Data Environment), 2013.
[297] vgl. Khan; Turowski (A Survey of Current Challenges in Manufacturing Industry and Preparation for Industry 4.0).

aktuelle Herausforderungen für den Einsatz von Industrie 4.0, die sich von der Eingangslogistik über die Produktion, das Marketing, die Ausgangslogistik bis hin zum Service erstrecken. Sie nennen z. B. intelligente Maschinen sowie Lagersysteme und Produktionseinrichtungen. In vorliegender Arbeit dienen die identifizierten Herausforderungen als wesentlicher Input für die Entwicklung des Modells zur Charakterisierung der vernetzten, adaptiven Produktion.

*BAUER ET AL. (2017) – Smartening up with AI*[298]

Die Autoren erwarten, dass KI die Produktivität in allen Branchen und insbesondere in solchen mit einem hohen Anteil an vorhersehbaren Tätigkeiten steigern wird. ML wird dabei die wichtigste Methode sein. Der Text skizziert den Einfluss der Technologie auf die deutsche Wirtschaft und stellt die Einsatzmöglichkeiten anhand spezifischer Anwendungsfälle vor. Die Ergebnisse zeigen, dass speziell im verarbeitenden Gewerbe mehr als die Hälfte aller derzeit vom Menschen ausgeführten Tätigkeiten das Potenzial haben, mithilfe von KI automatisiert zu werden. Für vorliegende Arbeit dienen die beschriebenen Anwendungsfälle MLS vor allem dem besseren Verständnis existierender Herausforderungen in der vernetzten, adaptiven Produktion.

*QU ET AL. (2019) – Smart Manufacturing Systems*[299]

Die Arbeit fasst Entwicklung, Definition, Ziele, funktionale Anforderungen, Geschäftsanforderungen, technische Anforderungen und Komponenten von Smart Manufacturing Systemen zusammen. Gleichzeitig schlagen die Autoren ein autonomes Smart Manufacturing System vor und zeigen fünf wichtige Herausforderungen auf: die Echtzeit-Erfassung von Ressourcen und Informationen, die kollaborative Optimierung mehrerer Subsysteme, die Möglichkeit, sich Nachfrageänderungen schnell anzupassen, die Ambidextrie von hoher Effizienz und Qualität bei gleichzeitiger Diversifizierung sowie der integrierte autonome Entwicklungs- und Steuerungsmechanismus. ML wird als Schlüsselkomponente zur Realisierung autonomer Produktionssysteme identifiziert. Der Fokus der Arbeit liegt jedoch auf Herausforderungen. Die Strukturierung dieser erfolgt zwar relativ generisch und weist einen geringen Praxisbezug auf, jedoch wurde der von QU ET AL. gewählte Strukturierungsansatz in vorliegender Arbeit aufgegriffen und weiterentwickelt.

[298] vgl. Bauer et al. (Smartening up with Artificial Intelligence), 2017.
[299] vgl. Qu et al. (Smart Manufacturing Systems), 2019.

### (2) Ansätze zur Untersuchung der Eigenschaften von ML

Die wissenschaftlichen Arbeiten innerhalb dieses Themenfeldes bieten einen Überblick über grundlegende Definitionen und Konzepte des ML (sehr gut umgesetzt u. a. bei SCHUH ET AL.). Die konzeptionellen Grundlagen – z. B. Lernansätze MLS und die dafür zur Verfügung stehenden Alternativen – sowie ihre Beziehungen zueinander werden bei RUSSELL UND NORVIG sowie FLACH im Detail beschrieben. Die Forschungsarbeiten schließen eine Betrachtung der grundlegenden Eigenschaften der Technologie bis hin zu spezifischen Implementierungsbeispielen ein. Die Ansätze sind hinsichtlich der Detailtiefe ihrer Untersuchung zu differenzieren. Während manche Ansätze die Fragestellung eher an der Oberfläche auf Basis von z. B. Arbeitsbereichen untersuchen (vgl. HARDING ET AL.), widmen sich Arbeiten wie die von FLACH spezifischen Eigenschaften der zugrundeliegenden statistischen Verfahren und Algorithmen. Ausgehend von dieser Analyse leiten bspw. RUSSELL UND NORVIG die außerordentliche Wichtigkeit der zugeführten Daten als solche ab und explizieren darüber hinaus auch spezifische Anforderungen an diese. Nachfolgend wird eine Auswahl der relevantesten wissenschaftlichen Arbeiten innerhalb dieses Themenfeldes vorgestellt.

*RUSSELL UND NORVIG (1995) – Artificial Intelligence* [300]

Das Buch von RUSSELL UND NORVIG ist ein Grundlagenwerk auf dem Gebiet der KI. Die von den Autoren beschriebenen Definitionen sind bis heute weithin als Grundlage für die wissenschaftliche Forschung anerkannt. Ziel ist es, einen Überblick über grundlegende Definitionen, Konzepte und Beziehungen auf dem Gebiet der KI zu geben. Um ein grundlegendes Verständnis von ML zu schaffen, werden die verwandten Konzepte und Methoden im Detail beschrieben – auch anhand von Implementierungsbeispielen. Das Konzept des Lernens sowie die Dateneigenschaften, insbesondere Qualität und Quantität, werden erörtert. Darüber hinaus werden Arbeitsbereiche der KI und deren Implementierung geschlussfolgert. Die Autoren erkennen, dass in diesem Zusammenhang ein einheitliches Verständnis der relevanten Begriffe auf der Grundlage ihrer Definitionen dazu beitragen kann, ML in Zukunft erfolgreich zu implementieren. Diese Anforderung an ein einheitliches Begriffsverständnis wurde auch im Rahmen vorliegender Arbeit aufgegriffen und im Modell zur Charakterisierung MLS umgesetzt.

*HARDING ET AL. (2006) – Data Mining in Manufacturing* [301]

Die Arbeit liefert einen literaturbasierten Überblick über Data Mining-Anwendungen, in der Fertigung u. a. in den Bereichen Produktionsprozesse und Qualitätsverbesse-

[300] vgl. Russell; Norvig (Artificial Intelligence), 2010.

[301] vgl. Harding et al. (Data Mining in Manufacturing), 2006.

rung. Dabei werden Defizite in den Bereichen Shopfloor-Kontrolle und Produktionsplanung identifiziert – vor allem die Ursachen von Fehlfunktionen verschiedener Arten von Fertigungssystemen oder -prozessen. Dies trägt zu einem besseren Funktionieren produzierender Unternehmen bei. Die Entwicklungen im Data Mining konzentrieren sich auf die Verfeinerung von Algorithmen und deren Anwendung in der Fertigung, ihre Integration in bestehende Systeme sowie die Definition wiederholbarer Projekte. Der Fokus der deskriptiven Arbeit liegt klar auf Data Mining und der Anwendung von Algorithmen. Es erfolgt daher keine Strukturierung der Dateneigenschaften und des Wertes der gewonnenen Informationen zur Problemlösung. Für vorliegende Arbeit ist vor allem die Übersicht der Anwendungen von Datenanalyse in der Produktion wertvoll. Aus den Beschreibungen der Autoren können wichtige Charakteristika der Herausforderungen in der Produktion abgeleitet werden, für welche Datenanalyse eingesetzt werden kann.

*FLACH (2012) – Machine Learning*[302]
Dieses Buch gilt als eine der umfassendsten Einführungen in ML. Der Fokus liegt dabei auf der Erläuterung grundlegender und weiterführender Prinzipien und Methoden, die wiederum anhand von praxisrelevanten Beispielen verdeutlicht werden. Der klare und beispielbasierte Ansatz beginnt mit der Erläuterung der Funktionsweise eines Spam-Filters, wodurch unter minimalem technischem Aufwand eine Einführung in die praktische Anwendung von ML gelingt. Darauf aufbauend behandelt der Autor ein weites Spektrum logischer, geometrischer und statistischer Modelle und dabei insbesondere ihre charakterisierenden Merkmale und Eigenschaften. Dieser differenzierte Blick auf die Datenanalyse ist in vorliegender Arbeit vor allem für die Abgrenzung etablierter Datenanalyseverfahren, einfacher sowie fortgeschrittener MLS relevant.

*SCHUH ET AL. (2019) – Data Mining Definitions and Applications in Production Management*[303]
Der Anspruch dieses Papers ist es, produzierende Unternehmen bei der Nutzung von Data Mining zu unterstützen. In diesem Zusammenhang werden aus einem Literaturüberblick praxisorientierte Definitionen des Data Mining, der KI sowie des ML gewonnen und die genannten Verfahren kategorisiert und voneinander abgegrenzt. Die einzelnen Definitionen wurden aus der relevantesten Literatur der jeweiligen Fachgebiete zusammengetragen. Den Autoren nach befähigt ML computerbasierte Agenten zum Erlernen aufgabenspezifischen Wissens und Lösen aufgabenspezifischer Probleme.

[302] vgl. Flach (Machine Learning), 2012.
[303] vgl. Schuh et al. (Data Mining Definitions and Applications in Production Management), 2019.

Dieser zweigeteilten Definition des ML und dem Verständnis MLS als KI-basierte Agenten in Form digitaler Assistenzsysteme folgt auch vorliegende Arbeit.

**(3) Ansätze zur Untersuchung der Gestaltung MLS**

Die wissenschaftlichen Arbeiten innerhalb dieses Themenfeldes beschreiben konzeptionelle Ansätze zur Gestaltung MLS. Die Arbeiten fokussieren verschiedene Dimensionen des Gestaltungsprozesses wie bspw. verschiedene Aufgaben, Lernverfahren oder Algorithmen und abstrahieren auf dieser Basis Prozess- und Strukturmodelle für den Gestaltungsprozess – vgl. z. B. HOPPE. Forschungsansätze wie jene von AGRAWAL ET AL. oder COREA gehen dabei tendenziell eher *analytisch-deduktiv* vor und orientieren sich an den theoretisch bekannten Eigenschaften der Technologie, spiegeln ihre Erkenntnisse allerdings an der Realität. Nachfolgend wird eine Auswahl der relevantesten wissenschaftlichen Arbeiten innerhalb dieses Themenfeldes vorgestellt.

*HOPPE (1996) – Kriterien zur Auswahl maschineller Lernverfahren* [304]
Die Arbeit von HOPPE betrachtet die für eine genaue Beschreibung MLS erforderlichen Dimensionen. Ziel ist es, eine Grundlage für die Eignung von Methoden für spezifische anwendungsorientierte Probleme zu schaffen. Der Autor erläutert zwei verschiedene allgemeine Anwendungstypen MLS und ebenfalls deren Eigenschaften. Diese Anwendungstypen bestehen aus drei relevanten Komponenten: Eingabedaten, Lernmethodik und Ausgabedaten. Ausgehend von diesen drei relevanten Komponenten wird eine Methodik entwickelt, welche verschiedene Möglichkeiten zur Auswahl eines geeigneten ML-Verfahrens berücksichtigt. Darüber hinaus unterstreicht der Autor die Notwendigkeit einer praktischen Anwendung und Evaluierung von ML. Dieser Grundansatz, die Schaffung einer Vergleichbarkeit verschiedener MLS sowie die Evaluierung der Eignung MLS, wird auch in vorliegender Arbeit verfolgt und umgesetzt.

*AGRAWAL ET AL. (2018) – Prediction Machines* [305]
Gegenstand der Arbeit ist das AI Canvas als Modell zur systematischen Beschreibung von Anwendungsfällen von KI. In diesen werden Herausforderungen durch MLS bewältigt. Dies erfolgt durch die Beschreibung eines Anwendungsfalls in sieben Kategorien (z. B. die zur Bewältigung einer Herausforderung notwendige Handlung oder der Input, der berücksichtigt werden soll). Entsprechend diesen Kategorien wird die Entscheidung, welche MLS zur Bewältigung von Herausforderungen treffen müssen, dekomponiert. Diese Zerlegung der Entscheidung ermöglicht eine effiziente Entwicklung MLS. Die Arbeit behandelt MLS sowie allgemeine Anwendungsfälle von MLS und

[304] vgl. Hoppe (Kriterien zur Auswahl maschineller Lernverfahren), 1996.
[305] vgl. Agrawal et al. (Prediction Machines), 2018.

betrachtet ebenfalls Kriterien zur Beschreibung von Anwendungsfällen. In vorliegender Arbeit werden die grundlegenden Entscheidungssituationen einer Produktion entsprechend den von AGRAWAL ET AL. abgeleiteten Kriterien beschrieben.

*COREA (2018) – Artificial Intelligence Knowledge Map* [306]
Der Autor zielt darauf ab, verfügbares Wissen über ML strukturiert darzustellen und nimmt daher eine Einordnung unterschiedlicher ML-Algorithmen durch die zwei Kategorien *Problemdomäne* und *KI-Paradigma* vor. Die Problemdomäne umfasst die Dimensionen *Reasoning* (das Lösen von Problemen), *Knowledge* (die Welt verstehen), *Planning* (Ziele setzen und erreichen), *Communication* (Sprache verstehen und kommunizieren) sowie *Perception* (Rohdaten zu Informationen veredeln). Die KI-Paradigmen stellen Typen von ML-Algorithmen dar: *logikbasiert*, *wissensbasiert*, *wahrscheinlichkeitsbasiert*, *ML*, *Suchen und Optimieren*, *verkörperte Intelligenz*. Zwischen den beiden Kategorien sind unterschiedliche ML-Technologien aufgetragen. Der Ansatz stellt damit eine Zuordnung zwischen Paradigmen zur Erstellung eines MLS und möglichen Anwendungsbereichen dar. Der Autor schließt einen sehr großen Betrachtungsbereich ein – es erfolgt keine Eingrenzung in der Betrachtung MLS und auch die Anwendungsbereiche sind allgemeingültig formuliert. In vorliegender Arbeit wird der postulierte Ansatz zur Unterscheidung von ML-Algorithmen im Rahmen der Typisierung MLS aufgegriffen und weiterentwickelt.

*SCHAREI ET AL. (2020) – Knowledge Representations in Technical Systems* [307]
SCHAREI ET AL. greifen die AI Knowledge Map von COREA auf und entwickeln diese weiter. Sie verfolgen das Ziel, ML-Technologien anhand von Unterschieden in der Wissensrepräsentation mit Aufgabenbereichen zu verbinden. Die Autoren stellen die Zuordnung in Form einer Matrix dar. Die Aufgabenbereiche sind auf der vertikalen Achse und die Möglichkeiten der Wissensrepräsentation auf der horizontalen Achse aufgetragen. Der Mehrwert dieser Weiterentwicklung für vorliegende Arbeit liegt speziell in der Verwendung einer erheblich höheren Zahl an Quellen. Die abgeleiteten Ergebnisse weisen daher einen höheren Grad der Fundierung in der Fachliteratur auf. Weiterhin werden drei spezifische Anwendungsfälle diskutiert (*Lernen von Aktivitäten*, *Planen von Aufgaben* und *Wahrnehmen der Umgebung*) und anschließend in die Matrix eingeordnet. ML-Technologien zur Umsetzung des Anwendungsfalls werden ebenfalls diskutiert.

---

[306] vgl. Corea (AI Knowledge Map), 2018.
[307] vgl. Scharei et al. (Knowledge Representations in Technical Systems).

### (4) Ansätze zur Untersuchung der Applikation MLS in der Produktion

Die wissenschaftlichen Arbeiten innerhalb dieses Themenfeldes behandeln die Anwendung MLS und fokussieren zumeist Beschreibungen mehrerer allgemeiner oder spezifischer Anwendungsbeispiele. Die einzelnen Anwendungen sind im Kontext der Fertigung zu verorten und bieten konkrete Implementierungsvorschläge MLS zur Überwindung bestimmter Herausforderungen. Tendenziell fassen die Autoren Anwendungen der Technologie auf einem recht hohen, Beispiele-bündelnden Level zusammen und streben wie bei MONOSTORI ET AL. die Zuordnung von spezifischer Technologie zu spezifischen Herausforderungen an. Ausgehend von den gewonnenen Erkenntnissen leiten WÜST ET AL. sogar Anforderungen an den Einsatz MLS im Fertigungskontext ab. Nachfolgend wird eine Auswahl der relevantesten wissenschaftlichen Arbeiten innerhalb dieses Themenfeldes vorgestellt.

*MONOSTORI ET AL. (1996) – Machine Learning Approaches to Manufacturing*[308]
Ziel der Arbeit ist es, unterschiedliche ML-Technologien und Anwendungsbereiche im Fertigungskontext einander zuzuordnen. MONOSTORI ET AL. beschreiben grundlegende Definitionen und Konzepte des ML (z. B. auch sogenannte symbolische und subsymbolische Methoden). Ausgehend von diesen Ansätzen stellen die Autoren grundlegende Definitionen und Konzepte der Mustererkennung sowie neuronaler Netze vor und erläutern Lernstrategien im Anwendungskontext. Es werden ebenfalls eine Vielzahl unterschiedlicher Anwendungsbereiche und -fälle beleuchtet. Die Autoren unterteilen diese in Unterthemen und vergleichen sie. Des Weiteren werden verschiedene allgemeine Lernansätze hinsichtlich ihrer Robustheit, Darstellungskraft und Generalisierbarkeit evaluiert. Die Autoren kommen zu dem Schluss, dass insbesondere neuronale Netze ein enormes technologisches Potenzial für Anwendungen im Fertigungskontext bieten. Die Kenntnisse über die Potenziale unterschiedlicher ML-Technologien werden von MONOSTORI ET AL. genauso wie auch in vorliegender Arbeit genutzt, um ML-Technologien den Anwendungsgebieten zuzuordnen.

*WÜST ET AL. (2016) – Machine Learning in Manufacturing*[309]
Ziel dieser Arbeit ist es, einen Überblick über die Vorteile, Herausforderungen und allgemeinen Anwendungsbereiche MLS zu geben und das Themengebiet so zu strukturieren. Einleitend werden die gegenwärtigen Herausforderungen des Produktionsumfeldes dargestellt und auf Basis ihrer Anforderungen diskutiert (z. B. Umgang mit hochdimensionalen Daten). Zu diesen zählt bspw. die zunehmende Komplexität hochwertiger Produkte. Aus diesen Anforderungen leiten die Autoren sowohl die Eignung

[308] vgl. Monostori et al. (Machine Learning Approaches to Manufacturing), 1996.
[309] vgl. Wüst et al. (Machine Learning in Manufacturing), 2016.

als auch die Vorteile MLS für die Fertigung ab. Es gelingt, allgemeine ML-Methoden in mehrere Dimensionen zu unterteilen (bspw. hinsichtlich der verwendeten Lernstrategie). In der Folge betrachten WÜST ET AL. auch Anwendungen MLS, die bereits erfolgreich im Fertigungskontext eingesetzt werden und ordnen diese den identifizierten Lernstrategien zu. Diesen Grundgedanken der Zuordnung geeigneter technologischer Lösungen zu existierenden Herausforderungen verfolgt auch vorliegende Arbeit.

*WANG ET AL. (2018) – Deep Learning for Smart Manufacturing*[310]
WANG ET AL. thematisieren in ihrer Arbeit den Umgang mit im Fertigungskontext entstandenen Big Data. Dazu werden verschiedene Kategorien von Anwendungsfällen *(Qualitätssicherung, Fehlererkennung* und *Fehlerprognose)* sowie ML-Technologien genauer betrachtet. Das Ziel ist es dabei, einen umfassenden Überblick über bereits implementierte und funktionierende Deep Learning Anwendungen in der Herstellungspraxis zu geben. Die Autoren erläutern wesentliche Konzepte und Beziehungen von datengetriebenen Methoden, speziell Deep Learning als Form des ML, und stellen dabei die fortgeschrittene Datenanalysefähigkeit der Technologie im Vergleich zu konventionellen Methoden des ML heraus. In diesem Zusammenhang werden die Anforderungen der verarbeitenden Industrie mit den Eigenschaften des Deep Learnings verknüpft. Darüber hinaus geben die Autoren einen umfassenden Überblick über die verschiedenen Anwendungen von ML in der Fertigung und vergleichen diese. Für jede ML-Technologie ist dargelegt, inwiefern ihr Einsatz bei der Umsetzung der identifizierten Anwendungsfälle relevant ist. Bei einer Zuordnung von Herausforderung und ML-Technologie sind Publikationen über Anwendungsfälle als Referenz angegeben. Im Synthesekapitel 4.4.3 der Detaillierung der Methodik vorliegender Arbeit wird diese Zuordnung von Typen MLS und Anwendungsfällen ebenfalls umgesetzt.

*KRAUSS ET AL. (2019) – Maschinelles Lernen in der Produktion*[311]
Auf Basis einer ausführlichen Literaturrecherche und der Analyse darin enthaltener Datensätze geben die Autoren eine Übersicht über potenzielle Anwendungsgebiete des ML im Produktionsumfeld (bspw. prädiktive Prozesskontrolle oder prädiktive Wartung) und ordnen diese den drei Clustern *Produkt*, *Prozess* sowie *Maschine und Anlage* zu. Ziel der Autoren ist eine Unterstützung der Auswahl eines geeigneten Anwendungsfalls zur Integration MLS in Unternehmen. Der Ansatz basiert auf der besonderen Relevanz der Daten für die Auswahl eines Anwendungsfalles, da eine erfolgreiche Bewältigung von Herausforderungen durch MLS stark von der vorhandenen Daten-

[310] vgl. Wang et al. (Deep Learning for Smart Manufacturing), 2018.
[311] vgl. Krauß et al. (Maschinelles Lernen in der Produktion), 2019.

grundlage abhängig ist. Durch eine Analyse frei verfügbarer Datensätze werden in diesem Zusammenhang erfolgversprechende Dateneigenschaften identifiziert. Zur Deduktion von Herausforderungen und Anwendungsmöglichkeiten für ML gehen die Autoren daher sowohl datenorientiert als auch problemorientiert vor. Vor allem dieses problemorientierte Vorgehen sowie die identifizierten Anwendungsgebiete des ML im Produktionsumfeld sind für vorliegende Arbeit besonders wertvoll.

**(5) Eigene Ansätze zur Applikation MLS in der vernetzten, adaptiven Produktion**

Dieser Abschnitt stellt eigene Veröffentlichungen des Autors im Themenfeld der *Applikation MLS in der vernetzten, adaptiven Produktion* vor. Die acht Ansätze wurden im Rahmen des Erstellungsprozesses dieser Dissertation auf Fachkonferenzen veröffentlicht und beinhalten Teilergebnisse vorliegender Arbeit.

*SCHUH UND SCHOLZ (2019) – Development of a Framework for the Systematic Identification of Artificial Intelligence Application Patterns in the Manufacturing Industry*[312]
Ziel dieser Arbeit ist die Ableitung einer Nomenklatur für das KI-Technologie-Ökosystem, die die Betrachtung von Anwendungsfällen erleichtern soll. Um in diesem Zusammenhang KI-Anwendungen zu klassifizieren und Muster in der Technologiegestaltung zu identifizieren, wird auf Basis einer Literaturanalyse ein Technologierahmen abgeleitet, der eine systematische Beschreibung von Anwendungsfällen erlaubt. Dieser Technologierahmen stellt die Basis für das in vorliegender Arbeit entwickelte Modell zur Charakterisierung MLS dar.

*SCHUH ET AL. (2019) – Prediction of Workpiece Quality*[313]
Ziel dieser Arbeit ist es, den genannten Technologierahmen zu nutzen. Der in mehrere Betrachtungsebenen gegliederte Rahmen, dessen Inhalte mit jeder Ebene spezifischer und granularer werden, wird exemplarisch für eine – die Bauteilqualität betreffende – Anwendung verwendet. Die praktische Validierung gelingt anhand einer erfolgreichen Qualitätsvorhersage in einem zerspanenden Bearbeitungsprozess der Bosch Rexroth AG. Dabei konnte für die betrachteten Qualitätsmerkmale einer Bohrung von Hydraulikventilen ein Bestimmtheitsmaß von über 91 % erreicht werden. Für vorliegende Arbeit dient diese Validierung der Bestätigung, dass die definierten Merkmalsebenen und Ausprägungen des Technologierahmens sinnvoll gewählt sind, dass eine Anwendung auch in der Praxis Mehrwert stiftet und MLS sich derart beschreiben lassen.

312 vgl. Schuh; Scholz (Development of a Framework for the Systematic Identification of AI Application Patterns in the Manufacturing Industry), 2019.
313 vgl. Schuh et al. (Prediction of Workpiece Quality), 2019.

*SCHUH ET AL. (2020) – Design Requirements of Machine Learning Systems for Complex Application Domains*[314]

Diese Arbeit entwickelt eine Methodik für die systematische Gestaltung MLS in komplexen Anwendungsdomänen. Die Autoren begründen die Notwendigkeit nach der aus sieben Subsystemen bestehenden Methodik mit den steigenden Ansprüchen an die Datenanalyse in Bezug auf Genauigkeit und Nahzeitverarbeitung der in verschiedenen Domänen gesammelten Daten. In diesem Zusammenhang wurde der für vorliegende Arbeit wichtige Grundgedanke einer Zuordnung MLS zu Herausforderungen in einem komplexen Anwendungskontext (z. B. der Produktion) exploriert und konzeptioniert.

*SCHUH ET AL. (2020) – Data Model Requirements and Technology Potentials of Machine Learning Systems in the Manufacturing Industry of the Future*[315]

Ziel der Arbeit ist es, aktuelle ML-bezogene Forschung zu analysieren und dabei Gestaltungsmuster, Daten- und Datenmodellanforderungen sowie Technologiepotenziale zu identifizieren. Auf diese Weise soll der Gestaltungsprozess zukünftiger MLS in produzierenden Unternehmen erleichtert werden. Insgesamt werden u. a sieben allgemeine Daten- und Datenmodellanforderungen identifiziert. Insbesondere zeigen die Ergebnisse dieser Arbeit die große Bedeutung von Daten für MLS. Für vorliegende Arbeit sind insbesondere die identifizierten Daten- und Datenmodellanforderungen als wichtigste Randbedingung einer erfolgreichen Applikation MLS interessant. Sie finden in dem entwickelten Modell zur Charakterisierung MLS Berücksichtigung.

*SCHUH ET AL. (2020) – Identification and Characterization of Challenges in the Future of Manufacturing for the Application of Machine Learning*[316]

In der Arbeit wird skizziert, dass das Polylemma von Kostenminimierung, Qualitätsmaximierung und der Produktionszeitverkürzung auch in der vernetzten, adaptiven Produktion gilt, jedoch um die VUCA-induzierte Flexibilitätsanforderung ergänzt werden muss. Fertigungssysteme müssen schnell auf Veränderungen reagieren, um produktiv zu bleiben. ML-basierte Assistenzsysteme können dabei unterstützen. Ziel dieses Papers ist die Ableitung und Systematisierung von Herausforderungen der vernetzten, adaptiven Produktion für den Einsatz derartiger Assistenzsysteme. Die Ergebnisse zeigen fünf wiederkehrende Typen an Herausforderungen für die Anwendung von ML: *Kontrollieren*, *Identifizieren*, *Vorhersagen*, *Planen* und *Koordinieren*. Diese

[314] vgl. Schuh et al. (Design Requirements of Machine Learning Systems for Complex Application Domains), 2020.

[315] vgl. Schuh et al. (Identifying and Analyzing Data Model Requirements and Technology Potentials of Machine Learning Systems in the Manufacturing Industry of the Future), 2020.

[316] vgl. Schuh et al. (Identification and Characterization of Challenges in the Future of Manufacturing for the Application of Machine Learning), 2020.

Typen und der zu ihnen führende Entwicklungsprozess sind die inhaltliche Basis des in vorliegender Arbeit entwickelten Modells zur Charakterisierung der vernetzten, adaptiven Produktion.

*SCHUH ET AL. (2021) – Derivation of Constituent Problem Characteristics for the Application of Machine Learning Systems*[317]
Die Arbeit stellt die Unterschiede zwischen etablierten Datenanalyseverfahren und ML heraus. Den Autoren nach weisen Herausforderungen besondere Merkmale auf, die auf eine Eignung der Anwendung von ML hinweisen. Dafür werden auf Basis der besonderen technologischen Fähigkeiten von ML konstituierende Herausforderungsmerkmale gebildet. Die Herausforderungsmerkmale können die Suche nach neuen Anwendungsfällen unterstützen, da sie ein praktisches Verständnis für die Anwendbarkeit von ML vermitteln, ohne dass gründliche technologische Kenntnisse erforderlich sind. Darüber hinaus können sie dazu genutzt werden, um die ML-Eignung für ein gegebenes Problem zu evaluieren. Die Merkmale und der zu ihnen führende Entwicklungsprozess sind die inhaltliche Basis des in vorliegender Arbeit entwickelten Modells zur Spezifikation konstituierender Herausforderungsmerkmale MLS.

*SCHUH ET AL. (2021) –Types of Machine Learning Systems for the Connected Adaptive Production*[318]
Diese Arbeit geht von der Annahme aus, dass Typen MLS gebildet werden können, um die Domäne des ML zu strukturieren. Dies ermöglicht ein detailliertes Verständnis MLS und deren technologieinhärenter Funktionsprinzipien. Die Autoren schlagen ein Rahmengerüst für die Bildung von Typen MLS vor und leiten fünf Typen MLS ab. Jeder der Typen wird durch eine Analyse produktionsnaher Anwendungsfälle detailliert. Diese Typen und der zu ihnen führende Entwicklungsprozess sind die inhaltliche Basis des in vorliegender Arbeit entwickelten Modells zur Charakterisierung MLS.

*SCHUH ET AL. (2021) – Identification and Analysis of Patterns of Machine Learning Systems in the Connected Adaptive Production*[319]
Das Ziel dieser Arbeit ist die systematische Analyse erfolgreich implementierter MLS sowie die Ableitung eines effizienteren Implementierungsansatzes. Es wurden drei Anwendungsfälle für eine vertiefte Analyse identifiziert sowie ein Technologierahmen

[317] vgl. Schuh et al. (Derivation of Constituent Problem Characteristics for the Application of Machine Learning), 2020.
[318] vgl. Schuh et al. (Types of Machine Learning Systems for the Connected, Adaptive Production), 2021.
[319] vgl. Schuh et al. (Identification and Analysis of Patterns of Machine Learning Systems in the Connected Adaptive Production), 2021.

für systematische Vergleiche unterschiedlich implementierter Lösungen in diesen Anwendungsfällen herangezogen. Für alle Anwendungsfälle konnten sowohl Gestaltungsmuster abgeleitet als auch Schlüsselvariablen identifiziert werden, die den Erfolg der Implementierung bestimmen. Die Erkenntnisse unterstützen die Validität des auch für vorliegende Arbeit bedeutenden Grundgedankens, dass ähnliche Herausforderungen besonders gut mit ähnlichen Lösungen überwunden werden können.

### 2.5.3 Zusammenfassung der Bewertung bestehender Ansätze und Positionierung der Arbeit

Im Anschluss an die Analyse und die kritische Würdigung ausgewählter relevanter wissenschaftlicher Ansätze werden diese zusammenfassend an den in Kapitel 2.5.1 hergeleiteten Kriterien gespiegelt. (Teil-)Aspekte des Vorhabens wurden in bestehenden Arbeiten vereinzelt aufgegriffen. Allerdings zeigt die Analyse, dass keiner der dargestellten Ansätze die gewählten Kriterien gänzlich erfüllt.

Die Analyse des Stands der Forschung lässt darüber hinaus einige weitere Beobachtungen zu. Während die Technologiepotenziale MLS im theoretischen Kontext gut verstanden wurden, gelingt der Transfer dieses Wissens in den Anwendungskontext jedoch nur bedingt (I). Auf abstrakter Ebene sind die Potenziale, Eigenschaften und Anforderungen MLS gut beschrieben – in Applikationen in der vernetzten, adaptiven Produktion ist dies jedoch nicht der Fall. Eine mögliche Ursache für dieses Defizit könnte darin liegen, dass die Herausforderungen der vernetzten, adaptiven Produktion nur sehr allgemein analysiert und bis dato nicht hinreichend strukturiert wurden (II). Die fehlende Neustrukturierung der Herausforderungen der vernetzten, adaptiven Produktion bedingt zwangsweise die mangelnde nachfolgende Zuordnung einer sinnvollen (Nicht-)Applikation MLS für diese Herausforderungen. Darüber hinaus findet in der existierenden Fachliteratur bisher keine ausführliche Analyse der Bedingungen, bei welchen MLS bzw. andere Datenanalysetechnologien ein geeignetes Lösungswerkzeug darstellen, statt (III). Es mangelt an der Identifikation der konstituierenden Merkmale einer Herausforderung, welche die sinnvolle Applikation MLS nach sich ziehen. Herausforderungen der vernetzten, adaptiven Produktion werden daher folgerichtig in bestehenden wissenschaftlichen Arbeiten nur begrenzt mit den Potenzialen MLS in Zusammenhang gesetzt (IV). Entsprechend diesen zusammenfassenden Beobachtungen – den Stand der Forschung betreffend – ergibt sich der im nachfolgenden Kapitel 2.6 benannte Forschungsbedarf.

**Legende:**
Detaillierungsgrad der Betrachtung
○ → ●

| | Objektbereich | | | Zielbereich | | |
|---|---|---|---|---|---|---|
| | Anwendungen und Technologiepotenziale MLS | Herausforderungen der vernetzten, adaptiven Produktion | Einfluss von Dateneigenschaften auf das Problem-Lösungspotenzial | Charakterisierung von Herausforderungseigenschaften zur Anwendung MLS | Strukturierung von Herausforderungen der vernetzten, adaptiven Produktion | Zuordnung der Eignung MLS zu Herausforderungen der vernetzten, adaptiven Produktion |
| **(1) Ansätze zur Untersuchung von Herausforderungen der Produktion** | | | | | | |
| LEE ET AL. (2013) – Recent Advances and Trends in Predictive Manufacturing Systems in Big Data Environment | ○ | ◔ | ◔ | ○ | ◑ | ○ |
| KHAN, TUROWSKI (2016) – A Survey of Current Challenges in Manufacturing Industry and Preparation for Industry 4.0 | ◔ | ◑ | ○ | ○ | ◔ | ○ |
| BAUER ET AL. (2017) – Smartening up with AI | ◕ | ◑ | ○ | ○ | ○ | ○ |
| QU ET AL. (2019) – Smart Manufacturing | ○ | ◑ | ○ | ○ | ◔ | ○ |
| **(2) Ansätze zur Untersuchung der Eigenschaften von ML** | | | | | | |
| RUSSEL, NORVIG (1995) – AI | ● | ○ | ◔ | ◔ | ○ | ○ |
| HARDING ET AL. (2006) – Data Mining in Manufacturing | ◔ | ◑ | ○ | ○ | ○ | ○ |
| FLACH (2012) – ML | ● | ○ | ◔ | ◑ | ○ | ○ |
| SCHUH ET AL. (2019) – Data Mining Definitions and Applications in Production Management | ◑ | ○ | ○ | ◔ | ○ | ○ |
| **(3) Ansätze zur Untersuchung der Gestaltung MLS** | | | | | | |
| HOPPE (1996) – Kriterien zur Auswahl maschineller Lernverfahren | ● | ○ | ◕ | ◑ | ○ | ○ |
| AGRAWAL ET AL. (2018) – Prediction Machines | ◑ | ◔ | ◔ | ○ | ◔ | ○ |
| COREA (2018) – AI Knowledge Map | ◕ | ◔ | ◔ | ◑ | ○ | ○ |
| SCHAREI ET AL. (2020) – Knowledge Representations in Technical Systems | ◕ | ◔ | ◔ | ◑ | ○ | ○ |
| **(4) Ansätze zur Untersuchung der Applikation MLS in der Produktion** | | | | | | |
| MONOSTORI ET AL. (1996) – ML Approaches to Manufacturing | ◑ | ◑ | ◔ | ◑ | ◔ | ◑ |
| WÜST ET AL. (2016) – ML in Manufacturing | ◑ | ○ | ◑ | ◔ | ○ | ◔ |
| WANG ET AL. (2018) – Deep Learning for Smart Manufacturing | ◕ | ◔ | ○ | ◔ | ○ | ◔ |
| KRAUß ET AL. (2019) – ML in der Produktion | ◑ | ● | ◕ | ◔ | ◔ | ◑ |
| **(5) Eigene Ansätze zur Applikation MLS in der vernetzten, adaptiven Produktion** | | | | | | |
| SCHUH, SCHOLZ (2019) – Framework for the Systematic Identification of AI Application Patterns in the Manufacturing Industry | ◑ | ○ | ◔ | ◔ | ○ | ○ |
| SCHUH ET AL. (2019) – Prediction of Workpiece Quality | ○ | ◕ | ◑ | ○ | ○ | ○ |
| SCHUH ET AL. (2020) – Design Requirements of MLS for Complex Application Domains | ◑ | ○ | ◔ | ○ | ○ | ◕ |
| SCHUH ET AL. (2020) – Data Model Requirements and Technology Potentials of MLS in the Manufacturing Industry of the Future | ◕ | ○ | ● | ○ | ○ | ○ |
| SCHUH ET AL. (2020) – Identification and Characterization of Challenges in the Future of Manufacturing for the Application of ML | ○ | ◑ | ◑ | ○ | ● | ○ |
| SCHUH ET AL. (2021) – Derivation of Constituent Problem Characteristics for the Application of MLS | ◕ | ○ | ◔ | ● | ○ | ○ |
| SCHUH ET AL. (2021) – Types of MLS for the Connected Adaptive Production | ◑ | ○ | ○ | ● | ○ | ○ |
| SCHUH ET AL. (2021) – Identification and Analysis of Patterns of MLS in the Connected Adaptive Production | ◔ | ● | ○ | ○ | ◕ | ○ |

**Abbildung 2-21: Zusammenfassung der Bewertung und identifizierte Defizite**

## 2.6 Zwischenfazit zur Ableitung des Forschungsbedarfs

Der vorgestellte Stand der Forschung offenbart vier wichtige – nachfolgend erläuterte – Defizite, welche vorliegende Arbeit forschungsseitig legitimieren.

**(I) Wenig differenziertes Verständnis der Potenziale MLS im Produktionskontext**

Datenanalysetechnologien im Allgemeinen und MLS im Besonderen werden lediglich losgelöst vom Anwendungskontext analysiert. Generisch können die Potenziale MLS oft präzise formuliert werden. In existierender Forschungsliteratur konnte dieses Vorwissen jedoch nur begrenzt auf die Produktionsumgebung appliziert werden.

**(II) Fehlende Systematisierung von Herausforderungen der vernetzten, adaptiven Produktion**

Außerdem fehlt es an einer Identifikation, Charakterisierung und anschließenden Systematisierung von Herausforderungen der vernetzten, adaptiven Produktion. Eine konsolidierte Übersicht gegenwärtiger und zukunftsorientierter, mittels Datenanalysetechnologien überwindbarer Herausforderungen der Produktionsumgebung wurde in existierender Forschungsliteratur bis dato weder in hinreichendem Umfang abgeleitet noch analysiert und strukturiert aufbereitet.

**(III) Fehlende Analyse und Abgrenzung verschiedener Datenanalysetechnologien**

Darüber hinaus werden Datenanalysetechnologien oft relativ allgemein analysiert. Es besteht große Uneinigkeit über die Abgrenzung von ML zu etablierten Datenanalyseverfahren. Diese geringe Trennschärfe wiederum verhindert die Identifikation konstituierender Merkmale von Herausforderungen, die den Einsatz MLS nach sich ziehen. In existierender Forschungsliteratur wurden diese bis dato daher nicht in hinreichender Präzision und Detailtiefe abgeleitet.

**(IV) Nichterkennen von Herausforderungen in der vernetzten, adaptiven Produktion, die mit MLS überwunden werden können**

Letztlich folgt aus den genannten drei Defiziten die ausbleibende Zuordnung der Eignung MLS als Lösungswerkzeuge für Herausforderungen der vernetzten, adaptiven Produktion. Aufgrund einer wenig differenzierten Betrachtung MLS im Produktionsumfeld (I), der im Sinne einer abschließenden Zuordnung der Applikationseignung MLS fehlenden systematischen Strukturierung der Herausforderungen der vernetzten, adaptiven Produktion (II) und eines beschränkten Verständnisses der konstituierenden, den Einsatz MLS nach sich ziehender Herausforderungsmerkmale (III) gelingt in existierender Forschungsliteratur die *Applikation MLS in der vernetzten, adaptiven Produktion* nur begrenzt.

Neben den aufgeführten Forschungsdefiziten konnte aus der Untersuchung des Stands der Forschung des Weiteren die Erkenntnis gewonnen werden, dass es sich bei Betreffendem um ein relativ junges Themenfeld handelt, welches gegenwärtig im Interessensmittelpunkt vieler verschiedener Forschungsdisziplinen steht. Aus diesem Grund und des besonderen Potenzials wegen, das dem Themenfeld zugesprochen wird, können aktuell eine relativ hohe Dynamik und ein großer Fortschritt verzeichnet werden. Im Hinblick auf vorliegende Arbeit bedarf es aus genannten Gründen einer ordnenden Hand, welche das teils sehr spezifische Wissen systematisiert und die daraus möglichen, die Fragestellung betreffenden Schlüsse extrahiert.

Die im Hinblick auf die Zielstellung der Dissertation identifizierten Kerndefizite existierender Forschungsliteratur liegen also in der mangelnden Systematisierung von sowohl der Systemdimension (d. h. Datenanalysetechnologien im Allgemeinen und MLS im Besonderen) als auch der Herausforderungsdimension (d. h. Herausforderungen der vernetzten, adaptiven Produktion) sowie der Unkenntnis über die Zusammenhänge beider Dimensionen (d. h. der konstituierenden Merkmale der Herausforderungen für die Eignung einer Applikation MLS) und der dadurch ausbleibenden spezifischen Zuordnung der Applikationseignung MLS für Herausforderungen der vernetzten, adaptiven Produktion. Die genannten Punkte bilden den Ausgangspunkt vorliegender Arbeit und werden bei der Ausarbeitung berücksichtigt.

# 3 Konzeption der Methodik

Wie in der Einleitung beschrieben, stellt die *Applikation MLS in der vernetzten, adaptiven Produktion* für Unternehmen einen Ansatz zur Produktivitätssteigerung, Qualitätssicherung und Flexibilitätserhöhung dar. Die im Stand der Forschung untersuchten Ansätze weisen die in Kapitel 2.6 beschriebenen Defizite auf. Diese werden in der vorliegenden Arbeit überwunden und legitimieren damit ihre forschungsbezogene Relevanz. Nachfolgend wird auf Basis der bisher gewonnenen Erkenntnisse die Grobkonzeption der Methodik entwickelt, welche den formulierten formalen (Kapitel 3.1.1) und inhaltlichen Anforderungen (Kapitel 3.1.2) gerecht werden muss. Anschließend wird in die Grundsätze der allgemeinen Modellierungstheorie, des Systems Engineering und des Requirements Engineering eingeführt (Kapitel 3.2) sowie – da vorliegende Arbeit eine Ordnung von Untersuchungselementen erfordert – geeignete analytische Forschungsmethoden vorgestellt (Kapitel 3.3). Abschließend erfolgt die Grobkonzeption der Methodik (Kapitel 3.4). Den Begriff Methodik betreffend folgt vorliegende Arbeit dem Verständnis nach EHRLENSPIEL, welcher eine Methodik als planmäßige Verfahrensweise beschreibt. Diese dient unter Zuhilfenahme von Strategien, Modellen, Vorgehensweisen und Hilfsmitteln der Erreichung eines Ziels nach einem Vorgehensschema.[320] Wissenschaftliche Modelle sind dabei die inneren Beziehungen und Funktionen von Sachverhalten abbildende oder schematisch veranschaulichende Gebilde.[321] In vorliegender Arbeit werden Beschreibungs- und Erklärungsmodelle erarbeitet und verknüpft.

## 3.1 Anforderungen an die Methodik

Zur Erfüllung der Zielsetzung dieser Arbeit muss die zu entwickelnde Methodik gewissen Anforderungen gerecht werden. Im Folgenden werden inhaltliche (Kapitel 3.1.1) sowie formale und allgemeingültige Anforderungen (Kapitel 3.1.2) an die Methodik abgeleitet.

[320] vgl. Ehrlenspiel; Meerkamm (Integrierte Produktentwicklung), 2013, S. 146.
[321] vgl. Duden (Stichwort "Modell"), 2019, S. 698.

### 3.1.1 Inhaltliche Anforderungen

Entsprechend der Zielsetzung vorliegender Arbeit, der Entwicklung einer Methodik zur *Applikation MLS in der vernetzten, adaptiven Produktion*, werden nachfolgend die inhaltlichen Anforderungen an die Methodik beschrieben. Diese stellen sicher, dass es eine valide Methodik für das gegebene Problem ist.[322]

Die inhaltlichen Anforderungen an die Methodik werden, wie in Abbildung 3-1 dargestellt, aus den Herausforderungen der Praxis, der Zielsetzung der Arbeit (vgl. Kapitel 1.2 und 1.3) sowie aus den Forschungsdefiziten (vgl. Kapitel 2.6) integriert abgeleitet.

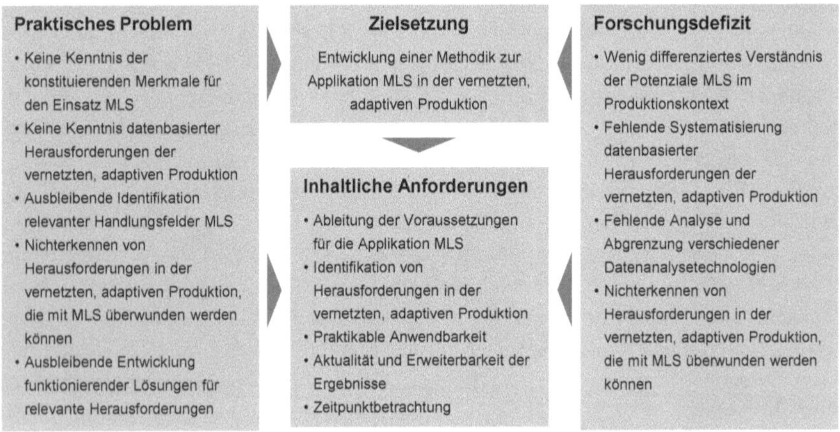


**Abbildung 3-1: Ableitung der inhaltlichen Anforderungen an die Methodik**

An dieser Stelle unmittelbar nachfolgend werden in wenigen Absätzen die fünf inhaltlichen Anforderungen an die Methodik kurz beschrieben.

**Ableitung der Voraussetzungen für die Applikation MLS**

Es existiert keine ausreichende Kenntnis der konstituierenden Merkmale von Herausforderungen für die Anwendung MLS. Die Verknüpfung der Herausforderungen der vernetzten, adaptiven Produktion mit dem Lösungspotenzial MLS stützt sich auf diese konstituierenden Merkmale. Gleichzeitig zieht der Anspruch der Entwicklung einer solchen logischen Beziehung spezifische Anforderungen an die Beschreibung der Potenziale der verschiedenen Datenanalysetechnologien und insbesondere ML-Verfahren nach sich. Diese müssen eine Schlussfolgerung über die (Nicht-)Überwindbarkeit

[322] vgl. Schmidt (Informationsmanagement), 1999, S. 46.

einer Herausforderung zulassen. Demzufolge muss eine neuartige, für diesen Zweck geeignete Form der Beschreibung und Strukturierung MLS entwickelt werden.

**Identifikation von Herausforderungen im Produktionskontext**

Die Verknüpfung von Herausforderungen der vernetzten, adaptiven Produktion mit dem Lösungspotenzial MLS zieht spezifische Anforderungen an die Beschreibung der Herausforderungen selbst nach sich. Diese müssen eine Schlussfolgerung über die (Nicht-)Eignung der Applikation MLS zulassen. Demzufolge muss eine neuartige, für diesen Zweck geeignete Form der Beschreibung und Strukturierung von Herausforderungen der vernetzten, adaptiven Produktion entwickelt werden.

**Praktikable Anwendbarkeit der Methodik**

Im nachfolgenden Kapitel 3.1.2 wird die formale Anforderung der Handhabbarkeit nach PATZAK behandelt.[323] Der im Rahmen dieser Arbeit geforderte Grad an Praktikabilität entspricht dem von PATZAK explizierten.

**Aktualität und Erweiterbarkeit der Ergebnisse**

Die Typisierung der Herausforderungen der vernetzten, adaptiven Produktion wird einerseits analytisch-deduktiv abgeleitet. Andererseits wird diese um bereits in der Anwendung befindliche Anwendungsfälle unter Verwendung eines empirisch-induktiven Ansatzes ergänzt. Da das Themenfeld industrie- und forschungsseitig intensiv beforscht wird, müssen die Modelle jederzeit mit neuen Erkenntnissen erweiterbar sein.

**Zeitpunktbetrachtung**

Aufgrund der Komplexität der betrachteten Themenfelder handelt es sich bei dem zu entwickelnden Modell um eine Zeitpunktbetrachtung – was ein statisches Zielsystem für die zu entwickelnde Methodik nach sich zieht.

### 3.1.2 Formale Anforderungen

Die formalen Anforderungen dienen der Verifizierung der Methodik in allgemeingültiger Hinsicht und sind abzugrenzen von den inhaltlichen Anforderungen, welche wie erwähnt sicherstellen, dass es eine valide Methodik für den bestimmten Zweck ist.[324] Die formalen Anforderungen an die Methodik basieren auf fünf Anforderungen an

[323] vgl. Patzak (Systemtechnik - Planung komplexer innovativer Systeme), 1982, S. 309-310.
[324] vgl. Schmidt (Informationsmanagement), 1999, S. 46.

Modelle nach PATZAK: *empirische Richtigkeit, formale Richtigkeit, Zweckbezug, Nutzerfreundlichkeit* und *Effektivität.*[325] Die empirische Richtigkeit beschreibt den erforderlichen Realitätsbezug des Modells. Dafür müssen die Aussagen des Modells mit einer akzeptablen Genauigkeit und Wahrscheinlichkeit mit der Realität übereinstimmen. Die formale Richtigkeit gewährleistet die Exaktheit. Dies setzt Widerspruchsfreiheit und Reproduzierbarkeit des Modells voraus. Der Zweckbezug stellt die Ergebnisorientierung sicher. Das Modell muss inhaltlich und formal zielführende Erkenntnisse liefern. Die Nutzerfreundlichkeit gewährleistet die Handhabbarkeit des Modells. Dies erfordert eine leichte Anwendung und Interpretierbarkeit. Die Effektivität des Modells garantiert einen geringen Aufwand bei Erstellung und Anwendung. Bei der Evaluierung der fünf formalen Anforderungen wird deutlich, dass die erstgenannten drei Anforderungen u. U. im Konflikt zu den verbleibenden Anforderungen stehen. Jedes Modell ist ergo ein Kompromiss aller Anforderungen.[326] Mit zunehmender Komplexität der abzubildenden Zusammenhänge steigt die Wahrscheinlichkeit des Zielkonfliktes der formalen Anforderungen. Eine Möglichkeit zur Überwindung dieses möglichen Konfliktes stellt eine Vereinfachung des Modells dar, die u. a. durch folgende Prinzipien erreicht wird: [327,328]

(1) Reduktion der Vollständigkeit
(2) Reduktion der Formalisierung
(3) Reduktion der Genauigkeit

Wie angedeutet, geht die Vereinfachung des Modells nur zulasten des Nutzens und der Effektivität des Modells. Ein optimaler Kompromiss zwischen den Anforderungsgruppen ist bei der Entwicklung des Modells anzustreben.

## 3.2 Grundlagen der Modelltheorie

Zur Abbildung der Realität werden Modelle in vielen Wissenschafts- und Anwendungsfeldern eingesetzt und sind essenzieller Bestandteil des wissenschaftlichen Arbeitens. [329,330] Wenn eine direkte Auseinandersetzung mit der Realität nur unter hohem Aufwand möglich ist, bieten Modelle die Möglichkeit, Rückschlüsse in der Theorie für die Praxis zu ziehen.[331] Das konkrete Verständnis von Modellen kann sich zwischen

[325] vgl. Patzak (Systemtechnik - Planung komplexer innovativer Systeme), 1982, S. 309-310.
[326] vgl. Patzak (Systemtechnik - Planung komplexer innovativer Systeme), 1982, S. 310.
[327] vgl. Patzak (Systemtechnik - Planung komplexer innovativer Systeme), 1982, S. 315.
[328] vgl. Patzak (Systemtechnik - Planung komplexer innovativer Systeme), 1982, S. 316.
[329] vgl. Bandow; Holzmüller ("Das ist gar kein Modell!"), 2010, VIII.
[330] vgl. Töllner et al. (Modelle und Modellierung), 2010, S. 6.
[331] vgl. Patzak (Systemtechnik - Planung komplexer innovativer Systeme), 1982, S. 308.

den anwendenden Disziplinen jedoch stark unterscheiden.[332] Aufgrund der interdisziplinären Charakteristik des zu lösenden Problems ist die Perspektive dieser Arbeit durch Interdisziplinarität gekennzeichnet. Im Folgenden werden allgemeine Aspekte der Modelltheorie (Kapitel 3.2.1) beleuchtet sowie sowohl das Systems Engineering (Kapitel 3.2.2) als auch das Requirements Engineering (Kapitel 3.2.3) thematisiert.

### 3.2.1 Allgemeine Modellierungstheorie

In diesem Kapitel werden der generelle Modellbegriff sowie verschiedene Arten von Modellen und die Zwecke, für welche sie verwendet werden, beschrieben. Nach STACHOWIAK sind alle Modelle durch drei konstituierende Merkmale gekennzeichnet: Das *Abbildungsmerkmal*, das *Verkürzungsmerkmal* und das *pragmatische Merkmal*. Entsprechend dem Abbildungsmerkmal sind Modelle immer Abbildungen von einem Original natürlicher, technischer oder sonstiger Natur. Das Modell spiegelt jedoch immer nur ausgewählte – nicht alle – Attribute des Originals wider. Insbesondere jene, die für den Modellerzeuger bzw. Modellanwender relevant sind. Diese Eigenschaft wird Verkürzungsmerkmal genannt. Nach dem pragmatischen Merkmal sind Modelle ihrem Original nicht eindeutig zuordenbar. Ihre Abbildungsfunktion existiert für einen bestimmten Nutzer, innerhalb eines bestimmten zeitlichen Intervalls und für eine bestimmte Anwendung.[333] Modelle stellen somit Sachverhalte des Originals in abstrahierter und simplifizierter Weise dar – sie dienen der Ableitung von Rückschlüssen auf das Original.[334] In welcher Art das Modell Rückschlüsse auf das Original erlaubt, wird durch den Verwendungszweck bestimmt.

Während der Modellerstellung können drei Vorgehensweisen des Erkenntnisgewinns unterschieden werden. Ein induktives Vorgehen ist gehaltserweiternd und stellt neue, unbewiesene Hypothesen auf. Ein deduktives Vorgehen ist wahrheitskonservierend und überprüft zuvor aufgestellte Hypothesen. Ein normatives Vorgehen ist zustandsbeschreibend und legt Zustände fest. Unter Betrachtung dieser Schritte unterscheidet PATZAK den Verwendungszweck von Modellen. *Beschreibungsmodelle* zeichnet ein deskriptiver Charakter aus. Sie bilden existierende Zustände ohne induktive oder deduktive Schritte ab. *Erklärungsmodelle* bauen auf Situationsbeschreibungen auf, indem meist durch induktive Schritte eine Hypothesenbildung erfolgt. *Vorhersagemodelle* wiederum bauen auf Erklärungsmodellen auf und sagen zukünftige Systemzu-

[332] vgl. Töllner et al. (Modelle und Modellierung), 2010, S. 6.
[333] vgl. Stachowiak (Allgemeine Modelltheorie), 1973, S. 131-133.
[334] vgl. Patzak (Systemtechnik - Planung komplexer innovativer Systeme), 1982, S. 307-308.

stände anhand deduktiver Schritte vorher. *Entscheidungsmodelle* dienen der Bestimmung von Handlungsalternativen.[335] Für die Methodik dieser Arbeit werden die beiden erstgenannten Modelltypen (Beschreibung und Erklärung) genutzt.

Des Weiteren kann ein Modell nach der Art des Abbildungsmediums unterschieden werden. PATZAK unterscheidet zwischen *materiellen*, *verbalen*, *formalen* und *mathematischen Modellen*. Materielle Modelle sind physische Gegenstände; sie werden auch *Realmodelle* oder *metaphorische Modelle* genannt.[336] Verbale Modelle sind sprachliche Konstrukte. Formale Modelle sind tabellarisch-grafische Darstellungen, z. B. Flussdiagramme, Boolesche Funktionen, Diagramme etc. Mathematische Modelle sind quantitativ-analytische Abbildungen, bspw. Gleichungssysteme, Funktionen oder Matrizen.[337] Für einen Systemgestaltungsprozess werden je nach Phase Modelle in unterschiedlichen Detaillierungsgraden angefertigt, die als Basis für die nächsten Realisierungsphasen des Systems dienen – zu Beginn sind dies häufig verbale Modelle.[338] Durch diese können relevante Relationen identifiziert und in andere Modelle (bspw. mathematische oder formale Modelle) überführt werden.[339] Im Folgenden werden für die Methodik verbale Modelle verwendet. Aufgrund der oben beschriebenen Eigenschaften dienen Modelle zum Beschreiben sowie Lösen von Problemen der Realität.[340] Im folgenden Kapitel werden relevante Disziplinen zum Entwickeln von Modellen des Problemlösens und Problembeschreibens vorgestellt: das *Systems Engineering* und das *Requirements Engineering*. U. a. um die Komplexität der interdisziplinär geprägten Problematik systematisch zu strukturieren, werden beide Disziplinen im Rahmen dieser Arbeit angewendet.

### 3.2.2 Systems Engineering

Eine bekannte Disziplin zum Beschreiben und anschließenden Lösen von komplexen Problemen ist das *Systems Engineering* (SE), die Systemtechnik.[341] SE ist eine interdisziplinäre Wissenschaft, welche das Ziel hat, für alle biologischen, sozialen und mechanischen Systeme geltende formale Theorien zu entwickeln.[342] Die für diese Arbeit relevanten Aspekte des SE werden im Folgenden sowie in Abbildung 3-2 dargestellt. Das

---

335 vgl. Patzak (Systemtechnik - Planung komplexer innovativer Systeme), 1982, S. 312 ff.

336 vgl. Jockisch; Rosendahl (Klassifikation von Modellen), 2010, S. 29.

337 vgl. Patzak (Systemtechnik - Planung komplexer innovativer Systeme), 1982, S. 311.

338 vgl. Patzak (Systemtechnik - Planung komplexer innovativer Systeme), 1982, S. 315.

339 vgl. Töllner et al. (Modelle und Modellierung), 2010, S. 19.

340 vgl. Schmidt (Informationsmanagement), 1999, S. 42.

341 vgl. Haberfellner et al. (Systems Engineering), 2012, S. 27.

342 vgl. Gabler Wirtschaftslexikon (Stichwort: "Systemtheorie"), 2018.

wesentliche Merkmal des SE ist der Problemlösungsprozess, welcher zwischen Aspekten der Systemgestaltung und des Projektmanagements unterscheidet. Während Techniken des Projektmanagements ein Problem organisatorisch zu lösen versuchen, dienen Techniken der Systemgestaltung der inhaltlichen Lösung.[343] Die vorliegende Arbeit dient primär der inhaltlichen Ausarbeitung der Systemgestaltung. Implikationen auf organisatorische Lösungen können an dieser Stelle nicht ausgeschlossen werden. Der Problemlösungsprozess basiert auf der Philosophie des SE, dem gedanklichen Gerüst, das auf dem *Systemdenken* und dem *Vorgehensmodell* basiert.[344] Diese beiden Aspekte des SE werden anknüpfend näher beleuchtet.

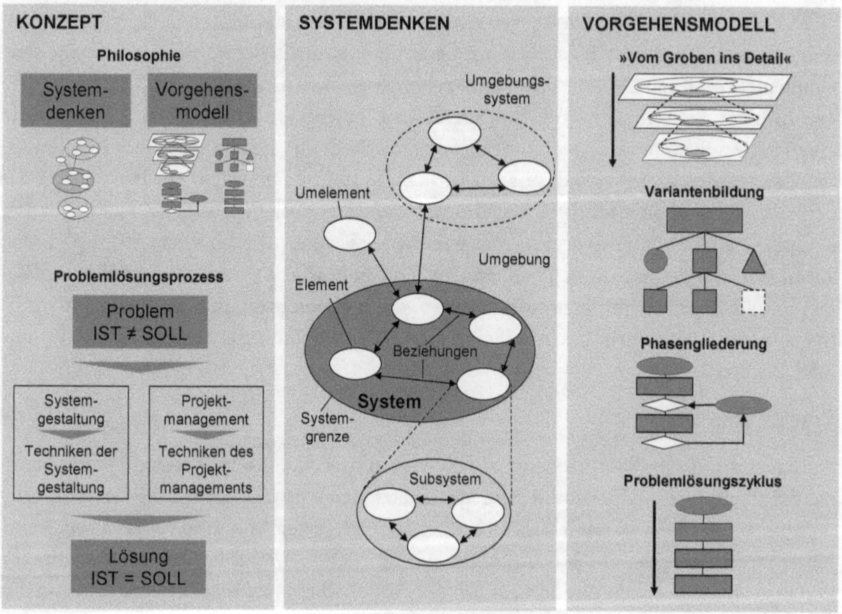


**Abbildung 3-2: Konzept des Systems Engineering[345]**

[343] vgl. Haberfellner et al. (Systems Engineering), 2012, S. 29.
[344] vgl. Haberfellner et al. (Systems Engineering), 2012, S. 28-29.
[345] vgl. Haberfellner et al. (Systems Engineering), 2012, S. 33 ff.

### Systemdenken

Das Denken in Systemen ermöglicht es, komplexe Situationen und Sachverhalte zu strukturieren, Zusammenhänge abzubilden und diese so besser zu verstehen.[346] Das Denken in Systemen bedient sich der nachfolgend genannten Vokabeln: Ein *System* besteht aus *Elementen*, die in Beziehung zueinanderstehen und ein Ganzes formen. Die einzelnen Elemente weisen verschiedene Eigenschaften und Funktionen auf. Die Beziehungen sind Verbindungen zwischen den Elementen jeglicher Art, z. B. Material- oder Informationsflussbeziehungen. Ein System lässt sich zu seiner *Umgebung* abgrenzen. Die Abgrenzung des Systems erfolgt auf Basis von weniger relevanten Beziehungen zwischen den Elementen des Systems zu den Elementen außerhalb des Systems. Elemente außerhalb des Systems bezeichnet man als *Umelemente*. Verschiedene Umelemente können wiederum ein *Umgebungssystem* formen, wenn ihre Beziehungen füreinander relevant sind. Ein einzelnes Element innerhalb eines Systems kann ebenfalls ein System sein – genannt *Subsystem*. Stellt ein System den Teil eines größeren Ganzen dar, dann wird das übergeordnete System *Übersystem* genannt.[347,348] Ziele beim Systemdenken sind die Identifikation relevanter Elemente eines Problems und logischer, allgemeingültiger Zusammenhänge zwischen diesen Elementen.[349] Dabei kann die Komplexität eines Problems an der Vielseitigkeit und der Anzahl der Elemente und Beziehungen gemessen werden, die zur Beschreibung des Problems benötigt werden[350]. Wesentliches Werkzeug des SE zur Abbildung der generierten Systeme bzw. des strukturierten Problems sind Modelle.[351]

### Vorgehensmodell

Aufbauend auf der beschriebenen Problemstrukturierung des Systemdenkens bietet das SE ebenfalls eine Methodik zum systematischen Entwickeln einer Problemlösung in Teilschritten.[352] Diese wird als Vorgehensmodell bezeichnet und umfasst vier kombinierbare Prinzipien der Lösungsentwicklung (siehe Abbildung 3-2, rechte Seite).[353] Das erste Prinzip *»vom Groben ins Detail«* fordert die ganzheitliche Betrachtung der Problemzusammenhänge vor einer Untersuchung der Detailprobleme, um effizient ein Groblösungskonzept zu entwickeln. Im zweiten Schritt können dann Detailprobleme

---

[346] vgl. Haberfellner et al. (Systems Engineering), 2012, S. 28 ff.

[347] vgl. Haberfellner et al. (Systems Engineering), 2012, S. 33-36.

[348] vgl. Patzak (Systemtechnik - Planung komplexer innovativer Systeme), 1982, S. 19 ff.

[349] vgl. Pahl et al. (Konstruktionslehre), 2007, S. 48.

[350] vgl. Patzak (Systemtechnik - Planung komplexer innovativer Systeme), 1982, S. 22.

[351] vgl. Patzak (Systemtechnik - Planung komplexer innovativer Systeme), 1982, S. 14 f.

[352] vgl. Haberfellner et al. (Systems Engineering), 2012, S. 29.

[353] vgl. Haberfellner et al. (Systems Engineering), 2012, S. 57.

gelöst werden.[354] Die hierarchische Dekomposition der Gesamtlösung wird weitergeführt, bis ein für das Problem geeigneter Detaillierungsgrad erreicht ist.[355] Für jeden Detaillierungsschritt ist das zweite Prinzip, die *Variantenbildung*, zu beachten. Ein gegebenes Problem kann durch verschiedene Systemarchitekturen beschrieben werden. Die erste entwickelte Lösung muss dabei nicht zwangsläufig dem Optimum entsprechen.[356] Das dritte Prinzip der *Phasengliederung* ist eine Konkretisierung und Erweiterung der ersten beiden Prinzipien. Für eine schrittweise Lösung des Problems mit vordefinierten Revisionspunkten fordert es die Gliederung der Systementwicklung in verschiedene Teilphasen.[357] Der vierte und abschließende Grundgedanke des *Problemlösungszyklus* erfasst ein formal-logisches Vorgehensschema von der Erfassung bis zu der Lösung des Problems.[358] In vorliegender Arbeit wird das SE aus zwei Perspektiven verwendet. Einerseits, um die Interdisziplinarität sowie Komplexität der Zuordnung MLS und Herausforderungen der vernetzten, adaptiven Produktion zu beherrschen und andererseits, um die für die Zuordnung jeweils relevanten Elemente von MLS und Herausforderungen der vernetzten, adaptiven Produktion zu identifizieren.

### 3.2.3 Requirements Engineering

Eine Disziplin zum Identifizieren und Beschreiben von Problemen ist das Requirements Engineering (RE).[359] Das RE ist mit dem SE stark verknüpft und erfüllt eine komplementäre Funktion.[360,361] Das RE beinhaltet das ingenieurmäßige Festlegen der Anforderungen an ein System.[362] Eine Anforderung (engl.: requirement) ist:[363]

(1) Eine Bedingung oder Eigenschaft, die ein System benötigt, um ein Problem zu lösen oder ein Ziel zu erreichen.

(2) Eine Bedingung oder Eigenschaft, die ein System oder eine Systemkomponente aufweisen muss, um einen Vertrag zu erfüllen oder einem Standard, einer Spezifikation etc. zu genügen.

---

[354] vgl. Haberfellner et al. (Systems Engineering), 2012, S. 58.
[355] vgl. Pohl (Requirements Engineering), 2008, S. 193.
[356] vgl. Haberfellner et al. (Systems Engineering), 2012, S. 61.
[357] vgl. Haberfellner et al. (Systems Engineering), 2012, S. 65.
[358] vgl. Haberfellner et al. (Systems Engineering), 2012, S. 73.
[359] vgl. Pohl (Requirements Engineering), 2008, S. 23.
[360] vgl. Hood et al. (Requirements Management), 2008, S. 1.
[361] vgl. Hull et al. (Requirements Engineering), 2005, S. 3-4.
[362] vgl. Gabler Wirtschaftslexikon (Stichwort: "Requirements Engineering"), 2018.
[363] vgl. IEEE Standards Board (IEEE Standard Glossary of Software Engineering Terminology), 1990, S. 62.

(3) Eine dokumentierte Repräsentation einer Bedingung oder Eigenschaft wie in (1) oder (2) definiert.

Das Begriffsverständnis dieser Arbeit konzentriert sich auf die erste Bedeutung von Anforderungen. Im RE unterscheidet man zwischen *funktionalen Anforderungen, Qualitätsanforderungen und Rahmenbedingungen.* Funktionale Anforderungen definieren die geforderte Funktionalität, die ein System aufweisen muss, um für den Anwender den geforderten Nutzen zu generieren. Qualitätsanforderungen beschreiben Qualitätsmerkmale, die das System zum Erreichen des Ziels aufweisen muss; diese können einerseits die Leistung der Funktionalität spezifizieren, andererseits aber auch die Zuverlässigkeit oder Ausfallsicherheit betreffen.[364] Rahmenbedingungen sind technologische oder organisatorische Anforderungen, die nicht veränderbar sind.[365]

Anforderungen des Anwenders an das System, die nicht in eine der obigen Kategorien fallen, müssen in Anforderungen an das System im oben genannten Ordnungsrahmen übersetzt werden, da die Anforderungen sonst einem zu großen Interpretationsraum unterliegen.[366] Folgendes Beispiel einer Systemanforderung verdeutlicht dies.

Ein System soll »sicher« sein:

- Was bedeutet in diesem Fall das Adjektiv »sicher« für das System?
- Welche Funktionalitäten soll das System haben, damit es »sicher« ist?
- Wie kann überprüft werden, ob das erstellte System »sicher« ist?

Das Erfüllen der Anforderungen ist beim Gestalten des Systems von zentraler Bedeutung.[367] Welche Rolle das Erkennen von Anforderungen genau hat und wie relevante Anforderungen an das System identifiziert werden, wird im Folgenden erklärt.

Wie in Abbildung 3-3 (linke Seite) dargestellt, ist RE einerseits durch die im Vergleich zum SE alternative Perspektive auf den Problemlösungsprozess gekennzeichnet. Andererseits wird im RE das Systemdenken um die Vokabeln Systemkontext und Schnittstellen erweitert. Anknüpfend werden daher die für das Verständnis wesentlichen Aspekte Perspektive und Kontextbetrachtung näher beleuchtet.

[364] vgl. Pohl (Requirements Engineering), 2008, S. 15.
[365] vgl. Pohl (Requirements Engineering), 2008, S. 18.
[366] vgl. Pohl (Requirements Engineering), 2008, S. 16.
[367] vgl. Zhang; Tsai (Machine Learning and Software Engineering), 2003, S. 111 f.

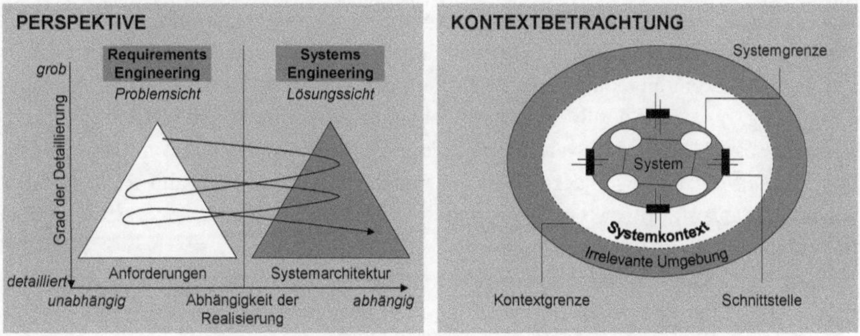


**Abbildung 3-3: Requirements Engineering und Systems Engineering im Vergleich[368]**

## Perspektive des RE

Während das SE die Frage nach Problembeschreibung und -lösung beantwortet, definiert das RE, was das Problem ist.[369] Bei dem Verfolgen des Prinzips »vom Groben ins Detail« begrenzt die Lösungsbeschreibung (das System) eines höheren Abstraktionsniveaus dabei den Problemraum für das jeweils niedrigere Abstraktionsniveau.[370] Die Trennung zwischen Problem und Lösung hat nach HULL ET AL. folgende Vorteile:[371]

- Verbessertes Verständnis des (realen) Problems
- Verbesserte Eingrenzung des Systems und Kenntnis einzuschließender Elemente und Funktionen
- Keine Einschränkung des zu betrachtenden Lösungsraums
- Klare Kommunikation zwischen den Stakeholdern

## Kontextbetrachtung

Beim Aufstellen von Anforderungen an das System müssen die Limitierungen der Fähigkeiten sowie Grenzen des Systems berücksichtigt werden.[372] Der Fokus des SE ist die Identifikation von systeminternen kritischen Elementen und ihrer Zusammenhänge.[373] Die Systemumgebung und die Abgrenzung des Systems spielen auch eine wichtige, im Vergleich zu der internen Perspektive aber eher eine untergeordnete

[368] vgl. Pohl (Requirements Engineering), 2008, S. 23, 56-57.
[369] vgl. Pohl (Requirements Engineering), 2008, S. 20.
[370] vgl. Pohl (Requirements Engineering), 2008, S. 20.
[371] vgl. Hull et al. (Requirements Engineering), 2005, S. 17-18.
[372] vgl. Pohl (Requirements Engineering), 2008, S. 14.
[373] vgl. Chen (What is the Systems Approach), 1975, S. 32-37.

Rolle. Um die Anforderungen an ein System richtig zu formulieren und zu interpretieren, muss die Systemumgebung jedoch berücksichtigt werden.[374,375] Die Berücksichtigung der Systemumgebung erfordert eine klare Abgrenzung des Systems zu seiner Umgebung. Innerhalb des Systems befindet sich all das (durch den Systementwickler) Beeinflussbare. Da für das System nicht die gesamte Umgebung relevant ist, muss die irrelevante Umgebung von der relevanten Systemumgebung, dem Kontext, abgetrennt werden. Relevante Interaktionen zwischen System und Systemkontext erfolgen über Schnittstellen. Eine Veranschaulichung der Zusammenhänge zwischen Systemkontext, -grenze, Kontextgrenze sowie Schnittstellen ist in Abbildung 3-3 (rechte Seite) dargestellt.[376] Erst durch die Informationen des Kontextes können Anforderungen an ein System richtig interpretiert werden.[377] Der Kontext eines Systems kann z. B. durch die betroffenen Stakeholder, die Situation, den Zeitpunkt oder das Ziel der Nutzung charakterisiert werden. Auch das RE verwendet Modelle zur Veranschaulichung des Systemkontextes und der sich daraus ergebenden Anforderungen.[378] Im Rahmen vorliegender Arbeit wird die *Applikation MLS in der vernetzten, adaptiven Produktion* untersucht. Die Identifikation von Anforderungen aus der Menge der Herausforderungen der vernetzten, adaptiven Produktion ist der Untersuchungsgegenstand des RE, die Zuordnung zu MLS der Betrachtungsfokus des SE. Somit bilden das SE und RE die methodische Basis für die Entwicklung der Methodik und ihrer Teilmodelle.

## 3.3 Grundlagen der analytischen Forschungsmethoden

Forschungsmethoden werden zur Erlangung neuer Erkenntnisse über ein Untersuchungsobjekt genutzt. Es wird grundsätzlich zwischen *analytischen* und *interpretativen Forschungsmethoden* sowie *Schlussfolgerungsverfahren* unterschieden. Als wichtigste Vertreter können *Klassifikation*, *Typisierung* und *morphologische Methode* (analytische Forschungsmethoden) sowie *Hermeneutik* und *Phänomenologie* (interpretative Forschungsmethoden) bzw. *Induktion*, *Deduktion* und *Abduktion* (Schlussfolgerungsverfahren) genannt werden.[379]

Primäres Ziel der analytischen Forschungsmethoden ist die systematische Ordnung von Untersuchungselementen, welches kongruent mit in Kapitel 3.1.1 formulierten

---

[374] vgl. Hull et al. (Requirements Engineering), 2005, S. 5.
[375] vgl. Pohl (Requirements Engineering), 2008, S. 55.
[376] vgl. Pohl (Requirements Engineering), 2008, S. 60.
[377] vgl. Pohl (Requirements Engineering), 2008, S. 60.
[378] vgl. Hood et al. (Requirements Management), 2008, S. 32.
[379] vgl. Welter (Die Forschungsmethode der Typisierung), 2006, S. 113.

Zielen ist – bspw. der Strukturierung von Herausforderungen der vernetzten, adaptiven Produktion.[380] Nachfolgend werden daher die analytischen Forschungsmethoden detaillierter vorgestellt.

### 3.3.1 Allgemeine analytische Forschungsmethoden

Die Typisierung und die Klassifikation behandeln genauso den Prozess wie auch das Ergebnis einer systematischen Ordnung von Untersuchungselementen.[381] Die morphologische Methode zielt auf die *»Erfassung aller theoretisch denkbaren und nach logischen Gesichtspunkten sinnvollen Kombinationen von Merkmalsausprägungen ab und betreibt somit Totalitätsforschung«*. In dieser inhaltlichen Eigenschaft lässt sich die morphologische Methode von der Typisierung sowie Klassifikation abgrenzen.[382] Nachfolgend werden die genannten wichtigsten analytischen Forschungsmethoden weiter differenziert (siehe dazu auch Abbildung 3-4).

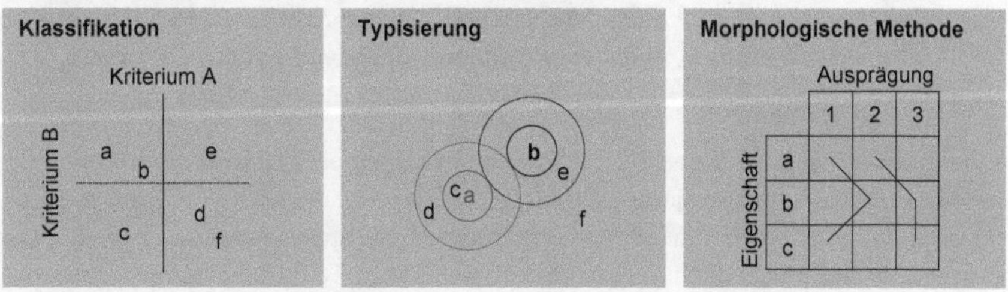


**Abbildung 3-4: Überblick analytischer Forschungsmethoden[383]**

Die Klassifikation trennt eine Menge von zu betrachtenden Elementen nach beliebig vielen Kriterien in Klassen. Diese Kriterien treffen entweder zu oder nicht. Jedes Element kann daher nur einer Klasse angehören, was diese exklusiv macht. Eine Klassifikation ist nur vollständig, wenn sie die gesamte Menge an betrachteten Elementen je einer Klasse zuordnet. Die Typisierung erfolgt auf Basis von einem Element des Objektbereichs, das eine repräsentativ starke Ausprägung von relevanten Eigenschaften aufweist und somit einen Typ konstituiert. Elemente mit ähnlichen Eigenschaftsausprägungen können diesem Typ zugeordnet werden. Andere Elemente, die eine schwächere Ausprägung der betrachteten Eigenschaften aufweisen, gehören dem Typ daher nur marginal an oder gar nicht. Die Typenbildung ist nicht exklusiv. So kann ein

[380] vgl. Welter (Die Forschungsmethode der Typisierung), 2006, S. 113.
[381] vgl. Bailey (Typologies and Taxonomies), 2005, S. 4.
[382] vgl. Welter (Die Forschungsmethode der Typisierung), 2006, S. 114.
[383] vgl. Lehmann (Typ vs. Klasse), 2019.

Element verschiedenen Typen zugeordnet werden.[384] Eine Klassifikation berücksichtigt lediglich ein Merkmal, für eine Typisierung werden dagegen mindestens zwei Merkmale herangezogen (Multidimensionalität). Klassifikationen sind empirisch begründet, Typologien dagegen können ebenfalls konzeptionell begründet sein. Im Rahmen dieser konzeptionell begründeten Bildung von Typologien (auch *analytische Verfahren* genannt) können jedoch empirische Fallstudien Berücksichtigung finden.[385] Ihnen gegenüber stehen die *statischen Verfahren* der empirisch begründeten Typologien. Die Differenzierung beider Verfahren liegt somit in der unterschiedlichen Nutzung und Berücksichtigung empirischer Daten. Beide Verfahren – analytische und statische – werden nachfolgend in Kapitel 3.3.2 genauer betrachtet. Die morphologische Methode dient der vollständigen Erfassung eines Problem- oder Lösungsraums. Anhand einer Matrix werden verschiedene Kombinationen von Eigenschaften und ihre Ausprägungszustände berücksichtigt.[386,387] Aufgrund genannter Eigenschaft der systematischen Strukturierung wird für die Methodik dieser Arbeit in den Kapiteln 4.1.3 und 4.3.3 die Typisierung verwendet und daher nachfolgend genauer betrachtet.

### 3.3.2 Das Verfahren der Typisierung

Eine Typisierung bezeichnet das am Ende eines Gruppierungsprozesses stehende Ergebnis. Innerhalb des Typisierungsprozesses, auch typenbildendes Verfahren genannt, wird ein Objektbereich anhand von Merkmalen in Gruppen (Typen) eingeteilt. Der Begriff *Typ* bezeichnet die in diesem Prozess gebildeten Teil- und Untergruppen, welche bestimmte Eigenschaften aufweisen und anhand dieser beschrieben und charakterisiert werden. Die Elemente innerhalb eines Typen sind sich möglichst ähnlich (interne Homogenität), die Typen selbst unterscheiden sich jedoch voneinander (externe Heterogenität).[388,389] Eine charakteristische Kombination von Merkmalsausprägungen definiert damit einen Typ – wobei zwischen typenbildenden und typenbeschreibenden Merkmalen differenziert werden kann. Nach WELTER ist ein typenbildendes Merkmal immer konstitutiv für das Vorliegen eines Typen, ein typenbeschreibendes Merkmal dagegen beschreibt diesen näher.[390] Eine Typisierung hat mehr als die ausschließlich ordnende Funktion von Untersuchungselementen. Auf Basis von Typologien und den damit einhergehenden Denkprozessen werden Zusammenhänge erkannt

[384] vgl. Lehmann (Typ vs. Klasse), 2019.
[385] vgl. Bailey (Typologies and Taxonomies), 2005, S. 4 ff.
[386] vgl. Welter (Die Forschungsmethode der Typisierung), 2006, S. 113.
[387] vgl. Mittelmann (Morphologischer Kasten), 2005.
[388] vgl. Bailey (Typologies and Taxonomies), 2005, S. 4 f.
[389] vgl. Kluge (Empirisch begründete Typenbildung), 1999, S. 2.
[390] vgl. Welter (Die Forschungsmethode der Typisierung), 2006, S. 115.

und verbalisiert.[391] Ein zusätzlicher Nutzen liegt in der hohen Übersichtlichkeit. Der Abstraktionsgrad liegt im Bereich zwischen der alleinstehenden Betrachtung einzelner Untersuchungselemente und einer vollständigen Verallgemeinerung eines gesamten Untersuchungsbereiches.[392] Der Abstraktionsgrad wird damit dem der vorliegenden Arbeit gerecht.

Für die Bildung von Typen anhand des bereits in Kapitel 3.3.1 erwähnten statischen Verfahrens nennt KLUGE vier Schritte:[393]

(1) Erarbeitung sinnvoller Vergleichsdimensionen
(2) Gruppierung untersuchter Fälle und Analyse bestehender Regelmäßigkeiten
(3) Analyse inhaltlicher Sinnzusammenhänge und Typenbildung
(4) Charakterisierung der identifizierten Typen

Die ersten drei Schritte werden dabei iterativ durchlaufen, bis keine weiteren Vergleichsdimensionen mehr identifiziert werden können.

Für die Bildung von Typen anhand des analytischen Verfahrens hingegen können grundsätzlich folgende fünf Schritte genannt werden:[394,395]

(1) Abgrenzung des Untersuchungsbereichs
(2) Auswahl geeigneter Merkmale
(3) Festlegung sinnvoller Merkmalsausprägungen
(4) Bilden von Typen durch Merkmalskombination
(5) Grafische Darstellung der Typen

Die Typenbildung durch Merkmalskombination lässt sich in die *analytische* und *synthetische Typenbildung* unterscheiden. Ausgehend von einem bekannten konkreten Typen werden bei der analytischen Typenbildung Merkmalsausprägungen beschrieben. Die synthetische Typenbildung dagegen entwickelt neue Typen durch sinnvolle Verknüpfung von Merkmalen und Merkmalsverbünden. Durch hybride Formen beider beschriebenen Vorgehensweisen kann der vorteilhafte Abstraktionsgrad einer Typisierung erreicht werden.[396] Verfahren der *typologischen Reduktion* werden zur

[391] vgl. Welter (Die Forschungsmethode der Typisierung), 2006, S. 114.
[392] vgl. Welter (Die Forschungsmethode der Typisierung), 2006, S. 114.
[393] vgl. Kluge (Empirisch begründete Typenbildung), 1999, S. 4 ff.
[394] vgl. Knoblich (Betriebswirtschaftliche Warentypologie), 1969, S. 47-60.
[395] vgl. Welter (Die Forschungsmethode der Typisierung), 2006, S. 115 f.
[396] vgl. Welter (Die Forschungsmethode der Typisierung), 2006, S. 116.

Komplexitätsreduktion bei der weiteren Untersuchung von Typen genutzt.[397] Es können dabei drei relevante Vorgehensweisen zur Reduktion unterschieden werden:[398]

(1) Vereinfachung der Dimensionen: Zusammenfassung einzelner Merkmalsausprägungen aus theoretischen und bzw. oder empirischen Gründen
(2) Forschungspragmatische Reduktion: Zusammenfassung von Merkmalsausprägungen, falls eine Differenzierung bzgl. der Forschungsfrage keinen Sinn ergibt oder nachfolgende Analysen unnötig erschwert
(3) Funktionale Reduktion: Ausschluss von Typen, falls diese aufgrund von starker Korrelation entweder gar nicht oder sehr selten auftreten

Die pragmatische Reduktion ist dabei sowohl die am häufigsten eingesetzte als auch die wichtigste Art der Reduktion.[399]

### 3.3.3 Das Verfahren der qualitativen Inhaltsanalyse

Die Analyse wissenschaftlicher Publikationen erfolgt im Rahmen vorliegender Arbeit durch die Methode der qualitativen Inhaltsanalyse von in der Fachliteratur beschriebenen Anwendungsfällen MLS zur Bewältigung von Herausforderungen der vernetzten, adaptiven Produktion. Diese Methode verwendet klare Regeln und eine systematische Vorgehensweise zur Analyse und Interpretation von Texten und ermöglicht somit die nachvollziehbare Erarbeitung eines Modells[400,401]. Das Vorgehen in Anlehnung an MAYRING und GÖLZER berücksichtigt neben einer strukturierten Erarbeitung des Untersuchungsbereiches und der sorgfältigen Auswahl relevanter Publikationen auch die Gestaltung eines Kategoriensystems sowie die Entwicklung und Anwendung inhaltsanalytischer Interpretationsregeln[402,403].

Den Beginn der Modellentwicklung stellt die Gestaltung eines Kategoriensystems dar. Um Typen MLS und Herausforderungstypen der vernetzten, adaptiven Produktion zu bilden, wird dieses Kategoriensystem als Merkmalssystem aus typbildenden und -beschreibenden Merkmalen aufgebaut. Eine Erweiterung dieses Merkmalssystems um Ausprägungen ermöglicht die Abgrenzung unterschiedlicher Typen. Die Erarbeitung des Merkmalssystems erfolgt anhand einer induktiven Vorgehensweise. Merkmale und zugehörige Ausprägungen werden dafür zunächst für einzelne Anwendungsfälle

[397] vgl. Bailey (Typologies and Taxonomies), 2005, S. 48 ff.
[398] vgl. Barton; Lazarsfeld (The Language of Social Research), 1955, S. 45 ff.
[399] vgl. Barton; Lazarsfeld (The Language of Social Research), 1955, S. 53.
[400] vgl. Mayring (Qualitative Inhaltsanalyse), 2010, S. 603.
[401] vgl. Gölzer (Big Data in Industrie 4.0), 2017, S. 88.
[402] vgl. Mayring (Qualitative Inhaltsanalyse), 2010, S. 603.
[403] vgl. Gölzer (Big Data in Industrie 4.0), 2017, S. 25.

abstrahiert. Um eine Beschreibung aller Anwendungsfälle anhand der Merkmale zu ermöglichen, werden die Merkmale auf andere Anwendungsfälle übertragen und, sofern nötig, angepasst. Ausgehend von allen Ausprägungen, die in Anwendungsfällen eines Typs auftreten und demselben Merkmal zugeordnet sind, wird abschließend eine Ausprägung formuliert, welche den Typ vollständig beschreibt. Anhand eines so entwickelten Merkmalssystems ist eine klare Unterscheidung zwischen den unterschiedlichen Typen möglich.

Ein weiterer wichtiger Bestandteil der qualitativen Inhaltsanalyse sind Interpretationsregeln. Diese legen fest, welche Aspekte der untersuchten Textstellen welchen Kategorien im Kategoriensystem zuzuordnen sind.[404] Für das Merkmalssystem vorliegender Arbeit werden inhaltsanalytische Interpretationsregeln erarbeitet. Sie definieren, welche Aspekte in den untersuchten Anwendungsfällen welchen Ausprägungen zugeordnet werden können. Durch diese Kriterien können Anwendungsfälle anhand der Typen MLS und Herausforderungstypen der vernetzten, adaptiven Produktion charakterisiert werden.

## 3.4 Grobkonzept zur Applikation maschinell lernender Systeme in der vernetzten, adaptiven Produktion

Die in vorliegender Arbeit zu entwickelnde Methodik dient produzierenden Unternehmen als Leitfaden zur systematischen Identifizierung und Priorisierung von Herausforderungen in der vernetzten, adaptiven Produktion sowie der Überwindung dieser durch MLS. Die Vorgehensweise orientiert sich an der Systemtechnik (vgl. Kapitel 3.2.2). Das Gesamtproblem wird daher zunächst in Teil- und Einzelprobleme zerlegt. Lösungen werden anschließend dem Ansatz entsprechend »vom Groben ins Detail« erarbeitet. Die Lösungsperspektive des SE wird dabei um die Anforderungen an die Lösung, die Problemperspektive des RE ergänzt (vgl. Kapitel 3.2.3). Nachfolgend wird das Grobkonzept ausgehend von der Zielsetzung der Arbeit – Entwicklung einer Methodik zur *Applikation MLS in der vernetzten, adaptiven Produktion* – gestaltet.

Für die Entwicklung des Grobkonzepts werden aus den in Kapitel 2.6 identifizierten Defiziten existierender Forschungsliteratur Anforderungen an die Lösung abgeleitet, die wiederum durch die Aspekte der letztlich in Kapitel 4 zu entwickelnden Lösung bewältigt werden. An dieser Stelle werden daher die bereits weiter oben formulierten Defizite existierender Forschungsliteratur sinngemäß wiederholt und den daraus abgeleiteten Anforderungen an die Lösung gegenübergestellt.

[404] vgl. Mayring (Qualitative Inhaltsanalyse), 2010, S. 603.

Erstens besteht wegen des wenig differenzierten Verständnisses MLS im Produktionskontext *(Defizit I)* die Anforderung an die Lösung nach einer systematischen Beschreibung und Strukturierung MLS sowie Zuordnung ihrer typischen Potenziale im Kontext der vernetzten, adaptiven Produktion. Zweitens besteht wegen der fehlenden Systematisierung von Herausforderungen der vernetzten, adaptiven Produktion *(Defizit II)* die Anforderung an die Lösung nach einer Beschreibung und Strukturierung der Herausforderungen der vernetzten, adaptiven Produktion. Drittens besteht wegen der fehlenden Analyse und Abgrenzung von Datenanalysetechnologien *(Defizit III)* die Anforderung an die Lösung nach einer spezifischen Betrachtung der Gruppe von ML-Verfahren sowie der Ableitung der die Applikation MLS konstituierenden Herausforderungsmerkmale. Viertens besteht wegen des Nichterkennens von Herausforderungen in der vernetzten, adaptiven Produktion, die mit MLS überwunden werden können *(Defizit IV)*, die Anforderung an die Lösung nach einem Abgleich der Eignung MLS für Herausforderungen der vernetzten, adaptiven Produktion.

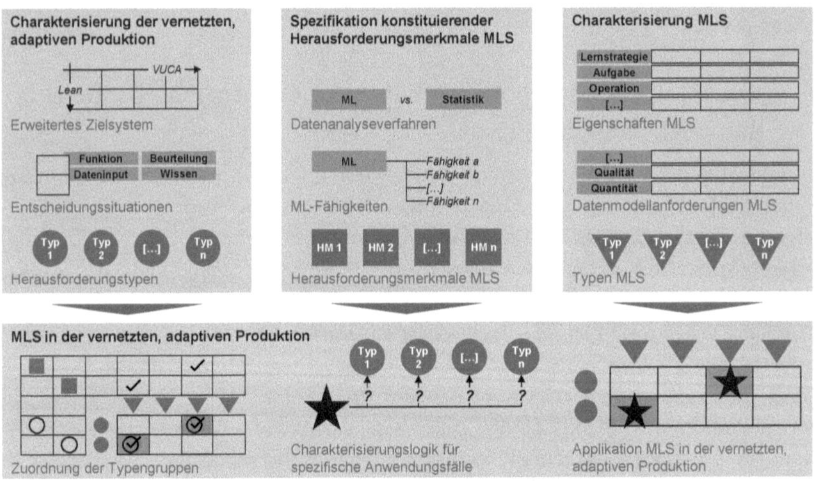


**Abbildung 3-5: Grobkonzept der Methodik in vier Teilmodellen**

Die zur Entwicklung der vier Schritte des Grobkonzepts bemühte Argumentation kann in ihrer Gesamtheit den Teilkapiteln 3.4.1 bis 3.4.4 entnommen werden. Nachfolgend werden die vier Schritte des Grobkonzepts (vgl. Abbildung 3-5) in diesen Teilkapiteln begründet hergeleitet. Die entsprechende Detaillierung schließt sich in Kapitel 4 an.

### 3.4.1 Charakterisierung der vernetzten, adaptiven Produktion

Um die Herausforderungen der vernetzten, adaptiven Produktion zu strukturieren, müssen die Herausforderungen identifiziert und derart beschrieben werden, dass in einem nachgelagerten Schritt eine Aussage über die Applikation MLS einerseits sinnvoll getroffen werden kann und andererseits Herausforderungen ähnlichen Typs – also solche, die sich hinsichtlich ihres Lösungsbedarfs ähnlich sind – auch als ähnlich kenntlich gemacht werden. Zunächst werden dafür einerseits gegenwärtige Ziele im Sinne einer nicht-vernetzten und nicht-adaptiven Produktion sowie andererseits zukunftsorientierte Ziele erfasst. Anschließend werden in diesem erweiterten Zielsystem der vernetzten, adaptiven Produktion generische Entscheidungssituationen identifiziert. Sie bilden den Rahmen für die abschließende Systematisierung der Herausforderungsdimension bzgl. der Applikation MLS. Herausforderungen beschreiben Situationen, in denen das Erreichen wichtiger Ziele verhindert ist. MLS helfen in den die Herausforderungen betreffenden Entscheidungssituationen dabei, bessere Entscheidungen zu finden und so die Herausforderungen zu überwinden und die verhinderten Ziele zu erreichen. Beschriebenes Vorgehen ist hauptsächlich durch das in Kapitel 2.6 abgeleitete *Defizit II (Fehlende Systematisierung von Herausforderungen der vernetzten, adaptiven Produktion)* der existierenden Forschungsliteratur motiviert und dient der Beantwortung der Forschungsfrage *»Welche durch Datenanalysetechnologien überwindbaren Herausforderungen existieren in der vernetzten, adaptiven Produktion und hinsichtlich welcher Kriterien lassen sich diese sinnvoll strukturieren?«* und greift dafür auf die Analyse von Fachliteratur aus dem Produktionskontext und Fallstudien aus Wissenschaft und Praxis sowie einen analytischen Vergleich zurück. Der in diesem Absatz formulierte Aspekt des Grobkonzepts findet im Detaillierungskapitel 4.1 seine Umsetzung.

### 3.4.2 Spezifikation konstituierender Herausforderungsmerkmale maschinell lernender Systeme

Um konstituierende Merkmale der Herausforderungen abzuleiten, zur Überwindung welcher MLS Verwendung finden, müssen existierende Datenanalysetechnologien in ihrer Breite charakterisiert sowie hinsichtlich ihrer inhärenten Wirkprinzipien und entsprechend dadurch induzierter Fähigkeiten und Anforderungen abgegrenzt werden. Zunächst werden daher Kriterien zur Unterscheidung von ML-Verfahren und etablierten Datenanalyseverfahren identifiziert, mithilfe welcher die Gesamtheit der bekannten Datenanalysetechnologien analysiert und abgegrenzt wird. Anschließend werden die für ML charakteristischen Fähigkeiten und Anforderungen extrahiert, aus welchen abschließend konstituierende Herausforderungsmerkmale für die Verwendung MLS abgeleitet werden. Beschriebenes Vorgehen ist hauptsächlich durch das in Kapitel 2.6 abgeleitete *Defizit III (Fehlende Analyse und Abgrenzung verschiedener Datenanalysetechnologien)* der existierenden Forschungsliteratur motiviert und dient der Beantwortung der Forschungsfrage *»Welche konstituierenden Merkmale einer Herausforderung müssen für die Verwendung MLS gegeben sein und wie unterscheiden sich diese Merkmale von denen alternativer Datenanalysetechnologien?«* und greift dafür auf die Analyse von Fachliteratur aus dem Bereich des ML und der Datenanalyse sowie einen analytischen Vergleich von Datenanalysetechnologien zurück. Der in diesem Absatz formulierte Aspekt des Grobkonzepts findet im Detaillierungskapitel 4.2 seine Umsetzung.

### 3.4.3 Charakterisierung maschinell lernender Systeme

Um MLS systematisch beschreiben und ihnen typische Anwendungspotenziale zuordnen zu können, müssen existierende MLS hinsichtlich ihrer Eigenschaften vergleichbar gemacht werden. Zunächst werden dafür ausgewählte Einzellösungen identifiziert und analysiert und darüber die für die Beschreibung MLS notwenigen Merkmalsebenen und ihre jeweiligen Ausprägungen hergeleitet. Über das Verständnis der technologischen Eigenschaften können anschließend ebenfalls die von MLS gestellten Anforderungen an Daten und Datenmodelle identifiziert werden, welche die wesentliche Randbedingung einer Applikation MLS darstellen. Bestehende und zu entwickelnde MLS werden auf diese Weise beschreibbar und vergleichbar und ihre jeweiligen, für einen erfolgreichen Einsatz relevanten Anforderungen an die Datenbasis werden transparent dargelegt. Die Eigenschaften sowie Daten(modell)anforderungen MLS bilden den Rahmen für die abschließende Systematisierung der Systemdimension bzgl. der Applikation MLS. Aus beiden Elementen können abschließend die verschiedenen Typen MLS – also solche MLS, die sich hinsichtlich ihres Anwendungspotenzials ähnlich sind – identifiziert werden. Ihre jeweiligen Potenziale werden durch die Analyse erfolgreich umgesetzter Anwendungsfälle speziell für den Anwendungskontext der vernetzten, adaptiven Produktion spezifiziert. Beschriebenes Vorgehen ist hauptsächlich durch das in Kapitel 2.6 abgeleitete *Defizit I (Wenig differenziertes Verständnis der Potenziale MLS im Produktionskontext)* der existierenden Forschungsliteratur motiviert und dient der Beantwortung der Forschungsfrage *»Wie lassen sich MLS systematisch hinsichtlich ihres Potenzials und eingesetzter Datenanalysetechnologien beschreiben und welche Umsetzungsbeispiele existieren bereits heute?«* und greift dafür auf die Analyse von Fachliteratur aus dem Bereich des ML, der vernetzten, adaptiven Produktion und Fallstudien aus Wissenschaft und Praxis sowie einen analytischen

Vergleich zurück. Der in diesem Absatz formulierte Aspekt des Grobkonzepts findet im Detaillierungskapitel 4.3 seine Umsetzung.

#### 3.4.4 Maschinell lernende Systeme in der vernetzten, adaptiven Produktion

Um die Eignung einer Applikation MLS für die Herausforderungen der vernetzten, adaptiven Produktion zu bewerten, bedarf es eines Abgleichs der charakteristischen Eigenschaften der Herausforderungstypen der vernetzten, adaptiven Produktion und der Typen MLS. Zunächst werden dafür die differenzierenden konstituierenden Merkmale der Herausforderungen, zur Überwindung welcher MLS Verwendung finden, einerseits den jeweiligen Typen MLS und andererseits den Herausforderungstypen der vernetzten, adaptiven Produktion zugeordnet. Unter Einbeziehung aller drei in diesem Kapitel vorausgehend genannten Analysebereiche werden die der Technologie inhärenten Wirkprinzipien auf die neu strukturierte vernetzte, adaptive Produktion mit ihren Herausforderungen übertragen. Anschließend werden die Herausforderungstypen der vernetzten, adaptiven Produktion hinsichtlich des Verwendungspotenzials der Typen MLS bewertet. Beschriebenes Vorgehen ist hauptsächlich durch das in Kapitel 2.6 abgeleitete *Defizit IV (Nichterkennen von Herausforderungen in der vernetzten, adaptiven Produktion, die mit MLS überwunden werden können)* der existierenden Forschungsliteratur motiviert und dient der Beantwortung der Forschungsfrage *»Für welche der identifizierten, potenziell durch Datenanalysetechnologien überwindbaren Herausforderungscluster ist die Applikation MLS sinnvoll?«* und greift dafür auf die Analyse von Fachliteratur aus dem Bereich des ML und der vernetzten, adaptiven Produktion und Fallstudien aus Wissenschaft und Praxis sowie einen logischen Schluss zurück. Der in diesem Absatz formulierte Aspekt des Grobkonzepts findet im Detaillierungskapitel 4.4 seine Umsetzung.

## 3.5 Zwischenfazit zum Konzept der Applikation maschinell lernender Systeme in der vernetzten, adaptiven Produktion

In Kapitel 3.1 wurden einleitend inhaltliche und formale Anforderungen an die Methodik formuliert. Abgeleitet wurden die inhaltlichen Anforderungen aus Problemstellungen der Praxis, aus der Zielsetzung der Arbeit sowie aus den Forschungsdefiziten. Die formalen Anforderungen stellen empirische und formale Richtigkeit, die Handhabbarkeit sowie die Ergebnisqualität der Methodik sicher. In Kapitel 3.2 wurden die zur Entwicklung der Methodik und ihrer relevanten Modellelemente notwendigen modelltheoretischen sowie die zum Verständnis bestehender Beziehungen benötigten systemtheoretischen Grundlagen behandelt. In Kapitel 3.3 wurden die Grundlagen der analytischen Forschungsmethoden – insbesondere der Typisierung – beschrieben. Daran anschließend wurde in Kapitel 3.4 das aus vier Teilmodellen bestehende Grobkonzept der Methodik zur *Applikation MLS in der vernetzten, adaptiven Produktion* entwickelt, welches im nachfolgenden Kapitel 4 detailliert wird.

Besondere Herausforderungen bei der Konzeption in Kapitel 3 waren die sinnvolle Unterteilung von ML-Verfahren und etablierten Datenanalyseverfahren. Herausfordernd war es, weil ML auf eine Reihe von Verfahren zurückgreift, die auch im Kontext der Statistik und damit in etablierten Datenanalyseverfahren Anwendung finden. Darüber hinaus herausfordernd war die Strukturierung der Herausforderungen der vernetzten, adaptiven Produktion. Die Frage nach der Überwindbarkeit der Herausforderungen durch MLS zieht die Anforderung eines neuartigen Strukturierungskonzepts an die Lösung nach sich. Die Strukturierung muss eine Form der Auswahl und Zuordnung der Herausforderungen ermöglichen, die eine Aussage über die Eignung einer Applikation MLS erlaubt bzw. die im Sinne der Zuordnung eines spezifischen Lösungstyps gleichartige Herausforderungen auch als solche deklariert. Die Differenzierung der Herausforderungen entsprechend den Merkmalen der vorliegenden Entscheidungssituation war an dieser Stelle der Schlüssel zum Erfolg, der die benötigte Detailschärfe und Unterscheidbarkeit der Herausforderungen ermöglicht.

Bei der Erstellung des Grobkonzeptes wären auch alternative Lösungsmöglichkeiten denkbar gewesen. Die Gestalt der Typen MLS nach einer Zuordnung zu den Herausforderungstypen ganz konkret zu kennen, wäre bspw. wünschenswert. Zwar ist die Zuordnung eines voraussichtlich geeigneten Lösungsansatzes (Typ MLS) ausgehend von der Herausforderung selbst möglich, jedoch hängt die konkrete Gestalt des Typs MLS von weiteren Faktoren wie den verfügbaren Daten, den zur Auswertung zur Verfügung stehenden Tools etc. ab. Darüber hinaus wäre es möglich gewesen, den Anwendungskontext weniger spezifisch zu wählen und nicht die vernetzte, adaptive Produktion, sondern bspw. *komplexe Anwendungsbereiche* zu fokussieren. Voraussichtlich hätte dieses Vorgehen jedoch die Ableitung spezifischer Herausforderungstypen erschwert und eine sinnvolle logische Zuordnung zu den Typen MLS verhindert.

Das Ziel des Kapitels war es, ein Konzept zu entwickeln, welches die Zuordnung MLS als geeignetes Lösungswerkzeug für ausgewählte Herausforderungen der vernetzten, adaptiven Produktion ermöglicht. Der spezifische Prozess der Implementierung bestimmter ML-Verfahren inkl. der dafür notwendigen dateninfrastrukturellen Abwägungen steht dabei nicht im Fokus der Arbeit. Das formulierte Grobkonzept spannt den Rahmen für die Methodik zur *Applikation MLS in der vernetzten, adaptiven Produktion*, welche im nachfolgenden Kapitel detailliert wird.

# 4 Detaillierung der Methodik

Nachdem das Forschungsdefizit identifiziert wurde (vgl. Kapitel 2.6), soll dieses nun geschlossen werden. In diesem Kapitel wird daher die Methodik zur *Applikation MLS in der vernetzten, adaptiven Produktion* detailliert. Wie beschrieben, folgt die Detaillierung dabei einem vierschrittigen Vorgehen (vgl. Abbildung 4-1).

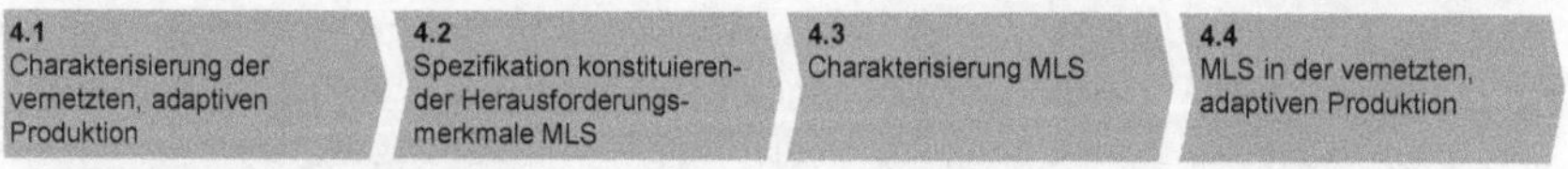


**Abbildung 4-1: Maschinell lernende Systeme in der vernetzten, adaptiven Produktion**

Im ersten Schritt wird die vernetzte, adaptive Produktion charakterisiert und in dieser bestehende Herausforderungen entsprechend den ihnen zugrundeliegenden Zielen und generischen Entscheidungssituationen analysiert und geclustert (Kapitel 4.1). Im zweiten Schritt werden verschiedene Datenanalysetechnologien voneinander abgegrenzt und die konstituierenden Herausforderungsmerkmale für die Anwendung MLS spezifiziert (Kapitel 4.2). Im dritten Schritt werden MLS unter Einbeziehung ihrer wichtigsten Eigenschaften und ihrer relevanten Daten(modell)anforderungen charakterisiert (Kapitel 4.3). Im vierten Schritt wird die Eignung der Applikation MLS für Herausforderungen der vernetzten, adaptiven Produktion evaluiert und die drei Analysebereiche verknüpft (Kapitel 4.4). Zunächst werden unmittelbar nachfolgend jedoch die für die Detaillierung der Lösung wichtigen Begrifflichkeiten noch einmal zusammenfassend erläutert und definiert. Dazu werden sowohl Definitionen des allgemeinen Sprachgebrauchs als auch die Verwendung bzw. das Verständnis der Begriffe innerhalb der angewandten Ingenieurwissenschaften betrachtet.

Der allgemeine Sprachgebrauch definiert eine **Herausforderung** als Anlass, tätig zu werden oder als Aufforderung zum Kampf. Als Herausforderung gilt eine Aufgabe, die fordert.[405] Eine Aufgabe ist ein dem Denken aufgegebenes Problem oder ein dem Tun aufgegebener Auftrag[406]. Herausforderungen sind Probleme der realen Welt, welche bestimmte Eigenschaften aufweisen und einer außerordentlichen Lösung bedürfen. In

[405] vgl. Duden (Stichwort: "Herausforderung"), 2020.
[406] vgl. Duden (Stichwort "Aufgabe"), 2020.

den angewandten Ingenieurwissenschaften hat der Herausforderungsbegriff jedoch eine engere Bedeutung. Meist wird er genutzt, um Entscheidungssituationen zu beschreiben, in welchen die Erreichung eines Ziels gefährdet ist. Durch eine Handlung kann ein Zustand hergestellt werden, sodass das Ziel wieder erreicht werden kann. STEEGMÜLLER ET AL. bspw. verwenden den Herausforderungsbegriff bzgl. der Feststellung, dass in dynamischen Märkten eine schnellere Marktreife sowie eine höhere Produktvariantenanzahl gefordert ist, welche den wirtschaftlichen Erfolg von Unternehmen gefährden. Um diesen doch sicherzustellen, sind Unternehmen dazu gezwungen, individualisierte Produkte mit geringen Entwicklungszeiten auf dem Markt zu platzieren.[407] Die Verwendung des Herausforderungsbegriffs bei BERNDT dient der Beschreibung des Zusammenhanges von zu hohen Aufmaßen in der ur- und umformenden Fertigung und der Wirtschaftlichkeit eines Unternehmens. Eine umfassende Fertigungsprozessüberwachung ermöglicht in diesem Zusammenhang kosten- und ressourcenschonende Prozesse.[408] Im Rahmen vorliegender Arbeit wird die allgemein sprachgebräuchliche Definition der Herausforderung entsprechend der Verwendung innerhalb der angewandten Ingenieurwissenschaften präzisiert.

Eine Herausforderung beschreibt eine Situation, in welcher die Erfüllung eines Ziels eingeschränkt oder vollkommen verhindert ist. Damit impliziert eine Herausforderung die Veranlassung zur Handlung, welche die Erfüllung des Ziels wieder ermöglicht.

Bei der nachfolgenden Modelldetaillierung bedarf es der Erhebung, Analyse und Interpretation von Daten – also allgemein dem Forschungsfeld der Statistik zugesprochener Aufgaben. Die deskriptive Statistik definiert Begrifflichkeiten zur strukturierten Beschreibung von Untersuchungsobjekten innerhalb eines Untersuchungsbereiches und ist daher für vorliegende Arbeit von besonderer Bedeutung.[409]

Ein **Merkmal** bezeichnet die Eigenschaft eines Untersuchungsobjektes und ist bei der statistischen Untersuchung von Interesse[410]. Die untersuchte Eigenschaft kann dabei in unterschiedlichen Varianten (vgl. Ausprägung) auftreten[411]. Durch Beobachtung oder Analyse eines Untersuchungsobjektes festgestellte Werte werden als **Ausprägung**

[407] vgl. Steegmüller; Zürn (Wandlungsfähige Produktionssysteme für den Automobilbau der Zukunft), 2017, S. 103.

[408] vgl. Berndt et al. (Produktionssysteme), 2015, S. 152.

[409] vgl. Bourier (Beschreibende Statistik), 2008, S. 1.

[410] vgl. Bourier (Beschreibende Statistik), 2008, S. 8.

[411] vgl. Gabler Wirtschaftslexikon (Stichwort: "Merkmal"), 2020.

bezeichnet[412]. Ausprägungen sind als mögliche Werte eines Merkmals definiert, die bei einem Untersuchungsobjekt festgestellt werden können.[413]

Ein **Typ** ist der Bedeutung des Begriffs im allgemeinen Sprachgebrauch nach eine durch bestimmte Merkmale charakterisierte Kategorie oder Art von Dingen[414]. HEMPEL UND OPPENHEIM prägten den Typbegriff maßgeblich. Ihnen zufolge können zur vereinfachten Betrachtung von Untersuchungsbereichen, im Zuge der Bildung von Typen, Merkmale und Ausprägungen miteinander gekoppelt werden[415]. Typen ermöglichen so die Analyse eines – aufgrund der großen Anzahl auftretender Merkmale und Ausprägungen – nur schwer überschaubaren Untersuchungsbereichs.[416] Wie nachfolgend noch gezeigt werden wird, ermöglicht die Typenbildung eine Unterteilung von ML-Verfahren in Kategorien, die in sich konsistente Fähigkeitsbilder aufweisen, jedoch gegenüber anderen Kategorien abgegrenzt sind. Für den Typbegriff soll in vorliegender Arbeit das allgemein sprachgebräuchliche Verständnis um die Möglichkeiten der Vereinfachung nach HEMPEL UND OPPENHEIM präzisiert werden.

Ein Typ ist eine durch bestimmte Ausprägungen in untersuchten Merkmalen charakterisierte Kategorie von Objekten. Zur Analyse eines Untersuchungsbereiches können Ausprägungen und Merkmale innerhalb eines Typs zusammengefasst werden.

Die Konstruktion auf Basis von Merkmalen ist charakteristisch für Typen, welche im Rahmen einer wissenschaftlichen Analyse theoriegeleitet gebildet werden. Die Merkmale aller Untersuchungsobjekte innerhalb eines Typs sind identisch ausgeprägt.[417] Merkmale, die unterschiedliche Typen voneinander abgrenzen, werden dabei als **typbildende Merkmale** bezeichnet[418].

Innerhalb typbildender Merkmale weisen alle Untersuchungsobjekte, die einem Typ zugeordnet sind, identische Ausprägungen auf. Anhand eines typbildenden Merkmals lassen sich einzelne Typen überschneidungsfrei charakterisieren.

[412] vgl. Bourier (Beschreibende Statistik), 2008, S. 9.
[413] vgl. Bourier (Beschreibende Statistik), 2008, S. 4.
[414] vgl. Duden (Stichwort: "Typ"), 2020.
[415] vgl. Hempel; Oppenheim (Der Typusbegriff im Lichte der neuen Logik), 1936, S. 65 ff.
[416] vgl. Promberger (Typenbildung mit quantitativen und qualitativen Daten), 2011, S. 6 f.
[417] vgl. Kuckartz (Zwischen Singularität und Allgemeingültigkeit), 2006, S. 4051.
[418] vgl. Hirt (PPS beim Einsatz flexibler Fertigungssysteme), 1990, S. 205.

**Typbeschreibende Merkmale** sind nicht zur Unterscheidung von Typen geeignet, sondern werden zur weiteren Typenbeschreibung verwendet und vereinfachen die Identifizierung und Analyse von Typen.[419,420]

## 4.1 Charakterisierung der vernetzten, adaptiven Produktion

In einem zunehmend dynamischen und komplexen Umfeld müssen Fertigungssysteme schnell auf Veränderungen reagieren können, um produktiv zu bleiben. Daher müssen Entscheidungen in der Fertigung, in einem immer komplexeren System miteinander verbundener und voneinander abhängiger Maschinen, aufeinander abgestimmt werden. Zunehmende Datenverfügbarkeit und sinkende Kosten für die Datenverarbeitung wie für Speicher- und Rechenkapazitäten bieten ein vielversprechendes Potenzial, um den sich ständig ändernden Bedingungen zu begegnen, Produktivität zu sichern und wettbewerbsfähig zu bleiben. In Ermangelung einer konsolidierten Übersicht gegenwärtiger und zukunftsorientierter – mittels Datenanalysetechnologien überwindbarer – Herausforderungen der Produktionsumgebung bleibt dieses Potenzial weitgehend ungenutzt. Vorliegende Arbeit identifiziert und systematisiert daher die für die Datenanalyse attraktiven Herausforderungen produzierender Unternehmen.

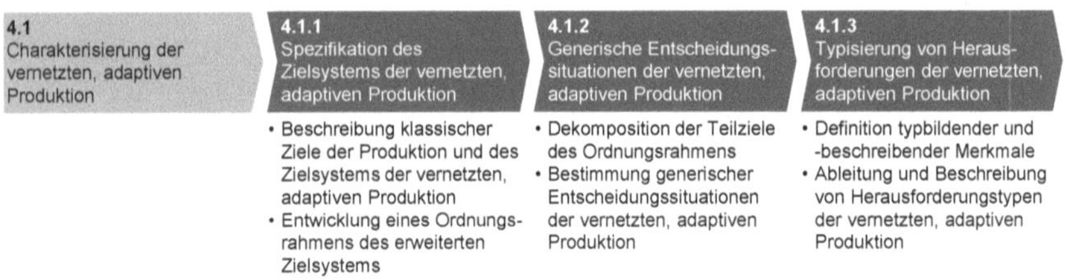


**Abbildung 4-2: Charakterisierung der vernetzten, adaptiven Produktion**

Das Ziel dieses Kapitels ist es daher, die Herausforderungen der vernetzten, adaptiven Produktion in der Form eines Beschreibungsmodells zu strukturieren. Dafür wird, wie in Abbildung 4-2 dargestellt, zunächst das erweiterte Zielsystem der vernetzten, adaptiven Produktion aufgebaut (Kapitel 4.1.1), in welchem unterschiedlichste Teilziele spezifiziert und zu generischen Entscheidungssituationen aggregiert werden (Kapitel 4.1.2). Daraus werden anschließend Herausforderungstypen der vernetzten, adaptiven Produktion entwickelt, welche die Herausforderungsdimension vorliegender Arbeit systematisieren (Kapitel 4.1.3).

419 vgl. Hirt (PPS beim Einsatz flexibler Fertigungssysteme), 1990, S. 205.
420 vgl. Louis (Manufacturing Execution Systems), 2009, S. 70 ff.

#### 4.1.1 Spezifikation des Zielsystems der vernetzten, adaptiven Produktion

Zur Spezifikation der Ziele einer vernetzten, adaptiven Produktion wird nachfolgend ein Ordnungsrahmen bestehend aus klassischen Produktionsanforderungen (begründet durch das Lean-Management) sowie Anforderungen der vernetzten, adaptiven Produktion (begründet durch VUCA-Einflüsse aus dem Umfeld des Produktionssystems) entwickelt. Der beide Perspektiven integrierende Ordnungsrahmen dient der Sammlung von Teilzielen der vernetzen, adaptiven Produktion und ist Grundlage der systematischen Identifikation generischer Entscheidungssituationen.

Das primäre Ziel eines produzierenden Unternehmens ist die Maximierung der Wirtschaftlichkeit, also die Steigerung des wirtschaftlichen Nutzens in Form von Erträgen bei minimalen Aufwänden[421]. Insbesondere die Produktivität hat entscheidenden Einfluss auf die Wirtschaftlichkeit eines produzierenden Unternehmens (vgl. Kapitel 1.1). Die Produktivität stellt das Produktionsergebnis (Output) und den an seiner Erstellung beteiligten Input ins Verhältnis. Dabei lässt sich totale (Erfassung des gesamten Betriebsergebnisses) und partielle (Differenzierung unterschiedlicher Teilbereiche des Mitteleinsatzes) Produktivität unterscheiden. Die partielle Betrachtung der Produktivität führt zu einer funktionalen Strukturierung der Produktionsaufgaben.[422] Sie ist der Ursprung verschiedener Handlungssysteme, bspw. des Qualitätsmanagements, welche einen spezifischen partiellen Produktivitätsfaktor fokussieren.[423] Der Ansatz der funktionalen Differenzierung ermöglicht die bestmögliche Nutzung von Synergien und Erfahrungen und geht zurück auf die Gestaltung des Produktionssystems nach TAYLOR[424]. Die Handlungssysteme richten sich dabei an übergeordneten Zielen aus (bspw. versucht das Qualitätsmanagement Produkt- und Prozessqualitätsziele durch Prüfungen und Vorgaben zu sichern) und bedienen sich handlungsleitender Prinzipien. Ein weit verbreitetes Prinzip ist das Lean-Management. Die Prinzipien des Lean-Managements stellen, durch die übergreifende Vermeidung von Verschwendung, Anforderungen an eine optimale Produktionsgestaltung (z. B. Vermeidung von Wartezeiten etc.). Dabei hat die Umsetzung der Prinzipien eine produktivitätsoptimierte (also wirtschaftliche) Produktion zum Ziel. Der Lean-Management-Ansatz ist etabliert und findet verbreitet Anwendung.[425] Lean stellt ein sehr wichtiges klassisches Zielsystem dar und betrifft alle funktionalen Systeme produzierender Unternehmen. Im Rahmen vorliegender

[421] vgl. Verband Deutscher Ingenieure (Norm 2870), 2012.
[422] vgl. Gabler Wirtschaftslexikon (Stichwort "Produktivität"), 2020.
[423] vgl. Dombrowski; Mielke (Ganzheitliche Produktionssysteme), 2015, S. 27.
[424] vgl. Dombrowski; Mielke (Ganzheitliche Produktionssysteme), 2015, S. 14.
[425] vgl. Dombrowski; Mielke (Ganzheitliche Produktionssysteme), 2015, S. 32 ff.

Arbeit werden die Prinzipien einer produktivitätsoptimierten Produktion daher als Dimension des Zielsystems genutzt.

Produzierende Unternehmen sind einer zunehmend komplexen und dynamischen Umgebung ausgesetzt[426]. Bspw. führt der Individualisierungswunsch von Kunden zu einer diskontinuierlichen, nur bedingt vorhersehbaren Entwicklung der Nachfrage mit direkten Auswirkungen auf die wertschöpfenden Produktionshandlungen (vgl. Kapitel 1.1). Infolgedessen ist die Relevanz von Vielseitigkeit, Flexibilität und Transparenz im Produktionskontext stark gestiegen[427]. Durch die VUCA-Eigenschaft des Unternehmensumfeldes stoßen etablierte Gestaltungsprinzipien der Produktionssysteme (z. B. beschriebenes Lean-Management) an Grenzen[428]. Um in einem derartigen Umfeld erfolgreich zu sein, müssen Unternehmen ihre verschwendungsfreien Prozesse gleichzeitig robust (agil und anpassungsfähig) gestalten[429]. Dafür müssen u. a. Entscheidungen bei zunehmender Unsicherheit getroffen werden, wofür es einer Anpassung der Produktionssysteme bedarf[430]. Entsprechend etablierten Gestaltungsprinzipien getroffene Entscheidungen sind VUCA-bedingt weniger optimal und können zu verringerter Produktivität führen[431]. Ein zeitgemäßes Zielsystem der vernetzten, adaptiven Produktion muss daher diese Aspekte genauso integrieren wie die Gestaltungsprinzipien des Lean-Managements.

**Klassische Ziele der Produktion nach dem Prinzip des Lean-Managements**

Das Lean-Management ist definiert als ein unternehmensspezifisches methodisches Gestaltungsprinzip, welches Prozesse kontinuierlich optimiert und somit die Wirtschaftlichkeit einer Unternehmung erhöht. In einem *Lean Production System (LPS)* wird Verschwendung jeder Art im Produktionsprozess reduziert. Die konsequente Ausrichtung sämtlicher Unternehmensprozesse am Kundenbedarf ist darüber hinaus Ziel eines LPS. Der Kundenmehrwert umfasst alle wertschöpfenden Tätigkeiten. Also solche, die den Wert des (halbfertigen) Produkts erhöhen und für die der Kunde zahlungsbereit ist. Tätigkeiten, die nach dieser Logik keine Wertschöpfung darstellen, sind Verschwendung. In diesem Zusammenhang ist auch *Manufacturing Excellence* ein relevanter Begriff, welcher auf Vermeidung von Ressourcen- und Zeitverschwendung

426 vgl. Drucker (The Age of Discontinuity), 2007, S. 3 ff.

427 vgl. Spath (Ganzheitlich produzieren), 2003, S. 15 ff.

428 vgl. Buttkus et al. (Controlling im Handel), 2016, S. 143 ff.

429 vgl. Anderson; Tushman (Technological Discontinuities and Organizational Environments), 1986, S. 458 f.

430 vgl. Schuh; Schmidt (Produktionsmanagement), 2014, S. 2.

431 vgl. Dombrowski; Henningsen (Systems of Objectives in a VUCA World Within the Lean Enterprise), 2019, S. 2.

durch eine proaktive Gestaltung und Steuerung der Produktion abzielt[432]. Auf dem Weg zu diesem Ziel werden die sieben verschiedenen Arten der Verschwendung (vgl. Tabelle 4-1) regelmäßig gemessen, analysiert und optimiert[433].

**Tabelle 4-1: Arten der Vermeidung im Lean-Management[434]**

| Art der Vermeidung | Beschreibung im Sinne des Lean-Managements |
|---|---|
| Überproduktion | Vermeidung von Überproduktion durch bedarfs- und termingerechte Einplanung und Abarbeitung von Aufträgen |
| Wartezeiten | Eliminierung von Stillstands-, Warte- und Liegezeiten durch termingerechte Bereitstellung von Betriebsmitteln und Material |
| Transport | Optimierung von Transporten durch Planung und Steuerung |
| Bearbeitungsschritte | Reduzierung von Prozessschwachstellen durch Bereitstellung von Analysen und Kennzahlen sowie Vermeidung von Prozessfehlern |
| Bestände | Optimierung der Bestände durch Transparenz über diese |
| Bewegungen | Vermeidung von Wegen bei der Beschaffung und Bereitstellung relevanter Informationen sowie notwendiger Betriebsmittel |
| Ausschuss und Nacharbeit | Vermeidung von Produktionsfehlern durch systematische (proaktive und reaktive) Identifikation sowie Aanalyse ihrer Ursachen |

Die Zielsetzung des Manufacturing Excellence wird durch den Einsatz von klassischen Informationssystemen (vgl. Kapitel 2.1.4) wesentlich unterstützt bzw. erst ermöglicht. MES bspw. verfügen über die Produktionsinformationen, Plandaten, aktuelle Veränderungen und Zusammenhänge produktionsrelevanter Parameter. Sie unterstützen damit direkt die Produktionsverantwortlichen bei der Definition und Identifikation von Maßnahmen zur Umsetzung und Erlangung von Manufacturing Excellence.[435]

**Erweitertes Zielsystem der vernetzten, adaptiven Produktion**

Einerseits existiert eine Vielzahl primär deskriptiver Neuausrichtungsansätze der Produktionssysteme (vgl. Kapitel 2.5.2). Andererseits sind die allgemeinen Aufgaben der Produktion aus einer klassischen Perspektive bereits gut beschrieben[436]. Die angestrebte systematische Identifikation der Ziele und Strukturierung der Herausforderungen einer vernetzten, adaptiven Produktion gelingt durch die Übertragung allgemein-

[432] vgl. Verband Deutscher Ingenieure (Norm 5600), 2015, S. 6 ff.
[433] vgl. Ōno et al. (Das Toyota-Produktionssystem), 2013, S. 51 ff.
[434] vgl. Verband Deutscher Ingenieure (Norm 5600), 2015, S. 7 f.
[435] vgl. Verband Deutscher Ingenieure (Norm 5600), 2015, S. 6 ff.
[436] vgl. Monostori et al. (Machine Learning Approaches to Manufacturing), 1996, S. 702 f.

gültiger Gestaltungsprinzipien zum Umgang mit dem VUCA-Einfluss auf das Produktionssystem[437]. Die Fachliteratur, speziell hervorzuheben ist hier sicherlich der Aufsatz von BENNETT UND LEMOINE, dieses Themenbereichs bietet fünf wesentliche Gestaltungsprinzipien: *Umweltwahrnehmung*, *Exploration*, *Prognose*, *Neuordnung* und *Selbstorganisation* (vgl. Tabelle 4-2). Diese werden nachfolgend jeweils analysiert und anschließend zu einem erweiterten Zielsystem synthetisiert.

**Tabelle 4-2: Gestaltungsprinzipien im VUCA-Umfeld**

| Gestaltungsprinzip | 438 | 439 | 440 | 441 | 442 | 443 | 444 |
|---|---|---|---|---|---|---|---|
| Umweltwahrnehmung | x | x | | | | | |
| Exploration | x | | x | x | | | |
| Prognose | x | x | x | | x | | |
| Neuordnung | x | | | | x | x | x |
| Selbstorganisation | | x | x | x | x | x | |

Die Umweltwahrnehmung dient dem Ziel der Vernetzung und des Austauschs von Daten und Informationen. Die Konnektivität der Systeme ist dabei die Grundvoraussetzung weiterführender Erkenntnisgewinne[445]. Der Austausch von Informationen ermöglicht den Transfer lokalen Wissens ins gesamte Unternehmen und die Nutzung in neuen Zusammenhängen – er ist daher eine wichtige Ressource zukünftiger unternehmerischer Zielsysteme[446]. Darüber hinaus stellt der Faktor Zeit eine aktuelle Informationsbasis sicher und bedingt die Validität einer bestimmten Information im Zeitbezug. Die zeitlich induzierte Unsicherheit führt zu Ineffizienzen, wie am Beispiel der Lagerbestandsplanung verdeutlicht werden kann. Die Bestandsführung wird meist auf Basis von Stücklisten und Entnahmekarten realisiert, die keine aktuelle Information über die Bestandshöhe darstellen. Wegen der Unsicherheit über die aktuelle Bestandshöhe werden Bestellungen auf Basis von Sicherheitsfaktoren ausgelöst. Dies kann zu einer

[437] vgl. Dombrowski; Henningsen (Systems of Objectives in a VUCA World Within the Lean Enterprise), 2019, S. 4.
[438] vgl. Bennett; Lemoine (What a Difference a Word Makes), 2014.
[439] vgl. Johansen (Get There Early), 2007.
[440] vgl. Kotter (Leading Change), 2012.
[441] vgl. Hinssen (The Network Always Wins), 2015.
[442] vgl. Gray; Vander Wal (The Connected Company), 2012.
[443] vgl. Littmann; Jansen (Oszillodox), 2000.
[444] vgl. Bartscht (Why Systems Must Explore the Unknown to Survive in VUCA Environments), 2015.
[445] vgl. Schuh et al. (Engineering Valley), 2017, S. 3 f.
[446] vgl. Rummler; Brache (Improving Performance), 2013, S. 34 ff.

starken Erhöhung der Lagerbestände führen. Der Nutzen einer Entscheidung ist also umso größer, je echtzeitnäher und sicherer diese getroffen werden kann[447].

Verzögerungen im Informationsaustausch induzieren Unsicherheiten über die Gültigkeit aktueller Informationen und Daten, die zur Grundlage von Entscheidungen dienen. Die **Umweltwahrnehmung** ermöglicht es, Zustandsinformationen möglichst echtzeitnah und mit entsprechender Genauigkeit zu übermitteln.

Die Exploration dient dem primären Zweck der Reduktion von Unsicherheit über die Wirkungsweisen und Abhängigkeiten innerhalb eines Produktionssystems. Vorgänge und Zustände z. B. können im Produktionsprozess durchgängig durch Sensoren erfasst werden. Geringere Preise für Sensoren, Netzwerktechnik etc. begünstigen dies und eröffnen das Potenzial, die Wirkbeziehungen der Vorgänge zu analysieren[448]. Durch die Kenntnis der Zusammenhänge kann die Unsicherheit von Einflussfaktoren und ihrer Konsequenzen reduziert und eine bessere Entscheidung herbeigeführt werden. Wenig umfangreiche Explorationsaktivitäten führen zu einem unzureichenden Situationsverständnis. Organisationen ohne diese Kompetenz sind oft nicht in der Lage, den im VUCA-Umfeld auftretenden Herausforderungen angemessen zu begegnen. Sie finden sich ständig zur falschen Zeit am falschen Ort wieder.[449]

Die **Exploration** beschreibt die übergreifende Analyse des Umfelds. Sie ermöglicht es, Wissen über Zusammenhänge und Wirkungsweisen zu erlangen und die Unsicherheit über Wirkzusammenhänge zu reduzieren.

Nicht nur die echtzeitnahe Übermittlung der Information, sondern auch die vorausschauende Prognose eines erwarteten Zustandes stiftet bei einer Entscheidung Nutzen[450]. Prädiktive Systeme antizipieren Veränderungen von Objekten, Strukturen und Prozessen entlang der Wertschöpfungskette und stoßen Änderungen an. Dies dient dem Zweck, die Unsicherheit über die zu erwartenden Zustände (auch als temporale bzw. statusbezogene Unsicherheit beschrieben) zu reduzieren, bspw. bei der Prognose von Nachfragemengen.[451] In Abgrenzung zur Umweltwahrnehmung ist der Zustand bei der Prognose noch nicht eingetreten, sein Eintreten wird jedoch antizipiert.

---

[447] vgl. Schuh et al. (Industrie 4.0 Maturity Index), 2020a, S. 12.

[448] vgl. Schuh et al. (Engineering Valley), 2017, S. 3 f.

[449] vgl. Bartscht (Why Systems Must Explore the Unknown to Survive in VUCA Environments), 2015, S. 267.

[450] vgl. Schuh et al. (Engineering Valley), 2017, S. 5.

[451] vgl. Larranaga; Garcia (Approaching the Reduction of Uncertainty in Production System Design through Discrete-Event Simulation), 2017, S. 234 f.

Die **Prognose** ermöglicht es, Zukunftszustände zu antizipieren und zu beschreiben. Dies dient der Reduktion von Unsicherheit über Zukunftszustände. Auf Basis dessen können Handlungsalternativen bereits vor Eintreten des Zustandes abgeleitet werden.

Die Neuordnung von Systemen ist ein weiteres Gestaltungsprinzip zum Umgang mit den VUCA-Bedingungen des Umfeldes[452]. Das System nutzt Informationen über die Änderung externer Faktoren für eine eigene Anpassung. Neuordnung beschreibt in diesem Zusammenhang die Reaktionsfähigkeit eines Teilsystems Störungen seiner Umwelt gegenüber.[453] Die Anzahl erfass- und beeinflussbarer Handlungsalternativen nimmt mit dem Vernetzungsgrad des Systems zu. In diesem Zusammenhang existiert eine Unsicherheit über die Auswahl der richtigen Handlungsalternative infolge von Umweltveränderungen.[454] Planungsstrategien in der Produktion erfordern bspw. Flexibilität in der Routen- und Abfolgeplanung. Diese werden unter dem Einfluss zahlreicher Parameter wie der Maschinenauslastung, Teileverfügbarkeit etc. angepasst.[455]

Die **Neuordnung** ermöglicht die Anpassung eines Produktionssystems an seine Umwelt. Dies dient der Reduktion von Unsicherheit über die optimale Handlungsalternative infolge von Umweltveränderungen.

Die Selbstorganisation beschreibt die Koordination und Abstimmung von Netzwerkpartnern und Objekten. Es besteht eine Unsicherheit über die optimale Relation und Beziehung der Objekte zueinander zur optimalen Erfüllung des Gesamtziels. Die Vielzahl an Teilkomponenten und die zunehmende Gegensätzlichkeit ihrer Zielfunktionen sind eine besondere Herausforderung im Produktionsumfeld und relationaler Unsicherheitstreiber. Bspw. müssen bestimmte Objekte zueinander so eingestellt werden, dass Kosten und Zeit simultan minimiert werden (vgl. auch Kapitel 2.1.5 für eine ausführliche Beschreibung dieser Ambiguität im Polylemma der Produktion).[456] Die Selbstorganisation strebt ein einheitliches Zielsystem an, in welchem die Teilsysteme zu einer ganzheitlich-optimalen Zielerreichung gelangen. Der Unterschied zur zuvor beschriebenen Neuordnung besteht in der Unsicherheit über die genaue Koordination und das Zusammenwirken der einzelnen Teilsysteme (bei Kenntnis der optimalen Zielzustände). Bei der Selbstorganisation muss der Lösungsweg noch gefunden werden. Bei der Neuordnung ist der Weg bereits bekannt, die Unsicherheit ergibt sich aus der

[452] vgl. Bennett; Lemoine (What a Difference a Word Makes), 2014, S. 3.

[453] vgl. Bartscht (Why Systems Must Explore the Unknown to Survive in VUCA Environments), 2015, S. 253 ff.

[454] vgl. Schuh et al. (Data Mining Definitions and Applications in Production Management), 2019, S. 877.

[455] vgl. Grus (Data Science from Scratch), 2015, S. 351 ff.

[456] vgl. Michalewicz (Adaptative Business Intelligence), 2006, S. 17 ff.

Auswahl des richtigen Weges. Selbstorganisation ist eine stark nachgefragte Kompetenz im wissensbasierten Wettbewerb[457]. Das explizite Nutzenversprechen liegt in einer schnellen, echtzeitnahen und abgestimmten Entscheidungsfindung[458].

Die **Selbstorganisation** ermöglicht das Erreichen eines ganzheitlich-optimalen Zustands. Sie dient der Reduktion von Unsicherheit über die richtige Koordination und das Zusammenwirken der einzelnen Teilsysteme.

Abschließend werden die genannten Aspekte zu einem erweiterten Zielsystem der vernetzten, adaptiven Produktion zusammengefasst. Das erweiterte Polylemma der vernetzten, adaptiven Produktion beschreibt die im Rahmen vorliegender Arbeit betrachteten Ziele eines produzierenden Unternehmens als die selbstorganisierte und wandlungsfähige Herstellung von Gütern, bei gleichzeitiger Einhaltung von Kosten-, Qualitäts- und Durchlaufzeitvorgaben.

**Ordnungsrahmen des erweiterten Zielsystems und seine Teilziele**

An die Beschreibung des Zielsystems der vernetzten, adaptiven Produktion anknüpfend lässt sich ein Ordnungsrahmen skizzieren. Dieser wird nachfolgend aus den vorausgehenden Betrachtungen der klassischen Zieldimension der Produktion sowie der VUCA-induzierten erweiterten Zieldimension der vernetzten, adaptiven Produktion abgeleitet. Der Ordnungsrahmen integriert so gleichzeitig die klassischen Kategorien zur Optimierung eines Produktionssystems und die eher gegenwartsrelevanten identifizierten Gestaltungsprinzipien. Letztere dienen der horizontalen Strukturierung des Ordnungsrahmens und ergänzen die klassischen Dimensionen der Lean-Management-Prinzipien (vertikale Strukturierung). In diesem Ordnungsrahmen lassen sich nun verschiedene Teilziele der vernetzten, adaptiven Produktion entwickeln (vgl. Abbildung 4-3). Die Entwicklung eines Teilziels erfolgt immer durch Verknüpfung der VUCA-induzierten erweiterten Zieldimension mit den klassischen Dimensionen der Lean-Management-Prinzipien und wird exemplarisch am Beispiel der Herausforderung prädiktive Wartung mit dem Teilziel *Prognose von Prozessschwachstellen* gezeigt. Dabei wird zur Analyse eine monofunktionale Zuordnung angenommen, welche die Hauptfunktion des betrachteten Teilziels als Ordnungsmerkmal annimmt[459]. Prädiktive Wartung beschreibt das Bestimmen des zukünftigen Zustands in Betrieb befindlicher Systeme zur Vorhersage eines günstigen Wartungszeitpunkts. Dabei werden die vorausschauende Instandhaltung, Zustandsüberwachung und Fehlerprognose verfolgt. Die

[457] vgl. Littmann; Jansen (Oszillodox), 2000.
[458] vgl. Schuh et al. (Engineering Valley), 2017, S. 22 f.
[459] vgl. Monostori et al. (Machine Learning Approaches to Manufacturing), 1996, S. 702.

Hauptfunktion stellt die Fehlerprognose dar. Das Teilziel lässt sich daher auf der horizontalen Achse der Zieldimension *Prognose* zuordnen. Analog dazu dient prädiktive Wartung primär der *Vermeidung unnötiger Bearbeitungsschritte*. Diesem Vorgehen entsprechend können auch die weiteren Teilziele systematisch im Ordnungsrahmen eingeordnet werden. Im Detail beschrieben ist die Entwicklung der in Abbildung 4-3 dargestellten einzelnen Teilziele auch bei SCHUH ET AL.

| Ziele des Lean Managements | Erweiterte Ziele der vernetzten, adaptiven Produktion: Umweltwahrnehmung | Exploration | Prognose | Neuordnung | Selbstorganisation |
|---|---|---|---|---|---|
| Wartezeit | Wahrnehmen von Wartezeiten | Einflussanalyse von Wartezeiten | Prognose von Wartezeiten | (Neu-)Planung im Umgang mit Wartezeiten | Kontinuierliche Minimierung der Wartezeit |
| Transport | Wahrnehmen von Transporten | Einflussanalyse von Transporten | Prognose von Transport (Bedarf, benötigte Zeit) | Dynamische Routenplanung | Kontinuierliche Minimierung des Transports |
| Bearbeitungsschritte | Wahrnehmen von Prozessschwachstellen | Einflussanalyse von Prozessschwachstellen | Prognose von Prozessschwachstellen | (Neu-)Planung von Verarbeitungsschritten | Kontinuierliche Vermeidung der Prozessschwachstellen |
| Bewegungen | Wahrnehmen von Bewegungen | Einflussanalyse von Bewegungen | Prognose von Bewegungen | (Neu-) Planung von Bewegungsabläufen | Kontinuierliche Minimierung von Bewegungen |
| Ausschuss Nacharbeit | Wahrnehmen von Ausschuss und Nacharbeit | Einflussanalyse von Nacharbeit/Ausschuss | Prognose von Ausschuss und Nacharbeit | (Neu-)Planung zur Vermeidung von Nacharbeit | Kontinuierliche Minimierung der Nacharbeit |
| Überproduktion | Wahrnehmen von Überproduktion | Einflussanalyse von Überproduktion | Prognose von Überproduktion | (Neu-)Planung von Produktionsmengen | Kontinuierliche Minimierung von Überproduktion |
| Bestände | Wahrnehmen von Beständen | Einflussanalyse von Beständen auf die Produktionsfähigkeit | Prognose benötigter Bestände | (Neu-)Planung von benötigten Beständen | Kontinuierliche Minimierung benötigter Bestände |

**Abbildung 4-3: Ordnungsrahmen des erweiterten Zielsystems der vernetzten, adaptiven Produktion inkl. seiner Teilziele[460]**

Diese Ordnungsbildung stellt eine sinnvolle Eingrenzung des Betrachtungsbereichs auf dem Weg zur Typisierung von Herausforderungen der vernetzten, adaptiven Produktion (Kapitel 4.1.3) dar. Gleichzeitig dient sie als praktikable Orientierungshilfe bei der Strukturierung von Zielen produzierender Unternehmen. Unternehmen können diesen Ansatz nutzen, um bspw. Industrie 4.0-Vorhaben zu entwickeln, zu ordnen sowie neue Anwendungsfelder zu identifizieren. Die durch den Ordnungsrahmen strukturierte Gesamtmenge an Zielen wird im nachfolgenden Kapitel auf wiederkehrende Merkmale hin untersucht und weiter geordnet.

[460] vgl. Schuh et al. (Identification and Characterization of Challenges in the Future of Manufacturing for the Application of Machine Learning), 2020, S. 4.

### 4.1.2 Generische Entscheidungssituationen der vernetzten, adaptiven Produktion

Wie bzgl. des Herausforderungsbegriffs einleitend erläutert, werden die im Ordnungsrahmen eingeordneten Teilziele der vernetzten, adaptiven Produktion in diesem Kapitel systematisch dekomponiert. Sie werden dafür durch Leitfragen entsprechend geeigneter Merkmale auf Gemeinsamkeiten hin untersucht, welche am Ansatz von AGRAWAL ET AL. angelehnt sind und zunächst der Identifikation generischer Entscheidungssituationen der vernetzten, adaptiven Produktion dienen (vgl. Tabelle 4-3). Diese finden nachfolgend aber ebenso im Rahmen der Merkmalsbildung von Herausforderungstypen der vernetzten, adaptiven Produktion Anwendung (vgl. Kapitel 4.1.3).

**Tabelle 4-3: Differenzierungsmerkmale von Entscheidungssituationen[461]**

| Merkmal | Leitfrage |
|---|---|
| Funktion | Was ist die Aufgabe? Was ist zu entscheiden? |
| Dateninput | Welche Daten werden aufgenommen und verarbeitet? |
| Beurteilung | Wie werden Alternativen bewertet? Wie werden Fehler betrachtet? |
| Wissen | Welches Wissen ist nötig, um die Entscheidung treffen zu können? |

Die Analyse fokussiert die Teilziele des Ordnungsrahmens des erweiterten Zielsystems der vernetzten, adaptiven Produktion (vgl. Abbildung 4-3). Nachfolgend werden die Ergebnisse des Strukturierungsprozesses dargestellt. Wie nachfolgend gezeigt werden wird, können fünf generische Entscheidungssituationen bestimmt werden: *Kontroll-*, *Identifikations-*, *Prädiktions-*, *Planungs-* und *Koordinationsentscheidungen*. Entsprechend den Zieldimensionen der vernetzten, adaptiven Produktion werden diese nachfolgend hergeleitet und voneinander abgegrenzt. Vor der Bestimmung von Herausforderungstypen der vernetzten, adaptiven Produktion ist die Betrachtung der generischen Entscheidungssituationen insofern wichtig und notwendig, als dass die Unterscheidung der Typen fundamental auf den in diesem Kapitel erkannten Merkmalen der verschiedenen Entscheidungssituationen beruht.

#### Kontrollentscheidungen

Entsprechend der ersten Zieldimension Umweltwahrnehmung lässt sich die generische Entscheidungssituation der *Kontrolle* bestimmen. Die automatisierte Qualitätskontrolle oder die Kontrolle von Ausbringungsmengen sind exemplarische Teilziele, die in derartigen Entscheidungssiutationen verfolgt werden. Typisches Merkmal ist das Erfassen von Zuständen und Abweichungen von vorgegebenen Normwerten und Re-

[461] vgl. Agrawal et al. (A Simple Tool to Start Making Decisions with the Help of AI), 2018.

geln, bspw. der Qualität von Bauteilen oder der Anzahl produzierter Teile. Die Kontrolle umfasst die Darstellung evidenzbasierter Eigenschaften – stellt also dar, was passiert ist[462]. Das Nutzenversprechen ist eine gesteigerte Genauigkeit sowie ein Zeitvorteil. Der Einsatz datenbasierter Fehlererkennungssysteme bspw. kann im Vergleich zur menschlichen Prüfung signifikante Verbesserungen in diesen Teilzielen bewirken[463]. Direkte Kosten, verursacht durch den Versand schlechter Produkte, werden u. a. reduziert. Der reduzierte menschliche Einfluss und die Automatisierung von Routinetätigkeiten heben Effizienz und Geschwindigkeit in der Leistungserstellung[464]. Weitere Teilziele der Kontrolle sind die Prozessüberwachung oder automatisierte Bestandskontrolle, welche den Zustand eines Objektes bewerten und Abweichungen von Regeln oder Normen identifizieren[465]. Exemplarisch können das Shopfloor-Datentracking, eine automatisierte Qualitätskontrolle und Sortierung nach Gut- und Schlechtteilen sowie Monitoring-Systeme zur Zustandsüberwachung genannt werden[466,467,468]. Ein besonderes Beispiel dieser Prüfung ist das visuelle Qualitätsprüfungssystem für Produkte wie Leiterplatten oder Autokarosserien. Bestehende automatisierte Ansätze für die visuelle Inspektion werten Objektinformationen in Bildern durch pixelweisen Vergleich mit einem idealen Referenzbild aus. Durch diese iterativen Kontrollentscheidungen wird eine Aussage über das gesamte Objekt getroffen.[469]

Übergreifendes Merkmal aller genannten Teilziele ist die Kontrolle zur Zustandsbeurteilung. Die Entscheidungssituation strebt die Überwindung der Unsicherheit über den Zustand eines zu kontrollierenden Objektes an (vgl. Kapitel 4.1.1). Entsprechend vorgeschriebener Kriterien wird bewertet, ob ein Objekt den Regeln oder Normvorgaben entspricht oder von diesen in seinem Zustand abweicht. Dazu werden Informationen über ein bestimmtes Objekt aufgenommen und durch eine Zustandsbeurteilung zu einer Aussage verdichtet.[470] Um diese Zustandsbeurteilung zu erzielen, wird sich des Wissens vordefinierter Regeln und Normen bedient. Bspw. darf die Oberflächengenauigkeit oder Formabweichung in der Qualitätsprüfung einen bestimmten

[462] vgl. Deokar et al. (Analytics and Data Science), 2018, S. 44.
[463] vgl. Bauer et al. (Smartening up with Artificial Intelligence), 2017, S. 30.
[464] vgl. Bauer et al. (Smartening up with Artificial Intelligence), 2017, S. 30.
[465] vgl. Mack et al. (Managing in a VUCA World), 2016, S. 89.
[466] vgl. Bauer et al. (Smartening up with Artificial Intelligence), 2017, S. 30.
[467] vgl. Wang et al. (Deep Learning for Smart Manufacturing), 2018, S. 151.
[468] vgl. Gursch et al. (Learning Systems for Manufacturing Management Support), 2016, S. 3.
[469] vgl. Bauer et al. (Smartening up with Artificial Intelligence), 2017, S. 31.
[470] vgl. Henke et al. (The Age of Analytics), 2016, S. 82 f.

Schwellwert (Bewertungsmaßstab für die Zuordnung des Zustandes) nicht überschreiten. Auch auf Leistungskennzahlen wie bspw. die Gesamtanlageneffektivität (OEE) trifft dies zu.[471]

Abschließend lässt sich die Entscheidungssituation entsprechend den in Tabelle 4-3 beschriebenen Unterscheidungsmerkmalen wie folgt charakterisieren:

**Tabelle 4-4: Merkmale von Kontrollentscheidungen**

| Merkmal | Bezeichnung | Beschreibung und zugehöriges Beispiel | 472 | 473 | 474 |
|---|---|---|---|---|---|
| Funktion | Kontrolle | Übereinstimmung mit Vorgaben *(Qualitätskontrolle; Monitoring-Systeme)* | x | x | |
| Daten-input | Objekt-informationen | Aktuelle Zustandsinformationen *(Größe; Gewicht; Anzahl; Form)* | x | | |
| Beurtei-lung | Genauigkeit | Verschwendungsreduktion durch Zustandsinformationen *(Gut-/Schlechtteilprüfung)* | | | x |
| Wissen | Regeln und Normen | Toleranzen und Kontrollparameter *(OEE-Richtwert; Qualitätskennwerte)* | x | | |

Die automatisierte und datenbasierte Kontrolle erfordert eine gewisse Umweltstabilität (z. B. identische Lichtverhältnisse für eine optische Prüfung). Idealerweise sind Fehlerarten und andere Formen der Normabweichung im Voraus bekannt. Darüber hinaus ist das Vertrauen des Betreibers in die Ergebnisse der automatisierten Qualitätskontrolle von großer Bedeutung. Eine große Anzahl falscher Ergebnisse kann dieses Vertrauen mindern und damit den Nutzen der Automatisierung zunichtemachen.[475]

Es besteht Unsicherheit in der Gültigkeit über den aktuellen Zustand eines Objektes (z. B. Lagerbestände oder Bauteilqualität). Die generische Entscheidungssituation **Kontrolle** bündelt Teilziele, welche die Zustandskontrolle von Objekten anstreben und somit o. g. Unsicherheit reduzieren. Dies führt im Produktionskontext zu einer Erhöhung der Sicherheit und Informationsgenauigkeit und bildet die Grundlage von Datenanalysen. Nachfolgende Aktivitäten auf dieser Basis (bspw. Bestellauslösungen im Bestandsmanagement) können mit höherer Sicherheit erfolgen.

[471] vgl. Bauer et al. (Smartening up with Artificial Intelligence), 2017, S. 30.
[472] vgl. Bauer et al. (Smartening up with Artificial Intelligence), 2017, S. 30 f.
[473] vgl. Wang et al. (Deep Learning for Smart Manufacturing), 2018, S. 151.
[474] vgl. Gursch et al. (Learning Systems for Manufacturing Management Support), 2016, S. 3.
[475] vgl. Bauer et al. (Smartening up with Artificial Intelligence), 2017, S. 30.

### Identifikationsentscheidungen

Entsprechend der zweiten Zieldimension Exploration lässt sich die generische Entscheidungssituation der *Identifikation* bestimmen. Gegenstand dieser ist die Analyse von Ursache-Wirkungs-Beziehungen. Sie umfasst Teilziele, die Transparenz über Einflussfaktoren und Wirkungszusammenhänge anstreben. Die Kenntnis dieser Beziehungen stellt eine Form der Unsicherheitsreduktion in der vernetzten, adaptiven Produktion dar[476]. Exemplarisch für diese Entscheidungssituation können Einflussanalysen auf Zykluszeit(veränderungen), Anomalie-Detektion inkl. Ursachenerfassung oder die Analyse von Ausbringungsmengen genannt werden[477,478,479].

Übergreifendes Merkmal der Entscheidungssituation ist die Identifikation von Abhängigkeiten in einem überwachten System. Für die Abbildung des gesamtheitlichen Analyseraums werden existierende Objektinformationen um Umfeldinformationen ergänzt. Bspw. werden die Abweichungen von Zykluszeiten nicht isoliert betrachtet, sondern in Abhängigkeit zu externen Faktoren gesetzt (z. B. der in diesem Zeitraum gefertigten Produkte).[480] Die Kenntnis von Abweichungen und Zuständen ist in diesem Zusammenhang eine wichtige Information. Änderungen von z. B. Maschineneinstellungen (Schnittgeschwindigkeiten etc.) müssen daher erfasst werden. Nur so können die Informationen mit Umweltparametern verknüpft und neue Zusammenhänge identifiziert werden. Je öfter eine Auffälligkeit und eine unmittelbare Konsequenz beobachtet werden, desto deutlicher wird der Ursache-Wirkungs-Zusammenhang.

Abschließend lässt sich die Entscheidungssituation wie folgt charakterisieren:

**Tabelle 4-5: Merkmale von Identifikationsentscheidungen**

| Merkmal | Bezeichnung | Beschreibung und zugehöriges Beispiel | 481 | 482 |
|---|---|---|---|---|
| Funktion | Identifikation | Zurückführung von Wirkungen auf ihre Ursachen *(Abweichungsanalyse von Zykluszeiten)* | x | |
| Daten-input | Umfeld-informationen | Aktuelle und historische Zustands- und Umwelt-informationen *(Maschinenparameter)* | | x |
| Beurtei-lung | Ordnungsbil-dende Merkmale | Gültigkeit von Ursache-Wirkungs-Beziehungen *(Erhöhte Schnittkraft bedingt Rattermarken)* | | x |

[476] vgl. Mack et al. (Managing in a VUCA World), 2016, S. 89.
[477] vgl. Schuh et al. (Data Mining Definitions and Applications in Production Management), 2019, S. 878.
[478] vgl. Goodfellow et al. (Deep Learning), 2016, S. 57.
[479] vgl. Henke et al. (The Age of Analytics), 2016, S. 106.
[480] vgl. Wang et al. (Deep Learning for Smart Manufacturing), 2018, S. 151 f.
[481] vgl. Schuh et al. (Data Mining Definitions and Applications in Production Management), 2019, S. 878.
[482] vgl. Wang et al. (Deep Learning for Smart Manufacturing), 2018, S. 152.

| Merkmal | Bezeichnung | Beschreibung und zugehöriges Beispiel | 481 | 482 |
|---|---|---|---|---|
| Wissen | Abweichungs-zustände | Fehlertypen und Abweichungen *(Bauteilfehler)* | | x |

Die Betrachtung der Umwelt vergrößert die möglicherweise relevante Datengrundlage deutlich. Die Auswahl der richtigen Daten ist dabei eine zentrale Herausforderung. Eine pauschale Definition der richtigen Daten ist im Sinne des explorativen Charakters dieser generischen Entscheidungssituation nicht möglich. In der Fertigung ist jedoch die Nutzung von Vibrations- oder Temperaturdaten ein verbreiteter Ansatz.[483]

Es besteht Unsicherheit über mögliche Wirkzusammenhänge zwischen Objekten (z. B. Schnittgeschwindigkeit und Oberflächenqualität). Die generische Entscheidungssituation **Identifikation** bündelt Teilziele, welche die Identifikation von Wirkzusammenhängen verfolgen und o. g. Unsicherheit reduzieren. Wirkzusammenhänge werden mit ihren Konsequenzen verstanden und unerwünschte Konsequenzen (z. B. mangelnde Qualität infolge zu hoher Schnittgeschwindigkeit) vermieden.

**Prädiktionsentscheidungen**

Entsprechend der dritten Zieldimension Prognose lässt sich die generische Entscheidungssituation der *Prädiktion* bestimmen. Gegenstand dieser ist eine Analyse, auf Basis derer eine Prognose über den Zukunftszustand von Prozessen, Produkten oder Aktivitäten abgegeben werden kann[484]. Prognose im Sinne der prädiktiven Wartung hilft bspw. dabei, zukünftig auftretende Störungen und Probleme durch die Vorhersage von Maschinenausfällen zu vermeiden.[485] Daneben existieren dynamische Prognosen zur Produktnachfrage, Bauteilqualität oder Produktionszeiten[486,487].

Übergreifendes Merkmal der Entscheidungssituation ist die Suche einer Antwort auf die Frage, was in Zukunft passieren könnte[488]. Die Mehrheit der prädiktiven Aufgaben können als Klassifikations- (*Ja* oder *Nein* bzw. *Richtig* oder *Falsch etc.*), Regressions- (Abbildung bestimmter Wirkungsweisen) oder Zeitreihenaufgaben (Vorhersagen von Zeitdaten, bspw. eines Maschinenausfalls) beschrieben werden (vgl. Kapitel 4.3.1)[489]. Wichtig bei Prognoseentscheidungen ist daher ihr Zeitbezug. Durch Vorhersage von

483 vgl. Bauer et al. (Smartening up with Artificial Intelligence), 2017, S. 24.
484 vgl. Mittal et al. (Smart Manufacturing), 2019, S. 1348.
485 vgl. Krauß et al. (Maschinelles Lernen in der Produktion), 2019, S. 40.
486 vgl. Wu (Product Demand Forecasts Using Wavelet Kernel Support Vector Machine and Particle Swarm Optimization in Manufacture System), 2010.
487 vgl. Ghoshal et al. (Business Analytics Capabilities and Use: A Value Chain Perspective), 2018, S. 50.
488 vgl. Deokar et al. (Analytics and Data Science), 2018, S. 44.
489 vgl. Michalewicz (Adaptative Business Intelligence), 2006, S. 56 ff.

Zukunftszuständen noch vor ihrem Eintreten können präventive Maßnahmen ergriffen werden. Dabei wird auf Datensätze mit bekannten Objektereignissen (z. B. Maschinenausfälle) und Objektzuständen zurückgegriffen.[490] Um unvorteilhafte Zustände zu vermeiden, werden sie nach ihrer Eintrittswahrscheinlichkeit beurteilt[491,492]. Die Prognose ist dahingehend klar von den vorher analysierten Entscheidungssituationen abgrenzbar, weil die Entscheidungssituation zeitlich vor dem Eintritt des Zustands liegt. Da der Zustand bei der Prognose schlichtweg noch nicht eingetreten ist, verbleibt eine Restunsicherheit. Erfahrungswissen über Wirkzusammenhänge ist dabei essenziell. Abgebildet sind diese meist in bestehenden Prognosemodellen. Um Zukunftszustände zu prognostizieren, werden Erkenntnisse vorheriger Analysen genutzt.[493]

Abschließend lässt sich die Entscheidungssituation wie folgt charakterisieren:

**Tabelle 4-6: Merkmale von Prädiktionsentscheidungen**

| **Merkmal** | **Bezeichnung** | **Beschreibung und zugehöriges Beispiel** | 494 | 495 | 496 |
|---|---|---|---|---|---|
| Funktion | Prädiktion | Ausprägung von Zukunftszuständen *(Zeitpunkt eines Maschinenausfalls)* | x | | |
| Daten-input | Objekt-ereignisdaten | Aktuelle und historische Zustands- und Umwelt-informationen *(Schwingungen; Körperschall)* | x | x | |
| Beurtei-lung | Sicherheit der Zustände | Sicherheit von Zukunftszuständen *(Wahrscheinlichkeit des Ausfalls)* | x | | |
| Wissen | Erfahrungs-werte | Zeitabhängige Ursache-Wirkungs-Beziehungen *(Vergangene Maschinenausfälle)* | | | x |

Elementar für diese Entscheidungssituation ist die Limitierung im Lösungsraum. Die Prognosemodelle müssen jeweils stark an ihre Umgebung angepasst werden und sind nicht ohne Weiteres übertragbar.[497] Das Eintreten zukünftiger Zustände ist unsicherheitsbehaftet – umso stärker, je weiter der Prädiktionszeitpunkt in der Zukunft liegt.

Es besteht Unsicherheit über die zukünftige Entwicklung eines Objektes (z. B. Maschinenausfälle oder Nachfrageverläufe). Die generische Entscheidungssituation **Prädiktion** bündelt Teilziele, welche Zukunftszustände mit gewisser Sicherheit bestimmen

490 vgl. Wang et al. (Deep Learning for Smart Manufacturing), 2018, S. 152.
491 vgl. Bauer et al. (Smartening up with Artificial Intelligence), 2017, S. 24.
492 vgl. Gursch et al. (Learning Systems for Manufacturing Management Support), 2016, S. 1.
493 vgl. Harding et al. (Data Mining in Manufacturing), 2006, S. 974.
494 vgl. Wang (Applying Data Mining to Manufacturing), 2007, S. 493.
495 vgl. Bauer et al. (Smartening up with Artificial Intelligence), 2017, S. 24.
496 vgl. Harding et al. (Data Mining in Manufacturing), 2006, S. 974.
497 vgl. Michalewicz (Adaptative Business Intelligence), 2006, S. 49 f.

und o. g. Unsicherheit reduzieren. Auf diese Weise können bereits vor dem Eintritt eines ungünstigen Zustands (bspw. Wartezeiten infolge eines Maschinenausfalls) Vermeidungsmaßnahmen eingeleitet werden.

**Planungsentscheidungen**

Entsprechend der vierten Zieldimension Neuordnung lässt sich die generische Entscheidungssituation der *Planung* bestimmen. Gegenstand dieser sind die Ordnung und Strukturierung eines bekannten Umfeldes – insbesondere die Routen- und Terminplanung sind dabei relevant[498]. Maschinen- und Auftragsreihenfolgenplanungen sowie Wartungs- und Instandhaltungspläne sind wichtige Vertreter dieser Entscheidungssituation[499]. Zur Planung werden häufig statische Modelle und Heuristiken verwendet. Eine flexible Änderung dieser ist in der Regel mit relativ hohem Aufwand für eine Rekalibrierung verbunden. Gleichzeitig können meist nicht alle Randbedingungen erfasst werden. Die flexible Neuordnung eines Systems angesichts externer Störfaktoren stellt eine wichtige Form der Unsicherheitsreduktion dar[500].

Übergreifendes Merkmal dieser Entscheidungssituation ist die Auswahl einer richtigen – aus verschiedenen möglichen – Lösung unter Berücksichtigung der aus den Optionen resultierenden Bedingungen und Zwangsfolgen. Dazu werden die Objektanforderungen und Störfaktoren aufgenommen. Die Objektanforderungen umfassen die nötigen Merkmale, die ein Objekt charakterisieren bzw. im Rahmen einer Produktion erfüllt werden müssen (bspw. bestimmte Maße, Toleranzen oder Rauheiten eines Bauteils oder ein geplanter Fertigstellungstermin)[501]. Diese beschreiben das Objektergebnis und stellen somit Referenzpunkte im Planungsprozess dar[502]. Durch die Kenntnis verfügbarer Mittel und Strukturen (bspw. die Anzahl freier Maschinen und deren Leistungsmerkmale) kann eine Lösung (bspw. eine Abfolge der Bearbeitungsschritte) generiert werden. Ein weiterer wichtiger Aspekt ist die Zielfunktion zur Beurteilung der Lösungsalternativen. Z. B. ist eine hohe Anlagenauslastung meist notwendige Voraussetzung einer effizienten und kostengünstigen Produktion und damit wünschenswert. Dieser Zielfunktion entsprechend werden Prioritäten und Reihenfolgen vergeben.

Abschließend lässt sich die Entscheidungssituation wie folgt charakterisieren:

---

[498] vgl. Krauß et al. (Maschinelles Lernen in der Produktion), 2019, S. 39.

[499] vgl. Mittal et al. (Smart Manufacturing), 2019, S. 1348.

[500] vgl. Gursch et al. (Learning Systems for Manufacturing Management Support), 2016, S. 2 f.

[501] vgl. Khan et al. (Big Data Challenges and Opportunities in the Hype of Industry 4.0), S. 5.

[502] vgl. Schuh et al. (Data Mining Definitions and Applications in Production Management), 2019, S. 878.

Tabelle 4-7: **Merkmale von Planungsentscheidungen**

| Merkmal | Bezeichnung | Beschreibung und zugehöriges Beispiel | 503 | 504 | 505 |
|---|---|---|---|---|---|
| Funktion | Planung | Reaktion auf gegebene Situationen *(Produktionsplanung; Routenplanung)* | x | | |
| Daten-input | Objekt-anforderungen | Anforderungen und wahrgenommene Störungen *(Fertigstellungstermin)* | x | | |
| Beurteilung | Zielfunktion | Erfüllen der Zielvorgaben *(Hohe Maschinenauslastung)* | | x | |
| Wissen | Verfügbare Ressourcen | Existierende Strukturen und deren Verknüpfungspunkte *(Maschinenverfügbarkeit; KPIs)* | | | x |

Charakteristisch für diese Entscheidungssituation ist die notwendige Kenntnis bestehender Strukturen und Fähigkeiten, um Planungsfolgen realisieren zu können. Die Abbildung der benötigten Kenntnisse ist dabei nicht trivial.[506]

Es besteht Unsicherheit hinsichtlich der möglichen Reaktionen auf externe Störungen (bspw. die flexible Anpassung von Produktionsplänen). Die generische Entscheidungssituation **Planung** bündelt Teilziele, welche die Neuplanung oder Anpassung bestehender Abfolgen und Parameter anstreben und o. g. Unsicherheit reduzieren. Auf diese Weise können spontan auftretende Störungen überwunden und kann die richtige Handlungsalternative zur bestmöglichen Erreichung von Zielen ausgewählt werden.

**Koordinationsentscheidungen**

Entsprechend der fünften Zieldimension Selbstorganisation kann die generische Entscheidungssituation *Koordination* bestimmt werden. Durch Vernetzung steigt die Anzahl der (beeinflussbaren) Objekte und damit auch die Anzahl der möglichen Stellhebel zur Zielerreichung. Es gilt, die beeinflussbaren Objekte bestmöglich zu koordinieren und die Stellhebel so zu setzen, dass das Ziel unter existierenden Randbedingungen bestmöglich erreicht wird. Der Entscheidungssituation sind Optimierungsziele bestehender Systeme zuzuordnen – bspw. die Entwicklung alternativer Produktionsabfolgen oder die Wahl der optimalen Parametereinstellungen einer Maschine für ein gegebenes Ziel.[507,508]

[503] vgl. Khan et al. (Big Data Challenges and Opportunities in the Hype of Industry 4.0), S. 4 f.
[504] vgl. Gursch et al. (Learning Systems for Manufacturing Management Support), 2016, S. 2 f.
[505] vgl. Schuh et al. (Data Mining Definitions and Applications in Production Management), 2019, S. 878.
[506] vgl. Mittal et al. (Smart Manufacturing), 2019, S. 1345 ff.
[507] vgl. Bauer et al. (Smartening up with Artificial Intelligence), 2017, S. 28.
[508] vgl. Krauß et al. (Maschinelles Lernen in der Produktion), 2019, S. 40.

Charakteristisches Merkmal dieser Entscheidungssituation ist der integrative, alle möglichen Kombinationsmöglichkeiten berücksichtigende Charakter des Lösungsansatzes zur Erreichung eines optimalen Gesamtergebnisses im Sinne des übergreifenden Zielsystems.[509] Bspw. können die Ventilsteuerungen einer Schüttgutförderung so aufeinander angepasst werden, dass das Gesamtziel eines schnellen Förderprozesses (z. B. gemessen in Volumen pro Zeit) möglichst gut erreicht wird.[510] Den Dateninput bilden ausgewählte und in ihrer Wirkweise kombinierbare Objektsteuerungsdaten des Systems. Dabei ist es relevant, die zu optimierende Zielfunktion zu kennen. Die Lösungsalternativen werden iterativ erzeugt und hinsichtlich ihres Verbesserungspotenzials analysiert[511]. Kennzeichnend für diese Entscheidungssituation sind somit auch das iterative Durchlaufen der gesamten Einstellungsparameter und das schrittweise Optimieren unter konstant bleibenden Umweltbedingungen.

Abschließend lässt sich die Entscheidungssituation wie folgt charakterisieren:

**Tabelle 4-8: Merkmale von Koordinationsentscheidungen**

| Merkmal | Bezeichnung | Beschreibung und zugehöriges Beispiel | 512 | 513 |
|---|---|---|---|---|
| Funktion | Koordination | Optimale gesamtheitliche Zusammenstellung *(Maschinenparametereinstellung)* | x | |
| Daten-input | Objekt-steuerungsdaten | Direkt beeinflussbare Parameter *(Reglerstellung; Ventilöffnung)* | x | |
| Beurtei-lung | Verbesserung | Auswahl der nach bestimmten Kriterien optimalen Alternative *(Gesteigerte Durchflussmenge)* | | x |
| Wissen | Zielfunktion und Variationsregeln | Variierbarkeit der Parameter begrenzt den Raum zur Optimierung *(Max. bzw. min. Ventilöffnung)* | x | |

Die Selbstorganisation setzt die Berechtigung zur Umsetzung adaptiver Maßnahmen voraus. Charakteristisch ist die Berücksichtigung von Wirkungsfolgen induzierter Veränderungen auf andere Ziele innerhalb des Systems.

Es besteht Unsicherheit bzgl. der Vielzahl alternativer Einstellungsoptionen (bspw. Parametereinstellungen von Maschinen) und deren Ausrichtung entsprechend eines übergreifenden Gesamtnutzens. Die generische Entscheidungssituation **Koordination** bündelt Teilziele, welche die ideale Abstimmung unterschiedlicher Objekte aufeinan-

[509] vgl. Harding et al. (Data Mining in Manufacturing), 2006, S. 971.
[510] vgl. Bauer et al. (Industry 4.0), 2015, S. 24.
[511] vgl. Harding et al. (Data Mining in Manufacturing), 2006, S. 971.
[512] vgl. Harding et al. (Data Mining in Manufacturing), 2006, S. 971.
[513] vgl. Bauer et al. (Smartening up with Artificial Intelligence), 2017, S. 28.

der zur möglichst optimalen Erfüllung eines Gesamtziels bestimmen und o. g. Unsicherheit reduzieren. Dies erlaubt die gesamtheitliche Optimierung von aus mehreren Objekten bestehenden Systemen.

Kapitel 4.1.1 entwickelt ein erweitertes Zielsystem der vernetzten, adaptiven Produktion aus der Beziehung der Ansprüche des Lean-Managements (verschwendungsfreie Produktion) und Gestaltungsprinzipien zur Bewältigung der VUCA-induzierten Umweltturbulenz. In diesem erweiterten Zielsystem auftretende Teilziele lassen sich zu fünf grundsätzlich verschiedenen Entscheidungssituationen zusammenfassen: Kontroll-, Prädiktions-, Identifikations-, Planungs- sowie Koordinationsentscheidung. In diesem Kapitel erfolgte eine strukturierte Herleitung und Beschreibung der Entscheidungssituationen nach dem Entscheidungsmodell von AGRAWAL ET AL. und den Merkmalen Funktion, Dateninput, Beurteilung und Wissen. Aus diesen Erkenntnissen wird nun die Herausforderungsdimension der Methodik zur *Applikation MLS in der vernetzten, adaptiven Produktion* entwickelt. Dafür dienen die fünf generischen Entscheidungssituationen als Ausgangsbasis. Sie werden nachfolgend begründet in Herausforderungstypen überführt. Wie eingangs des Detaillierungskapitels beschrieben, bedrohen Herausforderungen in diesem Zusammenhang die Erfüllung eines Ziels. Durch spezifische Handlungen kann die Herausforderung bewältigt und das Ziel wieder erreicht werden. Die in diesem Kapitel beschriebenen Entscheidungssituationen wurden entsprechend ähnlichen Teilzielen im Kontext der vernetzten, adaptiven Produktion aggregiert. Damit weisen sie auch eine wichtige Ähnlichkeit im Hinblick auf die für sie charakteristischen Herausforderungen auf. Die Kenntnis der expliziten Handlung, welche die Erfüllung des jeweiligen Ziels wieder ermöglicht, stellt die logische Verbindung zwischen Entscheidungssituation und Herausforderung her (vgl. auch Abbildung 4-5). Die Art der Handlung impliziert das durch die Herausforderung verhinderte Ziel im Zielsystem der vernetzten, adaptiven Produktion. Aus diesem Grund und weil die Art der Handlung (als direkte Konsequenz des Verfolgens indirekter Ziele) in der Beschreibung von Anwendungsfällen häufig leichter identifiziert werden kann und die Herausforderungstypen der vernetzten, adaptiven Produktion anschließend durch das Verfahren der qualitativen Inhaltsanalyse auf Basis von Anwendungsfällen entwickelt werden, wird sie nachfolgend als typbildendes Merkmal ausgewählt.

### 4.1.3 Typisierung von Herausforderungen der vernetzten, adaptiven Produktion

In diesem Kapitel wird die Typisierung der Herausforderungsdimension diskutiert. Analog zum Vorgehen für die Systemdimension (vgl. Kapitel 4.3.3) werden Herausforderungstypen der vernetzten, adaptiven Produktion anhand typbildender und -beschreibender Merkmale differenziert. Um eine Unterscheidung der Herausforderungstypen der vernetzten, adaptiven Produktion zu ermöglichen, erfolgt zunächst die Gestaltung des Kategoriensystems. Anschließend werden die fünf Herausforderungstypen vorgestellt. Abbildung 4-4 nimmt die nachfolgend detailliert begründeten Ergebnisse vorweg. Die Unterscheidung der Herausforderungstypen der vernetzten, adaptiven Produktion in Ausprägungen typbildender und -beschreibender Merkmale wird durch eine Analyse von Anwendungsfällen erarbeitet.

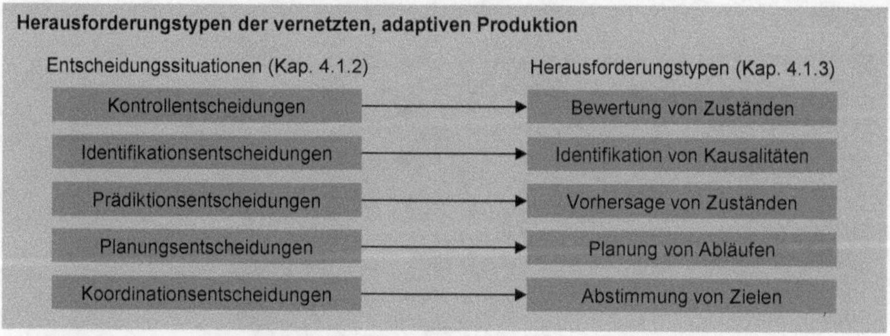


**Abbildung 4-4: Herausforderungstypen der vernetzten, adaptiven Produktion abgeleitet aus den generischen Entscheidungssituationen**

Unter Anwendung der am Ende des vorhergehenden Kapitels diskutierten Logik können nun die Herausforderungstypen der vernetzten, adaptiven Produktion aus den generischen Entscheidungssituationen entwickelt werden. Wie ausführlich dargelegt, stellt die Handlung das typbildende Merkmal dar. Da die Handlung lediglich die Aktivierung des Funktionsmerkmals einer Entscheidung darstellt, sind die beiden Merkmale als identisch zu verstehen. Die Bezeichnungen der abgeleiteten Herausforderungstypen basieren daher auf den jeweiligen Handlungen, welche durch die Herausforderungen veranlasst werden. Für eine vollständige Beschreibung bedarf es darüber hinaus typbeschreibender Merkmale. Entsprechend der in Kapitel 2.1.5 diskutierten Einordnung MLS in die Referenzinfrastruktur des IoP, in die Ebene gröbster Datengranularität und der Erkenntnis, dass Informationen in der Datengranularität reduzierte Daten zur Beschreibung von Objekten und Umgebungen darstellen, kann das typbeschreibende Merkmal der **Informationen** identifiziert werden[514]. Das Merkmal Informationen ist daher begründet in dem Datenmerkmal einer Entscheidung und be-

[514] vgl. Rowley (The Wisdom Hierarchy), 2007, S. 167.

schreibt, welche Informationen in die Bewältigung der Herausforderung mit einfließen. **Wissen** beschreibt zur Informationsverarbeitung und Handlungsgestaltung notwendiges Wissen. Konkret ist dies die Kenntnis über Zusammenhänge, die es ermöglichen, Informationen auszuwerten und Handlungen abzuleiten.[515] Das im vorhergehenden Kapitel beschriebene Merkmal der Beurteilung von Entscheidungsalternativen ist in Publikationen über Anwendungsfälle meist nur unzureichend beschrieben. Obwohl es ein sinnvolles Kriterium darstellen würde, wird es aus diesem Grund für die Typenbildung von Herausforderungen nicht verwendet. Die beschriebenen Zusammenhänge stellt Abbildung 4-5 übersichtlich dar.

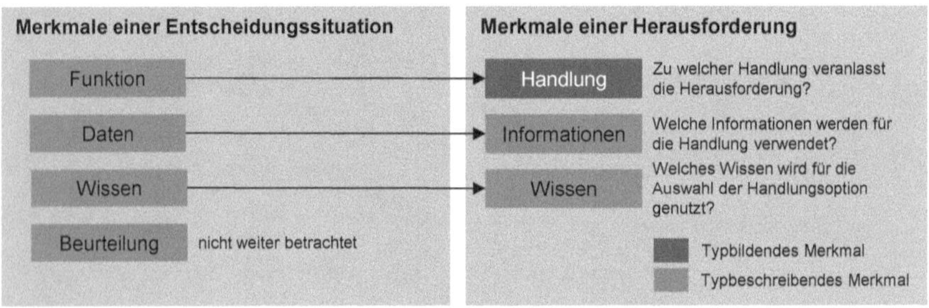


**Abbildung 4-5: Merkmale einer Herausforderung abgeleitet aus den Merkmalen einer Entscheidungssituation**

Die detaillierte Beschreibung der fünf Herausforderungstypen der vernetzten, adaptiven Produktion erfolgt nachfolgend jeweils in separaten Abschnitten. In diesen wird zunächst die durch den Herausforderungstyp berührte Zieldimension vorgestellt. Anschließend wird die Handlung zur Bewältigung der Herausforderung diskutiert. Wie eingangs des Kapitels beschrieben, werden die Ausprägungen der jeweiligen Typen für die Merkmale einer Herausforderung entsprechend dem Vorgehen der qualitativen Inhaltsanalyse aus Anwendungsfällen abgeleitet.

### Herausforderungen zur Bewertung von Zuständen

Die zunehmend dynamische Umgebung von Produktionssystemen erfordert kurzzyklische Entscheidungen. Um diese zu ermöglichen, existiert in einer vernetzten, adaptiven Produktion das Ziel der Umweltwahrnehmung (vgl. Kapitel 4.1.1)[516]. Im vorher-

[515] vgl. Rowley (The Wisdom Hierarchy), 2007, S. 167.
[516] vgl. Dombrowski; Henningsen (Systems of Objectives in a VUCA World Within the Lean Enterprise), 2019, S. 4.

gehenden Kapitel wurde dbzgl. die Kontrollentscheidung identifiziert. Zu dieser generischen Entscheidungssituation gehören u. a. die Überwachung von Prozessen und Wartezeiten, die automatische Kontrolle der Bauteilqualität sowie der Lagerbestände oder etwa die Verfolgung von Bauteilen durch die Fertigung (vgl. Kapitel 4.1.1). Charakteristisch dabei ist, dass die Umweltwahrnehmung stets durch das Erfassen von Zuständen, das Bestimmen von Abweichungen zu Sollwerten und das Ziehen von Schlussfolgerungen geschieht[517,518]. Daher lässt sich die *Bewertung von Zuständen* als Ausprägung im typbeschreibenden Merkmal der **Handlung** identifizieren.

Zur Bewältigung des Herausforderungstyps der Bewertung von Zuständen werden in den untersuchten Anwendungsfällen Informationen über den Herstellungsprozess herangezogen, wie Prozess- oder Produktdaten[519,520,521,522,523]. *Informationen aus dem Umfeld der Herausforderung* können daher als Ausprägung für das typbeschreibende Merkmal **Informationen** identifiziert werden.

Zur Bewertung der Zustände wird dabei auf Regeln und Referenzwerte zurückgegriffen. Der Abgleich mit einer Regel über zulässige Prozesskräfte oder der Vergleich mit Referenzwerten aus der Vergangenheit führt zu einer Bewertung der aufgenommenen Informationen[524,525,526]. Damit stellen *Regeln, Normen und Referenzwerte* die Ausprägung des Merkmals **Wissen** dar.

**Herausforderungen zur Identifikation von Kausalitäten**

Die äußere Komplexität, mit welcher sich Unternehmen konfrontiert sehen, nimmt zu. In Konsequenz dessen steigt auch die innere Komplexität in Unternehmen an. Noch angetrieben durch die fortschreitende Vernetzung von Systemen führt dies oft-

---

517 vgl. Chen et al. (Gearbox Fault Identification and Classification with Convolutional Neural Networks), 2015.

518 vgl. Jin et al. (Quality Prediction and Control in Rolling Processes Using Logistic Regression), 2007, S. 114.

519 vgl. He; Wang (Fault Detection Using the k-Nearest Neighbor Rule for Semiconductor Manufacturing Processes), 2007, S. 346.

520 vgl. Jin et al. (Quality Prediction and Control in Rolling Processes Using Logistic Regression), 2007, S. 114.

521 vgl. Wang (Applying Data Mining to Manufacturing), 2007, S. 493.

522 vgl. Chen et al. (Gearbox Fault Identification and Classification with Convolutional Neural Networks), 2015.

523 vgl. Susto et al. (Machine Learning for Predictive Maintenance), 2015, S. 7.

524 vgl. Wang (Applying Data Mining to Manufacturing), 2007, S. 493.

525 vgl. He; Wang (Fault Detection Using the k-Nearest Neighbor Rule for Semiconductor Manufacturing Processes), 2007, S. 346.

526 vgl. Chen et al. (Gearbox Fault Identification and Classification with Convolutional Neural Networks), 2015.

mals zu einem mangelhaften Verständnis der Wirkungseinflüsse innerhalb eines Produktionssystems. Dies motiviert u. a. zur Exploration (vgl. Kapitel 4.1.1) des Produktionssystems durch Prozessanalyse, Untersuchung von Einflussfaktoren oder Ursachensuche für Abweichungen. Im vorhergehenden Kapitel wurde dbzgl. die Identifikationsentscheidung identifiziert, welche auf das Erkennen von Ursache-Wirkungs-Beziehungen abzielt (vgl. Kapitel 4.1.1). Es kann das *Erkennen von Kausalitäten* als Ausprägung des typbildenden Merkmals **Handlung** gefolgert werden.

Für die Bewältigung von Herausforderungen dieses Typs sind dabei z. B. Beobachtungen über die Produktion und gemessene Sensordaten relevant[527,528,529,530]. **Informationen** zur Bewältigung von Herausforderungen zur Identifikation von Kausalitäten sind somit ebenfalls *Informationen aus dem direkten Umfeld der Herausforderung*.

Zusätzlich zu diesen Informationen werden Vergangenheitsbeobachtungen über das gemeinsame Auftreten von Ursachen und Wirkungen zur Bewältigung der Herausforderungen genutzt[531,532]. Das typbeschreibende Merkmal **Wissen** ist daher belegt durch die *Korrelationen von Ursachen und Wirkungen*.

**Herausforderungen zur Vorhersage von Zuständen**

In einem von VUCA geprägten Umfeld ist die Berücksichtigung zukünftiger Entwicklungen bereits in der Gegenwart unerlässlich. Erst die Prognose (vgl. Kapitel 4.1.1) ermöglicht Korrekturmaßnahmen gegenüber negativen Einflüssen, bevor sich diese in Auswirkungen manifestieren. Im vorhergehenden Kapitel wurde dbzgl. die Prädiktionsentscheidung identifiziert. Zu dieser generischen Entscheidungssituation gehören die Vorhersage von Prozessergebnissen zur Qualitätsverbesserung oder die Abschätzung verbleibender Standzeiten zur Vermeidung ungeplanter Ausfälle (vgl. Kapitel

527 vgl. Bakır-Batu et al. (Defect Cause Modeling with Decision Tree and Regression Analysis), 2006, S. 1334.
528 vgl. He et al. (Multivariate Process Monitoring and Fault Identification Using Multiple Decision Tree Classifiers), 2013, S. 5.
529 vgl. You et al. (WPD-PCA-Based Laser Welding Process Monitoring and Defects Diagnosis by Using FNN and SVM), 2015, S. 629.
530 vgl. Vazan et al. (Using Data Mining Methods for Manufacturing Process Control), 2017, S. 6183.
531 vgl. Bakır-Batu et al. (Defect Cause Modeling with Decision Tree and Regression Analysis), 2006, S. 1334.
532 vgl. Vazan et al. (Using Data Mining Methods for Manufacturing Process Control), 2017, S. 6183.

4.1.1)[533,534,535]. Folglich ist die *Vorhersage von Zuständen* die Ausprägung des typbildenden Merkmals **Handlung**.

Herausforderungen zur Vorhersage von Zuständen erfordern unterschiedliche Informationsquellen zum direkten Umfeld der Herausforderung. So werden in Anwendungsfällen z. B. Informationen von Messungen oder aus Prozesssimulationen in die Vorhersage einbezogen[536,537,538]. Für das typbeschreibende Merkmal **Information** werden daher *Informationen aus dem direkten Umfeld der Herausforderung* identifiziert.

Zur Auswahl der Handlungsoption wird neben diesen Informationen ebenfalls Wissen in die Bewältigung der Herausforderung mit einbezogen. Dieses **Wissen** umfasst z. B. durch vergangene Simulationen oder Experimente gewonnene Kenntnisse über Prozesszusammenhänge, also Auswirkungen von Einflüssen auf beobachtete Zustände.[539,540,541,542,543] Das typbeschreibende Merkmal **Wissen** stellt sich daher als *Auswirkungen von Einflussfaktoren auf Zustände* dar.

**Herausforderungen zur Planung von Abläufen**

Wie beschrieben, erreicht die Umgebung einer vernetzten, adaptiven Produktion unter anderem durch VUCA-Einflüsse ein noch nie dagewesenes Maß an Komplexität. Die Bewältigung dieser Komplexität gelingt nach ASHBY, indem die interne Komplexität des Produktionssystems die externe Komplexität der Umgebung spiegelt[544,545]. Konkret bedeutet dies, dass Änderungen in der Umgebung des Produktionssystems mit dessen Neuordnung (vgl. Kapitel 4.1.1) beantwortet werden müssen, um interne und externe Komplexität im Gleichgewicht zu halten. Im vorhergehenden Kapitel wurde

533 vgl. Kim et al. (A Study on the Quality Improvement of Robotic GMA Welding Process), 2003, S. 567.
534 vgl. Shi et al. (Applying Artificial Neural Networks and Virtual Experimental Design to Quality Improvement of Two Industrial Processes), 2004, S. 104.
535 vgl. An et al. (A Data-driven Model for Milling Tool Remaining Useful Life Prediction with Convolutional and Stacked LSTM Network), 2020, S. 1.
536 vgl. Öztürk et al. (Manufacturing Lead Time Estimation Using Data Mining), 2006, S. 685.
537 vgl. Vainio et al. (Estimating Printed Circuit Board Assembly Times), 2010, S. 2212.
538 vgl. Lieber et al. (Quality Prediction in Interlinked Manufacturing Processes based on Supervised & Unsupervised Machine Learning), 2013, S. 193.
539 vgl. Kim et al. (A Study on the Quality Improvement of Robotic GMA Welding Process), 2003, S. 568.
540 vgl. Shi et al. (Applying Artificial Neural Networks and Virtual Experimental Design to Quality Improvement of Two Industrial Processes), 2004, S. 101.
541 vgl. Öztürk et al. (Manufacturing Lead Time Estimation Using Data Mining), 2006, S. 685.
542 vgl. Hamedi et al. (Optimizing Spot Welding Parameters in a Sheet Metal Assembly by Neural Networks and Genetic Algorithm), 2007, S. 1181.
543 vgl. Vainio et al. (Estimating Printed Circuit Board Assembly Times), 2010, S. 2009 f.
544 vgl. Ashby (An Introduction to Cybernetics), 1956, S. 4 ff.
545 vgl. Bauernhansl (Die Vierte Industrielle Revolution), 2014, S. 13.

dbzgl. die Planungsentscheidung identifiziert. Zu dieser generischen Entscheidungssituation gehören z. B. das Planen von Routen, Terminen oder Auftragsreihenfolgen (vgl. Kapitel 4.1.1)[546,547,548]. Für das typbildende Merkmal der **Handlung** kann daher die Ausprägung *Planung von (Teil-)Abläufen* identifiziert werden.

In Publikationen bzgl. Herausforderungen zur Planung von Abläufen werden Anforderungen der zu planenden Teilabläufe (bspw. Konstruktionsdaten der zu fertigenden Teile) in die Bewältigung der Herausforderung einbezogen[549,550,551]. Damit werden für diesen Herausforderungstyp *Anforderungen der (Teil-)Abläufe* als Ausprägung im typbeschreibenden Merkmal **Information** identifiziert.

Darüber hinaus müssen in der Planung zu berücksichtigende Limitationen bekannt sein. Diese stellen sich z. B. als die zur Verfügung stehenden Ressourcen dar[552,553,554]. D. h. *verfügbare Ressourcen und Strukturen* sind die Ausprägung des typbeschreibenden Merkmals **Wissen** für diesen Herausforderungstyp.

**Herausforderungen zur Abstimmung von Zielen**

Teilsysteme eines Gesamtsystems stellen unabhängige, zusammenarbeitende Agenten dar und sind auf die Verfolgung eines bestimmten (Teil-)Ziels ausgelegt. Die Koordination aller Teilsysteme ermöglicht die Verfolgung eines übergeordneten Ziels. Da das System der vernetzen, adaptiven Produktion aus vielen unabhängigen Agenten besteht, bedarf folglich auch dieses einer Ausrichtung der Teilsysteme auf das übergeordnete Gesamtziel des Produktionssystems durch Selbstorganisation (vgl. Kapitel 4.1.1). Im vorhergehenden Kapitel wurde dbzgl. die Koordinationsentscheidung identifiziert. Zu dieser generischen Entscheidungssituation gehört z. B. die Anpassung der Komponenten eines Punktschweißprozesses, um eine gleichmäßige Spaltbreite als übergeord-

[546] vgl. Deb et al. (A Neural Network Based Methodology for Machining Operations Selection in Computer-Aided Process Planning for Rotationally Symmetrical Parts), 2006, S. 557.

[547] vgl. Yahia et al. (Manufacturing Process Planning Application using Artificial Neural Networks), 2002, S. 1.

[548] vgl. Rojek (Technological Process Planning by the Use of Neural Networks), 2017, S. 1.

[549] vgl. Denkena et al. (Data Mining Approach for Knowledge-based Process Planning), 2014, S. 408.

[550] vgl. Rojek (Technological Process Planning by the Use of Neural Networks), 2017, S. 5.

[551] vgl. Yahia et al. (Manufacturing Process Planning Application using Artificial Neural Networks), 2002, S. 1.

[552] vgl. Deb et al. (A Neural Network Based Methodology for Machining Operations Selection in Computer-Aided Process Planning for Rotationally Symmetrical Parts), 2006, S. 557.

[553] vgl. Denkena et al. (Data Mining Approach for Knowledge-based Process Planning), 2014, S. 407.

[554] vgl. Rojek (Technological Process Planning by the Use of Neural Networks), 2017, S. 3.

netes Ziel zu erreichen oder die Abstimmung der Teilsysteme eines Druckgussprozesses zur Optimierung der Bauteilqualität (vgl. Kapitel 4.1.1)[555,556]. Aus diesen Beispielen kann für das typbildende Merkmal der **Handlung** die Ausprägung *Abstimmung von Zielen* gefolgert werden.

Um derartige Herausforderungen bewältigen zu können, sind Informationen über die Handlungsmöglichkeiten zur Abstimmung der Ziele notwendig. Bei beschriebener Optimierung des Druckgussprozesses sind z. B. die Prozessparameterbereiche bekannt[557]. Daraus lässt sich folgern, dass die *Einflussmöglichkeiten auf die Teilsysteme* als **Informationen** für die Bewältigung des Herausforderungstyps vorliegen müssen.

Eine sinnvolle Abstimmung der Ziele der Teilsysteme ist dabei nur möglich, wenn ein übergeordnetes Ziel bekannt ist. In den beschriebenen Anwendungsfällen besteht das Ziel in einer gleichmäßigen Spaltmaßbreite bzw. der Steigerung der Bauteilqualität[558,559]. Für das typbeschreibende Merkmal **Wissen** dieses Herausforderungstyps kann daher die Ausprägung einer *übergeordneten Zielgröße* abgeleitet werden.

Im Ergebnis der Charakterisierung der vernetzen, adaptiven Produktion stehen fünf klar voneinander abgrenzbare Herausforderungstypen. Diese bauen auf dem erweiterten Zielsystem der vernetzten, adaptiven Produktion (vgl. Kapitel 4.1.1) und den darin identifizierten generischen Entscheidungssituationen (vgl. Kapitel 4.1.2) auf. Sie sind in ihrer Gesamtheit darauf ausgerichtet, den Zustand eines verschwendungsfreien und produktiven Produktionssystems im VUCA-Umfeld zu beschreiben. Um diesen zu erreichen, bedarf es Handlungen zur Überwindung von Herausforderungen. Herausforderungen sind Zustände, welche das Erreichen von Zielen einschränken und dadurch zu Handlungen veranlassen. Identischen Zielen entsprechend können generische Entscheidungssituationen identifiziert werden. Diese generischen Entscheidungssituationen stellen daher die Basis der im Rahmen dieses Kapitels entwickelten Herausforderungstypen der vernetzten, adaptiven Produktion dar. Abbildung 4-6 zeigt die fünf Herausforderungstypen der vernetzten, adaptiven Produktion und fasst die Ergebnisse

---

[555] vgl. Hamedi et al. (Optimizing Spot Welding Parameters in a Sheet Metal Assembly by Neural Networks and Genetic Algorithm), 2007, S. 1178.

[556] vgl. Krimpenis et al. (Simulation-Based Selection of Optimum Pressure Die-Casting Process Parameters Using Neural Nets and Genetic Algorithms), 2006, S. 509.

[557] vgl. Krimpenis et al. (Simulation-Based Selection of Optimum Pressure Die-Casting Process Parameters Using Neural Nets and Genetic Algorithms), 2006, S. 510.

[558] vgl. Hamedi et al. (Optimizing Spot Welding Parameters in a Sheet Metal Assembly by Neural Networks and Genetic Algorithm), 2007, S. 1178.

[559] vgl. Krimpenis et al. (Simulation-Based Selection of Optimum Pressure Die-Casting Process Parameters Using Neural Nets and Genetic Algorithms), 2006, S. 509.

dieses Kapitels in den entsprechenden typbildenden und -beschreibenden Merkmalen inklusive ihrer Ausprägungen zusammen.

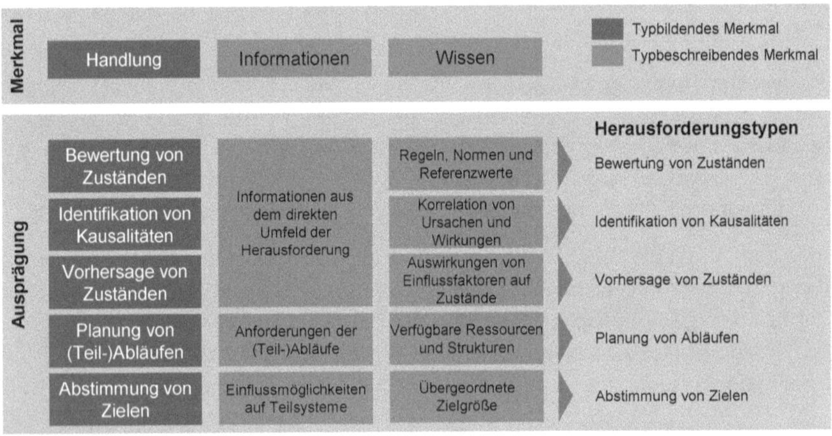


**Abbildung 4-6: Herausforderungstypen inkl. typbildender und typbeschreibender Merkmale**

### 4.1.4 Zwischenfazit zur Charakterisierung der vernetzten, adaptiven Produktion

Das Ziel dieses Kapitels war die Charakterisierung der vernetzten, adaptiven Produktion. Im Rahmen der Auseinandersetzung konnte gezeigt werden, dass die teils gegensätzlichen produktionsbezogenen Unternehmensziele – dem klassischen Verständnis nach – die Reduktion der Kosten und der Durchlaufzeit sowie die Erhöhung der Qualität darstellen. Dieses Zielsystem wird als Polylemma verstanden. Weiterhin ist die vernetzte, adaptive Produktion als Produktionsumfeld der Zukunft durch einen VUCA-Einfluss gekennzeichnet. VUCA beschreibt die Umweltturbulenz eines Unternehmens in den Dimensionen Volatilität, Unsicherheit, Komplexität und Ambiguität. In Konsequenz dieser Erkenntnisse konnte gezeigt werden, dass das Zielsystem der vernetzten, adaptiven Produktion zum einen den klassischen Produktivitätsanforderungen (Zeit, Kosten, Qualität) in einer ersten Zieldimension gerecht werden muss. Zum anderen muss aber auch der unternehmensumfeldinduzierte Wandlungsfähigkeitsanspruch als zweite Zieldimension Berücksichtigung finden. Der diesem Kapitel zugrundeliegende Zusammenhang von Zielen, Entscheidungen, Herausforderungen und Handlungen offenbart weiterhin, wie MLS Einfluss auf die vernetzte, adaptive Produktion ausüben können. Wie im Grundlagenteil gezeigt wurde, können MLS als

KI-basierte Agenten in Form digitaler Assistenzsysteme Prozesse adaptiv steuern, autonom handeln und ereignisbasierte Entscheidungen zur Steuerung der Wertschöpfung innerhalb einer vernetzten, adaptiven Produktion treffen. Die in diesem Kapitel entwickelten Herausforderungstypen der vernetzten, adaptiven Produktion liefern dbzgl. einen wichtigen Beitrag zur Identifikation und Charakterisierung von Herausforderungen in der vernetzten, adaptiven Produktion. Insbesondere können solche Herausforderungen identifiziert und charakterisiert werden, deren Bewältigung das Potenzial verspricht, sowohl die Wirtschaftlichkeit als auch die Adaptivität einer Produktion zu steigern. Ob für diese Bewältigung MLS das geeignete Lösungswerkzeug darstellen, wird im nachfolgenden Kapitel behandelt.

Bei der Entwicklung dieses Teilmodells wären auch alternative Lösungsmöglichkeiten denkbar gewesen. Für die Entwicklung der Herausforderungstypen der vernetzten, adaptiven Produktion wäre es z. B. möglich gewesen, ein unmittelbareres Vorgehen zu wählen. Der verfolgte Ansatz zur Entwicklung der Herausforderungstypen über das erweiterte Zielsystems inkl. seiner Teilziele sowie die generischen Entscheidungssituationen der vernetzten, adaptiven Produktion trägt jedoch explizit der Anforderung an das Ergebnis vorliegender Arbeit – der Überwindung von Herausforderungen in der Produktionsumgebung mit MLS – Rechnung. Da MLS dazu beitragen können, verhinderte Ziele durch bessere Entscheidungen zu erreichen, ist die logische Kaskade, in der die Herausforderungstypen entwickelt wurden, für eine spätere Zuordnung zu den Typen MLS sinnvoll.

## 4.2 Spezifikation konstituierender Herausforderungsmerkmale maschinell lernender Systeme

Aktuelle Forschung zu ML beschäftigt sich meist mit der Charakterisierung spezifischer Lernalgorithmen sowie der Bestimmung der Schwierigkeit eines gegebenen Lernproblems. Beim Blick auf das Lernproblem stellt sich die Frage, ob es möglich ist, einen funktionierenden Lernalgorithmus für dieses Problem zu entwerfen, oder ob dieses Problem generell unlösbar ist. Beim Algorithmus sind Faktoren wie Genauigkeit und Robustheit von Interesse. Da die Auswahl eines bestimmten ML-Algorithmus stark vom Anwendungsfall, den Dateneigenschaften sowie der persönlichen Erfahrung der involvierten Analysten abhängig ist, ist diese Auswahl sehr anspruchsvoll[560]. In Ermangelung einer spezifischen Differenzierung etablierter Datenanalyseverfahren und ML-Verfahren bleibt die Identifikation konstituierender Herausforderungsmerk-

[560] vgl. Krauß et al. (Selection and Application of Machine Learning), 2019, S. 50 f.

male für den Einsatz MLS – also derjenigen charakteristischen Eigenschaften von Herausforderungen, zur Überwindung welcher MLS Verwendung finden – aus. Vorliegende Arbeit beschäftigt sich daher weniger mit Vor- und Nachteilen einzelner Algorithmen, sondern vielmehr mit der Frage, welche Eigenschaften die Gesamtheit an ML-Verfahren (in Abgrenzung zu etablierten Datenanalyseverfahren) zur Lösung von Herausforderungen bereitstellt.

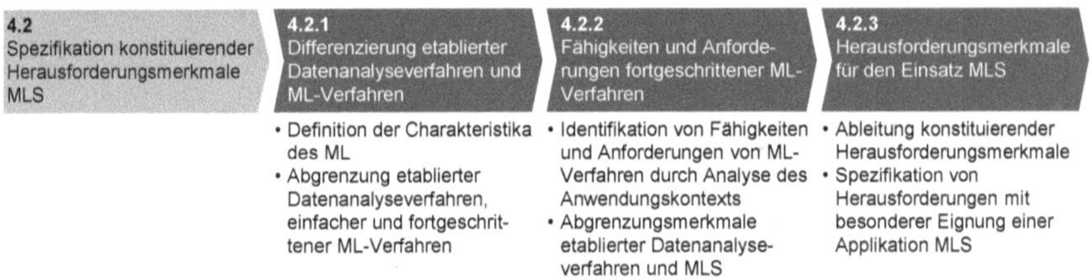


**Abbildung 4-7: Spezifikation konstituierender Herausforderungsmerkmale maschinell lernender Systeme**

Das Ziel dieses Kapitels ist die Spezifikation konstituierender Herausforderungsmerkmale für die Anwendung MLS in der Form eines Beschreibungsmodells. Um nachzuvollziehen, warum bestimmte Fähigkeiten spezifisch für MLS sind und um diese in einer Applikation nutzen zu können, bedarf es zunächst eines Vergleichs von ML-Verfahren und etablierten Datenanalyseverfahren. Dafür werden, wie in Abbildung 4-7 dargestellt, zunächst etablierte Datenanalyseverfahren von einfachen sowie fortgeschrittenen ML-Verfahren abgegrenzt (Kapitel 4.2.1) und anschließend Fähigkeiten und Anforderungen der fortgeschrittenen ML-Verfahren spezifiziert (Kapitel 4.2.2) – neben den Fähigkeiten können nämlich auch bestimmte Anforderungen der Technologie die Anwendungseigenschaften formen. Diese Fähigkeiten und Anforderungen dienen als notwendige Eingangsgröße der Ableitung konstituierender Herausforderungsmerkmale für den Einsatz MLS – also Eigenschaften der Herausforderung, für welche eine Applikation MLS sinnvoll ist (Kapitel 4.2.3).

### 4.2.1 Differenzierung etablierter Datenanalyseverfahren, einfacher und fortgeschrittener maschinell lernender Verfahren

Zwei Drittel aller fortgeschrittenen ML-Verfahren streben eine Performancesteigerung etablierter Datenanalyseverfahren an[561]. Die Herausforderungscharakteristika von ML-Verfahren und die etablierter Datenanalyseverfahren weisen daher große Ähnlichkeit auf. Die nachfolgende Unterscheidung etablierter Datenanalyseverfahren

[561] vgl. Chui et al. (Notes From the AI Frontier), 2018, S. 12.

(im Rahmen dieses Kapitels häufig auch vereinfacht als *Statistik* bezeichnet), einfacher sowie fortgeschrittener ML-Verfahren ist notwendig, da fortgeschrittene ML-Verfahren Fähigkeiten, Anforderungen und konstituierende Herausforderungsmerkmale zu einem höheren Grad aufweisen als genannte Alternativen.

Definitionen von Datenanalyseverfahren sind nicht immer eindeutig und überschneidungsfrei. So lässt sich eine Analysedisziplin bspw. nicht einfach an der Art der verwendeten Modelle und Algorithmen festmachen. Als Beispiel sei hier die lineare Regression genannt – eine der Standardmethoden der Statistik[562]. Neben ihrer Zugehörigkeit zur Statistik wird die Regression auch zu den Aufgaben des ML gezählt (vgl. Kapitel 4.3.1). Die Frage, ob eine lineare Regression bereits als ML bezeichnet werden kann, wird auch heute unter Spezialisten kontrovers diskutiert[563]. Dabei ist es hilfreich, den Anwendungskontext zu betrachten. Wie in Kapitel 2.3.3 definiert, verbessern MLS ihren Output (Vorhersagewert, Zuordnung zu einer Klasse etc.) durch die Zuführung historischer Daten (Beobachtungen). Bei einer klassischen statistischen Regressionsanalyse gibt das Programm Maßzahlen wie Korrelationskoeffizienten oder p-Werte aus. Darauf aufbauend ist es die Aufgabe des Anwenders, diese korrekt zu interpretieren und Zusammenhänge zu erkennen. Die Aufgabe der Statistiksoftware ist also noch keine Verbesserung des Modells, sondern lediglich eine elaborierte Kalkulation der das Modell beschreibenden Maßzahlen. Erst wenn die Anpassung des Modells durch einen Lernalgorithmus geschieht und sich dadurch die Genauigkeit des Modells verbessert, kann gemäß o. g. Definition also von ML gesprochen werden.[564] Dieses Beispiel zeigt, dass die gleichen Methoden in Statistik und ML verwendet werden, jedoch in der Implementierung Unterschiede bestehen. In diesem Kapitel werden daher die unter dem Begriff ML zusammengefassten Verfahren unterteilt. Neben einfachen Verfahren wie Regressionsanalysen und Entscheidungsbäumen umfasst das Gebiet des ML eine Vielzahl fortgeschrittener Verfahren – z. B. neuronale Netze (vgl. Kapitel 4.3.3). Diese weisen charakteristische Merkmale auf, welche zu stark unterschiedlichen Einsatzmöglichkeiten führen. Im Hinblick auf die besonderen Technologiepotenziale von ML ist es dabei sinnvoll, eine Differenzierung hinsichtlich des Erfüllungsgrades von Charakteristika der KI vorzunehmen. Im Folgenden wird deshalb eine verfeinerte Unterscheidung von einfachen und fortgeschrittenen Methoden des ML vorgenommen. Diese Neueinteilung basiert auf bestehenden Ansätzen, welche eine Unterscheidung innerhalb der Gruppe der ML-Verfahren vornehmen.

[562] vgl. Howarth (A History of Regression and Related Model-Fitting in the Earth Sciences), 2001, S. 241.
[563] vgl. Stewart (The Actual Difference Between Statistics and Machine Learning), 2019.
[564] vgl. Cross Validated (When Should Linear Regression Be Called "Machine Learning"?), 2017.

### Abgrenzungscharakteristika des ML

Zuerst werden daher nachfolgend die Merkmale beschrieben, anhand derer ML-Verfahren als einfach bzw. fortgeschritten klassifiziert werden. In Anlehnung an die Arbeit von CHUI ET AL. soll die Einteilung anhand des Erfüllungsgrades der Charakteristika der KI (vgl. Tabelle 4-9) geschehen. Fortgeschrittene Verfahren nähern sich dabei mehr dem an, was man unter *starker KI* versteht, während einfache Verfahren nicht über Anwendungen im Sinne der *schwachen KI* hinausgehen, also lediglich unterstützende Werkzeuge für den Anwender sind[565]. Fortgeschrittene ML-Verfahren erfüllen mindestens eines dieser Charakteristika in besonderem Maße.

**Tabelle 4-9: Charakteristika der Künstlichen Intelligenz**

| Merkmal | Beschreibung | 566 | 567 | 568 | 569 | 570 |
|---|---|---|---|---|---|---|
| Wissensrepräsentation | Das System kann durch Mustererkennung, selbstständige Auswahl und Abstraktion von Merkmalen aus Daten Wissen erzeugen | x | x | | | |
| Automatische Schlussfolgerungen und Vorhersagen | Das System ist in der Lage, durch Schlussfolgerung Vorhersagen zu treffen und proaktiv Handlungen zu motivieren | x | x | x | x | |
| Selbstständiges Lernen und Anpassen an neue Umstände | Das System kann zwischen Erfolg und Fehlschlag differenzieren und sich auf Basis dessen anpassen | | x | x | | |
| Universalität | Das System ist in verschiedenen Kontexten anwendbar | | | | | x |
| Autonomie | Das System bewältigt die ihm zugeschriebene Aufgabe ohne menschliches Einwirken | | | x | | |

### Abgrenzung konventioneller Datenanalyseverfahren, einfacher sowie fortgeschrittener ML-Verfahren

Wie beschrieben, ist eine Differenzierung in etablierte Datenanalyseverfahren, einfache sowie fortgeschrittene ML-Verfahren notwendig, da fortgeschrittene ML-Verfahren die nachfolgend in Kapitel 4.2.3 beschriebenen charakteristischen Herausforderungsmerkmale für den Einsatz MLS in höherem Maße aufweisen als einfache ML-

[565] vgl. Nilsson (Human-Level Artificial Intelligence?), 2005, S. 69.
[566] vgl. Nilsson (Human-Level Artificial Intelligence?), 2005, S. 72.
[567] vgl. Russell; Norvig (Artificial Intelligence), 2010, S. 525 ff.
[568] vgl. Balasundaram (What is Real Artificial Intelligence), 2019.
[569] vgl. Konovalov (How Machine Learning Helps Analytics to Be Proactive), 2018.
[570] vgl. Hutter (Towards a Universal Theory of Artificial Intelligence Based on Algorithmic Probability and Sequential Decisions), 2019, S. 226.

Verfahren oder etablierte Datenanalyseverfahren. Welche Verfahren dabei welcher Gruppe zugeordnet werden können, ist Gegenstand dieses Abschnitts. Grundsätzlich sind die meisten bekannten ML-Verfahren einfache Verfahren. Sie erfüllen die in Tabelle 4-9 beschriebenen Charakteristika nur teilweise (z. B. die Vorhersage eines Wertes auf Basis der Eingabedaten). Darüber hinaus gibt es jedoch auch eine Reihe fortgeschrittener Verfahren. Bspw. können Deep Learning und Reinforcement Learning den fortgeschrittenen ML-Verfahren zugeordnet werden. Deep Learning erlaubt die Realisierung von komplexer Wissensrepräsentation zur Lösung mehrdimensionaler Probleme (vgl. Kapitel A.1). Daher werden die Charakteristika *Wissensrepräsentation*, *Automatische Schlussfolgerungen und Vorhersagen* und *Autonomie* zu einem vergleichsweise hohen Grad erfüllt, was zu einer Einstufung von Deep Learning als fortgeschrittene ML-Methode führt. Reinforcement Learning erlaubt die Verfolgung eines übergeordneten Ziels, wenn die Auswirkungen der Teilprozesse unklar sind (vgl. Kapitel A.1). Folglich ist die Erfüllung der Paradigmen *Automatische Schlussfolgerungen und Vorhersagen*, *Selbstständiges Lernen und Anpassen an neue Umstände* sowie *Autonomie* offensichtlich.

Abbildung 4-8 zeigt die Einteilung in etablierte Datenanalyseverfahren, einfache sowie fortgeschrittene ML-Verfahren – basierend auf der in diesem sowie in Kapitel 2.3.3 geführten Auseinandersetzung. Die hier erkennbare Unterscheidung ist historisch gewachsen, da sich ML relativ unabhängig von der Statistik im Bereich der Informatik entwickelt hat[571]. Das Verständnis der jeweils anderen Disziplin ist für Anwender beider Bereiche jedoch von Vorteil, um wechselseitige Lernprozesse zu katalysieren. Letztendlich machen sowohl Statistiker als auch ML-Experten das Gleiche: die Analyse von Daten. Und die Kunst dabei ist die Auswahl der geeignetsten Methode mit den richtigen Technologieeigenschaften für die zu erfüllende Aufgabe, egal zu welcher Disziplin diese zählt. Die im nachfolgenden Kapitel 4.2.2 entwickelten Fähigkeiten und Anforderungen begünstigen die Formulierung spezifischer Technologieeigenschaften von ML und sind die Basis der konstituierenden Herausforderungsmerkmale für den Einsatz MLS (vgl. Kapitel 4.2.3).

[571] vgl. Breiman (Statistical Modeling), 2001, S. 205.

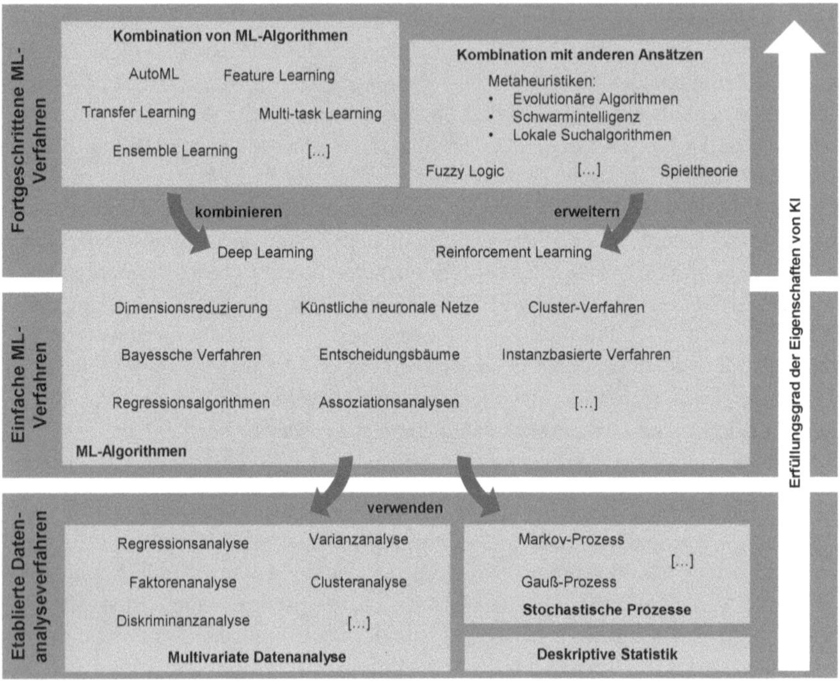


**Abbildung 4-8: Abgrenzung von Datenanalyseverfahren**[572]

### 4.2.2 Fähigkeiten und Anforderungen (fortgeschrittener) maschinell lernender Verfahren

Um zu untersuchen, welche technologischen Vorteile fortgeschrittene gegenüber einfachen ML-Verfahren sowie etablierten Datenanalyseverfahren aufweisen und worin diese Unterschiede begründet sind, werden sowohl charakteristische Fähigkeiten als auch Anforderungen MLS formuliert. Die dafür geführte Auseinandersetzung lässt sich logisch in die fünf Abschnitte *Algorithmische Modellierung*, *Automatisierung der Datenanalyse*, *ML zur Verarbeitung von Big Data*, *Datenanforderungen* sowie *Anforderungen an das Lernproblem* gliedern. Die Relevanz der jeweiligen Themenbereiche wurde im Rahmen der Auseinandersetzung mit den theoretischen Grundlagen in Ka-

[572] vgl. Schuh et al. (Derivation of Constituent Problem Characteristics for the Application of Machine Learning), 2020, S. 5.

pitel 2.3 nachgewiesen. Innerhalb der Abschnitte kann die angestrebte Auseinandersetzung zur Entwicklung charakteristischer Fähigkeiten und Anforderungen MLS so strukturiert geführt werden. Aus diesen werden in Kapitel 4.2.3 konstituierende Herausforderungsmerkmale MLS abgeleitet.

### Algorithmische Modellierung

Die verschiedenen Disziplinen der Datenanalyse verfolgen grundsätzlich das gleiche übergeordnete Ziel – den Erkenntnisgewinn aus Daten. In ihrer Herangehensweise unterscheiden sie sich jedoch fundamental. In der Statistik wird ein Zusammenhang zwischen unabhängigen und abhängigen Variablen anhand eines stochastischen Modells dargestellt. Am Anfang einer statistischen Analyse stehen Annahmen über Struktur und Verteilung der Daten[573]. Da die Realität meist viel komplexer ist, findet hierfür eine Vereinfachung statt. Dies trägt zum Verständnis der Wirkmechanismen des zu beschreibenden Zusammenhangs bei, da z. B. der lineare Zusammenhang zwischen einer Input- und einer Outputgröße beschrieben werden kann. Jedoch leidet unter dieser Vereinfachung oft die Genauigkeit des Modells. Im Gegensatz dazu wird bei den meisten ML-Verfahren gar nicht versucht, den Zusammenhang zwischen Eingangs- und Ausgangsvariablen durch ein konkretes Datenmodell darzustellen. Vielmehr liegt der Fokus auf dem Finden eines Algorithmus, der die korrekten Outputwerte für einen gegebenen Input bestimmen kann. Bei diesem Vorgehen – der *algorithmischen Modellierung* – ist der genaue Zusammenhang zwischen den einzelnen Datenpunkten nicht von Interesse und wird als Black Box betrachtet (vgl. Abbildung 4-9).[574,575] Da die internen Zusammenhänge der Black Box nicht bekannt sind, geschieht die Optimierung von MLS durch die Minimierung der Fehlerrate des Modells[576].

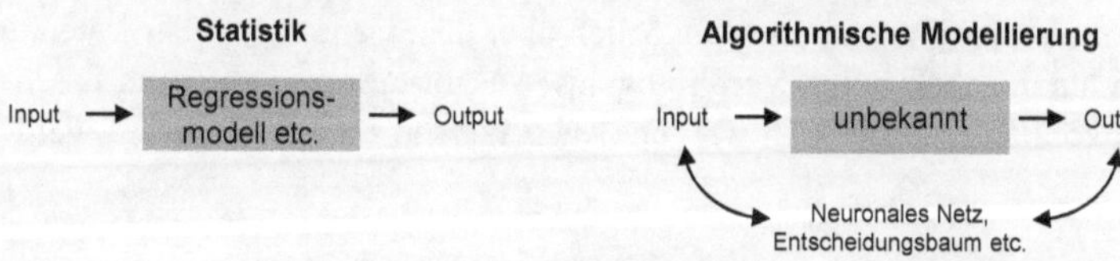


**Abbildung 4-9: Prinzip der Statistik und der algorithmischen Modellierung[577]**

[573] vgl. Cross Validated (What Is the Definition of Machine Learning (vs. Classical Statistics)), 2020.
[574] vgl. Breiman (Statistical Modeling), 2001, S. 199.
[575] vgl. Subramanyam (Prediction Models), 2019.
[576] vgl. Brownlee (Linear Regression for Machine Learning), 2016.
[577] vgl. Breiman (Statistical Modeling), 2001, S. 199.

Dies zeigt sich auch in der Validierung der Ergebnisse. Wie in Kapitel 2.3.3 beschrieben, wird die Güte eines ML-Modells anhand von Testdaten überprüft. In der Statistik geschieht die Evaluierung des Modells anhand der Signifikanz und Robustheit der Modellparameter[578]. Regressionsdiagnostik oder Hypothesentests werden in der Statistik verwendet, finden im ML jedoch keine Anwendung[579]. Das übergeordnete Ziel ist hier die Optimierung des Ergebnisses[580]. In der Anwendung zieht dies einen Trade-Off zwischen Vorhersagegenauigkeit und Interpretierbarkeit der Ergebnisse nach sich. Wobei dies nicht heißt, dass ML-Verfahren immer undurchsichtige Ergebnisse liefern. Es existiert bspw. eine Reihe an Methoden zur Erhöhung der Interpretierbarkeit der Ergebnisse von ML-Verfahren[581]. Auch gibt es statistische Modelle, die für gewisse Anwendungen bessere Ergebnisse erzielen als MLS[582].

Fähigkeit (F) 1: (Fortgeschrittene) ML-Verfahren sollten dann verwendet werden, wenn primär die Genauigkeit der Vorhersage erwünscht ist und nicht die Interpretierbarkeit und Nachvollziehbarkeit der Ergebnisse[583].

Die Ausgabe von ML-Verfahren ist in der Regel ein konkretes Ergebnis (bspw. die Zugehörigkeit zu einer Klasse bei einer Klassifikationsaufgabe). Statistische Methoden verfügen hingegen immer über ein explizites Wahrscheinlichkeitsmodell und ermitteln daher Wahrscheinlichkeiten für die Zugehörigkeit zu verschiedenen Klassen.[584]

Zudem werden statistische Verfahren häufig verwendet, um vom Anwender aufgestellte Hypothesen zu testen[585]. Die aufgestellte Hypothese wird in einem statistischen Modell abgebildet. Die Analyse gibt Aufschluss über die Wahrscheinlichkeit der Korrektheit der Hypothese. Neben der Art des Modells werden dabei Annahmen über die Verteilung der erhobenen Daten gemacht (z. B. Normalverteilung). ML-Verfahren machen so wenige Annahmen wie möglich über die Eigenschaften der Daten und gehen von einer unbekannten Verteilung aus[586,587]. Bias-Effekte aufgrund falscher Annahmen können so vermieden werden. Auch können Daten verarbeitet werden, die

[578] vgl. Stewart (The Actual Difference Between Statistics and Machine Learning), 2019.

[579] vgl. Friedman (Data Mining and Statistics: What's the Connection?), 1997, S. 3.

[580] vgl. Stewart (The Actual Difference Between Statistics and Machine Learning), 2019.

[581] vgl. Parul Pandey (Interpretable Machine Learning), 2019.

[582] vgl. Makridakis et al. (The Accuracy of Machine Learning Forecasting Methods versus Statistical Ones), 2017, S. 1 ff.

[583] vgl. Breiman (Statistical Modeling), 2001, S. 210.

[584] vgl. Kotsiantis et al. (Supervised Machine Learning), 2007, S. 171.

[585] vgl. Shalev-Shwartz; Ben-David (Understanding Machine Learning), 2014, S. 25.

[586] vgl. Breiman (Statistical Modeling), 2001, S. 205.

[587] vgl. Shalev-Shwartz; Ben-David (Understanding Machine Learning), 2014, S. 25.

nicht innerhalb einer kontrollierten Studie erhoben wurden.[588] Aufgrund dieses bestätigenden Charakters eignen sich statistische Verfahren besser für den Beweis wissenschaftlicher Zusammenhänge, während ML-Verfahren, welche einen mehr explorativen Charakter haben, für praktische Anwendungen nützlicher sind[589]. Statistische Verfahren verwenden einfache Funktionen, welche die Realität hinreichend genau annähern sowie analytisch verstanden und beschrieben werden können. Einfache ML-Verfahren approximieren diese Funktion durch das wiederholte Ausführen einfacher Schritte (z. B. ersichtlich beim Gradientenverfahren, vgl. Anhang A.1)[590]. Bei fortgeschrittenen ML-Verfahren wie Deep Learning wird eine solche beschreibende Funktion gar nicht mehr verwendet, sondern durch multidimensionale Interdependenzen innerhalb des Netzwerkes abgebildet. Statistische Verfahren erfordern Vorwissen über die Datengrundlage sowie eine zu prüfende Hypothese über Zusammenhänge zwischen den Daten. ML-Verfahren hingegen entdecken Zusammenhänge selbstständig und stellen Hypothesen auf. Deswegen können sie verwendet werden, um Aufgaben zu lösen, die für eine explizite Programmierung zu komplex sind[591].

F2: (Fortgeschrittene) ML-Verfahren bieten sich an, wenn komplexe Wirkzusammenhänge weder beschreibbar noch vom Menschen verstanden sind.

Da sich ML relativ unabhängig von der Statistik im Bereich der Informatik entwickelt hat, bestehen vor allem kulturelle Unterschiede zwischen den beiden Disziplinen[592]. Wie beschrieben, liegt der Fokus der Statistik auf der Inferenz (vgl. Kapitel 2.3.2). Insbesondere auf dem Prüfen von Hypothesen und dem Folgern allgemeingültiger Schlüsse. Bei ML dagegen liegt der Fokus auf Vorhersagen[593]. Dieser kulturelle Unterschied führt dazu, dass Statistiker vor allem an der Optimierung ihrer Werkzeuge interessiert sind, anstatt aus Problemsicht an Fragestellungen heranzugehen[594]. Im ML sind aufgrund der Verarbeitung hochdimensionaler Datensätze auch informationstechnische Themen wie z. B. der Rechenbedarf der Algorithmen von Relevanz[595].

---

[588] vgl. Bzdok et al. (Points of Significance), 2018, S. 1 f.
[589] vgl. Stewart (The Actual Difference Between Statistics and Machine Learning), 2019.
[590] vgl. Cross Validated (What Is the Definition of Machine Learning (vs. Classical Statistics)), 2020.
[591] vgl. Shalev-Shwartz; Ben-David (Understanding Machine Learning), 2014, S. 21 f.
[592] vgl. Breiman (Statistical Modeling), 2001, S. 205.
[593] vgl. Cross Validated (What Is the Definition of Machine Learning (vs. Classical Statistics)), 2020.
[594] vgl. Friedman (Data Mining and Statistics: What's the Connection?), 1997, S. 5.
[595] vgl. O'Connor (Statistics vs. Machine Learning, Fight!), 2008.

### Automatisierung der Datenanalyse

> *»Computer programming is about automation, and ML is all about automating automation. Then, automated ML is the automation of automating automation.«*[596]

Die Selbstständigkeit MLS wird häufig überschätzt. Oft wird angenommen, dass MLS komplett selbstständig neue Konzepte und Modelle erstellen. Diese entstehen allerdings bei der Konzeption des Lösungsraumes durch den Anwender. Das MLS vollzieht vielmehr einen Autoadaptionsprozess dieser vorgegebenen Modelle.[597] Speziell fortgeschrittene ML-Verfahren eröffnen jedoch neue Potenziale bzgl. des Grads an Autonomie, mit der MLS Aufgaben erledigen. Diese Aufgaben sind vielfältig. Z. B. sucht das System im Data Mining selbstständig nach Mustern in Daten und gibt wichtige Datenpunkte, Vorhersagen und Anomalien aus[598]. Deep und Reinforcement Learning ermöglichen es Chatbots, eigenständig auf Kundenanfragen zu antworten[599]. Nachfolgend wird daher beschrieben, woraus sich diese Autonomie von MLS ergibt.

Die Autonomie beginnt bereits bei der Modellselektion. In der Statistik wird ein Modell durch den Anwender gewählt und dessen Güte evaluiert. Der statistische Algorithmus kann aber nicht das beste Modell aus hunderten Modellen automatisch auswählen[600]. Wenngleich die Modellselektion bei den meisten einfachen Verfahren noch händisch geschieht, existieren im ML Ansätze für die automatische Modellselektion. Zeitersparnis für den Anwender, geringere Anforderungen an dessen Vorkenntnisse und eine gesteigerte Leistungsfähigkeit des Modells sind die Vorteile. Die Selektion kann z. B. auch hinsichtlich Laufzeit oder Generalisierbarkeit optimiert werden[601]. Eine höhere Vorhersagekraft wird nicht nur durch die Auswahl des besten Modells erreicht, sondern auch durch die Kombination der Ergebnisse mehrerer Modelle (vgl. Ensemble-Methoden in Kapitel A.1)[602,603]. Modellbasierte ML-Verfahren verwenden im Grunde klassische statistische Modelle. Der Unterschied liegt jedoch darin, dass die Anpassung der Modellparameter bei MLS automatisch geschieht. In der Statistik wird

---

[596] vgl. Nisioti (Automated Machine Learning), 2018.

[597] vgl. Harrach (Neugierige Strukturvorschläge), 2013, S. 4.

[598] vgl. Friedman (Data Mining and Statistics: What's the Connection?), 1997, S. 3.

[599] vgl. Serban et al. (A Deep Reinforcement Learning Chatbot), 2017, S. 1.

[600] vgl. Stewart (The Actual Difference Between Statistics and Machine Learning), 2019.

[601] vgl. Bermúdez-Chacón et al. (Automatic Problem-Specific Hyperparameter Optimization and Model Selection for Supervised Machine Learning), 2015, S. 37.

[602] vgl. Dietterich (Ensemble Methods in Machine Learning), 2000, S. 7 f.

[603] vgl. Microsoft (Was ist automatisiertes maschinelles Lernen (AutoML)?), 2020.

ein Modell mit bestimmten Parametern angenommen und über die gesammelten Daten geprüft[604]. Die Modellparameter werden danach iterativ durch den Anwender angepasst, um den Zusammenhang bestmöglich zu beschreiben. Dies geschieht im ML während der Trainingsphase automatisch durch den Algorithmus[605]. Einfache ML-Verfahren sind stark abhängig von der Repräsentation der Informationen, d. h. von der Feature-Auswahl (bei einfachen ML-Verfahren händisch durch den Anwender).[606] Bei fortgeschrittenen ML-Verfahren kann dies im Rahmen des Feature Learnings automatisiert werden[607]. Jedoch sind reale Zusammenhänge oft zu komplex, als dass Features oder latente Faktoren einfach gefunden werden können. Im Deep Learning entfallen sowohl die händische Auswahl der Features und Methoden als auch die Gestaltung der Netzwerkarchitektur komplett[608]. Dieser hohe Grad an Autonomie ermöglicht es fortgeschrittenen Methoden, nicht nur die einfacheren Aufgaben des Verstehens und Vorhersagens von Daten zu erfüllen, sondern sogar umsetzbare Entscheidungen vorzuschreiben[609].

Zusammenfassend ist festzuhalten, dass der Autoadaptionsprozess charakteristisch für alle ML-Verfahren ist. Die Automatisierung des gesamten ML-Prozesses wird auch als automatisiertes ML (AutoML) bezeichnet[610]. Einige Schritte der Datenanalyse können bei fortgeschrittenen ML-Verfahren im Vergleich zu einfachen ML-Verfahren oder statistischen Verfahren ohne manuelle Interaktion durch den Anwender erfolgen (vgl. Tabelle 4-10).

---

[604] vgl. Hedderich; Sachs (Angewandte Statistik), 2016, S. 4.
[605] vgl. Subramanyam (When Machine Learning Predicition Excels), 2019.
[606] vgl. Goodfellow et al. (Deep Learning), 2016, S. 3.
[607] vgl. Zhong et al. (An Overview on Data Representation Learning), 2016, S. 266.
[608] vgl. Alpaydin (Introduction to Machine Learning), 2014, S. 309.
[609] vgl. Cao (Data Science), 2017, S. 18.
[610] vgl. Feurer et al. (Efficient and Robust Automated Machine Learning), 2015, S. 1.

**Tabelle 4-10: Schritte des Automated Machine Learning**

| **Automatisierbare Schritte der Datenanalyse** | 611 | 612 | 613 | 614 | 615 | 616 | 617 | 618 |
|---|---|---|---|---|---|---|---|---|
| Datenaufbereitung und Bearbeitung unsauberer Datensätze einschließlich fehlender Werte, Ausreißern und unterschiedlicher Kodierungen | x | x | x | x | | | | |
| Bestimmen und Bearbeiten der relevanten Merkmale (Features) | | x | x | x | x | | | |
| Finden eines geeigneten Modells aus einer Auswahl möglicher Modelle | | x | | x | | | | |
| Anpassen der Modellparameter (Fitting) sowie der Hyperparameter | | x | | x | | | | |
| Evaluierung des Modells | x | x | | | | | | |
| Ergebnisanalyse und -visualisierung | | | | | | x | x | x |

F3: (Fortgeschrittene) ML-Verfahren erledigen Aufgaben, die einen hohen Grad an Autonomie erfordern.

Autonomie beschreibt die selbstständige Erstellung und Anpassung von Modellen, welchen MLS das eigenständige Treffen von Entscheidungen auf Basis sich dynamisch entwickelnder Entscheidungslogiken ermöglicht.

**ML zur Verarbeitung von Big Data**

Die Theorien hinter ML werden bereits seit den 1960er Jahren erforscht. Ihr Durchbruch in industrieübergreifenden Anwendungen allerdings gelang erst mit Verfügbarkeit von Big Data Anfang der 2000er Jahre.[619] Dies wurde bspw. begünstigt durch den Aufbau kommerzieller Data Warehouses oder automatischer Datensammlung[620]. Etablierte Datenanalyseverfahren stoßen bei der Analyse derartig großer und vielfältiger

[611] vgl. Microsoft (Was ist automatisiertes maschinelles Lernen (AutoML)?), 2020.
[612] vgl. Raschka et al. (Machine Learning in Python), 2020, S. 11 ff.
[613] vgl. Steinruecken et al. (The Automatic Statistician), 2019, S. 162.
[614] vgl. Truong et al. (Towards Automated Machine Learning), 2019, S. 2 f.
[615] vgl. Zhong et al. (An Overview on Data Representation Learning), 2016, S. 270 ff.
[616] vgl. Dibia (Automatic Generation of Data Visualizations Using Sequence-to-Sequence Recurrent Neural Networks), 2018.
[617] vgl. Ma (Machine Learning to Boost the Next Generation of Visualization Technology), 2007, S. 6.
[618] vgl. Truong et al. (Towards Automated Machine Learning), 2019, S. 3.
[619] vgl. Towards Data Science (Reinforcement Learning), 2020.
[620] vgl. Friedman (Data Mining and Statistics: What's the Connection?), 1997, S. 4.

Datensätze an ihre Grenzen[621]. ML-Verfahren entfalten dagegen bei wachsenden Datenmengen erst ihr volles Potenzial. So können bspw. unüberwachte ML-Verfahren bei der Texterkennung in großen Datenbanken bessere Klassifizierungsergebnisse erreichen als überwachte Methoden, bei denen eine manuelle Zuordnung von Labels erfolgt[622]. Dies bestärkt den autonomen Charakter von ML. Im Umkehrschluss wird jedoch für viele fortgeschrittene Verfahren wie Deep Learning eine große Menge an (markierten) Daten benötigt, um überhaupt erst sinnvolle Ergebnisse zu erzielen[623].

Aufgrund der Eigenschaften von Big Data (vgl. Kapitel 2.2.3) erfordert deren Analyse einen höheren Grad an Vorverarbeitung sowie robustere Methoden, welche durch ML bereitgestellt werden.

F4: (Fortgeschrittene) ML-Verfahren ermöglichen die Analyse von Big Data.

Nachfolgend wird genauer erläutert, warum ML-Methoden diese besonderen Anforderungen von Big Data erfüllen können.

*Hohe Dimensionalität*

Verglichen mit etablierten Datenanalyseverfahren können ML-Verfahren besonders gut mit großen Datenmengen umgehen. Dabei sind besonders Datensets, welche eine große Anzahl an Merkmalen (Features), also eine hohe Dimensionalität aufweisen sowie unstrukturierte Daten (Text, Bilder, Audio, Video) gemeint[624]. Die Komplexität einer Lernaufgabe wächst exponentiell mit einem linearen Anstieg der Dimensionalität der Daten[625]. Dieses Phänomen ist auch als »Fluch der Dimensionalität« bekannt (vgl. Dimensionality Dilemma in Kapitel 2.2.2)[626]. Bei hoher Dimensionalität spricht man von *wide data*. Im Gegensatz zu *long data*, also Datensätzen, die wenige Merkmale mit jeweils vielen Datenpunkten aufweisen[627]. Long data kann auch sehr gut mit etablierten Datenanalyseverfahren analysiert werden. (Fortgeschrittene) MLS verarbeiten im Vergleich dazu oft die hundertfache Anzahl an Features. Da die Featrues potenziell miteinander interagieren, steigt die Anzahl an Modellen, welche es anzupassen und zu prüfen gilt, rapide. Eine händische Modellselektion und manuelles Feature Engineering wäre hierfür nicht mehr durchführbar.[628]

---

[621] vgl. Iqbal et al. (Big Data Analytics), 2018, S. 3.
[622] vgl. Russell; Norvig (Artificial Intelligence), 2010, S. 693 ff.
[623] vgl. Chui et al. (Notes From the AI Frontier), 2018, S. 12.
[624] vgl. Subramanyam (When Machine Learning Predicition Excels), 2019.
[625] vgl. Arel et al. (Deep Machine Learning), 2010, S. 13.
[626] vgl. Keogh; Mueen (Curse of Dimensionality), 2017.
[627] vgl. Bzdok et al. (Points of Significance), 2018, S. 1.
[628] vgl. Cross Validated (Performance Metrics to Evaluate Unsupervised Learning), 2013.

F4.1: (Fortgeschrittene) ML-Verfahren ermöglichen die Analyse hochdimensionaler Datensätze.

*Datenvorverarbeitung*

Die Datenvorverarbeitung ist zeitraubend und beansprucht in einem durchschnittlichen KI-Prozess etwa 80 % der Projektzeit[629]. Etablierte multivariate Analyseverfahren benötigen in der Regel ein »sauberes«, durch explizite Erhebung innerhalb einer statistischen Studie oder durch Vorverarbeitung entstandenes Datenset. Im ML existieren hingegen robuste Methoden, die mit fehlerhaften Datensets umgehen können.[630] Bspw. gibt es eine Reihe von Methoden zur Behandlung fehlender Werte, welche diese durch Mittelwerte, den am häufigsten vorkommenden Wert oder andere plausible Werte ersetzen oder gar komplett ignorieren[631]. Möglich ist, dass die fehlenden Werte aufschlussreiche Muster offenbaren, weshalb ein Löschen oder Ersetzen nicht sinnvoll ist.

Ein großer Teil der Informationen, die Unternehmen nutzen möchten, liegt in Textform auf Webseiten, als Video- oder Audiodateien oder als vielfältige Sensordaten vor[632]. Diese Datenarten sind nicht in einem einheitlichen Format organisiert und werden als unstrukturierte Daten bezeichnet. ML-Verfahren ermöglichen die Extraktion von Wissen aus diesen vielfältigen Datenquellen. Insbesondere Fortschritte im Deep Learning ermöglichen die Analyse von per se unstrukturierten Dateiformaten (z. B. Bild, Video- oder Audiodateien).

F4.2: (Fortgeschrittene) ML-Verfahren ermöglichen die Analyse unsauberer und unstrukturierter Daten.

Das Lernergebnis hängt stark von der Qualität der im Lernprozess verwendeten Daten ab[633]. Trotz zahlreicher Vorverarbeitungsverfahren ist die Qualität des Ergebnisses dadurch noch nicht gewährleistet, da verschiedene Vorverarbeitungsalgorithmen unterschiedlich gute Ergebnisse für verschiedene Anwendungen erzielen[634].

*Daten ohne Labels*

Um aussagekräftige Ergebnisse zu erzielen, benötigen einfache ML-Verfahren eine große Anzahl markierter (d. h. vorverarbeiteter) Daten. Big Data sind in der Regel viel

[629] vgl. o. V. (2019)The Past, Present and Future of Edge Machine Learning.
[630] vgl. Qin (Process Data Analytics in the Era of Big Data), 2014, S. 3095.
[631] vgl. Kotsiantis et al. (Data Preprocessing for Supervised Learning), 2006, S. 113.
[632] vgl. Clegg (The Impact of Machine Learning on Unstructured Data), 2019, S. 10.
[633] vgl. Elgabry (The Ultimate Guide to Data Cleaning), 2019.
[634] vgl. Kotsiantis et al. (Data Preprocessing for Supervised Learning), 2006, S. 116.

zu umfangreich, um eine manuelle Markierung durchzuführen. Fortgeschrittene ML-Verfahren bieten jedoch neue Optionen für den Umgang mit diesen großen, unmarkierten Datensätzen. So lernt ein System durch Reinforcement Learning nicht anhand markierter Daten, sondern durch das ihm zurückgeführte Feedback. Durch Transfer Learning müssen Modelle nicht von Null auf komplett trainiert werden, sondern können Vorwissen aus anderen Anwendungen nutzen[635]. Und fortgeschrittene Methoden wie Concept Learning ermöglichen das Erlernen einer Klassifikationsaufgabe anhand eines einzigen Beispiels (One-Shot Learning) auf quasimenschlichem Niveau[636].

F4.3: (Fortgeschrittene) ML-Verfahren ermöglichen die Analyse großer teil- oder unmarkierter Datensätze.

In diesem Kapitel wurden die Unterschiede etablierter Datenanalyseverfahren und einfacher bzw. fortgeschrittener ML-Verfahren erarbeitet. Fortgeschrittene Verfahren sind oft eine Rekombination bzw. Erweiterung einfacher Verfahren. Etablierte Datenanalyseverfahren zeichnen sich vor allem durch einen manuell durchgeführten Kreisprozess (vgl. Kapitel 2.3.1) und das Verwenden konkreter Modelle zur Beschreibung des Sachverhaltes aus. (Fortgeschrittene) ML-Verfahren automatisieren diesen Prozess und ermöglichen es, komplexere Zusammenhänge ohne die Beschreibung eines expliziten Modells abzubilden. Eine hohe prädiktive Leistungsfähigkeit für komplexe Zusammenhänge (F1, F2), Autonomie (F3) sowie die Verarbeitung von Big Data (F4) können als Alleinstellungsmerkmale (fortgeschrittener) ML-Verfahren identifiziert werden. Wie eingangs erwähnt, formen neben den Fähigkeiten einer Technologie auch bestimmte Anforderungen die Anwendungseigenschaften. Nachfolgend werden ML-Verfahren daher bezüglich der Anforderungen an die Daten, des Lernproblems sowie der Rahmenbedingungen für ihren Einsatz untersucht.

**Datenanforderungen**

Die wichtigste Voraussetzung für die Anwendung von ML ist das Vorhandensein einer ausreichenden Datengrundlage[637]. Ob die Datengrundlage den spezifischen Anforderungen eines MLS gerecht wird, muss nach mehreren Dimensionen beurteilt werden (vgl. Kapitel 4.3.2). Jedoch auch weitere Eigenschaften der Datengrundlage wie bspw. das Format oder das Wissen über die Daten induzieren Fähigkeiten und Anforderungen von ML-Verfahren in Abgrenzung zu etablierten Datenanalyseverfahren.

---

[635] vgl. Sarkar (A Comprehensive Hands-on Guide to Transfer Learning with Real-World Applications in Deep Learning), 2018.

[636] vgl. Lake et al. (Human-Level Concept Learning Through Probabilistic Program Induction), 2015, S. 1336.

[637] vgl. Krauß et al. (Maschinelles Lernen in der Produktion), 2019, S. 39.

*Menge an Daten*

Das Vorhandensein eines großen, diversen Datensets ist notwendig, um ein sinnvolles, generalisierbares Lernergebnis zu erzielen. Die Anzahl benötigter Datenpunkte variiert mit der Anwendung und gewünschten Analysegüte. Besonders fortgeschrittene ML-Verfahren benötigen eine große Anzahl an Daten. Das effektive Trainieren von tiefen neuronalen Netzen kann z. B. ca. 50.000 bis 15 Millionen Beispiele erfordern[638]. Fortgeschrittene Methoden wie Transfer Learning können den Bedarf an Trainingsdaten reduzieren. Es ist jedoch davon auszugehen, dass insbesondere für neuartige Anwendungen immer noch eine große Anzahl an Beispielen benötigt wird. Diese großen Datenmengen müssen mithilfe einer Datenmanagementinfrastruktur verwaltet werden[639]. Existieren die zu analysierenden Daten noch nicht (bspw. Maschinendaten in der Fertigung), so müssen diese zunächst akquiriert werden. Für die meisten ML-Anwendungen steigt die Performance mit der Datenmenge. Jedoch existiert ein Punkt, an dem die Akquisitionskosten weiterer Daten die Leistungssteigerung des ML-Modells nicht mehr aufwiegen. Trotzdem gilt für die meisten ML-Anwendungen der Leitsatz, *»je mehr Daten, desto besser«.*[640]

*Diversität der Daten*

Neben der Menge ist die Diversität der Daten wichtig für ein gutes Lernergebnis. Viele ähnliche Beispiele führen dazu, dass das System nur für diese Art von Objekten gute Ergebnisse liefert. Durch Erhöhung der Diversität steigt also die Genauigkeit des Modells sowie dessen Anwendungsbreite. Die Diversität der Daten steigt mit der Zahl unterschiedlicher Datenquellen, z. B. Daten aus unterschiedlichen Organisationseinheiten oder verschiedenen Zeiträumen. Darüber hinaus gilt es sicherzustellen, dass dem System auch im Betrieb weiterhin Daten zugeführt werden. So kann das Modell stetig verbessert und an externe Bedingungen angepasst werden.[641]

**Anforderung (A) 1: ML-Verfahren benötigen eine große und diverse Datengrundlage, um aussagekräftige Ergebnisse zu erzielen.**

*Datenqualität*

Im Vergleich zu etablierten Datenanalyseverfahren sind die Anforderungen an die Datenqualität bezüglich Vollständigkeit und Fehlerfreiheit bei ML-Verfahren weniger

[638] vgl. Raschka et al. (Machine Learning in Python), 2020, S. 23.
[639] vgl. Russom (Data Requirements for Machine Learning), 2018, S. 5 f.
[640] vgl. Mewald (Data), 2018.
[641] vgl. Russom (Data Requirements for Machine Learning), 2018, S. 5 ff.

hoch. Wie beschrieben, liegt dies in der Existenz einer Reihe automatischer Vorverarbeitungsverfahren zum Entdecken von Unregelmäßigkeiten bzw. Füllen von Datenlücken begründet. Für den anschließenden Lernprozess ist die Qualität der vorverarbeiteten Daten jedoch maßgeblich. Dies gilt auch für die Featureauswahl (im Falle eines ML-Verfahrens, welches explizite Features verwendet).[642]

*Format der Daten*

Etablierte Datenanalyseverfahren benötigen für das jeweilige Analysewerkzeug oder die Benutzerpraxis optimal aufbereitete Daten. ML-Algorithmen sind fast immer für rohe, detaillierte Quelldaten optimiert. Daher muss die Datenumgebung große Mengen an Rohdaten für entdeckungsorientierte Analyseverfahren wie Data Mining, Statistik und ML bereitstellen.[643]

F4.4: (Fortgeschrittene) ML-Verfahren eignen sich für die Analyse von Rohdaten, welche nicht explizit für diesen Zweck erfasst wurden.

Damit MLS mit den Daten arbeiten können, müssen diese in maschinenlesbarem Format vorliegen. Am besten geeignet sind quantifizierbare Werte. Schwierigkeiten ergeben sich, wenn keine definierten Ein- und Ausgabewerte existieren.[644]

A2: ML-Verfahren benötigen Eingabewerte in einem maschinenlesbaren Format.

**Anforderungen an das Lernproblem**

Nachfolgender Abschnitt beschäftigt sich mit der Frage, welche Problemarten überhaupt erlernbar sind und deshalb von MLS bewältigt werden können.

*Vorhandensein von Mustern*

Grundvoraussetzung für erfolgreiche Prädiktion mit ML ist die Existenz von Mustern in den Ausgangsdaten[645]. Im Falle komplett zufällig zustande gekommener und »musterfreier« Trainingsdaten sind auch zukünftige Werte rein zufällig und können nicht prädiktiert werden. Einfache ML-Verfahren können dabei nicht zwischen zufälligen Korrelationen und Kausalitäten unterscheiden. Sie identifizieren teils falsche Zusammenhänge in Daten und treffen dadurch falsche Prädiktionen. Daher muss sichergestellt werden, dass identifizierbare Muster oder Zusammenhänge in den Daten existie-

[642] vgl. Géron (Hands-on Machine Learning with Scikit-Learn and TensorFlow), 2017, S. 47.
[643] vgl. Russom (Data Requirements for Machine Learning), 2018, S. 9.
[644] vgl. Brynjolfsson; Mitchell (Supplementary Materials for What Can Machine Learning Do?), 2017, S. 3.
[645] vgl. Kozyrkov (When Not to Use Machine Learning or AI), 2020.

ren und diese auch durch die Features im ML-Modell dargestellt werden können. Werden irrelevante Features verwendet, so wird das System keine aufschlussreichen Ergebnisse liefern können[646]. Z. B. lässt sich an der Farbe eines Autos nur schlecht dessen Höchstgeschwindigkeit voraussagen, wenngleich Sportwagenfahrer möglicherweise eine Vorliebe für gelb lackierte Autos haben. Hier sind andere Merkmale wie die Motorleistung aufschlussreicher.

A3: ML-Verfahren benötigen eine aufschlussreiche Datengrundlage.

*Generalisierbarkeit*

Darüber hinaus müssen die Muster generalisierbar sein. Generalisierbarkeit bedeutet, dass die entdeckten Zusammenhänge nicht nur das Trainingsdatenset korrekt beschreiben, sondern auch darüber hinaus Gültigkeit besitzen. In der Praxis bedeutet dies, dass die Trainingsdaten repräsentativ für die Anwendung sein müssen[647]. Dafür wird eine gewisse Stationarität des Umfeldes benötigt, d. h. die Umstände ändern sich speziell zwischen Trainings- und Anwendungsphase nicht[648]. Im gegenteiligen Fall kommt es zu einer Verschlechterung der Modellqualität, welche durch regelmäßige Wartung des Programmes ausgebessert werden muss[649]. Da in der realen Welt keine Anwendung komplett stationär ist, können sich ML-Verfahren durch Online-Lernen dem instationären Umfeld anpassen und weiterhin korrekte Ergebnisse liefern. Dafür müssen die dynamischen Dimensionen in der Gestaltung des ML-Verfahrens berücksichtigt werden. Dies bedeutet, dass sich ML-Verfahren trotz des Anspruches an ähnliche Bedingungen für Beispiel- und Anwendungsdaten gut für den Einsatz bei wechselnden Umgebungsbedingungen eignen.

F3.1: (Fortgeschrittene) ML-Verfahren passen sich selbstständig an wechselnde Umgebungsbedingungen an und ermöglichen dadurch den Einsatz in dynamisch veränderlichen Anwendungen.

Aus der Generalisierbarkeit folgt ebenfalls, dass überwachte ML-Verfahren nicht für komplett neue Aufgaben eingesetzt werden können, da es hierfür keine Trainingsdaten gibt, welche es zu generalisieren gilt. Lediglich unüberwachte Verfahren können zur Aufdeckung von Mustern in neuartigen Anwendungen verwendet werden.

[646] vgl. Géron (Hands-on Machine Learning with Scikit-Learn and TensorFlow), 2017, S. 47.
[647] vgl. Géron (Hands-on Machine Learning with Scikit-Learn and TensorFlow), 2017, S. 44.
[648] vgl. Russell; Norvig (Artificial Intelligence), 2010, S. 553.
[649] vgl. Gonfalonieri (Why Machine Learning Models Degrade in Production), 2020.

*Feedback*

Damit ein ML-Algorithmus eine Lernaufgabe bewältigen kann, muss die Aufgabe und deren Leistungsmetrik vollständig spezifiziert sein. Meist entspricht die zu lernende Aufgabe einer Zielfunktion, die Eingabe- auf Ausgabedaten abbildet.[650] Die Rückführung der Güte des von dem Lernalgorithmus erstellten Modells ist notwendig, um die Modellparameter anzupassen und so das eigentliche Lernen zu ermöglichen (vgl. Kapitel 2.3.3).

A4: ML-Verfahren benötigen ein Leistungsmaß, um sich zu verbessern und an wechselnde Umstände anzupassen.

*Annähernd korrektes Lernen*

LESLIE VALIANT prägte bei der Untersuchung der Lernbarkeit von Begriffen das Konzept des annähernd korrekten Lernens. Dieses Konzept basiert auf der Annahme, dass es nicht möglich ist, ein korrektes Lernergebnis anhand einer begrenzten Menge an Eingaben zu erzielen. Ein Lernergebnis kann nur zu einer gewissen Wahrscheinlichkeit mit einer festgelegten Genauigkeit erreicht werden. D. h. im ML kann z. B. eine Vorhersage niemals mit kompletter Sicherheit korrekt getroffen werden. Es kann aber eine Anzahl an notwendigen Beispieldaten bestimmt werden, mit der das MLS mit einer Wahrscheinlichkeit von z. B. 90 % korrekte Vorhersagen trifft. Ein korrektes Lernergebnis kann also nicht erzielt, sondern lediglich approximiert werden. Dies geht mit zwei Einschränkungen einher. Zum einen muss das lernende System in einer polynomiell beschränkten Rechenzeit zum Ergebnis kommen. Zum anderen ist die Anzahl an Beispielen für den Lernprozess effektiv immer beschränkt.[651] Daraus lässt sich erneut die Anforderung ableiten, dass eine ausreichend große Stichprobe existieren muss (A1), welche einen arbiträr kleinen Fehlerterm für das Erlernen eines Konzeptes ermöglicht. Ist dies gegeben, ist die Lernbarkeit sichergestellt.[652] Die Menge an Daten ist daher essenziell für die maschinelle Lernbarkeit von Problemen.

*Erlernbarkeit von Kreativität*

Die Performance generativer ML-Verfahren konnte stetig gesteigert werden. ML-Verfahren können bspw. immer realistischere Bilder produzieren oder Musikstücke von immer besserer Qualität erstellen. Es stellt sich daher die Frage, ob MLS auch die dem Menschen zugeschriebene Fähigkeit Kreativität erlernen können. Kreativität ist die

[650] vgl. Brynjolfsson; Mitchell (What Can Machine Learning Do), 2017, S. 1531.

[651] vgl. Görz et al. (Einführung in die künstliche Intelligenz), 1995, S. 31 f.

[652] vgl. Blumer et al. (Learnability and the Vapnik-Chervonenkis Dimension), 1989, S. 930.

Fähigkeit, Arbeit zu produzieren, die gleichermaßen neu und bedeutsam ist – im Gegensatz zu trivial oder bizarr[653]. Es können drei Arten der kreativen Schöpfung unterschieden werden. Die erste Art ist die Kombination bereits bekannter Ideen. Dazu gehört z. B. die Erstellung von Bildern auf Basis einer großen Bilddatenbank[654]. Bei der zweiten Art entstehen neue Ideen durch Erkundung strukturierter Konzepträume. Dies kann am Beispiel der Musikkomposition veranschaulicht werden. Hierfür kann man einem Programm die Regeln der Harmonielehre und Melodik beibringen, sodass dieses selbstständig neue Akkordfolgen und Melodien erstellen kann. Das Ergebnis dieses Prozesses ist jedoch auf den vorher definierten Konzeptraum (Anzahl und Art von Akkorden, Menge an Melodiebauteilen etc.) beschränkt. Dadurch können zwar neuartige, unerwartete Erzeugnisse entstehen, jedoch nur innerhalb dieser definierten Grenzen. Bei der dritten Art werden eine oder mehrere Dimensionen dieses Konzeptraumes transformiert, sodass komplett neue Strukturen entstehen können.[655] Die zweite dieser drei Kreativitätsarten ist in der maschinellen Umsetzung am erfolgreichsten[656]. Das Fehlen von Evaluationsmetriken für die jeweilige Transformationsrichtung ist Hauptgrund dafür, dass die dritte (transformative) Schöpfungsart nicht einfach maschinell umsetzbar ist. Eine Neuentwicklung kann erst dann als kreativ bezeichnet werden, wenn diese auch positiv bewertet wird, ansonsten ist diese Neuschöpfung irrelevant. In der Theorie ist die Umsetzung von Beurteilungskriterien zwar möglich, jedoch sind diese Kriterien für kreative Arbeiten oft sehr schwierig zu formulieren, da sie implizit und höchst subjektiv sind.[657]

Aus der Analyse der Lernbarkeit der Kreativität lässt sich also schließen, dass generative ML-Verfahren eine genaue Definition des Konzeptraumes oder eine große Beispielsammlung erfordern. Ersteres setzt ein hohes Maß an Domänenwissen voraus und bedingt, dass keine neuartigen Kreationen außerhalb des Lösungsraumes erschaffen werden[658]. Bei Letzterem können lediglich Kombinationen bestehender Beispiele entstehen. Dies eignet sich vor allem für die Erstellung optimierter Lösungen, da optimale Eigenschaften verschiedener Ansätze kombiniert werden können. Die Tatsache, dass Ergebnisse also lediglich aus den Beispieldaten heraus entstehen können, bestärkt die Anforderung an eine aufschlussreiche Datengrundlage, welche die nötigen Zusammenhänge und Ausprägungen für die Erstellung des Zieloutputs enthalten (A3).

[653] vgl. Meyer (Die Innovationsfähigkeit von Unternehmen), 2015, S. 60.
[654] vgl. Lucic et al. (High-Fidelity Image Generation With Fewer Labels), 2019, S. 2.
[655] vgl. Boden (Creativity and Artificial Intelligence), 1998, S. 348.
[656] vgl. Boden (Creativity and Artificial Intelligence), 1998, S. 349.
[657] vgl. Boden (Creativity and Artificial Intelligence), 1998, S. 354.
[658] vgl. Boden (Creativity and Artificial Intelligence), 1998, S. 349.

Die Analyse der Datenanforderungen hat gezeigt, dass ML-Verfahren Daten mit bestimmten Eigenschaften erfordern. Diese beeinflussen nicht nur die Eignung von ML-Verfahren für die spezifische Aufgabe, sondern vor allem auch die Wahl des Verfahrens sowie die zu erwartende Güte des Ergebnisses. Dabei ist wichtig, sowohl den Input als auch den Output von ML-Verfahren sorgfältig zu durchdenken und die vorhandene Datengrundlage auf Basis dessen realistisch zu bewerten[659,660]. Ein ML-Programm ist nur so gut wie die ihm zugeführten Daten – *garbage in, garbage out*[661]. Anwender sollten daher keine unrealistischen Erwartungen an MLS haben. Dasselbe gilt für die Anforderungen an das Lernproblem. Bei der Gestaltung von ML-Anwendungen ist ein Grundverständnis der zugrundeliegenden Zusammenhänge vorauszusetzen. Zwar muss dieses nicht wie bei statistischen Verfahren in Form von konkreten, zu prüfenden Hypothesen vorliegen, jedoch sollten sich die Anwender bewusst sein, aus welchen Daten Informationen für welchen Output extrahiert werden können. Ihrer besonderen Wichtigkeit wegen werden die Daten- und Datenmodellanforderungen im Rahmen von Kapitel 4.3.2 nicht wie in diesem Kapitel in Bezug auf die damit induzierten Fähigkeiten und Anforderungen von ML-Verfahren, sondern für MLS allgemeingültig detailliert betrachtet. Im folgenden Kapitel werden daher die hier beschriebenen Fähigkeiten und Anforderungen auf Merkmale der zu bewältigenden Herausforderungen projiziert.

### 4.2.3 Herausforderungsmerkmale für den Einsatz maschinell lernender Systeme

Nachdem die Fähigkeiten und Anforderungen von ML-Verfahren aus unterschiedlichen Perspektiven hergeleitet wurden, werden daraus konstituierende Herausforderungsmerkmale für den Einsatz MLS abgeleitet. »Etwas konstituieren« ist ein Synonym für »etwas begründen«, in diesem Fall also den Einsatz von ML begründend[662].

Konstituierende Herausforderungsmerkmale für den Einsatz MLS sind diejenigen Merkmale eines Problems der realen Welt, die für etablierte Lösungswerkzeuge besonders fordernd sind und den Einsatz von ML-Verfahren aufgrund ihrer Fähigkeiten als geeignetes Lösungswerkzeug begründen.

Entsprechend der in Kapitel 2.3.3 formulierten Definition MLS als intelligente Agenten, welche Problemstellungen durch Datenanalyse lösen, lassen sich die konstituierenden Herausforderungsmerkmale in drei verschiedene Merkmalsgruppen einteilen. Erstens: Herausforderungsmerkmale, die sich aus der *Struktur des Problems* ergeben.

---

[659] vgl. Krauß et al. (Maschinelles Lernen in der Produktion), 2019, S. 42.
[660] vgl. Mewald (Data), 2018.
[661] vgl. Döbel et al. (Maschinelles Lernen), 2018, S. 47.
[662] vgl. Duden (Stichwort "konstituieren"), 2020.

Zweitens: Solche, die aus den *Eigenschaften der Daten* abgeleitet werden können. Drittens: Herausforderungsmerkmale, die sich aus dem *Handeln MLS als autonome Agenten* ergeben. Um eine universelle Anwendbarkeit des Modells zu gewährleisten, gilt der Anspruch einer domänenunabhängigen Aussagekraft der Herausforderungsmerkmale. Darüber hinaus sollen die Merkmale spezifisch für ML sein, d. h. sie stellen keine allgemeinen charakteristischen Merkmale für die Anwendung von Datenanalyse dar, sondern diejenigen, die ML von etablierten Datenanalyseverfahren unterscheidet.

**Struktur des Problems**

Die Lösung eines Problems ist die Überführung eines unerwünschten Ausgangszustands in einen erwünschten Zielzustand über einen Lösungsweg. Typischerweise unterliegt die Lösung eines Problems einer bestimmten Logik, welche diesen Lösungsweg zum erwünschten Zielzustand bestimmt. Diese Logik kann in Form von Modellen dargestellt werden.[663] Im Fall vollkommen verstandener Logik kann der Lösungsweg deterministisch bestimmt werden. Sind z. B. bei einer Vorhersageaufgabe die kausalen Zusammenhänge zwischen Eingangs- und Ausgangsgröße sicher und bekannt, so kann der Vorhersagewert mittels statistischer Regression genau bestimmt werden[664]. Das statistische Modell bildet die zugrundeliegende Logik der Zusammenhänge dann zufriedenstellend ab. Ebenso kann ein Agent, der ausschließlich bekannte Aktionen ausführen soll, bei gleichzeitiger Bekanntheit aller Auslöser für die Ausführung explizit programmiert werden und ML ist nicht nötig. In Kapitel 4.2.2 wurde gezeigt, dass ML-Verfahren selbstständig Zusammenhänge erkennen und Hypothesen aufstellen können. Daher bieten sich (fortgeschrittene) ML-Verfahren an, wenn komplexe Wirkzusammenhänge der Herausforderung weder beschreibbar noch verstanden sind.

Herausforderungsmerkmal (HM) 1.1: Die zugrundeliegende Logik der Herausforderung ist unbekannt oder nicht verstanden.

Wenn die zugrundeliegende Logik der Herausforderung unbekannt ist, weiß der Anwender nicht, welche Einflussgrößen die Ausgabegröße beeinflussen und in welchem Maße sie dies tun. Ausgewählte ML-Verfahren sind in der Lage, selbstständig relevante Features auszuwählen, geeignete Modelle zu verwenden und dem Anwender unbekannte Muster aufzudecken (vgl. Kapitel 4.2.2). Die Logik eines Problems gilt als verstanden, wenn die kausalen Zusammenhänge zwischen Ein- und Ausgangsgrößen bekannt sind oder alle Problemlösungsschritte formuliert werden können.

---

[663] vgl. Dyckhoff; Spengler (Produktionswirtschaft), 2010, S. 37 f.

[664] vgl. Backhaus et al. (Multivariate Analysemethoden), 2016, S. 64.

Zu den Herausforderungen, deren Logik nicht verstanden ist, kommen solche, deren Logik zwar grundsätzlich verstanden ist, aber deren Lösung aufgrund der Komplexität der Logik mit etablierten Datenanalyseverfahren nicht praktikabel ist. Sind diese Probleme zu komplex, um sie analytisch zu beschreiben, aber ausreichend Beispieldaten vorhanden, so können ML-Verfahren zur Lösung eingesetzt werden[665].

HM1.2: Die zugrundeliegende Logik der Herausforderung ist zu komplex, um diese hinreichend explizit zu beschreiben.

Ein anschauliches Beispiel dafür sind numerische Umweltmodelle (z. B. globale Klimamodelle oder ozeanographische und atmosphärische Modelle). Sie basieren auf der Lösung zeitabhängiger, dreidimensionaler, geophysischer Fluiddynamik-Gleichungen. Die beschriebenen physikalischen Prozesse sind zwar grundlegend verstanden, aber so komplex, dass sie für eine realisierbare Simulation stark vereinfacht werden müssen. Um bestehende Modelle zu verbessern oder neue Modelle zu erstellen, können ML-Verfahren (insbesondere künstliche neuronale Netze) eingesetzt werden. Diese verwenden die vereinfachten physikalischen Prozessgleichungen in Verbindung mit empirischen Daten und Zusammenhängen und erstellen ein aussagekräftiges Modell, welches eine höhere Genauigkeit und weitaus kürzere Rechenzeiten als etablierte Berechnungsverfahren realisieren kann.[666] Äußern kann sich eine hohe Komplexität dabei z. B. durch unzureichende Rechenkapazitäten für einen deterministischen Ansatz oder nicht zu rechtfertigenden Aufwand in der Programmierung.

Bei der Entwicklung MLS können üblicherweise genauso wenig alle möglichen Szenarien wie langfristigen Veränderungen (z. B. in Bezug auf die Umwelt) vorhergesehen werden. Daher muss sich das System flexibel an Veränderungen anpassen können. Dies ermöglichen MLS durch ihren autoadaptiven Charakter (vgl. Kapitel 4.2.2)[667].

HM1.3: Die die Logik der Lösung beeinflussenden Umstände entwickeln sich langsam im Zeitverlauf.

Aufgrund der Stationaritätsanforderung (vgl. Kapitel 4.2.2) ist eine langsame Änderung der Zustände Voraussetzung dafür, dass MLS sich den Entwicklungen anpassen können. Bei abrupten Änderungen sind die Trainingsdaten nicht mehr mit den neuen Eingabedaten vergleichbar und können daher keine korrekten Ergebnisse erzeugen. Aufgrund des Black Box-Charakters von ML wurde in Kapitel 4.2.2 gezeigt, dass MLS sich

[665] vgl. Döbel et al. (Maschinelles Lernen), 2018, S. 9.
[666] vgl. Krasnopolsky; Fox-Rabinovitz (Complex Hybrid Models Combining Deterministic and Machine Learning Components for Numerical Climate Modeling and Weather Prediction), 2006, 122.
[667] vgl. Wüst et al. (Machine Learning in Manufacturing), 2016, S. 27.

im Gegensatz zu statistischen Verfahren besonders eignen, wenn primär die Genauigkeit der Vorhersage und nicht die Interpretierbarkeit und Nachvollziehbarkeit der Ergebnisse im Vordergrund steht. Das bedeutet, dass die Lösung relevant ist und weniger der Prozess, durch den die Lösung erreicht wird[668].

HM1.4: Die Herausforderung benötigt keine Erklärung des Lösungsweges für die getroffenen Entscheidungen.

Wie in Kapitel 4.2.2 beschrieben, müssen für das Erzielen sinnvoller Ergebnisse mit ML Muster innerhalb der Eingabedaten vorhanden sein. Es wurde ebenfalls gezeigt, dass MLS keine echte Kreativität ausüben können. Daher sind also lediglich Neukombinationen der historischen Beispiele realisierbar.

HM1.5: Die Herausforderungslösung ergibt sich unmittelbar aus erfassbaren Daten.

Voraussetzung dabei ist, dass die mit der Logik in Verbindung stehenden Daten erfassbar oder bereits vorhanden sind. Im einfachsten Fall sind die benötigten Daten bereits in einer verfügbaren Datenbank in einem einheitlichen Format vorhanden. Aufwendiger dagegen ist der Prozess, wenn zusätzliche Sensoren, Kameras o. Ä. installiert werden müssen, um die relevanten Daten zunächst aufzuzeichnen.[669] Hierfür müssen die Daten erfassbar sein, d. h. technologisch mit vertretbarem Aufwand ermittelbar sein. Ein Beispiel dafür ist das Erlernen einer Funktion, die klar definierte Eingabedaten auf Ausgabedaten abbildet. Dieses Beispiel verdeutlicht die Unmittelbarkeit der Lösungserschließung aus den Daten. ML-Verfahren eignen sich, um empirisch Assoziationen aus Daten zu schließen. Den Aufbau längerer logischer Ketten mithilfe von Kontextwissen oder »gesundem Menschenverstand« können MLS nicht leisten.[670]

In Kapitel 4.2.2 wurde ebenfalls gezeigt, dass ML-Verfahren sich nur dann verbessern können, wenn dem System ein Leistungsmaß in Form eines Feedbacks zugeführt wird. Auf die Anwendung übertragen bedeutet dies, dass das Problem ein konkretes, zu optimierendes Gütekriterium aufweisen muss. Dies ist bei überwachten Lernverfahren typischerweise die Genauigkeit der Vorhersage. Unüberwachte Verfahren sind meist Teil eines Analyseprozesses, in dem letztlich überwachte Verfahren angewendet werden. Sie können daher über die Leistung des überwachten Verfahrens bewertet werden.[671] ML-Verfahren sind im Gegensatz zu etablierten Datenanalyseverfahren insbe-

[668] vgl. Brynjolfsson; Mitchell (Supplementary Materials for What Can Machine Learning Do?), 2017, S. 5.
[669] vgl. Brynjolfsson; Mitchell (Supplementary Materials for What Can Machine Learning Do?), 2017, S. 3.
[670] vgl. Brynjolfsson; Mitchell (What Can Machine Learning Do), 2017, S. 1532.
[671] vgl. Cross Validated (Performance Metrics to Evaluate Unsupervised Learning), 2013.

sondere dann geeignet, wenn ein definiertes Ziel beschrieben werden kann, der Prozess zur Zielerreichung aber unbekannt ist. Dabei ist zu beachten, dass nicht die Leistung einzelner Teilprozesse erfasst und optimiert wird, sondern eine Metrik zur Bewertung des Erfüllungsgrades des übergreifenden Ziels.[672]

HM1.6: Die Herausforderung weist ein konkretes, messbares Ziel auf.

Damit das Gütekriterium dem MLS im Datenformat zugeführt werden kann, muss es messbar sein. Das bedeutet, dass z. B. ein unspezifischer, potenziell *»besserer«* Zustand der Zukunft kein geeignetes Gütekriterium eines MLS ist.

Tabelle 4-11 fasst die Herausforderungsmerkmale zusammen, die sich aus der Problemstruktur ergeben. Für jedes Merkmal ist beschrieben, an welcher Stelle etablierte Datenanalyseverfahren an ihre Grenzen kommen und welcher Aspekt MLS dbzgl. relevant ist bzw. welche Fähigkeit oder Anforderung das Merkmal begründet. Die Tabelle dient der besseren Übersicht der erarbeiteten Inhalte und darf als Zusammenfassung der im obigen Text geführten Argumentation verstanden werden.

**Tabelle 4-11: Herausforderungsmerkmale der Struktur des Problems**

| Merkmal | | Fordernder Aspekt | Basis |
|---|---|---|---|
| HM1.1 | Die zugrundeliegende Logik der Herausforderung ist unbekannt oder nicht verstanden. | Die für etablierte Datenanalyseverfahren benötigten Hypothesen über Zusammenhänge sind unbekannt oder die Lösung kann nicht in expliziten Schritten ausgedrückt werden. | F2 |
| HM1.2 | Die zugrundeliegende Logik der Herausforderung ist zu komplex, um diese hinreichend explizit zu beschreiben. | Etablierte Datenanalyseverfahren sind für die Problemlösung zu (rechen)aufwendig. | F2 |
| HM1.3 | Die die Logik der Lösung beeinflussenden Umstände entwickeln sich langsam im Zeitverlauf. | Bei etablierten Datenanalyseverfahren erfordert die Anpassung an sich ändernde Umstände die Aktion eines Menschen. | F3, F3.1 |
| HM1.4 | Die Herausforderung benötigt keine Erklärung des Lösungsweges für die getroffenen Entscheidungen. | Die Herausforderung benötigt eine genauere Lösung, als dies durch Vereinfachung komplexer kausaler Zusammenhänge möglich ist. | F1 |
| HM1.5 | Die Herausforderungslösung ergibt sich unmittelbar aus erfassbaren Daten. | Die Betrachtung mit etablierten Datenanalyseverfahren ist nicht möglich, da Zusammenhänge zu komplex oder unbekannt sind. | A3 |

[672] vgl. Brynjolfsson; Mitchell (What Can Machine Learning Do), 2017, S. 1532.

| Merkmal | | Fordernder Aspekt | Basis |
|---|---|---|---|
| HM1.6 | Die Herausforderung weist ein konkretes, messbares Ziel auf. | Es ist ein übergeordnetes Ziel vorgegeben, welches von verschiedenen untergeordneten Einflussgrößen abhängt, deren einzelne Relevanz unbekannt ist. | A4 |

**Big Data Eigenschaften**

In Kapitel 4.2.2 wurde gezeigt, dass MLS insbesondere für die Verarbeitung von Big Data geeignet sind und etablierte Datenanalyseverfahren hier nur eingeschränkt Ergebnisse liefern können. Die Eignung zur Verarbeitung von Big Data ist auf zwei Fähigkeiten zurückzuführen. Erstens ermöglichen (fortgeschrittene) ML-Verfahren die Analyse hochdimensionaler Datensätze bei relativ vertretbarem Aufwand[673]. Zweitens ermöglichen sie den Umgang mit unsauberen und unstrukturierten Daten. Mediale Daten (u. a. Text-, Bild-, Video- und Audio-Daten) sind per se unstrukturiert. Diese Daten erfordern aufgrund ihrer komplexen, multidimensionalen Natur ML-Verfahren, die eine effiziente Verarbeitung ermöglichen[674].

HM2.1: Die Herausforderung erfordert die Verarbeitung medialer Daten (Text, Bild, Audio, Video).

Kapitel 4.2.2 beschreibt außerdem die Fähigkeit von ML-Verfahren, unstrukturierte Daten aus verschiedenen Quellen zur Problemlösung kombinieren zu können[675,676]. Dies ist speziell beim Transfer bzw. Multi-task Learning der Fall[677].

**HM2.2: Daten einer Vielzahl unterschiedlicher Quellen in unterschiedlichen Formaten müssen zur Problemlösung miteinbezogen werden.**

Beispiele der Verarbeitung von Daten einer Vielzahl unterschiedlicher Quellen sind Anwendungen zur Verarbeitung multisensorischen Inputs (z. B. Smart City Anwendungen).[678,679] Oder auch die Exploration umfangreicher Wissensdatenbanken (z. B. Unternehmensdatenbanken, Internetseiten oder Textdatenbanken).[680,681] Die Fähigkeit, unstrukturierte und unsaubere Daten zu verarbeiten, lässt die Folgerung zu, dass

[673] vgl. Wüst et al. (Machine Learning in Manufacturing), 2016, S. 27.
[674] vgl. Chui et al. (Notes From the AI Frontier), 2018, S. 14.
[675] vgl. Iqbal et al. (Big Data Analytics), 2018, S. 10 ff.
[676] vgl. Zhou et al. (Machine Learning on Big Data: Opportunities and Challenges), 2017, S. 17.
[677] vgl. Ding et al. (Incomplete Multisource Transfer Learning), 2018, S. 12.
[678] vgl. Chui et al. (Notes From the AI Frontier), 2018, S. 7 f.
[679] vgl. Iqbal et al. (Big Data Analytics), 2018, S. 11 ff.
[680] vgl. Russom (Big Data Analytics), 2011, S. 5 f.
[681] vgl. Clegg (The Impact of Machine Learning on Unstructured Data), 2019.

keine für die spezifische Anwendung konzipierte Datenerhebung zwingend ist – im Gegensatz zu statistischen Verfahren im Rahmen kontrollierter Studien[682]. MLS können auch mit unsauberen, unstrukturierten, sekundär erfassten Rohdaten umgehen[683].

HM2.3: Die verfügbaren Daten wurden nicht explizit für die spezifische Aufgabe erhoben, sondern sind bereits existierende (Roh-)Daten.

Ein typisches Beispiel für die Verarbeitung nicht explizit für eine spezifische Aufgabe erhobener Daten ist Data Mining, welches in der Regel auf Daten angewendet wird, die zu einem anderen Zweck als zur Mustererkennung erhoben wurden[684]. Auch Fertigungsanlagen sammeln eine Vielzahl an Maschinendaten, die z. B. zur prädiktiven Wartung oder zur Prozesskontrolle mittels ML genutzt werden können[685].

Nicht zuletzt muss der wichtige Aspekt der Datenmenge betrachtet werden. Bereits mehrmals wurde beschrieben, dass ausreichende Mengen an Trainingsdaten für ML-Verfahren essenziell sind (vgl. Kapitel 4.2.2).

HM2.4: Die Herausforderung muss eine hinreichend große Datengrundlage bieten.

Herausforderungen erscheinen oft nicht unmittelbar als datenbasiertes Problem. Sie weisen z. B. nicht direkt eine ausreichende Datengrundlage auf. Oft müssen Daten zusätzlich erhoben und dafür notwendige Sensoren erst appliziert werden. Da es sich um beiläufig erfasste Rohdaten handelt bzw. die Datenerfassung noch nicht stattgefunden hat, ist die Qualität und nutzbare Menge der vorhandenen Daten unbekannt. In diesem Fall können nachfolgende Indikatoren herangezogen werden, die Aufschluss darüber geben, ob genug relevante Daten gesammelt werden und MLS für eine bestimmte Problemstellung eingesetzt werden können:

- Wiederholung: Für den Fall, dass ein Prozess mittels ML optimiert werden soll, ist es wichtig, dass dieser eine hohe Wiederholungsrate aufweist. Ein Prozessschritt der Massenfertigung eignet sich z. B. für den Einsatz MLS zur Qualitätskontrolle, da viele Beispiele zum Trainieren des Vorhersagemodells zur Verfügung stehen, wohingegen in der Einzelteilfertigung nicht genügend Beispiele existieren, um signifikante Zusammenhänge zwischen Prozessparametern und Produktqualität herzustellen. Daher sind repetitive Aufgaben,

682 vgl. Fahrmeir et al. (Statistik), 2016, S. 21.
683 vgl. Wüst et al. (Machine Learning in Manufacturing), 2016, S. 27.
684 vgl. Hand (Principles of Data Mining), 2007, S. 621.
685 vgl. Krauß et al. (Maschinelles Lernen in der Produktion), 2019, S. 40.

die wiederholt in der gleichen Art und Weise durchgeführt werden, für die Optimierung mittels ML-Verfahren geeignet[686].

- Zahlreiche Beispiele: Dieser Argumentation folgend ist es auch ausreichend, wenn eine große Menge an exemplarischen Input-Output-Paaren existiert, jedoch nicht unbedingt ein repetitiver Prozess betroffen ist. Bspw. kann das Nutzerverhalten mithilfe von ML-Verfahren modelliert werden. Dies erfordert offensichtlich eine große Menge an auswertbaren Daten, hier also eine große Menge beobachtbarer Nutzer[687].
- Ähnliche Aufgaben vorhanden: Ein weiteres Anwendungsszenario entsteht, wenn bereits ähnliche Herausforderungen überwunden wurden und existierende ML-Modelle wiederverwendet werden können. Beim Transfer Learning kann das Wissen existierender Anwendungen auf neue übertragen werden (z. B. bei der Klassifizierung von Produktrezensionen) (vgl. Kapitel A.1). Bei einem neuen Produkt sind für eine leistungsfähige Klassifikation in positive und negative Bewertungen möglicherweise nicht genügend Rezensionen vorhanden, um eine automatische Einteilung mittels ML zu ermöglichen. In diesem Fall können semantische Repräsentationen eines ML-Modells übernommen und angepasst werden. Diese wurden bereits für andere Produkte vortrainiert und können auch in der neuen Anwendung gute Ergebnisse erzielen.[688] Demnach sind ähnliche ML-Anwendungen nicht nur nützlich, um sich daran für die Gestaltung des MLS zu orientieren, sondern auch, um direkt Modellteile oder Wissensrepräsentationen zu übernehmen.

Das letzte, sich aus den Dateneigenschaften ergebende Merkmal betrifft die Darstellung der Eingabemerkmale in einem maschinenlesbaren Format. Bei manchen Aufgaben ist eine eindeutige Identifikation bestimmter Eingabe- und Ausgabewerte schwierig (z. B. Emotionen oder abstrakte Konzepte).[689] Aufgaben, die eine Arbeit mit dieser Art von Merkmalen erfordern, müssen weiterhin von Menschen ausgeführt werden.

HM2.5: Die Merkmale der Herausforderung müssen in maschinenlesbarer Form als Eingabedaten für das MLS darstellbar sein.

Tabelle 4-12 stellt zusammenfassend die Herausforderungsmerkmale dar, welche sich aus den Dateneigenschaften ableiten.

---

[686] vgl. Brynjolfsson; Mitchell (Supplementary Materials for What Can Machine Learning Do?), 2017, S. 4.

[687] vgl. Webb et al. (Machine Learning for User Modeling), 2001, S. 19 ff.

[688] vgl. Pan; Yang (A Survey on Transfer Learning), 2010, S. 1345.

[689] vgl. Brynjolfsson; Mitchell (Supplementary Materials for What Can Machine Learning Do?), 2017, S. 3.

**Tabelle 4-12: Herausforderungsmerkmale der Dateneigenschaften**

| Merkmal | | Fordernder Aspekt | Basis |
|---|---|---|---|
| HM2.1 | Die Herausforderung erfordert die Verarbeitung medialer Daten (Text, Bild, Audio, Video). | Mediale Daten sind hochdimensional und unstrukturiert, weshalb die manuelle Bestimmung relevanter Merkmale nicht möglich ist. | F4.1, F4.2 |
| HM2.2 | Daten einer Vielzahl unterschiedlicher Quellen in unterschiedlichen Formaten müssen zur Problemlösung miteinbezogen werden. | Etablierte Datenanalyseverfahren erfordern einheitlich formatierte und strukturierte Daten. | F4.1, F4.2 |
| HM2.3 | Die verfügbaren Daten wurden nicht explizit für die spezifische Aufgabe erhoben, sondern sind bereits existierende (Roh-)Daten. | Daten, die nicht systematisch für den spezifischen Analysezweck erhoben wurden, sind i. d. R. unsauber und weisen viele unrelevante Merkmale auf. | F4.2, F4.3, F4.4 |
| HM2.4 | Die Herausforderung muss eine hinreichend große Datengrundlage bieten. | Die Bearbeitung großer Datensätze erfordert robuste Methoden zur Vorverarbeitung und Dimensionsreduktion. | A1 |
| HM2.5 | Die Merkmale der Herausforderung müssen in maschinenlesbarer Form als Eingabedaten für das MLS darstellbar sein. | Merkmale einer Herausforderung sind noch nicht in Datenform vorhanden. | A2 |

### MLS als autonomer Agent

Die dritte Kategorie der für ML geeigneten Herausforderungen bilden diejenigen, die einen autonomen Agenten für ihre Lösung benötigen. Gegenwärtig werden diese Aufgaben meist durch Menschen ausgeführt – MLS bieten jedoch die Möglichkeit, diesen Prozess zu automatisieren (vgl. Kapitel 4.2.2). Allerdings erfordern auch über menschliche Fähigkeiten hinausgehende Aufgaben autonomes Handeln[690].

Ein Agent nimmt seine Umgebung wahr und interagiert mit dieser. Die Wahrnehmung der Umwelt ist für MLS daher wichtig und wird auch als der Input verstanden, den das System mittels Sensoren erfährt.[691] Auf diesen Eingabedaten aufbauend werden Merkmale erstellt, welche Zusammenhänge der realen Welt widerspiegeln können (vgl. Kapitel 2.3.3). Diese können durch MLS aufgedeckt werden und bilden die Grundlage für die Aktionen des Agenten. Die Wahrnehmung der Umwelt geschieht z. B. mittels Bildverarbeitung oder Sprachverarbeitung (beides basiert auf ML; vgl. Kapitel 2.3.2) oder

[690] vgl. Shalev-Shwartz; Ben-David (Understanding Machine Learning), 2014, S. 21 f.
[691] vgl. Russell; Norvig (Artificial Intelligence), 2010, S. 31.

eigens für bestimmte Sensoren entwickelter ML-Anwendungen. Es lässt sich folgern, dass ML-Anwendungen die Fähigkeit besitzen, Merkmale aus der realen Umwelt zu extrahieren.

HM3.1: Die Lösung der Herausforderung erfordert die Perzeption realer Merkmale der Umwelt.

Exemplarisch hierfür sind autonome Fahrzeuge, welche durch Kameras und Sensoren ihre Umgebung wahrnehmen, um den optimalen Fahrtverlauf zu modellieren[692].

Des Weiteren ermöglichen robuste Verfahren zur Datenvorverarbeitung MLS eine schnelle und effektive autonome Verarbeitung eingehender Datenströme[693]. Der komplette Datenverarbeitungsprozess kann in bestimmten ML-Anwendungen automatisch geschehen (vgl. Kapitel 4.2.2). Dies ermöglicht es MLS, Aufgaben auszuführen, die eine unmittelbare Entscheidung auf Basis von Daten erfordern.

HM3.2: Die Herausforderung erfordert Ad hoc-Entscheidungen.

Charakteristisch für diese Ad hoc-Entscheidungen ist, dass sich die zugrundeliegende Logik während der Einsatzphase des Systems weiterentwickelt. Dabei können MLS kontinuierlich korrekte Ergebnisse liefern, ohne durch den Anwender angepasst werden zu müssen. Beispiele für Anwendungen, die Ad hoc-Entscheidungen benötigen, sind die Navigation autonomer Fahrzeuge oder die umgehende Reaktion auf Kundenanfragen von Chatbots.[694,695]

Letztlich lässt sich die Interaktionsfähigkeit MLS aus den genannten HM3.1 und HM3.2 schließen. Für Interaktion ist zum einen i. d. R. die Verarbeitung medialer Daten notwendig (z. B. zur Perzeption der Umwelt). Zum anderen müssen Entscheidungen instantan getroffen werden, um einen reibungslosen Ablauf zu gewährleisten.

HM3.3: Die Herausforderung erfordert die Interaktion mit anderen Agenten.

---

[692] vgl. Levinson et al. (Towards Fully Autonomous Driving), 2011, S. 163.

[693] vgl. Iqbal et al. (Big Data Analytics), 2018, S. 4 ff.

[694] vgl. Bauer et al. (Smartening up with Artificial Intelligence), 2017, S. 8.

[695] vgl. Bauer et al. (Künstliche Intelligenz in der Unternehmenspraxis), 2019, S. 33.

Technisch möglich sind z. B. Multi-Robotik-Anwendungen, bei denen mehreren Robotern geeignetes Verhalten antrainiert wird, um kooperativ Aufgaben zu erledigen[696,697]. Darüber hinaus interagieren virtuelle Assistenten wie Amazons Alexa über eine Spracherkennungsschnittstelle mit Anwendern und beantworten deren Fragen[698].

Tabelle 4-13 stellt zusammenfassend die Herausforderungsmerkmale dar, welche sich aus der Eigenschaft eines autonomen Agenten ableiten lassen.

**Tabelle 4-13: Herausforderungsmerkmale autonomer Agenten**

| Merkmal | | Fordernder Aspekt | Basis |
|---|---|---|---|
| HM3.1 | Die Lösung der Herausforderung erfordert die Perzeption realer Merkmale der Umwelt. | Die Wahrnehmung der Umwelt erfordert die Verarbeitung medialer Daten sowie den Umgang mit unvollständigen Informationen. | F4.1, F4.2 |
| HM3.2 | Die Herausforderung erfordert Ad hoc-Entscheidungen. | Die instantane Datenverarbeitung und Schlussfolgerung zielbringender Entscheidungen für neue Situationen ist mit etablierten Datenanalyseverfahren nicht realisierbar. | F3, F4.1, F4.2 |
| HM3.3 | Die Herausforderung erfordert die Interaktion mit anderen Agenten. | Die Interaktion mit anderen Agenten erfordert die Perzeption der Umwelt und das Treffen von Ad hoc-Entscheidungen. | F3, F4.1, F4.2 |

Die Zuordnung von Herausforderungs- und Systemdimension im abschließenden Lösungskapitel 4.4.1 verfolgt das Ziel, die Eignung einer *Applikation MLS für Herausforderungen der vernetzten, adaptiven Produktion* zu bestimmen. Dafür werden Kombinationen von Herausforderungstypen der vernetzten, adaptiven Produktion (vgl. Kapitel 4.1.3) und Typen MLS (vgl. Kapitel 4.3.3) identifiziert, in welchen die Herausforderung durch MLS bewältigt werden kann. Dazu werden Herausforderungsmerkmale herangezogen, die allgemein einen erfolgreichen Einsatz MLS begründen. Basierend auf der Annahme, dass Herausforderungen für die Eignung einer Applikation MLS bestimmte Charakteristika aufweisen müssen, wurden in diesem Kapitel konstituierende Merkmale entwickelt, die den erfolgreichen Einsatz MLS zur Bewältigung von Herausforderungen beschreiben.

[696] vgl. Ippolito (Game Theory in Artificial Intelligence), 2019.
[697] vgl. Liu et al. (Multi-Robot Concurrent Learning in Museum Problem), 2007.
[698] vgl. Nushi (How to Build Effective Human-AI Interaction), 2020.

### 4.2.4 Zwischenfazit zur Spezifikation konstituierender Herausforderungsmerkmale maschinell lernender Systeme

Das Ziel dieses Kapitels war die Spezifikation konstituierender Herausforderungsmerkmale MLS. Im Rahmen der Auseinandersetzung wurden die Unterschiede zwischen etablierten Datenanalyseverfahren, einfachen sowie fortgeschrittenen ML-Verfahren dargelegt. Erstmals wurde dies systematisch entsprechend einer Gruppe definierter Kriterien vorgenommen. Zusammengefasst zeichnen sich etablierte Datenanalyseverfahren aus dem Bereich der Statistik durch die Nutzung konkreter Modelle zur Beschreibung des Sachverhaltes aus. ML-Verfahren dagegen automatisieren diesen Prozess. So ist die Nachbildung komplexer Zusammenhänge möglich, ohne diese durch ein explizites Modell zu beschreiben. Die Anwendungseigenschaften von Datenanalyseverfahren sind vielseitig und daher für Laien oft schwierig vollumfänglich zu erfassen. Gleichzeitig ist das Verständnis der unterschiedlichen Charakteristika notwendig, um Einsatzmöglichkeiten korrekt zu identifizieren und sie mit den geeigneten Lösungswerkzeugen zu bearbeiten. Dieser Logik folgend konnten aus den identifizierten Bündeln an Fähigkeiten und Anforderungen der (fortgeschrittenen) ML-Verfahren Merkmale der Herausforderungen gefolgert werden. Bei Vorliegen dieser Merkmale ist der Einsatz von ML-Verfahren als grundsätzlich sinnvoll zu bewerten. Auf diese Weise gelang die Projektion der Eigenschaften von ML auf die Merkmale der Herausforderung und gleichzeitig die praxisnahe Darstellung der ML-Eigenschaften. Die in diesem Kapitel entwickelten Herausforderungsmerkmale leisten einen wichtigen Beitrag zur Identifikation neuer Herausforderungen für MLS. Die beschriebenen Herausforderungsmerkmale erleichtern es Unternehmen, die Eignung MLS als vielversprechendes Lösungswerkzeug für Herausforderungen zu evaluieren. Im nächsten Schritt wird dafür das komplexe technologische Profil MLS aus praktischer Perspektive neu interpretiert.

Bei der Entwicklung dieses Teilmodells wären auch alternative Lösungsmöglichkeiten denkbar gewesen. Ein breiter gewählter Analyseansatz zur Ableitung der Potenziale von Datenanalyseverfahren im Allgemeinen wäre z. B. ebenfalls von grundsätzlichem Interesse gewesen. Im Rahmen vorliegender Arbeit war es jedoch besonders spannend zu verstehen, was ML am Ende wirklich mehr zu leisten vermag als etablierte Datenanalyseverfahren. Um dies herauszufinden, mussten ML-Verfahren zunächst möglichst genau von etablierten Datenanalyseverfahren abgegrenzt werden. Darüber hinaus wäre es auch möglich gewesen, die Analyse bereits auf der Ebene der Fähigkeiten und Anforderungen von ML-Verfahren zu beenden und auf die Ableitung spezifischer Merkmale der Herausforderung, die einen Einsatz MLS konstituieren, zu verzichten. Ohne diese spezifischen Merkmale der Herausforderung hätte dem Modell jedoch der

Bezug zu den Technologieeigenschaften im Produktionskontext gefehlt und die Verknüpfung MLS mit ihren spezifischen Eigenschaften und den Herausforderungen der vernetzten, adaptiven Produktion wäre im letzten Schritt nicht realisierbar gewesen.

## 4.3 Charakterisierung maschinell lernender Systeme

Obwohl ML in der Wissenschaft bereits sehr gut erforscht und beschrieben ist, stellt es für produzierende Unternehmen häufig noch immer eine unbekannte und unerprobte Technologie dar[699]. Bisherigen wissenschaftlichen Arbeiten fehlt eine umfassende Analyse erfolgreich implementierter MLS im Produktionskontext und ihrer Eigenschaften. Es wurden bereits eine Vielzahl theoretischer ML-Lösungen für Anwendungsfälle in der Produktion entwickelt, jedoch nicht systematisch verglichen, aggregiert und abstrahiert. In Ermangelung einer ausreichenden Berücksichtigung der Besonderheiten der vernetzten, adaptiven Produktion bleibt der Übertrag der allgemein bekannten Potenziale MLS in diesen Anwendungskontext aus. Vorliegende Arbeit widmet sich daher dem systematischen Vergleich erfolgreich implementierter Lösungen und schließt aus der Kenntnis der Eigenschaften der Technologie auf ihre grundlegenden Unterschiede und Potenziale.

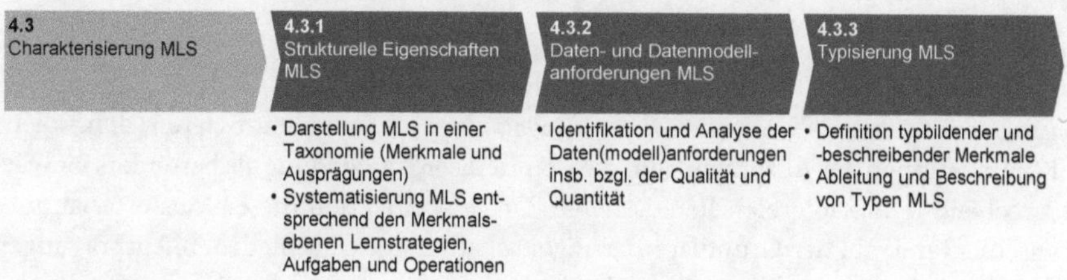


**Abbildung 4-10: Charakterisierung maschinell lernender Systeme**

Das Ziel dieses Kapitels ist es daher, MLS in der Form eines Beschreibungsmodells zu charakterisieren. Dafür wird, wie in Abbildung 4-10 dargestellt, zunächst eine Taxonomie zur Beschreibung MLS entwickelt und die Eigenschaften MLS entsprechend relevanten Merkmalsebenen und Ausprägungen aufgezeigt (Kapitel 4.3.1) sowie Daten- und Datenmodellanforderungen MLS hergeleitet (Kapitel 4.3.2). Aus den Eigenschaften der Technologie und den wichtigen Randbedingungen für ihre Applikation wer-

[699] vgl. Böttcher et al. (Machine Learning in deutschen Unternehmen), 2018.

den abschließend verschiedene Typen MLS identifiziert. Damit wird die Systemdimension vorliegender Arbeit systematisiert und die Potenziale MLS differenziert erfasst (Kapitel 4.3.3).

### 4.3.1 Strukturelle Eigenschaften maschinell lernender Systeme

MLS sind als ein Bündel verschiedener Technologien bestehend aus verschiedenen Merkmalsebenen und zugehörigen Ausprägungen zu verstehen[700]. Technologierahmen (Engl.: *framework*) definieren die Merkmalsebenen und erlauben eine strukturierte Analyse verschiedener Anwendungsfälle sowie die Identifikation der relevantesten Ausprägungen je Merkmalsebene (vgl. Abbildung 4-11).

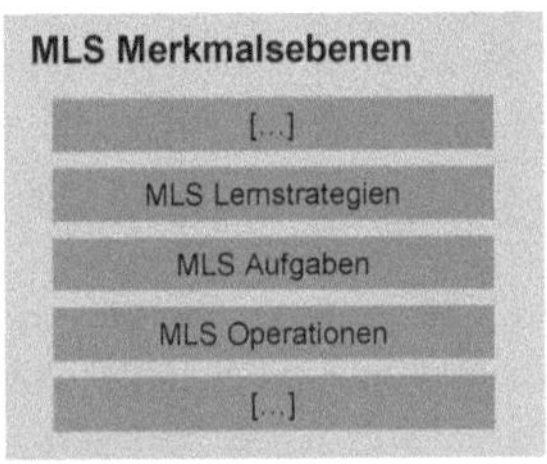


**Abbildung 4-11: Taxonomie maschinell lernender Systeme[701]**

Einerseits bietet ein Technologierahmen die Möglichkeit, auf Basis der Zusammensetzung spezifischer Technologien Gestaltungsmuster MLS zu identifizieren, d. h. solche Kombinationen der Ausprägungen, die sich in ihrer Anwendung als besonders vielversprechend und erfolgreich herausstellen. Die Identifikation dieser Muster erlaubt es anschließend, auf der Grundlage der Eigenschaften der verschiedenen Ausprägungen spezifische Daten- und Datenmodellanforderungen sowie praxisorientierte Technologiepotenziale zu identifizieren. Dieses Vorgehen muss allerdings für jedes identifizierte Gestaltungsmuster individuell durchlaufen werden.[702] Andererseits bietet ein Technologierahmen auch die für vorliegende Arbeit bedeutendere Möglichkeit, die technologischen Eigenschaften MLS leicht und transparent zu erschließen (vgl. Kapitel 4.3.1). Darauf aufbauend können allgemeine Daten- und Datenmodellanforderungen (als wichtigste Randbedingung für eine erfolgreiche Applikation MLS) identifiziert werden

---

[700] vgl. Schuh; Scholz (Development of a Framework for the Systematic Identification of AI Application Patterns in the Manufacturing Industry), 2019, S. 1.

[701] vgl. Schuh; Scholz (Development of a Framework for the Systematic Identification of AI Application Patterns in the Manufacturing Industry), 2019, S. 6.

[702] vgl. Schuh et al. (Identifying and Analyzing Data Model Requirements and Technology Potentials of Machine Learning Systems in the Manufacturing Industry of the Future), 2020, S. 4 ff.

(vgl. Kapitel 4.3.2). Abschließend können aus Eigenschaften sowie Daten- und Datenmodellanforderungen die generischen Potenziale in Form von Typen MLS abgeleitet werden (vgl. Kapitel 4.3.3). Die wesentlichen Grundlagen für nachfolgende Ausführungen zu den verschiedenen Merkmalsebenen und zugehörigen Ausprägungen wurden in dieser oder ähnlicher Form bereits weitgehend in den Kapiteln 2.2 und 4.2 beschrieben. Ihrer allgemeinen – und für nachfolgende Abschnitte speziellen – Wichtigkeit wegen werden sie hier zusammenfassend wiederholt.

Lernstrategien MLS beziehen sich auf die Fähigkeit, aus Daten zu lernen – ähnlich wie Menschen oder Tiere aus Erfahrungen lernen[703]. Wie bereits in Kapitel 2.3.4 beschrieben, gibt es drei Haupttypen von Lernstrategien, nämlich Supervised Learning, Unsupervised Learning und Reinforcement Learning[704]. Supervised Learning basiert auf gelabelten Inputs und vordefinierten Zielwerten[705]. Unsupervised Learning basiert auf nicht gelabelten Eingabedaten, undefinierten Ausgabedaten und verzichtet auf das Eingreifen eines Aufsichtsführenden[706]. Reinforcement Learning ist ein iterativer Prozess, der mögliche Wege zur Lösung von Aufgaben selbstständig testet. Abhängig vom Ergebnis werden die Ausgangsdaten entweder durch Bestrafungen zurückgewiesen oder durch Belohnungen optimiert[707].

Aufgaben MLS (hauptsächlich Klassifikation, Regression und Clusterung) sind in der Lage, bestimmte Muster in Daten zu erkennen. Klassifizierungs- und Regressionsaufgaben basieren i. d. R. auf Supervised Learning, während Unsupervised Learning sich auf Aufgaben der Clusterung bezieht[708]. Die Klassifikation ordnet Daten zuvor definierten diskreten Kategorien zu. Die Regression beschreibt die Annäherung von Daten an eine Zielfunktion, um kontinuierliche Beziehungen zu modellieren. Clusterung identifiziert potenziell nützliche Muster, um Datengruppen (Cluster) zu erstellen (vgl. Abbildung 4-12)[709].

[703] vgl. Les; Les (Shape Understanding System), 2013, S. 9.
[704] vgl. Qiu et al. (A Survey of Machine Learning for Big Data Processing), 2016, S. 2 f.
[705] vgl. Russell; Norvig (Artificial Intelligence), 2010, 529.
[706] vgl. Ge et al. (Data Mining and Analytics in the Process Industry), 2017, S. 5.
[707] vgl. Russell; Norvig (Artificial Intelligence), 2010, S. 598.
[708] vgl. Schuh et al. (Prediction of Workpiece Quality), 2019, S. 192.
[709] vgl. Schuh et al. (Identifying and Analyzing Data Model Requirements and Technology Potentials of Machine Learning Systems in the Manufacturing Industry of the Future), 2020, S. 2.

Operationen MLS beschreiben verschiedene Analysemethoden o. g. Aufgaben. Dazu gehören Verfahren wie Entscheidungsbäume, Random Forest, Support-Vektor-Maschinen oder neuronale Netze (vgl. auch Tabelle 2-6 in Kapitel 2.3.4)[710,711]. Diese Verfahren bieten individuelle Strukturen und Anpassungen für ihre spezifische Anwendung. Bspw. bieten spezifische Formen neuronaler Netze (u. a. rekurrierende, d. h. rückgekoppelte, (RNN) oder konvolutive, d. h. gefaltete, (CNN)) individuelle Charakteristika in Bezug auf ihre Parameter, wie z. B. die Anzahl der verborgenen Schichten, Aktivierungsfunktionen oder Gewichte[712].

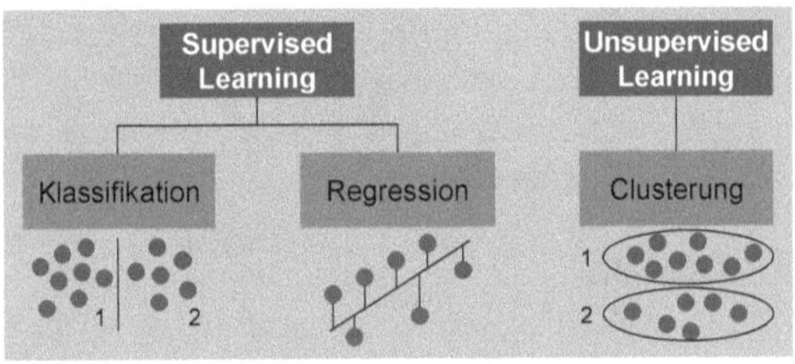


**Abbildung 4-12: Lernstrategien, Aufgaben und Operationen maschinell lernender Systeme**

Zur Identifikation der beschriebenen Merkmalsebenen und ihren Ausprägungen wurden erfolgreich applizierte und gut dokumentierte Anwendungsfälle MLS ausgewählt und analysiert. Die so identifizierten Ausprägungen stellen also die relevantesten Vertreter der entsprechenden Merkmalsebenen dar. Jedoch handelt es sich explizit nicht um eine abgeschlossene Aufzählung. Nachfolgende Tabelle 4-14 fasst die bis hierher in Textform präsentierten Ergebnisse noch einmal übersichtlich zusammen.

**Tabelle 4-14: Merkmalsebenen maschinell lernender Systeme inkl. Ausprägungen[713]**

| Merkmalsebene | Ausprägung |
|---|---|
| Lernstrategie | Supervised Learning |
| | Unsupervised Learning |
| | Reinforcement Learning |
| Aufgabe | Klassifikation |

[710] vgl. Schuh et al. (Prediction of Workpiece Quality), 2019, S. 191.

[711] vgl. Lantz (Machine Learning with R), 2013, S. 22.

[712] vgl. Wang (Artificial Neural Network), 2003, S. 81 ff.

[713] vgl. Schuh et al. (Identifying and Analyzing Data Model Requirements and Technology Potentials of Machine Learning Systems in the Manufacturing Industry of the Future), 2020, S. 4.

| Merkmalsebene | Ausprägung |
|---|---|
| | Regression |
| | Clusterung |
| Operation | Neuronale Netze |
| | Entscheidungsbäume |
| | Support-Vektor-Maschinen |
| | Random Forest |
| | Naive Bayes-Klassifikatoren |
| | Logistische Regression |

Da die verschiedenen Konzepte und Alternativen im Grundlagenkapitel 2.3 weitestgehend bereits erklärt wurden, werden an dieser Stelle lediglich die relevantesten Aspekte der Analyse zusammengefasst dargelegt.

Die Lernstrategien Supervised Learning und Unsupervised Learning finden sowohl einzeln als auch kombiniert Anwendung – Reinforcement Learning wird seltener genutzt. Supervised Learning ist die am häufigsten angewandte Lernstrategie. Es können drei verschiedene Aufgaben MLS identifiziert werden. Sie finden sowohl einzeln als auch kombiniert Anwendung – besonders in der Kombination von Clusterung und Klassifikation. In der Literatur werden verschiedene Operationen MLS beschrieben. Die populärste von ihnen sind neuronale Netze. Die identifizierten Operationen MLS werden nicht kombiniert. Diese Systematisierung der erfolgreich implementierten MLS erlaubt es, erfolgreich verwendete Gestaltungsmuster zu extrahieren und so die Reproduzierbarkeit funktionierender Lösungen für relevante Probleme zu steigern.[714] Darüber hinaus geben die identifizierten Ausprägungen weiteren Aufschluss über die Eigenschaften MLS. Durch ihre Kenntnis kann auf relevante Daten- und Datenmodellanforderungen MLS geschlossen werden. Bei der Applikation MLS stellen diese eine kritische Randbedingung dar, welche den Erfolg einer Applikation entscheidend beeinflusst. Diese werden im folgenden Kapitel 4.3.2 hergeleitet und beschrieben. Zusammen stellen die Eigenschaften sowie Daten- und Datenmodellanforderungen MLS die notwendige inhaltliche Ausgangsbasis dar, um MLS durch die Bildung von Typen in Kapitel 4.3.3 zu charakterisieren. Die Unterschiede der Typen liegen in den Eigenschaften sowie Daten- und Datenmodellanforderungen MLS begründet. Für die Abgrenzung der Typen wird auf die Eigenschaften und Anforderungen zurückgegriffen.

[714] vgl. Schuh et al. (Identifying and Analyzing Data Model Requirements and Technology Potentials of Machine Learning Systems in the Manufacturing Industry of the Future), 2020, S. 4.

### 4.3.2 Daten- und Datenmodellanforderungen maschinell lernender Systeme

Begleitend zu den beschriebenen Eigenschaften werden in diesem Kapitel Daten- und Datenmodellanforderungen MLS ebenfalls durch eine strukturierte Literaturanalyse identifiziert. Die Anforderungen stellen wichtige Randbedingungen bei der Applikation MLS dar und sind wie beschrieben für die Bildung von Typen MLS in Kapitel 4.3.3 relevant. Insgesamt werden sieben Daten- und Datenmodellanforderungen MLS identifiziert werden: *Quantität*, *Qualität*, *Normalität*, *Konvertierbarkeit*, *Unabhängigkeit*, *Linearität*, *Dimensionalität*. Diese werden nachfolgend vorgestellt und abgegrenzt.

Quantität: Die Datenmenge ist wesentlich für die Aussagekraft der erzielten Ergebnisse. Besonders große, vielfältige Datensätze enthalten wertvolle Informationen für die Durchführung der diskutierten allgemeinen Aufgaben MLS[715].

Qualität: Um optimale Ergebnisse zu erzielen, sollte die Datenqualität so hoch und anwendungsgerecht wie möglich sein[716]. Diese Anforderung ist insbesondere für die Aufgaben und Operationen MLS relevant (vgl. Kapitel 4.3.1). Um eine angemessene Datenqualität zu erreichen, müssen die Daten anwendungsfallspezifische Merkmale erfüllen. Diese Merkmale sind u. a. Konsistenz, Vollständigkeit, Aktualität und Interpretierbarkeit[717,718]. Sie wurden bereits in Tabelle 2-1 in Kapitel 2.2.2 ausführlich beschrieben.

Normalität: Existierende Datenfehler sollten normalverteilt sein. Um eine gleichbleibende Qualität der von MLS gezogenen Schlussfolgerungen zu erreichen, ist das Vermeiden von Ausreißern innerhalb eines Datensatzes von besonderer Bedeutung. Bei der Regression ist daher insbesondere *Homoskedastizität* wichtig – die Fehlervariation verschiedener Daten sollte gleichmäßig verteilt sein. Eine derartige Verteilung gewährleistet die Minimierung von Ausreißern[719].

Konvertierbarkeit: Die Entwicklung von Supervised Learning-Algorithmen erfordert eine Parameteranpassung der Daten an vordefinierte Zielwerte[720]. Dabei sollten die Daten nicht an Qualität verlieren. Falls doch, verlieren die Daten ihren Wert für eine bestimmte Anwendung[721]. Sie sollten daher in ihren Formaten, Darstellungen oder

715 vgl. Russom (Data Requirements for Machine Learning), 2018, 10.

716 vgl. Russom (Data Requirements for Machine Learning), 2018, 10.

717 vgl. Wang; Strong (Beyond Accuracy), 1996, S. 14.

718 vgl. Mertens et al. (Grundzüge der Wirtschaftsinformatik), 2017, S. 39.

719 vgl. Poole; O'Farrell (The Assumptions of the Linear Regression Model), 1971, S. 148 ff.

720 vgl. Goodfellow et al. (Deep Learning), 2016, S. 140.

721 vgl. Boyd; Crawford (Critical Questions for Big Data), 2012, S. 668 ff.

Fehlerkorrekturen modifizierbar und konvertierbar sein, ohne ihren anwendungsspezifischen Wert zu verlieren. Verwendete Methoden (z. B. Extraktions- oder Reinigungsverfahren) sollten ebenfalls nicht zu einem Verlust der Datenqualität führen[722].

Unabhängigkeit: Die verwendeten Daten sollten querschnittsmäßig erhoben werden. Im Gegensatz zur Erhebung von Daten aus wenigen Quellen über einen langen Zeitraum (Längsschnitt) ermöglicht die umfassende, einmalige Datenerhebung eine Reduzierung zeitlicher Fehler. Besonders bei der linearen Regression führt dies zu bestmöglichen Ergebnissen.[723] Die Erfüllung dieser Anforderung ermöglicht eine zeitlich unabhängige Sicht auf die Daten, welche durch Einbeziehung vieler vertrauenswürdiger Datenquellen um Datendiversität ergänzt werden kann[724].

Linearität: Die verwendeten Daten sollten lineare Beziehungen aufweisen (z. B. bei der Aufgabe Regression ist dies essenziell)[725]. Die Linearität in Formaten und Darstellungen sichert also die Durchführbarkeit verschiedener Aufgaben und Operationen MLS. Es existieren jedoch auch Aufgaben, die eine Nichtlinearität unterstützen.

Dimensionalität: Die Dimensionalität von Daten beeinflusst ihre optimale Verwendung. Eine Stärke bspw. von CNNs ist die Verarbeitung von niedrigdimensionalen Daten[726]. Diese Fähigkeit ist wichtig für die Verarbeitung von Pixeln auf Fotos oder Videos (vgl. Kapitel A.1)[727]. Entscheidungsbäume und logistische Regressionsalgorithmen nutzen in der Regel Daten niedrigerer Dimension[728,729].

Die ermittelten Anforderungen umfassen solche, die direkt die Fähigkeit MLS betreffen, bestimmte Dateneigenschaften zu unterstützen (z. B. Linearität und Dimensionalität). Sie beeinflussen hauptsächlich die Fähigkeit MLS, spezifische Daten zu verarbeiten. Qualität und Quantität dagegen sind Dateneigenschaften, die weiterführende Anforderungen stellen. Normalität, Konvertierbarkeit und Unabhängigkeit beziehen sich auf Qualität und Quantität und tragen zur anwendungsfallspezifischen Erfüllung bei.

Zusammengefasst bleibt festzustellen, dass insbesondere Linearität und Dimensionalität ihres unmittelbaren Bezugs zum Analysealgorithmus wegen bedeutend für die Ap-

[722] vgl. Jagadish et al. (Big Data and Its Technical Challenges), 2014.
[723] vgl. Poole; Mackworth (Artificial Intelligence), 2010, S. 148 ff.
[724] vgl. Russom (Data Requirements for Machine Learning), 2018, S. 4 ff.
[725] vgl. Poole; O'Farrell (The Assumptions of the Linear Regression Model), 1971, S. 145 ff.
[726] vgl. Arel et al. (Deep Machine Learning), 2010, S. 14.
[727] vgl. Goodfellow et al. (Deep Learning), 2016, S. 152.
[728] vgl. Song; Lu (Decision Tree Methods), 2015, S. 130 ff.
[729] vgl. Juarez-Orozco et al. (The Machine Learning Horizon in Cardiac Hybrid Imaging), 2018, S. 5 ff.

plikation MLS sind. Weitere Daten- und Datenmodellanforderungen – z. B. die Normalitätsanforderung an die Fehlerverteilung der Daten – haben ebenfalls einen großen Einfluss auf MLS. Sie betreffen jedoch indirekt hauptsächlich die Qualität oder Quantität der Daten und nicht die Fähigkeit MLS, bestimmte Daten oder Datenmodelle zu verarbeiten. Aus der Analyse folgt außerdem die Erkenntnis, dass die relevanten Daten- und Datenmodelleigenschaften als solche sowie die jeweils zu bevorzugende tendenzielle Ausprägung differenziert und beschrieben werden können. Jedoch ist keine explizite Beschreibung der exakten Daten- und Datenmodellanforderungen MLS möglich. Vielmehr sind diese von den spezifischen Randbedingungen einer Applikation abhängig und können nicht losgelöst von den verwendeten Analysealgorithmen, -tools und -bibliotheken betrachtet werden. Die Kapitel 4.3.1 und 4.3.2 präsentieren vielmehr eine Auswahl der wichtigsten Verfahren und Eigenschaften, die zum Grundverständnis MLS beitragen. Die detaillierte Betrachtung aller technologischen Eigenschaften und Anforderungen ist erst in der Implementierungsphase MLS notwendig und daher eine anwendungsfallspezifische Aufgabe. In ihrer Komplexität würde diese über den Rahmen vorliegender Arbeit hinausgehen. Aufgrund der Vielfalt von ML-Verfahren ist ihre Durchführung zudem nicht sinnvoll.

### 4.3.3 Typisierung maschinell lernender Systeme

Dieses Kapitel dient der Gestaltung des Kategoriensystems der Systemdimension zur Unterscheidung von Typen MLS anhand von typbildenden und -beschreibenden Merkmalen. Analog zum Vorgehen für die Herausforderungsdimension (vgl. Kapitel 4.1.3) werden daher zunächst Typen MLS bestimmt und anschließend typbildende und -beschreibende Merkmale zur Unterscheidung der Typen erarbeitet.

Neben den in den Kapiteln 4.3.1 und 4.3.2 geschaffenen Grundlagen, welche die inhaltliche Basis für dieses Kapitel darstellen und die zum Verständnis der Ausführungen und der Differenzierung der Typen elementar sind, wird zur Bestimmung der Typen ebenfalls auf existierende Ansätze zurückgegriffen. Bereits in Abschnitt 2.5.2 ist dargestellt, dass der Ansatz von COREA und der darauf aufbauende Ansatz von SCHAREI ET AL. Typen MLS beschreiben.[730,731] Auf die in den Arbeiten formulierten Grundgedanken zur Typenbildung soll an dieser Stelle zurückgegriffen werden. Die von COREA beschriebenen Typen MLS basieren auf einer Unterscheidung entsprechend dem verwendeten Ansatz zur Erstellung einer KI (nachfolgend als KI-Paradigmen bezeichnet). Dieser gilt als Ursprung potenzieller Fähigkeiten und Unterschiede MLS. COREA führt die von ihm identifizierten Ansätze auf eine Arbeit von DOMINGOS zurück, in welcher

[730] vgl. Corea (AI Knowledge Map), 2018.

[731] vgl. Scharei et al. (Knowledge Representations in Technical Systems).

diese unterschiedlichen Ansätze umfangreich diskutiert werden.[732,733] Insgesamt werden fünf Ansätze (KI-Paradigmen) unterschieden. Die Bildung der Typen MLS stützt sich auf die Hypothese, dass nach demselben KI-Paradigma gestaltete MLS starke Ähnlichkeiten aufweisen, solche MLS dagegen, die nach unterschiedlichen KI-Paradigmen gestaltet sind, klar unterscheidbar sind. Da sich jedes nachfolgend untersuchte MLS klar auf ein Paradigma zurückführen lässt, kann dieses als typbildendes Merkmal identifiziert werden. Somit können fünf Typen MLS gebildet werden, deren Bezeichnung sich an ihrem jeweiligen Paradigma orientiert. Zur effizienten, strukturierten Beschreibung der Typen MLS werden typbeschreibende Merkmale bestimmt. In Kapitel 2.3.3 wurde das Modell eines intelligenten Agenten vorgestellt und die Grundlagen MLS diskutiert. Dieses wird nun ein weiteres Mal herangezogen, um initiale Merkmale zur Beschreibung MLS zu generieren und darauf aufbauend typbeschreibende Merkmale abzuleiten. Abbildung 4-13 zeigt diesen Entwicklungsprozess.

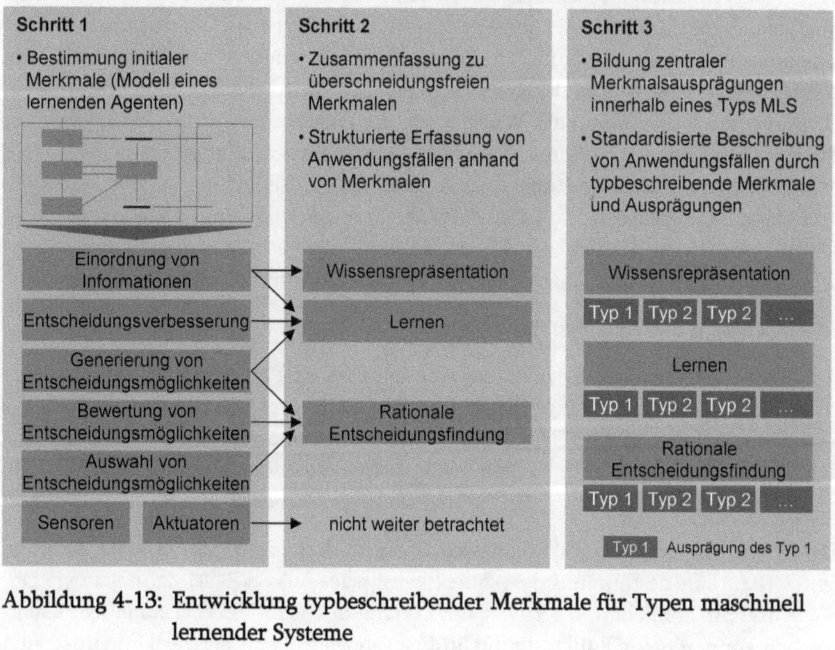


**Abbildung 4-13: Entwicklung typbeschreibender Merkmale für Typen maschinell lernender Systeme**

[732] vgl. Corea (AI Knowledge Map), 2018.
[733] vgl. Domingos (The Master Algorithm), 2015.

Im ersten Schritt der Entwicklung typbeschreibender Merkmale werden initial sieben Merkmale aus dem Modell eines intelligenten Agenten abgeleitet. Diese ermöglichen die strukturierte Erfassung relevanter Informationen von in Publikationen beschriebenen Anwendungsfällen. Im zweiten Schritt werden die initialen Merkmale angepasst und zusammengefasst, um eine Konzentration auf die wesentlichen Aspekte sowie Überschneidungsfreiheit zu gewährleisten. Die sieben initialen Merkmale können auf diese Weise auf die drei nachfolgend beschriebenen Merkmale reduziert werden. Die Situiertheit MLS ist in keinem untersuchten Anwendungsfall hinreichend genau beschrieben – die Merkmale Sensoren und Aktuatoren werden daher nicht weiter betrachtet. Im dritten Schritt werden unterschiedliche Ausprägungen eines Merkmals zusammengefasst, die bei Anwendungsfällen des gleichen Typs MLS auftreten. So kann eine allgemeingültige Merkmalsausprägung für den Typ MLS bestimmt werden.

**Wissensrepräsentation** beschreibt, in welcher Form Wissen im Typ MLS existiert. Maßgeblich hierfür ist die Art und Weise des Abspeicherns des Wissens sowie das Ergebnis der Veredelung von Informationen zu Wissen. **Lernen** beschreibt einerseits, wie bereits bestehendes Wissen durch das MLS erweitert wird. Andererseits beschreibt es aber auch die Verwendung des Wissens, um die Entscheidungen des MLS besser auf das relevante Ziel auszurichten. **Rationale Entscheidungsfindung** beinhaltet sowohl die Entstehung und Bewertung unterschiedlicher Entscheidungsmöglichkeiten als auch darauf aufbauend die rationale Auswahl einer Entscheidungsmöglichkeit. Nachfolgend werden die abgeleiteten Typen MLS und die Ausprägungen in ihren typbeschreibenden Merkmalen durch die Auswertung von Anwendungsfällen bestimmt.

**Analogiebasiert lernende Systeme**

Analogiebasiert lernende Systeme basieren auf dem **KI-Paradigma** des *Analogismus*. Kern dieses Paradigmas ist das Erkennen und Schlussfolgern von Ähnlichkeiten[734]. Die Grundidee dabei ist, ein Problem zu lösen, indem die Lösung eines ähnlichen Problems auf das neue Problem übertragen wird[735]. Das Arbeiten mit Analogien ist ein Kernelement MLS dieses Typs. Sie werden als analogiebasiert lernende Systeme bezeichnet.

Die Umsetzung dieses KI-Paradigmas in MLS erfordert eine Definition von Ähnlichkeit, welche eine Bestimmung des Ähnlichkeitsgrades zulässt. ERTEL definiert zwei Objekte als umso ähnlicher, je geringer ihr Abstand in einem Merkmalsraum ist. Exemplarisch können dafür Punkte im mehrdimensionalen Raum der reellen Zahlen und

[734] vgl. Domingos (The Master Algorithm), 2015, S. 53.
[735] vgl. Melis (Beweisen durch Analogie), 1997, S. 115.

die euklidische Distanz als Ähnlichkeitsmaß dienen.[736] Abbildung 4-14 verdeutlicht dbzgl., dass die Punkte A und B im aufgespannten zweidimensionalen Raum eine größere Ähnlichkeit zueinander aufweisen als die Punkte A und C.

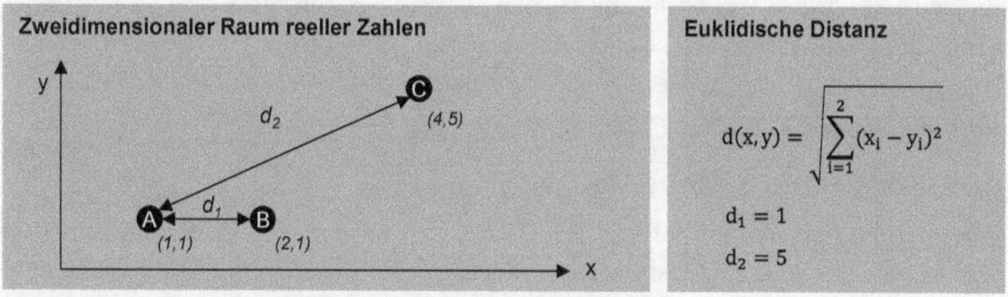


**Abbildung 4-14: Euklidische Distanz als Ähnlichkeitsmaß**

Umgesetzt ist das KI-Paradigma z. B. in Klassifikationsalgorithmen nach dem Prinzip des k-Nearest Neighbor. Diese suchen in gegebenen Daten den nächsten Nachbarn zu einem Beispiel und klassifizieren dieses als gleich zum nächsten Nachbarn.[737] Weitere Umsetzungsformen des KI-Paradigmas sind darüber hinaus Support Vector Machines und k-means Algorithmen.[738]

Die Verwendung von Analogien zur Bewältigung der Herausforderung bedingt, dass Wissen MLS in Form von Klassen bereits bewältigter, ähnlicher Herausforderungen vorliegt[739,740,741,742,743]. Folglich wird für das typbeschreibende Merkmal der **Wissensrepräsentation** die Ausprägung identifiziert, dass *Wissen in Form von Klassen aus ähnlichen Herausforderungen* vorliegt. Die Klassen ähnlicher Herausforderungen werden in der Entwicklung des MLS so lange gebildet und angepasst, bis die Klassifizierung gegebener Trainingsdaten optimal durch das MLS nachgebildet werden kann[744,745].

[736] vgl. Ertel (Grundkurs Künstliche Intelligenz), 2016, S. 207.

[737] vgl. Ertel (Grundkurs Künstliche Intelligenz), 2016, S. 208.

[738] vgl. Domingos (The Master Algorithm), 2015, S. 179.

[739] vgl. He; Wang (Fault Detection Using the k-Nearest Neighbor Rule for Semiconductor Manufacturing Processes), 2007, S. 347.

[740] vgl. Lieber et al. (Quality Prediction in Interlinked Manufacturing Processes based on Supervised & Unsupervised Machine Learning), 2013, S. 197.

[741] vgl. Denkena et al. (Data Mining Approach for Knowledge-based Process Planning), 2014, S. 412.

[742] vgl. You et al. (WPD-PCA-Based Laser Welding Process Monitoring and Defects Diagnosis by Using FNN and SVM), 2015, S. 632.

[743] vgl. Susto et al. (Machine Learning for Predictive Maintenance), 2015, S. 4 f.

[744] vgl. You et al. (WPD-PCA-Based Laser Welding Process Monitoring and Defects Diagnosis by Using FNN and SVM), 2015, S. 632.

[745] vgl. Susto et al. (Machine Learning for Predictive Maintenance), 2015, S. 4 ff.

Dies bedeutet, dass das MLS durch das *Bilden und Anpassen von Klassen* lernt, was ergo die Ausprägung für das typbeschreibende Merkmal **Lernen** darstellt. Eine rationale Entscheidungsfindung erfolgt durch Zuordnung einer ungelösten Herausforderung zu einer Klasse bereits gelöster Herausforderungen. Die Lösung der Herausforderungsklasse wird auf die ungelöste Herausforderung übertragen.[746,747,748,749,750] Die abgeleitete Ausprägung für das Merkmal der **rationalen Entscheidungsfindung** ist daher die *Zuordnung von Herausforderungen zu Klassen und Übernahme der Lösung.*

**Evolutionsbasiert lernende Systeme**

Bereits frühe Arbeiten im Bereich der KI basierten auf der korrekten Annahme, dass eine ausreichende Anzahl minimaler Änderungen im Programmcode zur Erzeugung eines für jede Aufgabe passenden Programms führen muss. Dafür werden zufällige Änderungen im Programm durchgeführt und nützliche beibehalten.[751] Dieses Auswählen und Weiterverwenden der Elemente höchsten Nutzens gleicht einer *Evolution*, in der die fittesten Individuen sich reproduzieren und damit kontinuierlich fittere Individuen schaffen[752]. Die Verwendung des **KI-Paradigmas** der Evolution zur Gestaltung MLS dieses Typs prägt die Bezeichnung der evolutionsbasiert lernenden Systeme.

Genetische Algorithmen setzen die natürliche Selektion um. Sie erzeugen neue Elemente, indem bestehende Elemente unter Berücksichtigung ihrer Fitness kombiniert werden.[753] Abbildung 4-15 verdeutlicht das Vorgehen. Ein genetischer Algorithmus startet mit einer Gruppe zufällig erzeugter Elemente (die initiale Population i). Jedes Element dieser Population ist dabei durch eine Zeichenfolge aus einem definierten Alphabet repräsentiert. Der aus der Biologie stammende Begriff des Chromosoms hat sich hier durchgesetzt. Abbildung 4-15 stellt eine achtstellige Zeichenfolge aus den ganzen Zahlen eins bis acht dar. Jedes Element der Population i wird anhand einer Zielfunktion bewertet, um die Fitness des Elementes zu bestimmen. Die Wahrscheinlichkeit der Berücksichtigung eines Elements bei der Erzeugung der nächsten Generation (Selektion) ist abhängig von der Fitness des Elements. Im nachfolgenden Cross-

746 vgl. He; Wang (Fault Detection Using the k-Nearest Neighbor Rule for Semiconductor Manufacturing Processes), 2007, S. 347.

747 vgl. Lieber et al. (Quality Prediction in Interlinked Manufacturing Processes based on Supervised & Unsupervised Machine Learning), 2013, S. 197.

748 vgl. Denkena et al. (Data Mining Approach for Knowledge-based Process Planning), 2014, S. 412.

749 vgl. You et al. (WPD-PCA-Based Laser Welding Process Monitoring and Defects Diagnosis by Using FNN and SVM), 2015, S. 632.

750 vgl. Susto et al. (Machine Learning for Predictive Maintenance), 2015, S. 4.

751 vgl. Russell; Norvig (Artificial Intelligence), 2010, S. 21.

752 vgl. Domingos (The Master Algorithm), 2015, S. 122 ff.

753 vgl. Domingos (The Master Algorithm), 2015, S. 122 ff.

over-Schritt werden zwei Elemente zu einem neuen Element kombiniert. Um einen Zustand sich gleichender initialer und nachfolgender Populationen zu vermeiden und um natürliche Mutation nachzuahmen, werden zufällig einzelne Zeichen der Zeichenkette mit geringer Wahrscheinlichkeit verändert. Somit entsteht eine Nachfolgepopulation i+1. Für diese wird erneut die Fitness ihrer Individuen bestimmt und alle beschriebenen Schritte erneut durchlaufen.[754]

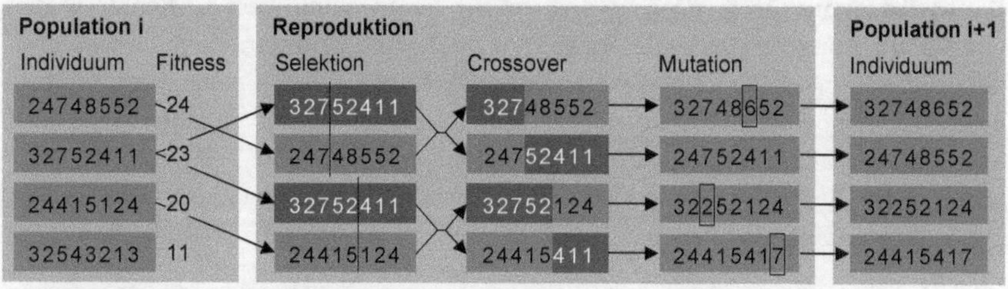


**Abbildung 4-15: Vorgehen eines genetischen Algorithmus**[755]

Zur Bewältigung einer Herausforderung wird Wissen in Form von Folgen aus untereinander unabhängigen und kombinierbaren Einzelentscheidungen repräsentiert.[756] Diese Einzelentscheidungen sind ihrer Unabhängigkeit und Kombinierbarkeit wegen vergleichbar mit den Zeichen eines Alphabets. Diese können ebenfalls unabhängig voneinander zu Zeichenfolgen kombiniert werden. Folglich kann eine **Wissensrepräsentation** in Form von *Chromosomen (Zeichenfolgen)* identifiziert werden[757]. Die identifizierten relevanten MLS nutzen Einzelentscheidungen, um neue, verbesserte Lösungsansätze zur Bewältigung der Herausforderung zu entwickeln. Es werden Einzelentscheidungen aus Lösungsansätzen bevorzugt, die Herausforderungen besonders gut bewältigen. Dies wird durch die Erfüllung einer Zielfunktion bewertet[758,759]. Das in Form von Chromosomen repräsentierte Wissen wird von MLS durch Selektion, Crossover und Mutation genutzt, um verbesserte Lösungsansätze zu erzeugen. Daraus folgt, dass **Lernen** bei evolutionsbasiert lernenden Systemen in Form von *Selektion, Crossover und Mutation von Chromosomen* geschieht. Zielfunktionen ermöglichen es

[754] vgl. Russell; Norvig (Artificial Intelligence), 2010, S. 619 ff.

[755] vgl. Russell; Norvig (Artificial Intelligence), 2010, S. 621.

[756] vgl. Hamedi et al. (Optimizing Spot Welding Parameters in a Sheet Metal Assembly by Neural Networks and Genetic Algorithm), 2007, S. 1182 ff.

[757] vgl. Russell; Norvig (Artificial Intelligence), 2010, S. 619 ff.

[758] vgl. Krimpenis et al. (Simulation-Based Selection of Optimum Pressure Die-Casting Process Parameters Using Neural Nets and Genetic Algorithms), 2006, S. 515.

[759] vgl. Hamedi et al. (Optimizing Spot Welding Parameters in a Sheet Metal Assembly by Neural Networks and Genetic Algorithm), 2007, S. 1182 ff.

MLS, aus unterschiedlichen Entscheidungsmöglichkeiten zur Bewältigung der Herausforderungen die die Zielfunktion im höchsten Maße erfüllende Entscheidungsmöglichkeit zu wählen.[760,761] Daraus kann die **rationale Entscheidungsfindung** durch *Berücksichtigung einer Zielfunktion* identifiziert werden.

**Symbolbasiert lernende Systeme**

Das **KI-Paradigma** des *Symbolismus* basiert auf der Annahme, dass die Repräsentation und Verarbeitung von Symbolen rationales Denken konstituiert. Symbole werden in diesem Zusammenhang als bezeichnende Objekte verstanden, die den Zugriff auf Bedeutungen ermöglichen.[762] Anhand von Regeln ist es mit Symbolen möglich, Operationen durchzuführen und so die mit den Symbolen referenzierte Bedeutung zu verarbeiten[763]. Die Bezeichnung des Typs MLS als symbolbasiert lernende Systeme spiegelt diesen Kerngedanken wider.

MLS dieses Typs verwenden Symbole zur Beschreibung des Umfelds und der Situation, in welcher sie sich befinden und ziehen Schlussfolgerungen über diese zur Erlangung von Wissen. Schlussfolgerungen gelingen dabei nur bei solchen Umfeldern und Situationen, welche in Form von Symbolen beschrieben sind. Keine Informationsmenge kann umfassend genug sein, um bereits einfache Situationen vollumfänglich zu beschreiben. Daher ist die Generalisierung von Informationen durch MLS notwendig. Dies geschieht mit Regeln zur induktiven Schlussfolgerung. Da einzelne Regeln oft durch einfache Gegenbeispiele widerlegt werden können, sind Kombinationen mehrerer Regeln notwendig.[764] Entscheidungsbäume sind eine Möglichkeit, um diese Verknüpfung in Form von Regeln darzustellen und ermöglichen es MLS so, umfangreiches Wissen über Situationen zu erlangen.[765]

---

760 vgl. Krimpenis et al. (Simulation-Based Selection of Optimum Pressure Die-Casting Process Parameters Using Neural Nets and Genetic Algorithms), 2006, S. 516.

761 vgl. Hamedi et al. (Optimizing Spot Welding Parameters in a Sheet Metal Assembly by Neural Networks and Genetic Algorithm), 2007, S. 1182 ff.

762 vgl. Görz et al. (Einleitung zu Görz et al. (Hrsg.), Handbuch der Künstlichen Intelligenz), 2013, S. 6.

763 vgl. Krüger (Three Dilemmas of Signal- and Symbol-Based Representations in Computer Vision), 2005, S. 8.

764 Als einfaches Beispiel hierzu können die drei Beobachtungen „Papageien sind Vögel", „Pinguine sind Vögel" und „Vögel können fliegen" dienen. Per induktivem Schluss kann gefolgert werden, dass Papageien fliegen können. Es kann genauso gefolgert werden, dass Pinguine fliegen können. Da dies offensichtlich falsch ist, bedarf es mehrerer Regeln, um den Sachverhalt korrekt abzubilden.

765 vgl. Domingos (The Master Algorithm), 2015, S. 94 ff.

Für symbolbasierte MLS wird auf das zuvor dargestellte Konzept der verknüpften induktiven Regeln in Form eines Entscheidungsbaums zurückgegriffen[766,767,768]. Daher kann gefolgert werden, dass die **Wissensrepräsentation** durch *Symbole* erfolgt. Die Bewältigung der Herausforderung durch MLS kann dabei durch eine Anpassung des Entscheidungsbaums verbessert werden. Dies geschieht durch Aufnehmen neuer sowie durch Anpassen bestehender Regeln.[769,770,771] Die MLS dieses Typs **lernen** also durch *Anpassen von Regeln zur induktiven Schlussfolgerung*. Die Auswahl einer Entscheidungsmöglichkeit zur Bewältigung von Herausforderungen erfolgt durch Anwendung des zuvor entwickelten Entscheidungsbaums.[772,773,774,775] Daraus lässt sich auf eine **rationale Entscheidungsfindung** durch das *Befolgen von Regeln zur induktiven Schlussfolgerung* schließen.

**Vernetzungsbasiert lernende Systeme**

Vernetzungsbasiert lernende Systeme greifen auf das **KI-Paradigma** eines lernfähigen und als intelligent anzusehenden Gehirns zurück. Dieser Typ MLS wird durch *Vernetzung künstlicher Neuronen* gestaltet.[776] MLS dieses Typs werden daher als vernetzungsbasiert lernende Systeme bezeichnet.

Die Nervenzellen eines Gehirns (Neuronen) bestehen aus einem Zellkörper sowie einem Axon, welches über Dendriten in Verbindung zu anderen Neuronen steht. Der Zellkörper hat die Aufgabe eines Energiespeichers. Über die Dendriten wird ein Neuron mit Spannungsimpulsen versorgt, die den Energiespeicher aufladen und die Spannung im Zellkörper erhöhen. Bei Überschreitung einer Grenzspannung »feuert« das Neuron – d. h., es entlädt seinen Energiespeicher durch einen über das Axon gesendeten Spannungsimpuls. Der Strom teilt sich, erreicht weitere Neuronen und beschriebener Prozess läuft erneut ab.[777] Durch einen Lernprozess werden die Verbindungen

766 vgl. Bakır-Batu et al. (Defect Cause Modeling with Decision Tree and Regression Analysis), 2006, S. 1335.
767 vgl. Wang (Applying Data Mining to Manufacturing), 2007, S. 490.
768 vgl. He et al. (Multivariate Process Monitoring and Fault Identification Using Multiple Decision Tree Classifiers), 2013, S. 3.
769 vgl. Bakır-Batu et al. (Defect Cause Modeling with Decision Tree and Regression Analysis), 2006, S. 1335.
770 vgl. Wang (Applying Data Mining to Manufacturing), 2007, S. 490.
771 vgl. He et al. (Multivariate Process Monitoring and Fault Identification Using Multiple Decision Tree Classifiers), 2013, S. 7.
772 vgl. Bakır-Batu et al. (Defect Cause Modeling with Decision Tree and Regression Analysis), 2006, S. 1335.
773 vgl. Öztürk et al. (Manufacturing Lead Time Estimation Using Data Mining), 2006, S. 692.
774 vgl. Wang (Applying Data Mining to Manufacturing), 2007, S. 490.
775 vgl. He et al. (Multivariate Process Monitoring and Fault Identification Using Multiple Decision Tree Classifiers), 2013, S. 4.
776 vgl. Domingos (The Master Algorithm), 2015, S. 52.
777 vgl. Ertel (Grundkurs Künstliche Intelligenz), 2016, S. 242 ff.

(und ihre Wechselwirkungen) kontinuierlich angepasst. Verbindungen zwischen Neuronen werden durch gemeinsame Aktivität verstärkt. *»Neurons that fire together wire together«* – auch bekannt als die Hebb'sche Lernregel.[778]

Abbildung 4-16 stellt ein künstliches, mit anderen Neuronen vernetztes Neuron schematisch dar. Eine Funktion gewichtet die Eingangssignale und leitet die gewichtete Summe der Signale an ein Axon weiter. Abhängig von einem Grenzwert wird im Axon die Ausgabe 0 oder 1 erzeugt. Die Funktion kann durch eine Anpassung der Gewichte und Grenzwerte angepasst werden.[779] Einzelne Neuronen greifen aktuell auf nur sehr simple Funktionen zurück. Durch die Verknüpfung einer hinreichend großen Neuronenmenge in mehreren Schichten können allerdings Teilfunktionen überlagert und komplexe Funktionen abgebildet werden.[780] Die Hebb'sche Lernregel wird bei künstlich erzeugten, vernetzten Neuronen durch Fehlerrückführung umgesetzt. Dabei wird die Ausgabe der Ausgabeschicht mit einem Sollwert verglichen und die Gewichtungen der Neuronen entsprechend der Abweichung angepasst.[781]

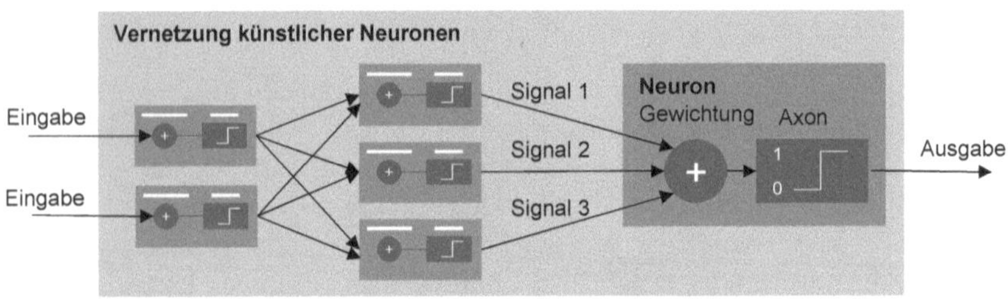


**Abbildung 4-16: Aufbau und Vernetzung künstlicher Neuronen**[782]

[778] vgl. Hebb (The Organization of Behavior), 1949.
[779] vgl. Domingos (The Master Algorithm), 2015, S. 97.
[780] vgl. Domingos (The Master Algorithm), 2015, S. 108.
[781] vgl. Domingos (The Master Algorithm), 2015, S. 109.
[782] vgl. Domingos (The Master Algorithm), 2015, S. 97.

Bei verbindungsbasierten MLS wird Wissen zur Bewältigung von Herausforderungen in neuronalen Netzen gespeichert[783,784,785,786]. Basierend auf zuvor beschriebenem Aufbau und Funktion kann eine **Wissensrepräsentation** durch *Neuronen und Verbindungen zwischen Neuronen* gefolgert werden. Die Bewältigung der Herausforderung wird durch Anpassung der Verbindungen innerhalb der neuronalen Netze verbessert[787,788,789,790,791]. Verbindungsbasiert lernende Systeme **lernen** also durch eine *Anpassung der Gewichtungen von Verbindungen zwischen Neuronen*. Untersuchte MLS nutzen die unterschiedliche Erscheinungsform neuronaler Netze zur Auswahl einer Entscheidung für die Bewältigung einer Herausforderung.[792,793,794] In vernetzungsbasiert lernenden Systemen erfolgt eine **rationale Entscheidungsfindung** also durch das A*uswerten und Überlagern der Funktionen einzelner Neuronen*.

**Wahrscheinlichkeitsbasiert lernende Systeme**

Wahrscheinlichkeiten und Unsicherheiten sind die Basis des **KI-Paradigmas** wahrscheinlichkeitsbasiert lernender Systeme – es beruht auf der *Bayes-Statistik*.[795] Die Grundannahme ist, dass jede Schlussfolgerung auf Wahrscheinlichkeiten beruht und unsicherheitsbehaftet ist.[796] Besonders das unsicherheitsbehaftete Folgern ist daher für

[783] vgl. Cavalieri et al. (Parametric vs. Neural Network Models for the Estimation of Production Costs), 2004, S. 169.

[784] vgl. Deb et al. (A Neural Network Based Methodology for Machining Operations Selection in Computer-Aided Process Planning for Rotationally Symmetrical Parts), 2006, S. 560.

[785] vgl. Krimpenis et al. (Simulation-Based Selection of Optimum Pressure Die-Casting Process Parameters Using Neural Nets and Genetic Algorithms), 2006, S. 512 f.

[786] vgl. You et al. (WPD-PCA-Based Laser Welding Process Monitoring and Defects Diagnosis by Using FNN and SVM), 2015, S. 632.

[787] vgl. Hamedi et al. (Optimizing Spot Welding Parameters in a Sheet Metal Assembly by Neural Networks and Genetic Algorithm), 2007, S. 1182.

[788] vgl. Krimpenis et al. (Simulation-Based Selection of Optimum Pressure Die-Casting Process Parameters Using Neural Nets and Genetic Algorithms), 2006, S. 512 f.

[789] vgl. Rojek (Technological Process Planning by the Use of Neural Networks), 2017, S. 7.

[790] vgl. Cavalieri et al. (Parametric vs. Neural Network Models for the Estimation of Production Costs), 2004, S. 169.

[791] vgl. Shi et al. (Applying Artificial Neural Networks and Virtual Experimental Design to Quality Improvement of Two Industrial Processes), 2004, S. 102.

[792] vgl. Krimpenis et al. (Simulation-Based Selection of Optimum Pressure Die-Casting Process Parameters Using Neural Nets and Genetic Algorithms), 2006, S. 512 f.

[793] vgl. You et al. (WPD-PCA-Based Laser Welding Process Monitoring and Defects Diagnosis by Using FNN and SVM), 2015, S. 632.

[794] vgl. Rojek (Technological Process Planning by the Use of Neural Networks), 2017, S. 3.

[795] vgl. Domingos (The Master Algorithm), 2015, S. 52 f.

[796] vgl. Domingos (The Master Algorithm), 2015, S. 145.

MLS dieses Typs bedeutend.[797] Wahrscheinlichkeiten als zentrales Element der Gestaltung prägen daher den Begriff der wahrscheinlichkeitsbasiert lernenden Systeme.

Die Wahrscheinlichkeit zu definieren, mit der ein Effekt unter definierten Bedingungen auftritt, ist in der Realität meist möglich. Jedoch ist es meist von weitaus größerer Bedeutung, die Wahrscheinlichkeiten zu kennen, unter denen Bedingungen zu Effekten führen. Unter Hinzunahme von a-priori-Wahrscheinlichkeiten ist ein solcher Rückschluss über bedingte Wahrscheinlichkeiten durch das Theorem von Bayes möglich (vgl. Abbildung 4-17).[798] Die Schlussfolgerungen fußen auf Wahrscheinlichkeiten und sind unsicherheitsbehaftet. Es gilt, dass eine Steigerung der reinen Anzahl an Beobachtungen über das Zusammenwirken von Bedingung und Effekt auch die Wahrscheinlichkeit des Zutreffens einer Schlussfolgerung erhöht. Ab einer hinreichend großen Wahrscheinlichkeit dafür wird die vermutete Schlussfolgerung zu Wissen.[799]

**Bayes-Theorem**

$$P(\text{Bedingung}|\text{Effekt}) = \frac{P(\text{Bedingung}) \times P(\text{Effekt}|\text{Bedingung})}{P(\text{Effekt})}$$

P(Bedingung|Effekt) : Bedingte Wahrscheinlichkeit des Auftretens des Effektes unter gegebenen Bedingungen

P(Effekt|Bedingung) : Bedingte Wahrscheinlichkeit, dass die Bedingungen zum Effekt geführt haben

P(Effekt) : Wahrscheinlichkeit des Auftretens des Effektes

P(Bedingung) : Wahrscheinlichkeit des Auftretens der Bedingungen

**Abbildung 4-17: Bayes-Theorem über bedingte Wahrscheinlichkeiten[800]**

Diesem KI-Paradigma zuordenbare Algorithmen sind Naive Bayes-Klassifikatoren, Markow Ketten und das verdeckte Markowmodell[801]. Die wahrscheinlichkeitsbasierten MLS basieren auf dem Bayes-Theorem über bedingte Wahrscheinlichkeiten[802,803]. Eine **Wissensrepräsentation** erfolgt daher in Form *bedingter Wahrscheinlichkeiten über das Zusammenspiel von Bedingung und Effekt*. Eine Verbesserung dieses Wissens

[797] vgl. Ertel (Grundkurs Künstliche Intelligenz), 2016, S. 137.

[798] vgl. Domingos (The Master Algorithm), 2015, S. 148.

[799] vgl. Domingos (The Master Algorithm), 2015, S. 146 f.

[800] vgl. Ertel (Grundkurs Künstliche Intelligenz), 2016, S. 136.

[801] vgl. Domingos (The Master Algorithm), 2015, S. 158.

[802] vgl. Correa et al. (Comparison of Bayesian Networks and Artificial Neural Networks for Quality Detection in a Machining Process), 2009, S. 3.

[803] vgl. Meidan et al. (Cycle-Time Key Factor Identification and Prediction in Semiconductor Manufacturing Using Machine Learning and Data Mining), 2011, S. 240 f.

erfolgt durch Beobachtung neuer Zusammenhänge und Berechnung der daraus resultierenden bedingten Wahrscheinlichkeiten[804,805]. MLS dieses Typs **lernen** durch *Erkennen und Berechnen bedingter Wahrscheinlichkeiten*. Die untersuchten MLS nutzen auf bedingten Wahrscheinlichkeiten basierende Schlussfolgerungen zum Fällen einer rationalen Entscheidung für die Bewältigung von Herausforderungen[806]. Daraus folgt die **rationale Entscheidungsfindung** anhand *bedingter Wahrscheinlichkeiten*.

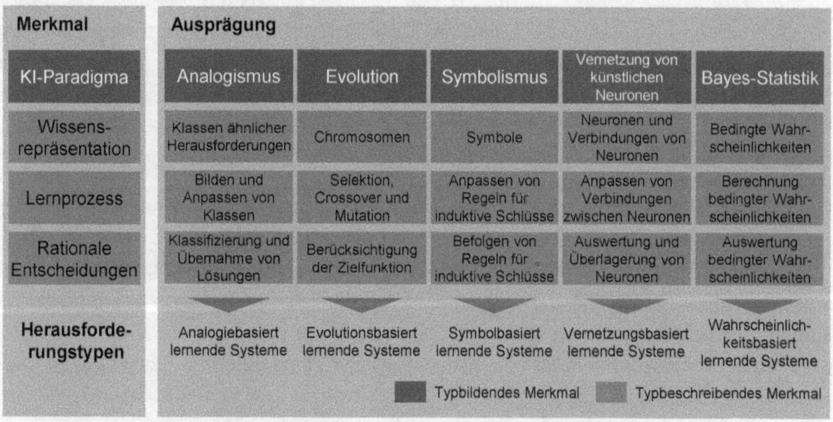


**Abbildung 4-18: Typen maschinell lernender Systeme inkl. typbildender und typbeschreibender Merkmale**

Das Ergebnis der Unterscheidung MLS sind fünf klar voneinander abgegrenzte Typen. Ursprung der Unterscheidung MLS in Typen sind KI-Paradigmen. Als Gestaltungsgrundgerüst haben diese einen erheblichen Einfluss auf das MLS und stellen daher ein typbildendes Merkmal zur Unterscheidung dar. In der Typenbezeichnung findet dies Berücksichtigung – sie sind nach den Kernelementen der KI-Paradigmen bezeichnet. Die Beschreibung der Typen MLS ist mit Ausprägungen entsprechend drei typbeschreibenden Merkmalen vollkommen. Die Ausprägungen der Typen MLS innerhalb der typbeschreibenden Merkmale wurden durch eine qualitative Inhaltsanalyse von Anwendungsfällen MLS zur Bewältigung von Herausforderungen der vernetzten,

---

[804] vgl. Correa et al. (Comparison of Bayesian Networks and Artificial Neural Networks for Quality Detection in a Machining Process), 2009, S. 4 ff.

[805] vgl. Meidan et al. (Cycle-Time Key Factor Identification and Prediction in Semiconductor Manufacturing Using Machine Learning and Data Mining), 2011, S. 240 f.

[806] vgl. Meidan et al. (Cycle-Time Key Factor Identification and Prediction in Semiconductor Manufacturing Using Machine Learning and Data Mining), 2011, S. 241.

adaptiven Produktion erarbeitet. Abbildung 4-18 gibt einen Überblick über die fünf identifizierten Typen.

### 4.3.4 Zwischenfazit zur Charakterisierung maschinell lernender Systeme

Das Ziel dieses Kapitels war die Charakterisierung MLS. Im Rahmen der Auseinandersetzung konnte gezeigt werden, dass die drei Merkmalsebenen Lernstrategie, Aufgabe und Operation wesentlich sind, um MLS zu beschreiben. Da ein besseres Verständnis der Technologie die Reproduzierbarkeit funktionierender Lösungen steigern kann, widmete sich dieses Kapitel der Untersuchung der Technologieeigenschaften, um nachfolgend auf ihre Potenziale zu schließen. Die konkrete Spezifikation der drei Merkmalsebenen definiert dabei das Potenzial, das ein MLS in einer Anwendung beizutragen vermag.

Die extrahierten Daten- und Datenmodellanforderungen umfassen neben den Kriterien Quantität und Qualität z. B. auch die mit Big Data verbundenen Dateneigenschaften Linearität und Dimensionalität. Vor allem letztere beiden beeinflussen die Fähigkeit eines Algorithmus, bestimmte Daten zu verarbeiten und damit die Leistungsfähigkeit MLS. Auch die optimale anwendungsfallbezogene Erfüllung der Daten- und Datenmodellanforderungen führt zur Realisierung der identifizierten Technologiepotenziale. Dieser Zusammenhang verdeutlicht, dass Daten- und Datenmodellanforderungen den spezifischen praktischen Zusammenhang zwischen ML sowie der Implementierung in Herausforderungen der vernetzten, adaptiven Produktion darstellen. Auch die in diesem Kapitel entwickelten Typen MLS liefern dahingehend einen wichtigen Beitrag, da sie eine neuartige Möglichkeit darstellen, um das Themengebiet des ML schnell, strukturiert und auf die für den Anwender wesentlichen Betrachtungsbereiche fokussiert zu vermitteln. Auf diese Art und Weise ist es möglich, das Anwendungspotenzial MLS zu verstehen und zu nutzen, ohne bspw. umfangreiche Kenntnisse in der Programmierung von ML-Algorithmen zu besitzen.

Bei der Entwicklung dieses Teilmodells wären auch alternative Lösungsmöglichkeiten denkbar gewesen. Die Ableitung der Daten- und Datenmodelleigenschaften auszulassen wäre ggf. möglich gewesen. Dies hätte jedoch die Nichtberücksichtigung einer wichtigen Randbedingung, über die wichtige Eigenschaften der Typen MLS definiert werden und welche für eine finale Zuordnung zu den Herausforderungstypen der vernetzen, adaptiven Produktion wesentlich sind, zur Konsequenz gehabt. Weiterhin wäre es möglich gewesen, die Charakterisierung MLS im Bezug auf ihre strukturellen Eigenschaften (d. h. die Merkmalsebenen und zugehörigen Ausprägungen) noch granularer vorzunehmen. Allerdings wären die höher aufgelösten strukturellen Eigenschaften nicht für alle Technologiealternativen gültig gewesen, was letztlich zu einer gewissen Unschärfe geführt hätte. Außerdem hätte dies den Detailgrad der Analyse derart erhöht, dass eine Identifikation weniger verschiedener Typen MLS nur schwierig möglich gewesen wäre.

Die Systematisierung der System- (vgl. Kapitel 4.3.3) und Herausforderungsdimension (vgl. Kapitel 4.1.3) mit den jeweils in den konstituierenden Herausforderungsmerkmalen (vgl. Kapitel 4.2.3) begründeten generischen Anforderungen bzw. Potenzialen erlaubt eine abschließende Integration der drei Analysebereiche, die nachfolgend vorgenommen werden soll.

## 4.4 Maschinell lernende Systeme in der vernetzten, adaptiven Produktion

Die Diffusion MLS in praktische Anwendungen vollzieht sich trotz hoher Anstrengung und Aufwände nur langsam – die Potenziale MLS werden nur vereinzelt erschlossen.[807] Dies liegt u. a. in der bestehenden Unklarheit darüber begründet, welche Herausforderungen der vernetzten, adaptiven Produktion durch MLS bewältigt werden können. In Ermangelung der in Kapitel 4.1 bis 4.3 gewonnenen Erkenntnisse sowie ihrer Integration bleibt die Verknüpfung der Herausforderungen der vernetzten, adaptiven Produktion mit MLS aus. Vorliegende Arbeit strebt daher an, die beschriebene Unklarheit durch eine systematische Zuordnung MLS zu Herausforderungen der vernetzten, adaptiven Produktion zu reduzieren und so die bisher höchstens singulär analysierte System- sowie Herausforderungsdimension zu synthetisieren.

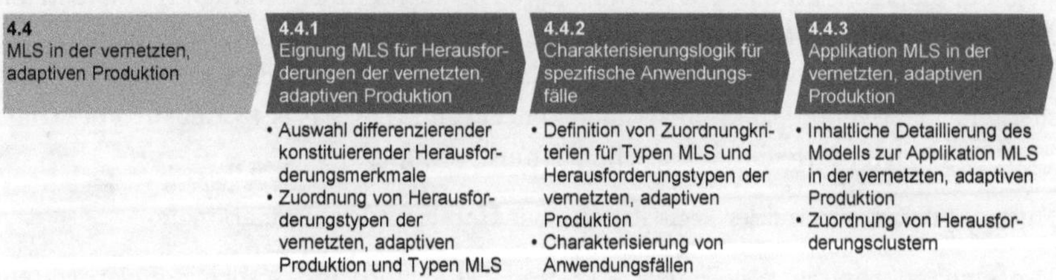


**Abbildung 4-19: Maschinell lernende Systeme in der vernetzten, adaptiven Produktion**

Das Ziel dieses Kapitels ist es daher, die Eignung einer Applikation MLS für die Herausforderungen der vernetzten, adaptiven Produktion in der Form eines Erklärungsmodells zu evaluieren. Dafür werden, wie in Abbildung 4-19 dargestellt, zunächst die

[807] vgl. Rammer et al. (Einsatz von Künstlicher Intelligenz in der Deutschen Wirtschaft), 2020, S. 3.

differenzierenden der in Kapitel 4.2.3 abgeleiteten allgemeinen konstituierenden Herausforderungsmerkmale für den Einsatz MLS ausgewählt und die in den Kapiteln 4.1.3 und 4.3.3 identifizierten Herausforderungstypen der vernetzten, adaptiven Produktion bzw. Typen MLS über die differenzierenden konstituierenden Herausforderungsmerkmale verknüpft (Kapitel 4.4.1). Anschließend wird eine Charakterisierungslogik für spezifische Anwendungsfälle entwickelt. Diese ermöglicht die Zuordnung von Anwendungsfällen sowohl zu den Typen MLS als auch den Herausforderungstypen der vernetzten, adaptiven Produktion (Kapitel 4.4.2). Durch Zuordnung von Herausforderungsclustern kann das Modell zur *Applikation MLS in der vernetzten, adaptiven Produktion* inhaltlich weiter detailliert werden (Kapitel 4.4.3).

### 4.4.1 Eignung maschinell lernender Systeme für Herausforderungen der vernetzten, adaptiven Produktion

Nachfolgend werden aus den – in Kapitel 4.2.3 abgeleiteten – allgemeinen konstituierenden Herausforderungsmerkmalen für den Einsatz MLS differenzierenden unter ihnen ausgewählt. Diese begründen einen erfolgreichen Einsatz MLS zur Bewältigung von Herausforderungen der vernetzten, adaptiven Produktion und erlauben darüber hinaus eine Differenzierung bzgl. der Herausforderungstypen der vernetzten, adaptiven Produktion und der Typen MLS. Dafür werden aus diesen differenzierenden Merkmalen nachfolgend zunächst einerseits *Potenziale* der Typen MLS abgeleitet, die für die Bewältigung der Herausforderungen der vernetzten, adaptiven Produktion relevant sind bzw. andererseits *Potenzialbedarfe* der Herausforderungstypen der vernetzten, adaptiven Produktion bestimmt, welche die für ihre Bewältigung eingesetzten MLS mitbringen müssen. Danach wird die Auswahl der differenzierenden konstituierenden Herausforderungsmerkmale sowohl mit den Herausforderungstypen der vernetzten, adaptiven Produktion als auch den Typen MLS über beschriebene Potenziale bzw. Potenzialbedarfe durch logischen Schluss verknüpft.

#### Auswahl differenzierender konstituierender Herausforderungsmerkmale

Um eine Zuordnung von Typen MLS und Herausforderungstypen der vernetzten, adaptiven Produktion zu realisieren, werden nachfolgend aus der in Kapitel 4.2.3 abgeleiteten Gesamtmenge konstituierender Herausforderungsmerkmale solche ausgewählt, die eine differenzierte Zuordnung gestatten. Dafür werden zunächst diejenigen konstituierenden Herausforderungsmerkmale begründet ausgeschlossen, welche keine Unterscheidung der Typen ermöglichen. Nur Merkmale, die zugleich eine Unterscheidung von Herausforderungstypen der vernetzten, adaptiven Produktion und Typen MLS erlauben, bieten differenzierende Erkenntnisse für die beschriebene Zuordnung.

Die dritte Gruppe konstituierender Herausforderungsmerkmale betrifft das Handeln MLS als autonome Agenten (vgl. Tabelle 4-13). Die Gruppe umfasst u. a. die Wahrnehmung der Herausforderungsumgebung [HM 3.1], das Treffen von Ad hoc-Entscheidungen [HM 3.2] und die Interaktion mit anderen Agenten zur Bewältigung der Herausforderung [HM 3.3]. Da MLS auf dem Konzept eines intelligenten Agenten (vgl. Kapitel 2.3.3) beruhen, können diese konstituierenden Merkmale durch alle Typen MLS vollumfänglich erfüllt werden. Eine Differenzierung von Typen MLS anhand dieser Merkmalsgruppe ist folglich nicht möglich und wird nicht weiter betrachtet.

Die zweite Gruppe konstituierender Herausforderungsmerkmale betrifft die Eigenschaften der Daten, welche zur Bewältigung der Herausforderung genutzt werden (vgl. Tabelle 4-12). Herausforderungen mit großen Mengen [HM 2.4] nicht explizit für die Lösung der Herausforderung aufgenommener Daten [HM 2.3] unterschiedlicher Medien [HM 2.1], Quellen und Formate [HM 2.2], welche jedoch durch ein System verarbeitet werden können [HM 2.5], zeichnen sich für die Bewältigung durch MLS aus. Die Beschreibung der Eigenschaften von Daten, die zur Bewältigung der Herausforderung eingesetzt werden, findet in Beschreibungen von Anwendungsfällen häufig nur minimale Beachtung. Lediglich die für die Nachvollziehbarkeit absolut relevanten Dateneigenschaften sind dort beschrieben. So wird z. B. bei einer Verwendung von Prozessdaten genannt, dass Drehmoment und Vibration in die Lösung der Herausforderung einfließen. Eine genaue Beschreibung der Eigenschaften erfolgt allerdings weder für die verfügbaren noch die eingesetzten Daten.[808] Eine Differenzierung von Herausforderungstypen anhand dieser Merkmalsgruppe ist folglich nicht möglich und wird nicht weiter betrachtet.

Die verbleibende erste Gruppe konstituierender Herausforderungsmerkmale betrifft die Struktur des vorliegenden Problems (vgl. Tabelle 4-11). Zu dieser Gruppe zählt u. a., dass eine Lösung zur Bewältigung der Herausforderung direkt aus den Daten abgeleitet werden kann [HM 1.5]. Dieses Merkmal besitzt eine uneingeschränkte Gültigkeit für alle Typen MLS. Wissen, welches nicht Teil der Daten ist, können MLS auch nicht berücksichtigen[809]. Nur in sehr geringem zeitlichen Maß auftretende Änderungen in der Logik, die eine Bewältigung der Herausforderung ermöglicht, ist ein weiteres Merkmal dieser Gruppe [HM 1.3]. Umfängliche Änderungen dbzgl. führen zu einer nicht mehr expliziten Spiegelung der Lösungslogik in der Struktur eines MLS. Damit

[808] vgl. Kurek et al. (Developing Automatic Recognition System of Drill Wear in Standard Laminated Chipboard Drilling Process), 2016, S. 633.

[809] vgl. Brynjolfsson; Mitchell (What Can Machine Learning Do), 2017, S. 1532.

ist dieses nicht mehr dazu geeignet, eine Herausforderung zu bewältigen (z. B. die rationale Auswahl einer Handlungsmöglichkeit; gleichbedeutend mit dem Verlust der Fähigkeit zur intelligenten Handlung). Auch dieses Merkmal besitzt eine uneingeschränkte Gültigkeit für alle Typen MLS. Da weder HM 1.5 noch HM 1.3 eine Differenzierung von Typen MLS ermöglichen, werden sie für die Erarbeitung einer Zuordnung nicht weiter betrachtet. Komplettiert wird diese Gruppe durch die Merkmale der Logik zur Bewältigung einer Herausforderung, welche unbekannt oder nicht verstanden ist [HM 1.1] bzw. ein zu hohes Maß an Komplexität aufweist, um sie explizit zu beschreiben [HM 1.2]. Darüber hinaus existieren die Merkmale, dass ein Lösungsweg für die Bewältigung der Herausforderung nur eine untergeordnete Rolle spielt [HM 1.4] und die Bewältigung der Herausforderung an einem spezifischen Ziel gemessen werden kann [HM 1.6]. Wie nachfolgend gezeigt werden wird, können mithilfe der vier letztgenannten konstituierenden Herausforderungsmerkmale sowohl die Typen MLS als auch die Herausforderungstypen der vernetzten, adaptiven Produktion hinreichend gut differenziert werden.

Diese vier Merkmale stellen die Eigenschaften der Herausforderungen der vernetzten, adaptiven Produktion dar, die (im Falle der Eignung einer Applikation MLS) durch entsprechende Potenziale MLS erfüllt werden müssen. Eine Zuordnung von Typen MLS und Herausforderungstypen der vernetzten, adaptiven Produktion gelingt genau dann, wenn die vom Herausforderungstyp gestellten Potenzialbedarfe durch die Potenziale des Typs MLS gedeckt sind. Nachfolgend werden die vier ausgewählten differenzierenden konstituierenden Herausforderungsmerkmale daher in die für die Überprüfung einer Zuordenbarkeit notwendigen Potenzial(bedarfe) überführt. Abbildung 4-20 stellt die Potenzial(bedarfe) der Typengruppen zusammenfassend dar.

HM 1.1 *(Die zugrundeliegende Logik der Herausforderung ist unbekannt oder nicht verstanden)* liegt in der Eigenschaft MLS begründet, auch unbekannte Wirkzusammenhänge entdecken zu können. Zur Bewältigung derartiger Herausforderungen lässt sich der Potenzialbedarf ableiten, dass ein MLS Hypothesen über Wirkzusammenhänge aufstellen und beweisen kann.

HM 1.2 *(Die zugrundeliegende Logik der Herausforderung ist zu komplex, um diese hinreichend explizit zu beschreiben)* liegt in der Eigenschaft MLS begründet, Probleme zu lösen, welche für eine explizite Programmierung zu komplex sind. Zur Bewältigung derartiger Herausforderungen lässt sich der Potenzialbedarf ableiten, dass ein MLS mit hoch-komplexer Logik umgehen kann.

HM 1.4 *(Die Herausforderung benötigt keine Erklärung des Lösungsweges für die getroffenen Entscheidungen)* liegt in der Eigenschaft MLS begründet, dass häufig keine explizite Erklärung des verwendeten Lösungswegs gegeben ist und getroffene Entscheidungen nicht immer nachvollzogen werden können. Zur Bewältigung derartiger Herausforderungen lässt sich der Potenzialbedarf ableiten, dass die Entscheidungsfindung eines MLS nachvollziehbar ist.

HM 1.6 *(Die Herausforderung weist ein konkretes, messbares Ziel auf)* liegt in der Eigenschaft MLS begründet, dass zur Entscheidungsfindung durch einen intelligenten Agenten ein übergeordnetes Ziel vorliegen muss. Es kann dabei unterschieden werden, ob die Erfüllung eines Ziels durch Einhalten eines Zielbereiches erfolgt oder durch die Optimierung anhand einer Zielfunktion. Zur Bewältigung derartiger Herausforderungen lässt sich der Potenzialbedarf ableiten, dass ein MLS anhand einer Zielfunktion optimieren kann.

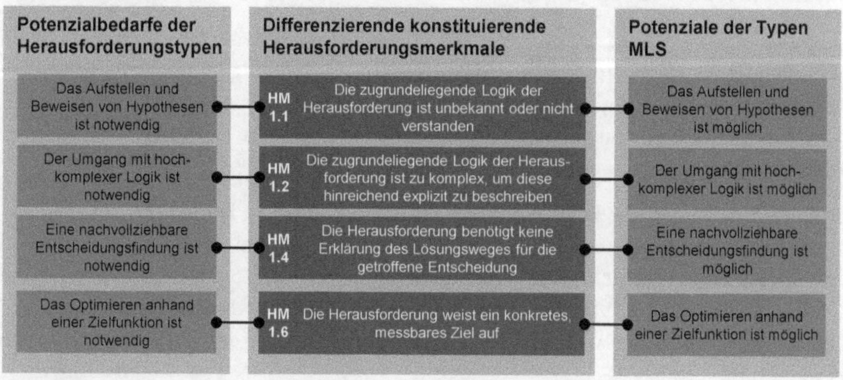


**Abbildung 4-20: Potenzial(bedarfe) der Typengruppen**

### Zuordnung der differenzierenden konstituierenden Herausforderungsmerkmale und Herausforderungstypen der vernetzten, adaptiven Produktion

In diesem Abschnitt werden die in diesem Kapitel beschriebenen differenzierenden konstituierenden Herausforderungsmerkmale für den Einsatz MLS und die daraus entwickelten Potenzialbedarfe zur Bewältigung der Herausforderungen den in Kapitel 4.1.3 gebildeten fünf Herausforderungstypen der vernetzten, adaptiven Produktion zugeordnet. Dazu wird jeder Potenzialbedarf zur Bewältigung der Herausforderungen für jeden Herausforderungstyp der vernetzen, adaptiven Produktion diskutiert.

### *Herausforderungen zur Bewertung von Zuständen*

Eine korrekte Wahrnehmung der Zustände und der Umgebung des Produktionssystems sind Ziel der Herausforderungen zur Bewertung von Zuständen. Zur Anpassung der Wahrnehmung werden Zustände erfasst, Abweichungen zu Regeln bestimmt und Schlussfolgerungen gezogen. Zur Bewältigung von Herausforderungen dieses Typs kann auf beschriebene Regeln und Kriterien sowie auf Präzedenzfälle zurückgegriffen werden (vgl. Kapitel 4.1.3). Dies bedeutet auch, dass keine neuen Hypothesen über Wirkzusammenhänge aufgestellt werden müssen. Der entsprechende Potenzialbedarf besitzt daher keine Relevanz für diesen Herausforderungstyp.

Aus dem Vorhandensein von Regeln und Kriterien und ihrer hinreichend genauen Beschreibung folgt, dass die Logik zur Bewältigung einer Herausforderung wenig komplex ist. Der Potenzialbedarf zum Umgang mit hoch-komplexer Logik besitzt daher keine Relevanz für diesen Herausforderungstyp.

Um Herausforderungen zur Bewertung von Zuständen als sicher bewältigt ansehen zu können, ist ein hohes Vertrauen in die Bewertung notwendig. Eine nachvollziehbare Entscheidungsfindung gilt daher als unerlässlich[810]. Der Potenzialbedarf der nachvollziehbaren Entscheidungsfindung besitzt damit eine besondere Relevanz für Herausforderungen dieses Typs.

Herausforderungen zur Bewertung von Zuständen stehen in keinem Zusammenhang mit einer Optimierung anhand einer Zielfunktion – das Ziel ist das korrekte Abbild der Ist-Situation und nicht ihre Verbesserung. Dieser Herausforderungstyp wird durch Zustandserfassung und Abweichungsbestimmung bewältigt. Damit besitzt dieser Potenzialbedarf keine Relevanz für diesen Herausforderungstyp der vernetzen, adaptiven Produktion.

### *Herausforderungen zur Identifikation von Kausalitäten*

Herausforderungen zur Identifikation von Kausalitäten fokussieren das Ziel eines korrekten Verständnisses über Wirkzusammenhänge im Produktionssystem (vgl. Kapitel 4.1.3). Die Identifikation von Kausalitäten ist dabei gleichzusetzen mit dem Aufstellen und Beweisen von Hypothesen über Wirkzusammenhänge. Der Potenzialbedarf ist daher besonders relevant.

Das Aufstellen und Beweisen von Hypothesen kann mit unterschiedlichen Vorgehensweisen erfolgen. Eine mögliche ist die empirische Wissenschaft. Diese beruht auf der

[810] vgl. Bauer et al. (Smartening up with Artificial Intelligence), 2017, S. 30.

Annahme, dass nur Erfahrung und Beobachtung Quelle für Wissen sein können. Das Aufstellen einer Hypothese erfolgt hierbei durch eine Aussage, welche sich durch Beobachtungen unmittelbar als wahr herausstellt. Die Hypothese kann als bewiesen angesehen werden, wenn die Beobachtung immer wieder wiederholt werden kann.[811] Das Aufstellen und Beweisen von Hypothesen kann so ausschließlich durch Beobachtungen erfolgen. Der Umgang mit hoch-komplexer Logik zum Bewältigen dieses Herausforderungstyps ist daher nicht erforderlich.

Die Bewältigung von Herausforderungen durch Identifikation von Kausalitäten steht in keinem direkten Bezug zu einer Optimierung des Ergebnisses anhand einer Zielfunktion. Korrespondierender Potenzialbedarf hat daher keine Relevanz für Herausforderungen zur Identifikation von Kausalitäten.

Zur Bewältigung von Herausforderungen dieses Typs ist die Art und Weise des Aufstellens und Beweisens von Hypothesen nicht bedeutsam. Die Herausforderung kann bereits als bewältigt angesehen werden, wenn der Beweis über die Gültigkeit der erarbeiteten Hypothesen erbracht ist. Der Potenzialbedarf zur nachvollziehbaren Lösungsfindung besitzt daher keine Relevanz für diesen Herausforderungstyp.

***Herausforderungen zur Vorhersage von Zuständen***

Herausforderungen zur Vorhersage von Zuständen verfolgen das Ziel einer korrekten Einschätzung der Zustände des Produktionssystems und der Umgebung in der Zukunft (vgl. Kapitel 4.1.3). Das Zusammenspiel unterschiedlicher Faktoren innerhalb eines Produktionssystems ist dabei hoch-komplex. D. h., dass der Potenzialbedarf an den Umgang mit hoch-komplexer Logik für diesen Herausforderungstyp eine besondere Relevanz besitzt.

Die hohe Komplexität im Zusammenspiel der unterschiedlichen Faktoren erschwert das Verständnis und die Vorhersage der Logik zugrundeliegender Zustände erheblich. Häufig werden daher Möglichkeiten zur Vorhersage ohne explizite Darstellungen der Logik genutzt. Der Potenzialbedarf der Nachvollziehbarkeit besitzt daher keine Relevanz für diesen Herausforderungstyp der vernetzten, adaptiven Produktion.

Für diesen Herausforderungstyp besitzt der von BOX geprägte Grundsatz *»all models are wrong, but some are useful«* Gültigkeit, welcher besagt, dass kein Modell eine vollständig richtige Vorhersage treffen kann und daher immer fehlerbehaftet ist. Wenn das Modell allerdings eine Vorhersage mit einer festgelegten Genauigkeit treffen kann,

---

811 vgl. Fasching (Die empirisch-wissenschaftliche Sicht), 1989, S. 1.

gilt es trotz des inhärenten Fehlers als geeignet für die ausgewählte Aufgabenstellung.[812] Übertragen auf Herausforderungen zur Vorhersage von Zuständen zieht dies die Notwendigkeit einer Vorhersage mit einer im jeweiligen Anwendungsfall als ausreichend anzusehenden Genauigkeit nach sich. Zielfunktionen sind in der Vorhersage von Zuständen daher nicht vorgesehen. Der Potenzialbedarf zur Optimierung anhand einer Zielfunktion besitzt daher keine Relevanz.

Zur Überwindung einer Herausforderung zur Vorhersage von Zuständen bedarf es einer korrekten Einschätzung des betrachteten Zustandes in der Zukunft. Zur Bewältigung der Herausforderung ist dabei einzig der Zustand von Bedeutung. Hypothesen über Wirkzusammenhänge, die den Zustand beeinflussen, haben daher keine Relevanz für Herausforderungen zur Vorhersage von Zuständen.

***Herausforderungen zur Planung von Abläufen***

Herausforderungen zur Planung von Abläufen erfordern die Anpassung eines Produktionssystems an Änderungen der Umgebung – also die Herstellung eines Gleichgewichts zwischen interner und externer Komplexität. Dies geschieht praktisch z. B. durch Erarbeiten und Anpassen von Plänen für Fertigungsabfolgen und Routen (vgl. Kapitel 4.1.3). Derartige Planungsaufgaben werden häufig rechnergestützt unter Nutzung umfangreicher Datenbanken bewältigt. Ohne solche Unterstützung ist die erfolgreiche Bearbeitung der Planungsaufgabe aufgrund der hohen Komplexität oft nur schwer möglich.[813] Der Umgang MLS mit hoch-komplexer Logik ist daher zur Bewältigung dieses Herausforderungstyps von besonderer Bedeutung.

Getrieben durch dieses hohe Maß an Komplexität ist eine Nachvollziehbarkeit des Lösungswegs nur bedingt möglich. Der Potenzialbedarf ist daher von nur geringer Relevanz.

Dieser Herausforderungstyp bedarf der Anpassung eines Produktionssystems, um die äußere Komplexität intern zu spiegeln. Dabei kommt es darauf an, alle Anforderungen der Teilkomponenten eines Produktionssystems zu erfüllen. Herausforderungen zur Planung von Abläufen können daher durch das Einhalten eines Zielbereiches bewältigt werden. Die Optimierung anhand einer Zielfunktion ist daher nicht relevant.

Auch das Aufstellen und Beweisen von Hypothesen über Wirkzusammenhänge zwischen Teilkomponenten des Produktionssystems und das dafür notwendige zugrundeliegende Verständnis ist dabei nicht notwendig.

---

[812] vgl. Box (Science and Statistics), 1976.

[813] vgl. Rojek (Technological Process Planning by the Use of Neural Networks), 2017, S. 1.

***Herausforderungen zur Abstimmung von Zielen***

Herausforderungen zur Abstimmung von Zielen bedürfen der Ausrichtung von Teilsystemen innerhalb eines Produktionssystems auf ein übergeordnetes Ziel. In diesem Zusammenhang wird durch Anpassung der Ziele von Teilsystemen die Erfüllung einer übergeordneten Zielfunktion optimiert (vgl. Kapitel 4.1.3). Dabei ist es von großer Bedeutung, dass überhaupt anhand einer Zielfunktion optimiert werden kann. Die Anforderung besitzt daher große Relevanz für diesen Herausforderungstyp.

Da ein Produktionssystem aus einer Vielzahl verbundener Teilsysteme besteht, erfordert das Vorgehen die Ausrichtung vieler voneinander abhängiger Ziele auf ein übergeordnetes Ziel. Herausforderungen zur Abstimmung von Zielen weisen daher ein sehr hohes Maß an Komplexität auf – entsprechender Potenzialbedarf besitzt große Relevanz für den Herausforderungstyp.

Das hohe Maß an Komplexität, das zum Bewältigen der Herausforderungen gehandhabt werden muss, macht eine Nachvollziehbarkeit des Lösungsweges nur bedingt möglich. Aus diesem Grund ist dieser Potenzialbedarf nicht relevant.

Das Aufstellen und das Beweisen von Hypothesen stehen in keinem Bezug zur Bewältigung der Herausforderung. Der Potenzialbedarf hat daher keine Relevanz für diesen Herausforderungstyp der vernetzten, adaptiven Produktion.

Für jeden der fünf Herausforderungstypen der vernetzten, adaptiven Produktion sind relevante Potenzialbedarfe identifiziert worden, welche für die dieses Kapitel abschließende Zuordnung von Herausforderungstypen der vernetzten, adaptiven Produktion und Typen MLS relevant sind. Abbildung 4-21 fasst die Ergebnisse zusammen.

| Potenzialbedarf | Herausforderungstypen der vernetzten, adaptiven Produktion: Bewertung von Zuständen | Identifikation von Kausalitäten | Vorhersage von Zuständen | Planung von Abläufen | Abstimmung von Zielen |
|---|---|---|---|---|---|
| Aufstellen und Beweisen von Hypothesen | | ○ | | | |
| Umgang mit hochkomplexer Logik | | | ○ | ○ | ○ |
| Nachvollziehbare Entscheidungsfindung | ○ | | | | |
| Optimierung anhand einer Zielfunktion | | | | | ○ |

○ Potenzialbedarf als relevant identifiziert

**Abbildung 4-21: Zuordnung von Potenzialbedarfen und Herausforderungstypen der vernetzten, adaptiven Produktion**

**Zuordnung der differenzierenden konstituierenden Herausforderungsmerkmale und Typen MLS**

In diesem Abschnitt werden die in diesem Kapitel beschriebenen differenzierenden konstituierenden Herausforderungsmerkmale für den Einsatz MLS und die daraus entwickelten Potenziale der Typen MLS den in Kapitel 4.3.3 gebildeten fünf Typen MLS zugeordnet. Dazu wird jedes Potenzial MLS zur Bewältigung der Herausforderungen der vernetzten, adaptiven Produktion für jeden Typ MLS diskutiert.

***Analogiebasiert lernende Systeme***

Analogiebasiert lernende Systeme funktionieren nach dem Prinzip der Übertragung von Lösungen gelöster Probleme auf ähnliche, ungelöste Probleme (vgl. Kapitel 4.3.3). Daraus folgt für diesen Typ MLS, dass die Entwicklung neuer Lösungen nicht vorgesehen ist. Analogiebasiert lernende Systeme besitzen daher auch nicht die Fähigkeit, Hypothesen über Wirkzusammenhänge aufzustellen und zu beweisen.

Außerdem ist es durch Übertragen bekannter Lösungen nicht möglich, die Erfüllung einer Zielfunktion zu optimieren – das Optimum müsste bereits im Vorfeld bekannt sein.

Ähnlichkeitserkennung ist für analogiebasierte MLS eine zentrale Voraussetzung zur Problemlösung und Herausforderungsbewältigung (vgl. Kapitel 4.3.3). Falls die Herausforderung jedoch das Verarbeiten eines hochdimensionalen Datensatzes erfordert, ist ein Erkennen von Ähnlichkeiten schwierig. Es kann nur schwer entschieden werden, welche Dimensionen für eine Ähnlichkeit relevant sind und welche nicht[814]. Analogiebasiert lernende Systeme können daher hoch-komplexe Problemstellungen nur schlecht handhaben.

Da ein Erkennen von Ähnlichkeiten und Übertragen von Lösungen jedoch möglich ist, kann die Entscheidungsfindung des MLS nachvollzogen werden. Eine klare Definition von Ähnlichkeit ist in analogiebasiert lernenden Systemen Voraussetzung für die nachfolgende Übertragung der Lösung. Damit kann also auch nachvollzogen werden, wie die Lösung zur Bewältigung der Herausforderung übertragen wird.

***Evolutionsbasiert lernende Systeme***

Evolutionsbasiert lernende Systeme ahmen durch Selektion, Rekombination und Mutation von Chromosomen den Effekt einer Evolution durch natürliche Selektion nach. Dabei verändern sie kontinuierlich den Code eines Programmes zur Bewältigung der Herausforderung. Ihr Ziel ist es, eine Lösung zu entwickeln, die eine Fitnessfunktion in höherem Maße erfüllt als existierende Lösungen (vgl. Kapitel 4.3.3). Dabei wird ein Lösungsraum kontinuierlich nach einer Lösung maximaler Fitness durchsucht[815]. Evolutionsbasiert lernende Systeme besitzen daher die Fähigkeit zur Optimierung anhand einer Zielfunktion.

Wie beschrieben ist es evolutionsbasiert lernenden Systemen durch Selektion, Rekombination und Mutation möglich, einen Lösungsraum nach einer optimalen Lösung zu durchsuchen. Existierende Zusammenhänge zwischen unterschiedlichen Bestandteilen des Lösungsraums werden hierbei allerdings nicht beachtet. D. h. evolutionsbasiert lernende Systeme können Hypothesen über Wirkzusammenhänge weder aufstellen noch beweisen.

Wie in Kapitel 4.3.3 beschrieben, handelt es sich bei Mutationen um zufällige Änderungen einzelner Chromosomen. Die Mutation ist notwendig, um die initiale bzw. nachfolgende Gleichheit einer Population und einen dadurch ausbleibenden Lerneffekt zu vermeiden. Durch die zufällige Manipulation je Schritt wird die Nachvollziehbarkeit der Entscheidungsfindung allerdings erheblich gestört. Folglich sind evolutionsbasiert lernende Systeme zu einer nachvollziehbaren Entscheidungsfindung nicht in der Lage.

---

[814] vgl. Domingos (The Master Algorithm), 2015, S. 186.
[815] vgl. Russell; Norvig (Artificial Intelligence), 2010, S. 619 ff.

Die Praxis zeigt, dass es durch die große Zahl von Veränderungsmöglichkeiten im Code eines Programmes unmöglich ist, eine Verbesserung der Leistungsfähigkeit durch evolutionsbasiert lernende Systeme zu erzeugen. Es bedarf daher einer Programmierung systematischer Regeln zur Veränderung des Codes.[816] Für den Umgang mit komplexen Problemen folgt daraus, dass nur solche Probleme gelöst werden können, für die systematische Regeln für die Veränderung des Codes möglich sind. Dann können auch komplexe Probleme gelöst werden. Andernfalls ist eine Lösung des Problems durch evolutionsbasiert lernende Systeme nur eingeschränkt möglich.

***Symbolbasiert lernende Systeme***

Symbolbasiert lernende Systeme nutzen Symbole für den Verweis auf Wissenselemente und das Beschreiben ihrer Umgebung. Induktive Schlussfolgerungen werden durch die Verwendung von Regeln zur Manipulation der Symbole aufgestellt und Herausforderungen dadurch bewältigt (vgl. Kapitel 4.3.3). Diese Fähigkeit zum induktiven Schluss ermöglicht es symbolbasiert lernenden Systemen, Hypothesen über Wirkzusammenhänge aufzustellen und für verfügbare Trainingsdaten zu beweisen.

Wissenselemente werden bei diesem Typ MLS durch Symbole repräsentiert. Das hat zur Konsequenz, dass Wissenselemente, für welche kein Symbol existiert, von einem symbolbasiert lernenden System nicht verwendet werden können. Gleiches gilt für Regeln zur Manipulation der Symbole – lediglich dem System bekannte Regeln sind für das Aufstellen neuer induktiver Schlussfolgerungen nutzbar. Gerade bei komplexen Problemstellungen fehlen allerdings Symbole und Regeln. Die Fähigkeit symbolbasiert lernender Systeme zur Bearbeitung hoch-komplexer Logik ist daher nur eingeschränkt gegeben.[817]

Symbolverwendung schränkt die Möglichkeiten zur Optimierung anhand einer Zielfunktion erheblich ein – schließlich können auch nur solche Optima gefunden werden, die durch Symbole beschrieben werden können.

Symbolbasiert lernende Systeme greifen zur Entscheidungsfindung nicht auf einzelne Regeln, sondern stets auf eine gewisse Menge an Regeln zurück (vgl. Kapitel 4.3.3). Diese kann in Form anschaulicher Entscheidungsbäume dargestellt werden. Entscheidungsbäume können leicht von Menschen verstanden, interpretiert und kontrolliert

[816] vgl. Ertel (Grundkurs Künstliche Intelligenz), 2016, S. 90.

[817] vgl. Krüger (Three Dilemmas of Signal- and Symbol-Based Representations in Computer Vision), 2005, S. 9.

werden[818]. Damit ermöglichen sie Nachvollziehbarkeit in der Entscheidungsfindung symbolbasiert lernender Systeme.

***Vernetzungsbasiert lernende Systeme***

Vernetzungsbasiert lernende Systeme sind in ihrem Aufbau dem menschlichen Gehirn nachempfunden. Sie ermöglichen eine rationale Entscheidungsfindung durch die Vernetzung künstlicher Neuronen. Die Gewichtungen der Verbindungen zwischen den Neuronen werden dabei durch Training angepasst (vgl. Kapitel 4.3.3). Die Verwendung dieser Trainingsdaten wirkt allerdings dahingehend beschränkend, dass lediglich Zusammenhänge nachgebildet werden können, die auch in den Trainingsdaten abgebildet sind. Bzgl. neuer, nicht in den Trainingsdaten abgebildeter Wirkzusammenhänge können daher keine Hypothesen aufgestellt oder bewiesen werden.

Vernetzungsbasiert lernende Systeme finden also nur solche Lösungen, die bereits in den Trainingsdaten enthalten sind. Ihre Fähigkeit zur Optimierung ist stark eingeschränkt. Optima außerhalb der Trainingsdaten können nicht gefunden werden.

Die Vernetzung einer großen Anzahl künstlicher Neuronen ermöglicht es vernetzungsbasiert lernenden Systemen, Funktionen beliebiger Komplexität nachzuvollziehen und in Regeln abzubilden[819]. D. h., die Fähigkeit zur Handhabung hoch-komplexer Logik ist gegeben.

Die verteilte Repräsentation des Wissens macht es unmöglich, die Funktionsweise eines Netzes künstlicher Neuronen nachzuvollziehen[820]. Daher ist die Nachvollziehbarkeit der Entscheidungsfindung vernetzungsbasierter MLS nicht gegeben.

***Wahrscheinlichkeitsbasiert lernende Systeme***

Um Hypothesen aufzustellen und zu beweisen, verwenden wahrscheinlichkeitsbasiert lernende Systeme bedingte Wahrscheinlichkeiten bzgl. des gemeinsamen Auftretens von Bedingungen und Effekten. Diese Hypothesen werden eingesetzt, um Herausforderungen zu bewältigen (vgl. Kapitel 4.3.3). Wahrscheinlichkeitsbasiert lernende Systeme machen sich das Aufstellen und Beweisen von Hypothesen über Wirkzusammenhänge zunutze. Die Fähigkeit ist für diesen Typ MLS also gegeben.

---

818 vgl. Ertel (Grundkurs Künstliche Intelligenz), 2016, S. 217.
819 vgl. Domingos (The Master Algorithm), 2015, S. 108.
820 vgl. Ertel (Grundkurs Künstliche Intelligenz), 2016, S. 308.

Um Hypothesen aufzustellen und mit ausreichender Sicherheit zu beweisen, benötigen wahrscheinlichkeitsbasiert lernende Systeme eine ausreichend große Menge an Beobachtungen über Bedingungen und Effekte. Um dabei dennoch zu belastbaren Ergebnissen zu kommen, steigt die Anzahl notwendiger Beobachtungen mit der Anzahl an Bedingungen und Effekten. Für komplexe Logik (charakterisierbar durch eine hohe Anzahl an Bedingungen, Effekten und Abhängigkeiten) führt das zu einer exponentiellen Zunahme der Anzahl an Beobachtungen.[821] Die Handhabung hoch-komplexer Logik ist daher für wahrscheinlichkeitsbasierte MLS nur begrenzt möglich.

Die Entscheidungsfindung dieses Typs MLS erfolgt durch die Anwendung von a-priori-Wahrscheinlichkeiten (vgl. Kapitel 4.3.3). Da Begründungen unter Einbeziehung dieser Wahrscheinlichkeiten für Menschen häufig nur schwer nachvollziehbar sind, ist eine nachvollziehbare Entscheidungsfindung also nur bedingt gegeben[822].

Beobachtungen sind die Basis allen Wissens in wahrscheinlichkeitsbasiert lernenden Systemen. Wenn das Auffinden von Lösungen außerhalb existierender Beobachtungen nicht möglich ist, sind auch die Möglichkeiten zur Optimierung stark eingegrenzt.

Für jeden der fünf Typen MLS sind relevante Potenziale identifiziert worden, welche für die dieses Kapitel abschließende Zuordnung von Herausforderungstypen der vernetzten, adaptiven Produktion und Typen MLS relevant sind. Abbildung 4-22 fasst die Ergebnisse zusammen.

[821] vgl. Domingos (The Master Algorithm), 2015, S. 161.
[822] vgl. Domingos (The Master Algorithm), 2015, S. 148.

| Potenzial | Typen MLS: Analogiebasiert lernende Systeme | Evolutionsbasiert lernende Systeme | Symbolbasiert lernende Systeme | Vernetzungs-basiert lernende Systeme | Wahr'keitsbasiert lernende Systeme |
|---|---|---|---|---|---|
| Aufstellen und Beweisen von Hypothesen | | | ✓ | | |
| Umgang mit hoch-komplexer Logik | | (✓) | | ✓ | |
| Nachvollziehbare Entscheidungs-findung | ✓ | | ✓ | | |
| Optimierung anhand einer Zielfunktion | | ✓ | | | ✓ |

✓ Potenzial als vorhanden identifiziert (✓) Potenzial als unter Randbedingungen vorhanden identifiziert

**Abbildung 4-22: Zuordnung von Potenzialen und Typen maschinell lernender Systeme**

## Zuordnung von Herausforderungstypen der vernetzten, adaptiven Produktion und Typen MLS

Durch einen Abgleich dieser Potenzialbedarfe und Potenziale ist es möglich, geeignete Kombinationen von Herausforderungstypen der vernetzten, adaptiven Produktion und Typen MLS zu identifizieren. Die in diesem Kapitel erarbeiteten Zuordnungslogiken zwischen jeweils den differenzierenden konstituierenden Herausforderungsmerkmalen und den Potenzialbedarfen der Herausforderungstypen der vernetzten, adaptiven Produktion bzw. den Potenzialen der Typen MLS erlaubt es, die beiden Typengruppen einander strukturiert zuzuordnen. Die sachlogische Bedingung für die Eignung eines Typenpaares ist, dass die für den Herausforderungstyp der vernetzten, adaptiven Produktion relevanten Potenzialbedarfe durch die Potenziale des Typs MLS erfüllt werden. Abbildung 4-23 fasst sowohl die relevanten Potenzialbedarfe der Herausforderungstypen der vernetzten, adaptiven Produktion als auch die Potenziale der Typen MLS zusammen. Auch die daraus resultierende Zuordnung ist dargestellt.

Das Ergebnis besteht aus insgesamt sieben geeigneten Kombinationen von Herausforderungstypen der vernetzten, adaptiven Produktion und Typen MLS. Für jedes dieser Typenpaare kann eine optimale Bewältigung des Herausforderungstyps der vernetzten, adaptiven Produktion durch den Typ MLS begründet vermutet werden. Damit ist die systematische Zuordnung MLS zu Herausforderungen der vernetzten, adaptiven Produktion vollständig. In Kapitel 4.4.3 wird das Modell durch die Zuordnung betrachteter Herausforderungscluster mittels der im nachfolgenden Kapitel 4.4.2 erarbeiteten Charakterisierungslogik inhaltlich weiter detailliert und ergänzt.

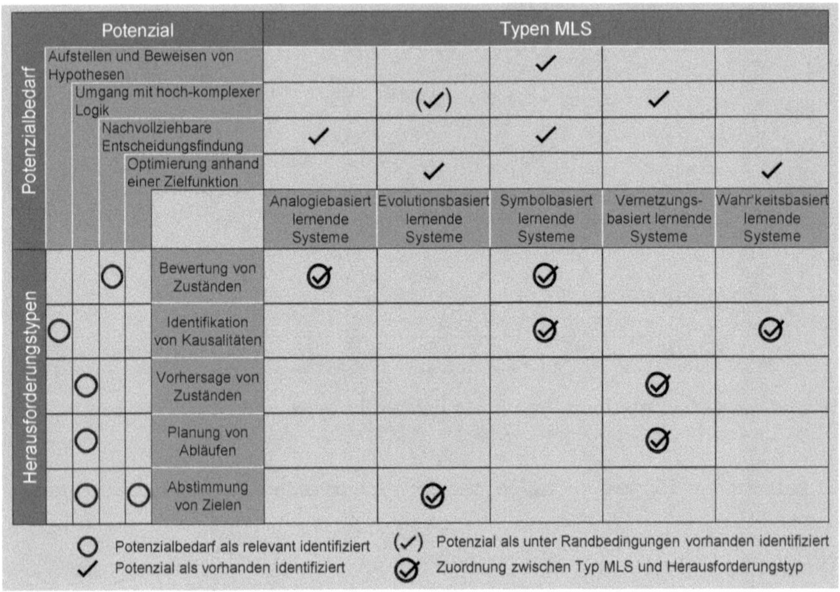


**Abbildung 4-23: Applikation maschinell lernender Systeme in der vernetzten, adaptiven Produktion**

## 4.4.2 Charakterisierungslogik für spezifische Anwendungsfälle

Die Charakterisierung von Anwendungsfällen MLS erlaubt die weitere inhaltliche Detaillierung der erarbeiteten Ergebnisse in der Verbindung von System- und Herausforderungsdimension. Dazu werden nachfolgend zunächst Kriterien für eine klare Charakterisierung von Anwendungsfällen durch Bestimmung des jeweiligen Herausforderungstyps der vernetzten, adaptiven Produktion und Typs MLS erarbeitet. Darauf aufbauend werden in Kapitel 4.4.3 die Ergebnisse der Charakterisierung vorgestellt.

Die in den Kapiteln 4.1.3 und 4.3.3 vorgestellten Typengruppen sind entsprechend ihren Ausprägungen in typbildenden und -beschreibenden Merkmalen voneinander abgegrenzt. Die Bestimmung des Herausforderungstyps der vernetzten, adaptiven Produktion für spezifische Anwendungsfälle erfolgt daher durch diese Merkmale und zugeordneten Ausprägungen. Nachfolgend wird so der jeweilige Herausforderungstyp der vernetzten, adaptiven Produktion anhand inhaltsanalytischer Interpretationsregeln bestimmt. Das Vorgehen zur Bildung der Interpretationsregeln ist angelehnt an

GOELZER und in Tabelle A-4 für das Merkmal der Wissensrepräsentation dargestellt[823]. Zur Explikation der richtigen Interpretation von Textstellen wird für jede Ausprägung eine **Interpretationsregel** aufgestellt. Ein die Einordnung unterstützendes **Ankerbeispiel** ist für jede Interpretationsregel in Form einer exemplarischen Textstelle gegeben.

**Tabelle 4-15: Interpretationsregeln für das typbildende Merkmal Handlung**

| Ausprägung | Interpretationsregel (Zuordnung, wenn…) | Ankerbeispiel |
|---|---|---|
| Bewertung von Zuständen | Zustände erfasst, Abweichungen von Sollwerten bestimmt und Schlussfolgerungen gezogen werden. | »[The identification of the state of drill wear and tear, based on selected measurement signals, such as] feed force, cutting torque, acoustic emission, noise and vibration«.[824] |
| Identifikation von Kausalitäten | das Produktionssystem hinsichtlich unbekannter Wirkzusammenhänge untersucht wird. | »In SM [semiconductor manufacturing], MLDM [machine learning and data mining] can assist, e.g., in the identification of the factors […] that are the most influential on cycle time […] reduction«.[825] |
| Vorhersage von Zuständen | Zustände in der Zukunft für Entscheidungen der Gegenwart betrachtet werden. | »The estimation of future production costs is a key factor in determining the overall performance of a […] process«.[826] |
| Planung von (Teil-) Abläufen | Abläufe innerhalb des Produktionssystems (neu) geplant werden. | »In this paper, we present an intelligent CAPP [computer aided process planning] methodology […] to choose the sequence of manufacturing operations«.[827] |
| Abstimmung von Zielen | Teilsysteme des Produktionssystems auf ein übergeordnetes Ziel ausgerichtet werden. | »Optimization of the welding parameters […] to minimize the dimensional deviations of the manufactured sub-assemblies«.[828] |

[823] vgl. Gölzer (Big Data in Industrie 4.0), 2017, S. 136.

[824] vgl. Kurek et al. (Developing Automatic Recognition System of Drill Wear in Standard Laminated Chipboard Drilling Process), 2016, S. 633.

[825] vgl. Meidan et al. (Cycle-Time Key Factor Identification and Prediction in Semiconductor Manufacturing Using Machine Learning and Data Mining), 2011, S. 237.

[826] vgl. Cavalieri et al. (Parametric vs. Neural Network Models for the Estimation of Production Costs), 2004, S. 165.

[827] vgl. Yahia et al. (Manufacturing Process Planning Application using Artificial Neural Networks), 2002, S. 1.

[828] vgl. Hamedi et al. (Optimizing Spot Welding Parameters in a Sheet Metal Assembly by Neural Networks and Genetic Algorithm), 2007, S. 1178.

Die komplette Übersicht der inhaltsanalytischen Interpretationsregeln zur Identifikation von Ausprägungen von Herausforderungstypen der vernetzten, adaptiven Produktion zeigt Anhang A.2. Der Vollständigkeit halber finden sich dort auch die inhaltsanalytischen Interpretationsregeln zur Bestimmung der Typen MLS wieder.

Wie dargelegt, wurden die Interpretationsregeln der Anwendungsfälle aus den typbildenden und -beschreibenden Merkmalen abgeleitet. Jeder Typ besitzt eine unterschiedliche Ausprägung im typbildenden Merkmal. Diese ermöglichen daher die eindeutige Identifikation von Typen. Die Identifikation der Ausprägung eines typbildenden Merkmals in einem Anwendungsfall ist gleichbedeutend mit der Zuordnung des Anwendungsfalls zu dem jeweiligen Typ. Für die Ausprägungen typbeschreibender Merkmale gilt dies nicht. Per Definition lassen sich diese nicht überschneidungsfrei unterschiedlichen Typen zuordnen (vgl. Kapitel 3.3.3). In vorliegender Arbeit weisen die Ausprägungen typbeschreibender Merkmale jedoch große Unterschiede auf. Lediglich eine Ausprägung ist für mehrere Herausforderungstypen der vernetzten, adaptiven Produktion identisch (vgl. Abbildung 4-6). Eine Typenbestimmung anhand der Ausprägungen typbeschreibender Merkmale ist daher möglich. Die Identifikation zweier Ausprägungen typbeschreibender Merkmale (welche einem Typ zugeordnet sind) ist ausreichend, um den jeweiligen Typ im Anwendungsfall zu identifizieren.

Durch die erarbeiteten Regeln ist es möglich, Anwendungsfälle entsprechend ihrer Zugehörigkeit zu Herausforderungstypen der vernetzten, adaptiven Produktion zu charakterisieren. Inhaltsanalytische Interpretationsregeln ermöglichen die Identifikation von Ausprägungen. Bei Anwendung der aufgestellten Regeln entstehende Widersprüche müssen für eine definitive Charakterisierung aufgelöst werden. Falls Ausprägungen, die verschiedenen Herausforderungstypen der vernetzten, adaptiven Produktion zugeordnet sind, in einem Anwendungsfall gleichzeitig auftreten, so muss dieser in mehrere Anwendungsfälle geteilt werden. Ist dies nicht möglich, so kann der Anwendungsfall nicht durch Typen charakterisiert werden.

### 4.4.3 Applikation maschinell lernender Systeme in der vernetzten, adaptiven Produktion

Die Betrachtung der Herausforderungen der vernetzten, adaptiven Produktion und die Charakterisierung der der jeweiligen Herausforderungskategorie zuordenbaren Anwendungsfälle erlauben eine inhaltliche Detaillierung des erarbeiteten Modells in der Verbindung von System- und Herausforderungsdimension. Dafür wird zunächst auf den Ordnungsrahmen des erweiterten Zielsystems der vernetzten, adaptiven Produktion zurückgegriffen (vgl. Abbildung 4-3 in Kapitel 4.1.1) und diesem Herausforderungen zugeordnet. Die für die Beschreibung der Herausforderungen genutzten Anwendungsfälle waren bereits Bestandteil des für die Entwicklung der Lösung in den vorausgehenden Kapiteln geführten Diskurses. Sie werden an dieser Stelle nicht neu eingeführt, sondern lediglich erneut exemplarisch für die Beschreibung der Herausforderungen und die Abstraktion der Herausforderungscluster herangezogen. Anschließend wird – entsprechend der in Kapitel 4.4.2 beschriebenen Charakterisierungslogik – für jeden Herausforderungscluster der jeweilige Herausforderungstyp der vernetzten, adaptiven Produktion bestimmt. Abschließend kann für jeden Herausforderungscluster – entsprechend der in Kapitel 4.4.1 beschriebenen Zuordnungslogik – der zu seiner Überwindung jeweils geeignete Typ MLS bestimmt werden.

Wie dargelegt, werden dem Ordnungsrahmen des erweiterten Zielsystems der vernetzten, adaptiven Produktion Herausforderungen zugeordnet und beschrieben (vgl. Abbildung 4-24). Teilziele des Ordnungsrahmens, die keine Herausforderungen aufweisen bzw. für deren Herausforderungen keine ausreichende Eignung einer Applikation MLS gegeben ist, bleiben an dieser Stelle unberücksichtigt. Es ergibt Sinn, von diesem Ordnungsrahmen des erweiterten Zielsystems der vernetzten, adaptiven Produktion auszugehen. Da das erweiterte Zielsystem den Betrachtungsbereich der Arbeit vollumfänglich abbildet, kann das Risiko, existierende wichtige Herausforderungen zu übersehen, minimiert werden. Durch dieses Vorgehen kann der Status quo existierender Herausforderungen der vernetzten, adaptiven Produktion sinnvoll abgebildet werden. Weitere möglicherweise zukünftig auftretende Herausforderungen können entsprechend dem gleichen Zielsystem abgeleitet und auf Basis der durch diese Arbeit vermittelten Kenntnisse auf die Eignung einer Applikation MLS hin überprüft werden. Auf diese Weise bleiben die Erkenntnisse vorliegender Arbeit langfristig nutzbar.

| Ziele des Lean Managements | Erweiterte Ziele der vernetzten, adaptiven Produktion | | | | |
|---|---|---|---|---|---|
| | Umwelt-wahrnehmung | Exploration | Prognose | Neuordnung | Selbst-organisation |
| Wartezeit | | | Vorhersage von Zeiten | | |
| Transport | | | | Produktionsablauf-planung | |
| Bearbeitungs-schritte | Bewerten des Verschleiß-zustands; Erkennen von Prozessanomalien | Steigerung des Prozessverständnisses | Vorhersage von Prozessparametern; Prädiktive Wartung | Prozessplanung | |
| Bewegungen | | | | Prozessplanung; Planung von Bewegungen | |
| Ausschuss Nacharbeit | Erkennen von Produktfehlern | Fehler-Ursachen-Analyse | Vorhersage von Produkteigenschaften | Prozessplanung | Prozessoptimierung |
| Überproduktion | | | Vorhersage von Absatz-mengen; Vorhersage von Kosten | | |
| Bestände | | | | | Ressourcenoptimierung |

**Abbildung 4-24: Herausforderungen der vernetzten, adaptiven Produktion**

Die Herausforderung **Bewerten des Verschleißzustandes** beschreibt die Erfassung und Bestimmung von Verschleißzuständen von Werkzeugen wie Bohrern oder anderen Verbrauchsmaterialien in der Gegenwart oder Vergangenheit. Die untersuchten Anwendungsfälle können Herausforderungen zur Bewertung von Zuständen zugeordnet werden.[829,830]

Das **Erkennen von Prozessanomalien** ist den Herausforderungen zur Bewertung von Zuständen zuzuordnen. Die dieser Kategorie zuordenbaren Anwendungsfälle untersuchen anhand von Prozessparametern wie bspw. Temperatur, Verarbeitungsgeschwindigkeit und benötigter Kühlwassermenge mögliche Prozessanomalien beim Walzen von Stahl[831]. Weiterhin werden auftretende Drehmomente zur Überwachung eines Fräsprozesses genutzt[832].

Herausforderungen des Clusters **Erkennen von Produktfehlern** beschreiben die produktbezogene Erfassung und Auswertung von Qualitätsmerkmalen. Die untersuchten Anwendungsfälle stellen Herausforderungen zur Bewertung von Zuständen dar. Bspw.

---

[829] vgl. Susto et al. (Machine Learning for Predictive Maintenance), 2015.

[830] vgl. Kurek et al. (Developing Automatic Recognition System of Drill Wear in Standard Laminated Chipboard Drilling Process), 2016.

[831] vgl. Jin et al. (Quality Prediction and Control in Rolling Processes Using Logistic Regression), 2007.

[832] vgl. Schorr et al. (Quality Prediction of Drilled and Reamed Bores Based on Torque Measurements and the Machine Learning Method of Random Forest), 2020.

werden die Qualität einer Schweißnaht bewertet, der Kohlenstoffgehalt in geschmolzenem Stahl gemessen oder Reibwerte innerhalb eines Kugelgelenkes ausgewertet, um Qualitätsabweichungen in Form von Produktfehlern zu erkennen.[833,834,835,836]

Die **Steigerung des Prozessverständnisses** untersucht Einflüsse auf Prozessparameter und ist als Herausforderungstyp zur Identifikation von Kausalitäten charakterisiert. Die dieser Kategorie zuordenbaren Anwendungsfälle dienen der Korrelationsanalyse zwischen optischen Messungen und der Qualität von Schweißnähten, der Ursachenanalyse von Prozessabweichungen oder der Identifikation von Haupteinflussfaktoren auf den Verschleiß von Maschinen.[837,838,839,840]

Die **Fehler-Ursachen-Analyse** beschreibt die Ursachenanalyse von Produktfehlern und stellt den Herausforderungstyp zur Identifikation von Kausalitäten dar. Relevante Anwendungsfälle dieser Kategorie werden z. B. zur Identifikation von Fehlerursachen in einem Gussprozess eingesetzt.[841]

Die **Vorhersage von Zeiten** beschreibt die Prognose produktionsbezogener Zeitspannen und kann als Herausforderung zur Vorhersage von Zuständen charakterisiert werden. Die dieser Kategorie zuordenbaren Anwendungsfälle haben die Vorhersage von Durchlaufzeiten bzw. das Abschätzen von Zykluszeiten zum Ziel.[842,843]

---

[833] vgl. Wang (Applying Data Mining to Manufacturing), 2007.

[834] vgl. Xu et al. (A Model of Basic Oxygen Furnace (BOF) End-point Prediction Based on Spectrum Information of the Furnace Flame with Support Vector Machine (SVM)), 2011.

[835] vgl. Petković (Prediction of Laser Welding Quality by Computational Intelligence Approaches), 2017.

[836] vgl. He; Wang (Fault Detection Using the k-Nearest Neighbor Rule for Semiconductor Manufacturing Processes), 2007.

[837] vgl. You et al. (WPD-PCA-Based Laser Welding Process Monitoring and Defects Diagnosis by Using FNN and SVM), 2015.

[838] vgl. He et al. (Multivariate Process Monitoring and Fault Identification Using Multiple Decision Tree Classifiers), 2013.

[839] vgl. Vazan et al. (Using Data Mining Methods for Manufacturing Process Control), 2017.

[840] vgl. Meidan et al. (Cycle-Time Key Factor Identification and Prediction in Semiconductor Manufacturing Using Machine Learning and Data Mining), 2011.

[841] vgl. Bakır-Batu et al. (Defect Cause Modeling with Decision Tree and Regression Analysis), 2006.

[842] vgl. Öztürk et al. (Manufacturing Lead Time Estimation Using Data Mining), 2006.

[843] vgl. Vainio et al. (Estimating Printed Circuit Board Assembly Times), 2010.

Die **Vorhersage von Prozessparametern** kann als Herausforderungstyp zur Vorhersage von Zuständen charakterisiert werden und beschreibt eine Prozessparameterprädiktion zur Ermöglichung eines geforderten Prozessverhaltens. Prozessparameter werden bspw. für das vibrationsarme Verhalten eines Fräsprozesses prognostiziert.[844,845,846,847]

Herausforderungen des Clusters **Prädiktive Wartung** dienen der Vorhersage von Verschleiß und können als Herausforderung zur Vorhersage von Zuständen charakterisiert werden. Die dieser Kategorie zuordenbaren Anwendungsfälle dienen der Vorhersage verbleibender Standzeiten von Fräswerkzeugen bzw. der prädiktiven Wartung einer Rollenschneidmaschine.[848,849]

Die **Vorhersage von Produkteigenschaften** beschreibt die Herausforderung der Betrachtung zukünftiger, zum Zeitpunkt der Untersuchung noch nicht messbarer Produkteigenschaften und ist durch den Herausforderungstyp zur Vorhersage von Zuständen charakterisiert. Die dieser Kategorie zuordenbaren Anwendungsfälle haben die Vorhersage der entstehenden Oberflächenrauheit nach spanender Bearbeitung anhand von Prozessparametern zum Ziel bzw. prognostizieren die Qualität von Zwischenprodukten in einem Walzwerk.[850,851,852,853]

Ebenfalls als Herausforderung zur Vorhersage von Zuständen charakterisierbar ist die **Vorhersage von Absatzmengen**, welche bspw. die Mengenbestimmung von Produktionschargen zum Ziel hat.[854]

---

844 vgl. Saadallah et al. (Stability Prediction in Milling Processes Using a Simulation-based Machine Learning Approach), 2018.

845 vgl. Frye; Schmitt (Quality Improvement of Milling Processes Using Machine Learning-Algorithms), 2019.

846 vgl. Kim et al. (A Study on the Quality Improvement of Robotic GMA Welding Process), 2003.

847 vgl. Shi et al. (Applying Artificial Neural Networks and Virtual Experimental Design to Quality Improvement of Two Industrial Processes), 2004.

848 vgl. Kanawaday; Sane (Machine Learning for Predictive Maintenance of Industrial Machines Using IoT Sensor Data).

849 vgl. An et al. (A Data-driven Model for Milling Tool Remaining Useful Life Prediction with Convolutional and Stacked LSTM Network), 2020.

850 vgl. Correa et al. (Comparison of Bayesian Networks and Artificial Neural Networks for Quality Detection in a Machining Process), 2009.

851 vgl. Lieber et al. (Quality Prediction in Interlinked Manufacturing Processes based on Supervised & Unsupervised Machine Learning), 2013.

852 vgl. Hamedi et al. (Optimizing Spot Welding Parameters in a Sheet Metal Assembly by Neural Networks and Genetic Algorithm), 2007.

853 vgl. Krimpenis et al. (Simulation-Based Selection of Optimum Pressure Die-Casting Process Parameters Using Neural Nets and Genetic Algorithms), 2006.

854 vgl. Zhang et al. (Big Data Driven Decision-making for Batch-based Production Systems), 2019.

Die **Vorhersage von Kosten** kann den Herausforderungen zur Vorhersage von Zuständen zugeordnet werden und beschreibt die Prognose der im Rahmen der Produktion anfallenden Kosten. Die Herstellungsstückkosten eines neuen Bremsscheibenmodells werden u. a. vorhergesagt.[855]

Die **Produktionsablaufplanung** widmet sich der Reihenfolgeplanung zur Bearbeitung von Aufträgen und der Ausführung von Prozessen. Sie ist als Herausforderung zur Planung von Abläufen charakterisiert. Ein exemplarischer Anwendungsfall betrachtet die Produktionsablaufplanung einer Halbleiterproduktion.[856]

Herausforderungen des Clusters **Prozessplanung** beschreiben die Gestaltung von Produktionsprozessen und stellen Herausforderungen zur Planung von Abläufen dar. Bei relevanten Anwendungsfällen geht es um die Planung einzelner Arbeitsschritte in der Herstellung spanend bearbeiteter Bauteile und konkret um die Auswahl geeigneter Maschinen und Werkzeuge sowie die Arbeitsschrittfolge.[857,858,859,860]

Herausforderungen des Clusters **Planung von Bewegungen** haben die Planung der Bewegungsabläufe von Robotern im Produktionsumfeld zum Ziel und stellen Herausforderungen zur Planung von Abläufen dar. In einem relevanten Anwendungsfall wird bspw. eine Bewegung zur Aufnahme eines frei im Raum positionierten Objekts durch den Greifer eines Roboters geplant.[861]

Die **Prozessoptimierung** beschreibt die Verbesserung eines Produktionsprozesses hinsichtlich der Qualität der produzierten Teile und stellt eine Herausforderung zur Abstimmung von Zielen dar. In relevanten Anwendungsfällen wird bspw. die Produktqualität in einem Druckgussprozess optimiert bzw. der Bauteilverzug in einem Punktschweißprozess reduziert.[862,863]

---

855 vgl. Cavalieri et al. (Parametric vs. Neural Network Models for the Estimation of Production Costs), 2004.

856 vgl. Waschneck et al. (Optimization of Global Production Scheduling With Deep Reinforcement Learning), 2018.

857 vgl. Yahia et al. (Manufacturing Process Planning Application using Artificial Neural Networks), 2002.

858 vgl. Denkena et al. (Data Mining Approach for Knowledge-based Process Planning), 2014.

859 vgl. Rojek (Technological Process Planning by the Use of Neural Networks), 2017.

860 vgl. Deb et al. (A Neural Network Based Methodology for Machining Operations Selection in Computer-Aided Process Planning for Rotationally Symmetrical Parts), 2006.

861 vgl. Kumra; Kanan (Robotic Grasp Detection Using Deep Convolutional Neural Networks), 2017.

862 vgl. Krimpenis et al. (Simulation-Based Selection of Optimum Pressure Die-Casting Process Parameters Using Neural Nets and Genetic Algorithms), 2006.

863 vgl. Hamedi et al. (Optimizing Spot Welding Parameters in a Sheet Metal Assembly by Neural Networks and Genetic Algorithm), 2007.

Der Herausforderungscluster **Ressourcenoptimierung** ist als Herausforderung zur Abstimmung von Zielen charakterisiert. Die dieser Kategorie zuordenbaren Anwendungsfälle tragen zur Optimierung eines Prozesses durch Reduzierung des Ressourcenverbrauchs bei – wie bspw. durch die Minimierung der Leistungsaufnahme einer Drehmaschine.[864]

Die beschriebenen Herausforderungs- bzw. Anwendungsfallcluster können mithilfe der Charakterisierung aus Kapitel 4.4.2 bzgl. ihrer Zugehörigkeit zu einem Herausforderungstyp der vernetzten, adaptiven Produktion zugeordnet werden. Der Einfachheit halber wurde der identifizierte Herausforderungstyp der vernetzten, adaptiven Produktion jeweils direkt im Zuge vorausgehender Beschreibung der Herausforderungen genannt. An die Analyse und Charakterisierung der Herausforderungscluster anknüpfend bietet die im Anhang dargestellte Tabelle A-7 eine detaillierte Übersicht der betrachteten Anwendungsfälle.

Wie eingangs des Kapitels bereits beschrieben, erlaubt diese Charakterisierung von Anwendungsfällen und die Zuordnung zu einem Herausforderungstypen der vernetzten, adaptiven Produktion eine inhaltliche Detaillierung des erarbeiteten Modells in der Verbindung von System- und Herausforderungsdimension. Entsprechend der in Kapitel 4.4.1 entwickelten Logik bzgl. der Eignung MLS für Herausforderungen der vernetzten, adaptiven Produktion kann durch die Kenntnis des Herausforderungstyps der vernetzten, adaptiven Produktion auch der zu seiner Überwindung geeignete Typ MLS bestimmt werden. Abbildung 4-25 fasst die Ergebnisse dieses Prozesses und das Endergebnis vorliegender Arbeit zusammen.

---

[864] vgl. Sangwan; Kant (Optimization of Machining Parameters for Improving Energy Efficiency using Integrated Response Surface Methodology and Genetic Algorithm Approach), 2017.

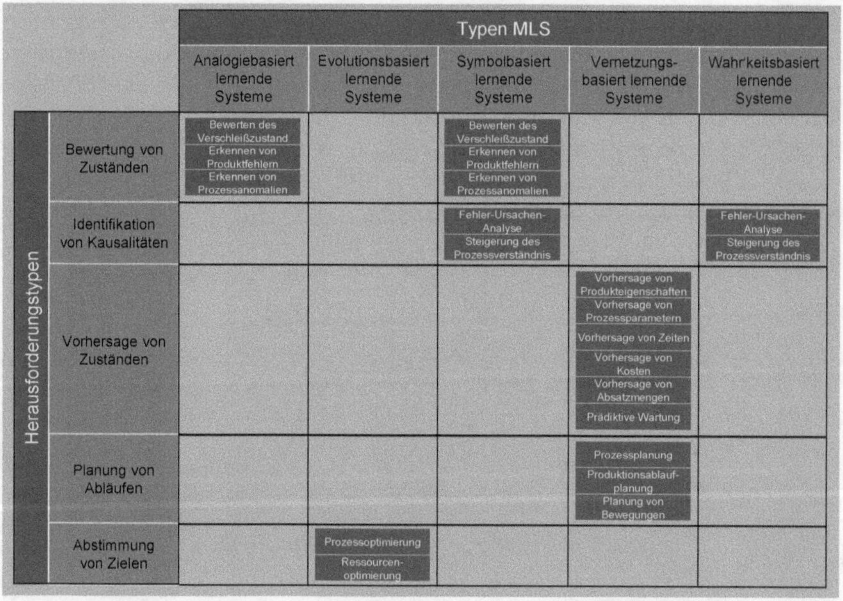


**Abbildung 4-25: Detaillierung der Applikation maschinell lernender Systeme in der vernetzten, adaptiven Produktion**

### 4.4.4 Zwischenfazit zu maschinell lernenden Systemen in der vernetzten, adaptiven Produktion

Das Ziel dieses Kapitels war die Untersuchung der *Applikation MLS in der vernetzten, adaptiven Produktion*. Im Rahmen der Auseinandersetzung konnte gezeigt werden, dass sich einige der identifizierten konstituierenden Herausforderungsmerkmale besonders für die Differenzierung der Herausforderungstypen der vernetzten, adaptiven Produktion und der Typen MLS eignen. Diese differenzierenden konstituierenden Herausforderungsmerkmale stellen das verbindende Element der Zuordnung geeigneter MLS zur Bewältigung von Herausforderungen der vernetzten, adaptiven Produktion dar. Weiterhin erlaubt die Charakterisierung von Herausforderungen entsprechend dem erweiterten Zielsystem der vernetzten, adaptiven Produktion eine Detaillierung des Modells und die Integration spezifischer, für produzierende Unternehmen aktuell relevanter Herausforderungscluster. Dieser Schritt ist damit besonders aus Anwendersicht wichtig und liefert handlungsleitende Ergebnisse. Die vorliegende Arbeit im Allgemeinen und dieses Kapitel im Besonderen leisten damit einen wichtigen Beitrag zur Reduzierung der Unklarheit darüber, welche Herausforderungen der vernetzten, adaptiven Produktion durch welche Art MLS und den ihnen inhärenten Technologieeigenschaften überwunden werden können. Die Gesamtheit der Herausforderungscluster bietet gleichzeitig einen Überblick über das allgemeine Applikationspotenzial MLS in der vernetzten, adaptiven Produktion und beantwortet somit die formulierte Forschungsfrage, ob und wo eine *Applikation MLS in der vernetzten, adaptiven Produktion* sinnvoll ist.

# 5 Validierung und kritische Reflexion

Der Forschungsprozess der angewandten Wissenschaften beginnt in der Praxis, richtet sich hauptsächlich auf die Untersuchung des Anwendungszusammenhangs und endet in der Praxis.[865] Nachdem die Methodik im vorhergehenden Kapitel 4 detailliert wurde, ist die Überprüfung, Beschreibung und Interpretation des entwickelten Modells an einem realen Praxisbeispiel das Ziel dieses Kapitels. Bei der Validierung geht es weniger um den Nachweis der Gültigkeit von Theorien, sondern um die Überprüfung der praktischen Anwendbarkeit der Methodik und den Nutzen bzw. Schaden. Wesentlich bei diesem Test ist, dass dies nicht in einem eigens für diesen Zweck künstlich arrangierten Beispiel erfolgt, sondern in einem Anwendungsbeispiel der Praxis.[866] Die Validierung und kritische Reflexion sind in drei Bereiche gegliedert: die Darstellung des Fallbeispiels, die Beschreibung des Vorgehens bei der Anwendung der Dissertation und der Ergebnisse, sowie Bewertung und Zusammenfassung. Die Anwendung der Methodik erfolgte bei einem renommierten Unternehmen aus der Werkzeugindustrie im Rahmen eines Forschungs- und Entwicklungsprojekts. Ziel des Projekts war die Digitalisierung der Fertigung durch Identifikation der Applikationspotenziale MLS in einem Produktionswerk. Das betreffende Unternehmen ist global aktiv. Es soll an dieser Stelle die PowerTools AG genannt werden.

## 5.1 Darstellung des Fallbeispiels

Das in den 1940er Jahren gegründete Unternehmen beschäftigt ca. 30.000 Mitarbeiter und ist u. a. in die strategischen Geschäftsbereiche *Elektrowerkzeuge* sowie *Direktbefestigung* untergliedert. Kernprodukte in diesen Bereichen sind leistungsstarke elektrische Handwerkzeuge für Bautätigkeiten.

Die PowerTools AG stellt Qualität, Innovation und direkte Kundenbeziehungen in den Mittelpunkt ihrer Geschäftstätigkeit. Alle Produkte und Lösungen des Unternehmens sollen dazu beitragen, die Arbeit auf Baustellen einfacher, schneller und sicherer zu machen. Die von PowerTools entwickelten und vertriebenen Produkte, Systemlösungen, Software und Serviceleistungen fokussieren den Kundenmehrwert. Benannte Produkte und Leistungen haben einen integrierten Charakter. Damit ist ein wesentlicher

[865] vgl. Ulrich; Schwaninger (Systemorientiertes Management), 2001, S. 179.
[866] vgl. Ulrich; Fluri (Management), 1984, S. 175.

Unterschied zu den meisten Wettbewerbern beschrieben, welche häufig Einzellösungen anbieten. Ein weiteres Differenzierungsmerkmal stellt der Direktvertrieb an professionelle Kunden dar. Im Gegensatz zu wichtigen Wettbewerbern sind die Produkte der PowerTools AG nicht in Baumärkten oder online verfügbar, sondern richten sich speziell an professionelle Anwender.

PowerTools strebt eine absolute Technologie- bzw. Qualitätsführerschaft an, die basierend auf dem breiten Technologie-Know-how und der intelligenten Abdeckung der Wertschöpfungskette realisiert werden. Bedingt durch die Größe des Produktspektrums können Skaleneffekte bspw. bei den eingesetzten Produktionsanlagen und Synergieeffekte durch die Mehrfachverwendung von (Technologie-)Innovationen in unterschiedlichen Produkten erzielt werden, die dem Unternehmen Produktivitäts- und Flexibilitätsvorteile gegenüber der Konkurrenz sichern.

Der Gestaltungsbereich des Projekts war das weltweit größte und technologisch bedeutendste Produktionswerk von PowerTools. Dieses umfasst insgesamt ca. 550 Mitarbeiter und ist in einen Wertschöpfungsteil spanender Fertigungsverfahren (Drehen, Fräsen etc.) sowie in einen Montageteil gegliedert. Das Werk versteht sich den anderen Produktionswerken gegenüber als technologisches Leitwerk mit besonderem Fokus auf die spanende Fertigung von leistungs- und lebensdauerbegrenzenden Komponenten sowie die Komplettmontage von Elektrowerkzeugen höchster Leistungs- und Preiskategorien. In betreffendem Produktionswerk werden neue Fertigungstechnologien und -prozesse initial getestet und weiterentwickelt. Darüber hinaus wird dort auch Grundlagenentwicklung (bspw. werkstoffseitig) betrieben. Die Produktentwicklung betreiben die Geschäftsfelder darüber hinaus allerdings auch in ihren eigenen Entwicklungsabteilungen und einem Technologiezentrum.

## 5.2 Anwendung der Dissertation am Fallbeispiel

Produzierenden Unternehmen verspricht der Einsatz von Digitaltechnologien u. a. Produktivitäts- und Flexibilitätssteigerungen (vgl. Kapitel 4.1). Eine Möglichkeit für Unternehmen, die Potenziale von Digitaltechnologien effektiv in Wettbewerbsvorteile umzuwandeln, ist die Applikation MLS in der Produktion. Dafür gilt es, relevante Anwendungsfälle zu erkennen und so konzeptionelle Leitlinien für die Implementierung zu schaffen.

Im Rahmen des hier als Fallbeispiel dienenden Projekts wurde daher das Leistungspotenzial MLS an den Voraussetzungen und Anforderungen des Produktionswerks gespiegelt. Konkret wurde dabei wie nachfolgend beschrieben vorgegangen.

**Visualisierung des Produktionsablaufs**

Um die Eignung einer *Applikation MLS in der vernetzten, adaptiven Produktion* überprüfen zu können, muss der spezifische Anwendungskontext zunächst möglichst gut verstanden sein. Den Ausgangspunkt der Validierung vorliegender Arbeit bildet daher die Visualisierung des Wertstroms. Diese ermöglicht ein strukturiertes und systematisches Vorgehen bei der Überprüfung der Eignung einer Applikation MLS und hilft dabei, keine potenziellen Anwendungsmöglichkeiten auszulassen.

Der gewählte exemplarische Wertstrom (vgl. Abbildung 5-1) zur Fertigung eines Elektrowerkzeugs beginnt mit dem Eingang des Rohmaterials sowie Zukaufkomponenten von Zulieferunternehmen, umfasst spanende Bearbeitungs- sowie Wärmebehandlungsschritte, Montagearbeiten, die Qualitätskontrolle, Konfektionierung und den Versand an die Kunden (in diesem Fall die jeweiligen Marktorganisationen) sowie produktionsübergreifende Wertschöpfungsschritte wie Planung und Logistik. Wie nachfolgend noch explizit dargelegt werden wird, sind die im Rahmen dieser Analyse identifizierten Schwachstellen entlang des Wertstroms laufend nummeriert.

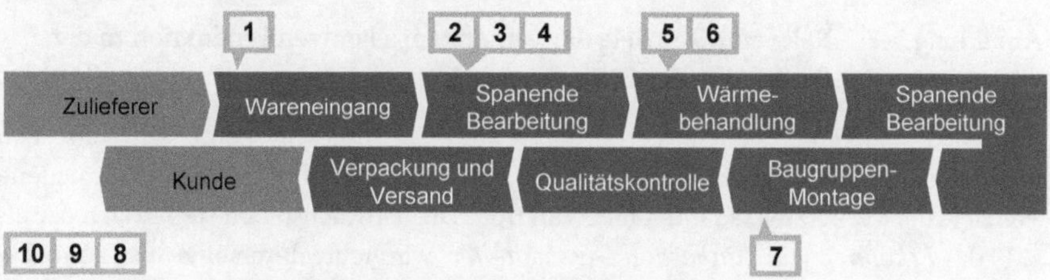


**Abbildung 5-1: Exemplarischer Wertstrom der PowerTools AG**

**Abfrage der Teilziele der vernetzten, adaptiven Produktion**

Für jeden identifizierten Teilschritt des Wertstroms erfolgte eine Abfrage, ob der jeweilige Teilschritt eine Schwachstelle darstellen könnte und – wenn ja – welches der Teilziele der vernetzten, adaptiven Produktion (vgl. Abbildung 5-2) dabei eine potenzielle Relevanz besitzt. Die Evaluierung hinsichtlich Schwachstellen erfolgte im beschriebenen Projekt durch Interviews mit Prozessexperten. Die Abfrage der Teilziele der vernetzten, adaptiven Produktion erfolgte durch Auswertung der Interviewergebnisse hinsichtlich relevanter Ziele des Lean Managements sowie durch Übertragung des durch vorliegende Arbeit geschaffenen Verständnises der erweiterten Ziele der vernetzten, adaptiven Produktion (vgl. Kapitel 4.1.1) auf den jeweiligen Teilschritt des

Wertstroms (vgl. Abbildung 5-1). Die Teilziele in dunkler Einfärbung können als für das Fallbeispiel relevant erachtet werden (vgl. auch Abbildung 5-3).

| | | Erweiterte Ziele der vernetzten, adaptiven Produktion | | | | |
|---|---|---|---|---|---|---|
| | | Umwelt-wahrnehmung | Exploration | Prognose | Neuordnung | Selbst-organisation |
| Ziele des Lean Managements | Wartezeit | Wahrnehmen von Wartezeiten | Einflussanalyse von Wartezeiten | Prognose von Wartezeiten | (Neu-)Planung im Umgang mit Wartezeiten | Kontinuierliche Minimierung der Wartezeit |
| | Transport | Wahrnehmen von Transporten | Einflussanalyse von Transporten | Prognose von Transport (Bedarf, benötigte Zeit) | Dynamische Routenplanung | Kontinuierliche Minimierung des Transports |
| | Bearbeitungs-schritte | Wahrnehmen von Prozessschwachstellen | Einflussanalyse von Prozessschwachstellen | Prognose von Prozessschwachstellen | (Neu-)Planung von Verarbeitungsschritten | Kontinuierliche Vermeidung der Prozessschwachstellen |
| | Bewegungen | Wahrnehmen von Bewegungen | Einflussanalyse von Bewegungen | Prognose von Bewegungen | (Neu-) Planung von Bewegungsabläufen | Kontinuierliche Minimierung von Bewegungen |
| | Ausschuss Nacharbeit | Wahrnehmen von Ausschuss und Nacharbeit | Einflussanalyse von Nacharbeit/ Ausschuss | Prognose von Ausschuss und Nacharbeit | (Neu-)Planung zur Vermeidung von Nacharbeit | Kontinuierliche Minimierung der Nacharbeit |
| | Überproduktion | Wahrnehmen von Überproduktion | Einflussanalyse von Überproduktion | Prognose von Überproduktion | (Neu-)Planung von Produktionsmengen | Kontinuierliche Minimierung von Überproduktion |
| | Bestände | Wahrnehmen von Beständen | Einflussanalyse von Beständen auf die Produktionsfähigkeit | Prognose benötigter Bestände | (Neu-)Planung von benötigten Beständen | Kontinuierliche Minimierung benötigter Bestände |

**Abbildung 5-2: Relevante Teilziele der vernetzten, adaptiven Produktion in der Produktion der PowerTools AG**

Entlang des aufgenommenen Wertstroms konnten so insgesamt zehn Schwachstellen im Wertstrom identifiziert werden. Diese wiederum betreffen jeweils verschiedene Teilziele der vernetzten, adaptiven Produktion. Die Schwachstellen stellen sich dar als z. B. das *Erkennen von Lunkern in Gussbauteilen*, was heute durch eine Sichtkontrolle erfolgt und welche das Teilziel *Wahrnehmen von Ausschuss und Nacharbeit* verfolgt. Eine Übersicht aller identifizierten Schwachstellen und Teilziele kann Tabelle 5-1 (Spalten 2 und 3) entnommen werden. Zur Gesamtübersicht der Schwachstellen vgl. die Ordnungsnummern aus Abbildung 5-1 und Tabelle 5-1 (Spalte 1).

**Identifikation korrespondierender Herausforderungscluster**

Im Falle einer Relevanz der Teilziele kann das mit diesem Teilziel in Zusammenhang stehende Herausforderungscluster der vernetzten, adaptiven Produktion identifiziert werden (vgl. Abbildung 5-3). Die Herausforderungscluster wurden im Rahmen von Kapitel 4.2.3 detailliert hergeleitet und den Teilzielen der vernetzten, adaptiven Produktion zugeordnet. Im Falle einer identifizierten direkten Zuordenbarkeit wird eine Optimierung der Schwachstelle im Wertstrom mit MLS in Erwägung gezogen. Eine Übersicht aller in der Produktion der PowerTools AG identifizierten Herausforderungscluster ist in Tabelle 5-1 (Spalte 4) dargestellt.

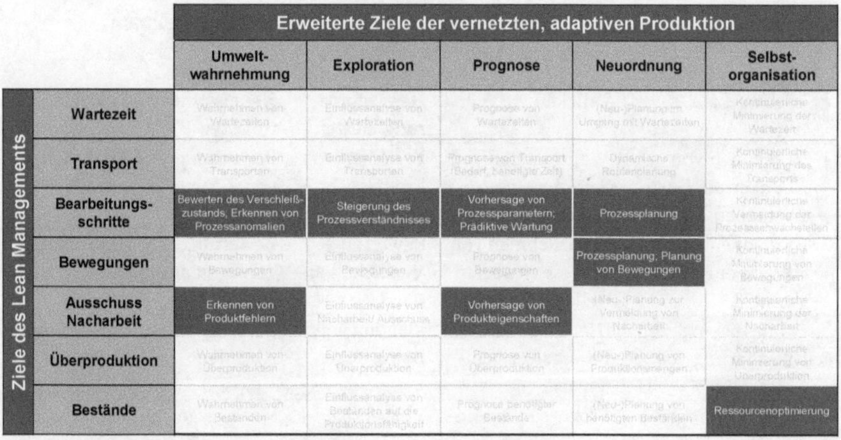


**Abbildung 5-3: Herausforderungscluster in der Produktion der PowerTools AG**

Es existieren auch Teilziele, bei welchen die Applikation MLS aller Voraussicht nach keine sinnvolle Maßnahme zur Optimierung einer Schwachstelle im Wertstrom ist (z. B. *Wahrnehmen von Wartezeiten*). Da bei hier beschriebenem Vorgehen die Überprüfung der Eignung einer Applikation MLS jedoch die explizite Maßgabe war, wurden Schwachstellen im Wertstrom, die Teilziele der vernetzten, adaptiven Produktion ohne Applikationspotenzial für MLS betreffen, bereits a-priori ausgeschlossen.

**Zuordnung von Herausforderungsclustern zu Herausforderungstypen**

Entsprechend der in Kapitel 4.4.1 geführten Analyse ist die Identifikation des vorliegenden Herausforderungstypen der vernetzten, adaptiven Produktion ausgehend von den Herausforderungsclustern möglich und kann ebenfalls Tabelle 5-1 (Spalte 5) entnommen werden.

**Zuordnung von Typen MLS zu Herausforderungstypen**

Die ebenfalls im Rahmen von Kapitel 4.4.1 hergeleitete Zuordnung von Typen MLS mit hohem Überwindungspotenzial für Herausforderungstypen der vernetzten, adaptiven Produktion (vgl. Abbildung 4-23) erlaubt eine Indikation des jeweils vielversprechendsten Lösungsansatzes zur Überwindung der vorliegenden Herausforderung. Eine Übersicht aller identifizierten und für die PowerTools AG relevanten Typen MLS kann Tabelle 5-1 (Spalte 6) entnommen werden.

**Tabelle 5-1: Applikation maschinell lernender Systeme dargestellt am Fallbeispiel der PowerTools AG**

| # | Schwachstelle | Teilziel | Herausforderungscluster | Herausforderungstyp | Typ MLS |
|---|---|---|---|---|---|
| 1 | Erkennen von Lunkern in Gussbauteilen | Wahrnehmen von Ausschuss und Nacharbeit | Erkennen von Produktfehlern | Bewertung von Zuständen | Analogiebasiert; Symbolbasiert |
| 2 | Erkennen von Werkzeugverschleiß | Wahrnehmen von Prozessschwachstellen | Bewerten des Verschleißzustands | Bewertung von Zuständen | Analogiebasiert; Symbolbasiert |
| 3 | „Bin-Picking" zur Bestückung von Maschinen | (Neu-)Planung von Bewegungsabläufen | Planung von Bewegungen | Planung von Abläufen | Vernetzungsbasiert |
| 4 | Qualitätsprognose auf Basis von Prozessdaten | Prognose von Ausschuss und Nacharbeit | Vorhersage von Produkteigenschaften | Vorhersage von Zuständen | Vernetzungsbasiert |
| 5 | Auffälligkeitsdetektion bei der Wärmebehandlung | Einflussanalyse von Prozessschwachstellen | Steigerung des Prozessverständnisses | Identifikation von Kausalitäten | Symbolbasiert, Wahrscheinlichkeitsbasiert |
| 6 | Optimierung der Temperaturverläufe | Prognose von Prozessschwachstellen | Vorhersage von Prozessparametern | Vorhersage von Zuständen | Vernetzungsbasiert |
| 7 | Erkennen von Kalibrierungsbedarf | Prognose von Prozessschwachstellen | Prädiktive Wartung | Vorhersage von Zuständen | Vernetzungsbasiert |
| 8 | Energieeinsparung in der Klimatisierung | Kontinuierliche Minimierung benötigter Bestände | Ressourcenoptimierung | Abstimmung von Zielen | Evolutionsbasiert |
| 9 | Unterstützung der Produktionsablaufplanung | (Neu-)Planung von Verarbeitungsschritten | Prozessplanung | Planung von Abläufen | Vernetzungsbasiert |
| 10 | Planung von Fahrrouten von Flurförderfahrzeugen | (Neu-)Planung von Bewegungsabläufen | Planung von Bewegungen | Planung von Abläufen | Vernetzungsbasiert |

### Ausblick – Auswahl eines Anwendungsfalls und erste Schritte der Umsetzung

Im Rahmen der Implementierung, welche im Anschluss an das hier beschriebene Fallbeispiel erfolgte, wurde ein Anwendungsfall mit direktem Einfluss auf die Produktivität im Bereich Qualitätsprognose umgesetzt *(Vorhersage von Produkteigenschaften)*.

Die Auswahl und Priorisierung des spezifischen Anwendungsfalls erfolgte noch unstrukturiert durch die Ermittlung des voraussichtlichen geschäftlichen Mehrwerts (in Form einer Business Case-Berechnung) und der voraussichtlichen technischen Machbarkeit (Verifizierung der Überwindbarkeit durch Identifikation erfolgreich bewältigter ähnlicher Anwendungsfälle in aktueller Forschungsliteratur). Siehe dazu auch die Ausführungen zum weiteren Forschungspotenzial in Kapitel 6.

Die ersten Schritte der Implementierung des Anwendungsfalls zur Qualitätsprognose *(Vorhersage von Produkteigenschaften)* deuten darauf hin, dass sich Neuronale Netze als Algorithmus des MLS als besonders vorteilhaft darstellen. Dabei handelt es sich entsprechend Tabelle A-3 um den Typ MLS der *vernetzungsbasiert lernenden Systeme*. Eben diese Zuordnung wurde auch weiter oben bereits identifiziert (vgl. Tabelle 5-1, Spalten 4 und 5 für Schwachstelle #4). Somit konnte für diesen Anwendungsfall die Nützlichkeit der in dieser Arbeit entwickelten Methodik vorläufig gezeigt werden.

## 5.3 Kritische Reflexion der Anwendungserfahrung

Bei der Anwendung der Methodik im Rahmen des beschriebenen Fallbeispiels konnten Verbesserungsmöglichkeiten identifiziert werden – Forschung stellt keinen grundsätzlich abgeschlossenen Prozess dar. In diesem Kapitel werden daher Ansatzpunkte zur Weiterentwicklung diskutiert. Konkret angelehnt an das Vorgehen von BREUER wird die Anwendungserfahrung anhand der Kriterien der Umsetzbarkeit, der Adaptierbarkeit sowie des erbrachten Nutzens bewertet[867].

Die Umsetzbarkeit in der Praxis ist insgesamt als positiv zu bewerten. Aus den vielen Diskussionen und Gesprächen mit den Mitarbeitern des Unternehmens kann gefolgert werden, dass die im Rahmen dieser Arbeit aufgestellten theoretischen Zusammenhänge sachlogisch aufeinander aufbauen und als ebensolche verstanden werden können. Außerdem konnte durch die Verknüpfung und das Durchlaufen der notwendigen Schritte das definierte Ziel (die Identifikation der Applikationspotenziale MLS in einem Produktionswerk) erfolgreich erreicht werden. Gewisse Einschränkungen brachte die Identifikation möglicher Herausforderungen im Produktionskontext mit sich. Voraussichtlich ist dies der noch wenig weit fortgeschrittenen Digitalisierungsmaturität des Produktionswerks geschuldet. Aus diesem Grund fehlte dem Unternehmen noch der strukturierte Überblick über existierende Herausforderungen. Infolgedessen musste zunächst noch gewisse Übersetzungsarbeit geleistet werden, was einen

[867] vgl. Breuer (Management von Technologieplattformen in diversifizierten Unternehmen), S. 117 f.

unerwartet großen Teil des Anwendungsaufwands umfasste. Das dafür gewählte Vorgehen der Visualisierung der Wertströme und Durchführung von Interviews wurde in diesem Kapitel dargelegt. Weiterhin ermöglicht der hohe Abstraktionsgrad im Rahmen der Beschreibung der Typen MLS zwar eine leichte Übertragung ihrer Potenziale auf generische Herausforderungen, jedoch erfordert die Diskussion spezifischer Applikationen MLS im Produktionskontext häufig noch eine gewisse Übersetzungsleistung ins Konkrete. Im Rahmen des beschriebenen Projektes gelang dies u. a. durch die Beschreibung ausgewählter, zur Typenbildung herangezogener Anwendungsfälle.

Was die Adaptierbarkeit der im Rahmen vorliegender Arbeit entwickelten Methodik angeht, so war die Anwendung ohne signifikante Anpassungen möglich. Dies kommt explizit nicht der Annahme gleich, dass alle in dieser Arbeit aufgestellten Regeln und Inhalte in jedem Fall auch so bestätigt werden. Speziell die Teilziele der vernetzten, adaptiven Produktion und auch die Herausforderungscluster waren im Kontext des beschriebenen Projektes weder alle gleichermaßen gültig noch für den Kontext genau richtig bezeichnet. Insbesondere in diesem Punkt scheint daher nach jetzigem Wissen eine fallspezifische Überprüfung und ggf. auch die Anpassung der vorgeschlagenen Struktur sinnvoll. Eine optimale Wahl und Darstellung dieser Elemente ist im Sinne der inhaltlichen Präzision und Übersichtlichkeit stark von den spezifischen Randbedingungen des Unternehmens abhängig.

Die im Fallbeispiel erzielten Ergebnisse verdeutlichen den Nutzen der in vorliegender Arbeit entwickelten Methodik. Die Orientierungslosigkeit des Unternehmens angesichts der Komplexität der Technologie, der Vielfalt ihrer Einsatzpotenziale in dem betreffenden Produktionswerk und des damit möglicherweise in Verbindung stehenden Nutzens auch im Bezug auf die Implementierung erster geeigneter Anwendungsfälle konnte zu großen Teilen überwunden werden. Ganz konkret konnte im Rahmen des Projekts für die identifizierten Schwachstellen im Wertstrom jeweils evaluiert werden, ob eine Applikation MLS eine sinnvolle Maßnahme darstellt. Es wurden konkrete Vorschläge an Typen MLS zur Überwindung der mit den identifizierten Schwachstellen in Verbindung stehenden Herausforderungen abgeleitet. Es wurde darüber hinaus die Implementierung eines Anwendungsfalls angestoßen, welche nach derzeitigem Kenntnisstand zu einem voraussichtlich erfolgreichen Abschluss kommt.

Dem Forschungsprozess der angewandten Wissenschaften folgend konnte die Anwendbarkeit der im Rahmen dieser Arbeit entwickelten Methodik nachgewiesen werden. Ebenfalls kann der Nutzen des Geschaffenen durch Anwendung an einem realen Fallbeispiel bestätigt werden. In Kombination kommt beides einer Nicht-Falsifizierung der Gültigkeit der Ergebnisse vorliegender Arbeit gleich.

# 6 Zusammenfassung und Ausblick

Obwohl das Potenzial von ML allgemein bereits weitgehend bekannt ist, vollzieht sich der Transfer in die unternehmerische Praxis nur langsam. Vermutete produktionsspezifische Potenziale sind nur in wenigen Unternehmen erschlossen. Durch mangelnde Kenntnis der Technologieeigenschaften von ML und konstituierender Merkmale von Herausforderungen der vernetzten, adaptiven Produktion zur Anwendung der Technologie werden die relevanten Handlungsfelder nicht erkannt. Eine systematische Priorisierung und Auswahl von Anwendungsfällen ist dabei nicht möglich. Die Diffusion MLS in der Praxis wird maßgeblich durch eine bestehende Unklarheit darüber verlangsamt, welche Herausforderungen der vernetzten, adaptiven Produktion durch welche MLS und der ihnen inhärenten Wirkprinzipien bewältigt werden können. Kernanspruch vorliegender Arbeit war daher die Entmystifizierung des Anwendungsnutzens MLS zur Überwindung von Herausforderungen mit dem übergeordneten Ziel der Entwicklung und direkten Anwendung einer Methodik zur *Applikation MLS in der vernetzten, adaptiven Produktion.*

Der Motivation und Zielsetzung vorliegender Arbeit folgend wurden im ersten Kapitel die praktische und wissenschaftliche Problemstellung sowie der Aufbau der Arbeit vorgestellt. Das zweite Kapitel behandelte die für diese Arbeit relevanten Grundlagen der vernetzten, adaptiven Produktion, der Daten sowie der Datenanalyse und des ML. Im Rahmen des Grundlagenkapitels konnte die Verbindung dieser Themen aufgezeigt werden. Es wurde herausgestellt, dass MLS als KI-basierte Agenten – in Form digitaler Assistenzsysteme – Prozesse adaptiv steuern, autonom handeln und ereignisbasierte Entscheidungen zur Steuerung der Wertschöpfung innerhalb einer vernetzten, adaptiven Produktion auf Basis von Daten treffen können. Darüber hinaus wurden die Defizite existierender Forschung dargelegt. Dazu wurden zunächst Kriterien zur Bewertung bestehender Ansätze in den beiden Kategorien Objekt- und Zielbereich definiert. Anschließend wurden bestehende Ansätze dahingehend evaluiert. Dabei konnte aufgezeigt werden, dass die Zielsetzung vorliegender Arbeit nur unzureichend durch existierende Forschung erfüllt ist.

Das dritte Kapitel hatte die Grobkonzeption der Methodik zur *Applikation MLS in der vernetzten, adaptiven Produktion* zum Ziel. Zunächst wurden dafür formale und inhaltliche Anforderungen an die Methodik hergeleitet. Anschließend wurden die Grundlagen der Modelltheorie sowie der analytischen Forschungsmethoden dargelegt. Abschließend wurde die Methodik unter Einhaltung der inhaltlichen und formalen Anforderungen in vier Teilmodellen konzipiert.

Das vierte Kapitel detaillierte die zuvor konzipierte Methodik. Zur Detaillierung wurde zunächst die vernetzte, adaptive Produktion charakterisiert. Dafür wurde das erweiterte Zielsystem als Ordnungsrahmen spezifiziert, darin auftretende generische Entscheidungssituationen abgeleitet und schließlich Herausforderungstypen der vernetzten, adaptiven Produktion entwickelt. Anschließend wurden die konstituierenden Herausforderungsmerkmale für die Applikation MLS spezifiziert. Dafür wurden zunächst etablierte Datenanalyseverfahren von einfachen sowie fortgeschrittenen ML-Verfahren differenziert. Die Fähigkeiten und Anforderungen der (fortgeschrittenen) ML-Verfahren konnten genutzt werden, um die konstituierenden Herausforderungsmerkmale MLS abzuleiten. Darüber hinaus erfolgte eine Charakterisierung MLS. Die Betrachtung ihrer strukturellen Eigenschaften sowie Daten- und Datenmodellanforderungen stellte die Basis für die Entwicklung von Typen MLS dar, welchen spezifische Technologiepotenziale zugeordnet werden konnten. Abschließend wurde die *Applikation MLS in der vernetzten, adaptiven Produktion* untersucht. Dafür wurde die Eignung MLS für Herausforderungen der vernetzten, adaptiven Produktion evaluiert. Diese Zuordnung konnte durch die Charakterisierung von Herausforderungen der vernetzten, adaptiven Produktion um abstrahierte Herausforderungscluster ergänzt werden.

Das fünfte Kapitel ist der Validierung der Methodik gewidmet. Der Mehrwert der erarbeiteten Ergebnisse konnte durch die Anwendung der Methodik in einem Produktionswerk eines global agierenden produzierenden Unternehmens gezeigt werden.

Vorliegende Arbeit leistet einen wesentlichen Beitrag zur Reduzierung der Unklarheit darüber, welche Herausforderungen der vernetzten, adaptiven Produktion durch welche MLS bewältigt werden können. Die Einsatzmöglichkeiten von ML-Technologien im Produktionsumfeld werden durch die Typen MLS und Herausforderungstypen der vernetzten, adaptiven Produktion strukturiert und allgemeingültig dargelegt. Die Charakterisierungskriterien ermöglichen es produzierenden Unternehmen, Herausforderungen im Hinblick auf ihren Herausforderungstyp zu analysieren und auf diese Art und Weise ein potenziell geeignetes MLS zu identifizieren. Damit trägt vorliegende

Arbeit dazu bei, ein tieferes Verständnis der Potenziale von ML-Verfahren zur Bewältigung von Herausforderungen im Produktionsumfeld zu erlangen. Dieses tiefere Verständnis katalysiert Implikationen mit weitreichendem Einfluss für Wissenschaft und Praxis. Anhand der Typen MLS konnte eine völlig neue Möglichkeit dargelegt werden, um sich dem Themengebiet des ML schnell, strukturiert und auf die für den Anwender wichtigen Bereiche fokussiert zu nähern. Hervorzuheben bei der Typenbildung MLS ist das Vorgehen anhand ihrer grundlegenden Eigenschaften zur Generierung von Wissen und dem Treffen intelligenter Entscheidungen. Dies erlaubt es, ML zu verstehen, ohne spezifische Kenntnisse in der Programmierung von ML-Algorithmen zu besitzen. Die Entwicklung von Herausforderungstypen der vernetzten, adaptiven Produktion zeigt Möglichkeiten zur Steigerung der Wirtschaftlichkeit und Adaptivität einer Produktion auf. Der erarbeitete Bezug zwischen Typen MLS und Herausforderungstypen der vernetzten, adaptiven Produktion in Form der konstituierenden Herausforderungsmerkmale ermöglicht es darüber hinaus, weitere Applikationsmöglichkeiten MLS zu identifizieren. Damit hat vorliegende Arbeit das Potenzial, die Diffusion MLS in der Produktion maßgeblich zu beschleunigen. Auch Unternehmen ohne explizite ML-Kompetenzen können die Technologiepotenziale erkennen, für sich interpretieren und zur Steigerung ihrer Wettbewerbsfähigkeit nutzen.

Darüber hinaus lassen sich weitere wichtige Forschungsaktivitäten ableiten. Besonders die unternehmensindividuelle Identifikation von Herausforderungen als initialer Ansatzpunkt einer Applikation MLS ist in diesem Zusammenhang zu nennen. Während vorliegende Arbeit einen Beitrag dazu leistet, bedarf es in produzierenden Unternehmen teils eines detaillierteren Leitfadens zum Aufdecken möglicher Anwendungen für die Technologie. Daran schließt sich direkt die unternehmensspezifisch sinnvolle Bewertung dieser Anwendungen an. Zur Allokation begrenzter Ressourcen wie z. B (Human)kapital ist eine Priorisierung möglicher Anwendungen für Unternehmen nicht trivial. Vielmehr stellt sich die Abwägung als multikriterielles Optimierungsproblem dar, welches zudem von jedem Unternehmen selbst interpretiert werden muss. Darüber hinaus ist eine erweiterte Betrachtung der theoretisch hergeleiteten Zuordnung von Herausforderungstypen der vernetzten, adaptiven Produktion und Typen MLS im Anwendungskontext sinnvoll. Eine Erweiterung des Modells um Aspekte der Umsetzung und detaillierten Gestaltung eines MLS (Hardware, Software, Daten etc.) könnte dazu beitragen, auch organisatorische und rechtliche Limitierungen wie bspw. Datenschutz, -sicherheit und -ethik zu berücksichtigen, welche im Kontext der fortschreitenden Digitalisierung und Vernetzung von Unternehmen immer relevanter werden.

# Literaturverzeichnis

**Aamodt, A.; Nygård, M.: Different Roles and Mutual Dependencies of Data, Information, and Knowledge - an AI Perspective on Their Integration.** In: Data & Knowledge Engineering. 16. Jg, 1995, Nr. 3, S. 191–222

**Agrawal, A.; Gans, J.; Goldfarb, A.: A Simple Tool to Start Making Decisions with the Help of AI.** Harvard Business Review online, 2018. https://hbr.org/2018/04/a-simple-tool-to-start-making-decisions-with-the-help-of-ai, Stand: 17.05.2021

**Agrawal, A.; Gans, J.; Goldfarb, A.: Prediction Machines.** The Simple Economics of Artificial Intelligence: Harvard Business Press, 2018

**Alpaydin, E.: Introduction to Machine Learning.** 3. Auflage: MIT Press, 2014

**An, Q.; Tao, Z.; Xu, X.; El Mansori, M.; Chen, M.: A Data-driven Model for Milling Tool Remaining Useful Life Prediction with Convolutional and Stacked LSTM Network.** In: Measurement. 154. Jg, 2020, S. 107–461

**Andelfinger, V. P.; Hänisch, T.: Industrie 4.0.** Wie cyber-physische Systeme die Arbeitswelt verändern. Wiesbaden: Springer Fachmedien Wiesbaden, 2017

**Anderson, P.; Tushman, M. L.: Technological Discontinuities and Organizational Environments.** In: Administrative Science Quarterly. 31. Jg, 1986, Nr. 3, S. 439

**Arel, I.; Rose, D. C.; Karnowski, T. P.: Deep Machine Learning.** A New Frontier in Artificial Intelligence Research. In: IEEE Comput. Intell. Mag. 5. Jg, 2010, Nr. 4, S. 13–18

**Ashby, W.: An Introduction to Cybernetics.** London: Chapman & Hall, 1956

**Backhaus, K.; Erichson, B.; Plinke, W.; Weiber, R.: Multivariate Analysemethoden.** Eine anwendungsorientierte Einführung. 14., überarbeitete und aktualisierte Auflage. Berlin: Springer Gabler, 2016

**Backhaus, K.; Erichson, B.; Weiber, R.: Fortgeschrittene multivariate Analysemethoden: Eine anwendungsorientierte Einführung**: Springer, 2015

**Bailey, K. D.: Typologies and Taxonomies.** An Introduction to Classification Techniques. (Reihe: Quantitative Applications in the Social Sciences, Bd. 102). Thousand Oaks, Calif.: Sage Publ, 2005

**Bakır-Batu, B.; Batmaz, I.; Güntürkün, F.; Ipekçi, A.; Köksal, G.; Özdemirel, N.: Defect Cause Modeling with Decision Tree and Regression Analysis**. In: World Academy of Science, Engineering and Technologie, International Journal of Mechanical, Aerospace, Industrial, Mechatronic and Manufacturing Engineering. 24. Jg, 2006, S. 1334–1337

**Balasundaram, R.: What is Real Artificial Intelligence.** Characteristics of True AI, 2019. https://emarsys.com/learn/blog/real-ai/, Stand: 21.05.2020

**Bandow, G.; Holzmüller, H. H.: "Das ist gar kein Modell!".** Unterschiedliche Modelle und Modellierungen in Betriebswirtschaftslehre und Ingenieurwissenschaften. In: Bandow, G.; Holzmüller, H. H. (Hrsg.). (Reihe: Gabler Research). 1. Auflage. Wiesbaden: Gabler Research, 2010

**Barr, A.; Feigenbaum, E. A.: The Handbook of Artificial Intelligence**. 3. Auflage: William Kaufmann, Inc., 1982

**Barton, A.; Lazarsfeld, P.: The Language of Social Research**. New York: Free Press, 1955

**Bartscht, J.: Why Systems Must Explore the Unknown to Survive in VUCA Environments**. In: Kybernetes. 44. Jg, 2015, Nr. 2, S. 253–270

**Bauer, H.; Baur, C.; Camplone, G.; George, K.; Ghislanzoni, G.: Industry 4.0.** How to Navigate Digitization of the Manufacturing Sector. Hg. v. McKinsey Digital, 2015, Stand: 25.05.2021

**Bauer, H.; Breuning, M.; Richter, G.; Wee, D.; Wüllenweber, J.; Klein, H.: Smartening up with Artificial Intelligence.** What's in it for Germany and its Industrial Sector? McKinsey Digital, 2017, Stand: 25.05.2021

**Bauer, W.; Ganz, W.; Hämmerle, M.; Renner, T.: Künstliche Intelligenz in der Unternehmenspraxis.** Studie zu Auswirkungen auf Dienstleistung und Produktion, 2019

**Bauernhansl, T.: Die Vierte Industrielle Revolution.** Der Weg in ein wertschaffendes Produktionsparadigma. In: Bauernhansl, T.; Hompel, M. t.; Vogel-Heuser, B. (Hrsg.) Industrie 4.0 in Produktion, Automatisierung und Logistik. Anwendung, Technologien, Migration. Wiesbaden: Springer Vieweg, 2014, S. 5–35

**Bauernhansl, T.; Hompel, M. t.; Vogel-Heuser, B.: Industrie 4.0 in Produktion, Automatisierung und Logistik.** Anwendung, Technologien, Migration. In: Bauernhansl, T.; Hompel, M. t.; Vogel-Heuser, B. (Hrsg.). Wiesbaden: Springer Vieweg, 2014

**Bauernhansl, T.; Hörcher, G.; Seidelmann, J.: Deutschlands Zukunft als Produktionsstandort sichern.** Umsetzungsempfehlungen für das Zukunftsprojekt Industrie 4.0. Abschlussbericht des Arbeitskreises Industrie 4.0. Hg. v. Forschungsunion Wirtschaft - Wissenschaft, Promotorengruppe Kommunikation und Deutsche Akademie der Technikwissenschaften e.V. -acatech-. Frankfurt am Main, 2013. https://www.bmbf.de/files/Umsetzungsempfehlungen_Industrie4_0.pdf, Stand: 13.08.2020

**Bengio, Y.: Learning Deep Architectures for AI.** In: FNT in Machine Learning. 2. Jg, 2009, Nr. 1, S. 1–127

**Bennett, N.; Lemoine, G. J.: What a Difference a Word Makes.** Understanding Threats to Performance in a VUCA World. In: Business Horizons. 57. Jg, 2014, Nr. 3, S. 311–317

**Bergs, T.: Industrie 4.0.** Vernetzte, adaptive Produktion. Fraunhofer IPT. https://www.ipt.fraunhofer.de/de/trendthemen/industrie40.html, Stand: 25.12.2020

**Berlucci, M.; Clarke, P.; Colson, E.; Gelvin, C.; Goertzel, B.: Artificial Intelligence in the Real World.** The Business Case takes Shape. Hg. v. The Economist Intelligence Unit, 2016. https://eiuperspectives.economist.com/sites/default/files/Artificial_intelligence_in_the_real_world_1.pdf, Stand: 07.05.2020

**Bermúdez-Chacón, R.; Gonnet, G. H.; Smith, K.: Automatic Problem-Specific Hyperparameter Optimization and Model Selection for Supervised Machine Learning.** Technical Report. ETH-Zürich (ETH Zurich), 2015

**Berndt, D.; Gohla, M.; Seidel, H.; Seiffert, U.: Produktionssysteme**. In: Schenk, M. (Hrsg.) Produktion und Logistik mit Zukunft. Berlin, Heidelberg: Springer, 2015, S. 151–243

**Bishop, C. M.: Pattern Recognition and Machine Learning**: Springer, 2006

**Blog Viernull: Historie der industriellen Revolutionen**. ISAP AG, 2018. https://viernull.blog/detail/Blog/Post/zeige/historie-der-industriellen-revolutionen/, Stand: 03.05.2020

**Blum, A.; Langley, P.: Selection of Relevant Features in Machine Learning**. In: Artificial intelligence. 97. Jg, 1997, S. 245–271

**Blum, C.; Li, X.: Swarm Intelligence in Optimization**. In: Blum, C.; Merkle, D. (Hrsg.) Swarm Intelligence. Introduction and Applications: Springer, Berlin, Heidelberg, 2008, S. 43–85

**Blumer, A.; Ehrenfeucht, A.; Haussler, D.; Warmuth, K.: Learnability and the Vapnik-Chervonenkis Dimension**. In: Journal of the ACM (JACM), 1989

**Boden, M. A.: Creativity and Artificial Intelligence**. In: Artificial Intelligence. 103. Jg, 1998, 1-2, S. 347–356

**Boos, W.; Völker, M.; Schuh, G.: Grundlagen des Managements produzierender Unternehmen**. In: Schuh, G.; Kampker, A. (Hrsg.) Strategie und Management produziernder Unternehmen. Handbuch Produktion und Management 1. 2. Auflage. Berlin, Heidelberg: Springer, 2011, S. 1–61

**Böttcher, B.; Velten, C.; Schwalm, A.-L.: Machine Learning in deutschen Unternehmen**. Hg. v. Crisp Research AG. Cloudfight, 2018. https://de.cloudflight.io/reports/machine-learning-deutschen-unternehmen-27477/, Stand: 17.05.2021

**Bourier, G.: Beschreibende Statistik.** Praxisorientierte Einführung - Mit Aufgaben und Lösungen. 7. Auflage. Wiesbaden: Gabler Verlag, 2008

**Box, G. E. P.: Science and Statistics**. In: Journal of the American Statistical Association. 71. Jg, 1976, Nr. 356, S. 791–799

**Boyd, D.; Crawford, K.: Critical Questions for Big Data.** Provocations for a Cultural, Technological, and Scholarly Phenomenon. In: Information, Communication & Society. 15. Jg, 2012, Nr. 5, S. 662–679

**Breiman, L.: Statistical Modeling.** The Two Cultures. In: Statistical Science. 16. Jg, 2001, Nr. 3, S. 199–231

**Breuer, T.: Management von Technologieplattformen in diversifizierten Unternehmen.** Dissertation. RWTH AachenAachen

**Brink, H.; Richards, J. W.; Fetherolf, M.: Real-World Machine Learning**: Manning Publications Co., 2016

**Brownlee, J.: Linear Regression for Machine Learning,** 2016. https://machinelearningmastery.com/linear-regression-for-machine-learning/, Stand: 20.05.2020

**Brownlee, J.: A Tour of Machine Learning Algorithms,** 2018. https://machinelearningmastery.com/a-tour-of-machine-learning-algorithms/, Stand: 03.05.2020

**Brynjolfsson, E.; Mitchell, T.: Supplementary Materials for What Can Machine Learning Do?** Workforce Implications. In: Science. 358. Jg, 2017, Nr. 6370

**Brynjolfsson, E.; Mitchell, T.: What Can Machine Learning Do.** Workforce Implications. In: Science. 358. Jg, 2017, S. 1530–1534

**Brynjolfsson, E.; Mitchell, T.; Rock, D.: What Can Machines Learn, and What Does It Mean for Occupations and the Economy?** In: AEA Papers and Proceedings. 108. Jg, 2018, S. 43–47

**Buttkus, M.; Neugebauer, A.; Kaland, A.: Controlling im Handel.** Innovative Ansätze und Praxisbeispiele. In: Buttkus, M.; Neugebauer, A.; Kaland, A. (Hrsg.). 2. Auflage. Wiesbaden: Gabler, 2016

**Bzdok, D.; Altman, N.; Krzywinski, M.: Points of Significance.** Statistics versus Machine Learning. 15. Jg, 2018, Nr. 4, S. 233–234

**Cao, L.: Data Science.** A Comprehensive Overview. In: ACM Computing Surveys (CSUR). 50. Jg, 2017, Nr. 3, S. 1–42

**Cavalieri, S.; Maccarrone, P.; Pinto, R.: Parametric vs. Neural Network Models for the Estimation of Production Costs.** A Case Study in the Automotive Industry. In: International Journal of Production Economics. 91. Jg, 2004, Nr. 2, S. 165–177

**Chapman, P.; Clinton, J.; Kerber, R.: CRISP-DM 1.0.** Step-by-step Data Mining Guide. CRISP-DM consortium, 2000. https://the-modeling-agency.com/crisp-dm.pdf, Stand: 17.05.2021

**Chen, G. K.C.: What is the Systems Approach.** In: Interfaces. 6. Jg, 1975, Nr. 1, S. 32–37

**Chen, Z.; Li, C.; Sanchez, R.-V.: Gearbox Fault Identification and Classification with Convolutional Neural Networks.** In: Shock and Vibration. 2015. Jg, 2015, Nr. 2, S. 1–10

**Chui, M.; Manyika, J.; Miremadi, M.; Henke, N.; Chung, R.; Nel, P.; Malhotra, S.: Notes From the AI Frontier.** Insights From Hundreds of Use Cases, 2018. http://straty.com/wp-content/uploads/2018/04/McKinsey-AI-Frontier-paper-April-2018.pdf, Stand: 18.05.2021

**Cleff, T.: Deskriptive Statistik und moderne Datenanalyse.** Eine computergestützte Einführung mit Excel, SPSS und STATA: Gabler Verlag, 2008

**Clegg, J.: The Impact of Machine Learning on Unstructured Data,** 2019. https://medium.com/@jclegg/the-impact-of-machine-learning-on-unstructured-data-23012e9e1428, Stand: 23.05.2020

**Corea, F.: AI Knowledge Map.** How to Classify AI Technologies. A Sketch of a New AI Technology Landscape, 2018. https://www.forbes.com/sites/cognitiveworld/2018/08/22/ai-knowledge-map-how-to-classify-ai-technologies/, Stand: 19.10.2020

**Corea, F.: An Introduction to Data.** Everything You Need to Know About AI, Big Data and Data Science. (Reihe: Studies in big data, Bd. 50): Springer International Publishing, 2019

**Correa, M.; Bielza, C.; Pamies-Teixeira, J.: Comparison of Bayesian Networks and Artificial Neural Networks for Quality Detection in a Machining Process.** In: Expert Systems with Applications. 36. Jg, 2009, Nr. 3, S. 7270–7279

**Cross Validated: Performance Metrics to Evaluate Unsupervised Learning,** 2013. https://stats.stackexchange.com/questions/79028/performance-metrics-to-evaluate-unsupervised-learning, Stand: 23.06.2020

**Cross Validated: When Should Linear Regression Be Called "Machine Learning"?,** 2017. https://stats.stackexchange.com/questions/268755/when-should-linear-regression-be-called-machine-learning, Stand: 09.05.2020

**Cross Validated: What Is the Definition of Machine Learning (vs. Classical Statistics).** And Can Methods Such As MCMC and Bootstrapping Be Considered ML?, 2020. https://stats.stackexchange.com/questions/443954/what-is-the-definition-of-machine-learning-vs-classical-statistics-and-can-me?noredirect=1&lq=1, Stand: 21.05.2020

**Daum, T.: Missing Link.** Ein Plädoyer wider den KI-Populismus, 2018. https://www.heise.de/newsticker/meldung/Missing-Link-Ein-Plaedoyer-wider-den-KI-Populismus-4063789.html, Stand: 17.02.2021

**Deb, S.; Ghosh, K.; Paul, S.: A Neural Network Based Methodology for Machining Operations Selection in Computer-Aided Process Planning for Rotationally Symmetrical Parts.** In: Journal of Intelligent Manufacturing. 17. Jg, 2006, Nr. 5, S. 557–569

**Denkena, B.; Schmidt, J.; Krüger, M.: Data Mining Approach for Knowledge-based Process Planning.** In: Procedia Technology. 15. Jg, 2014, S. 406–415

**Deokar, A. V.; Gupta, A.; Iyer, L. S.; Jones, M. C.: Analytics and Data Science.** Advances in Research and Pedagogy. In: Deokar, A. V.; Gupta, A.; Iyer, L. S.; Jones, M. C. (Hrsg.). (Reihe: Annals of Information Systems, Bd. 21). Cham: Springer International Publishing, 2018

**Dibia, V.: Automatic Generation of Data Visualizations Using Sequence-to-Sequence Recurrent Neural Networks,** 2018. https://towardsdatascience.com/data2vis-automatic-generation-of-data-visualizations-using-sequence-to-sequence-recurrent-neural-5da8e9d3e43e, Stand: 22.05.2020

**Dietterich, T. G.: Machine Learning and Ecosystem Informatics.** Challenges and Opportunities, S. 1–5

**Dietterich, T. G.: Ensemble Methods in Machine Learning.** In: Tagungsband zum International Workshop on Multiple Classifier Systems. Cagliari: Springer Verlag, 2000, S. 1–15

**Dillmann, R.: Lernende Roboter.** Aspekte maschinellen Lernens. (Reihe: Fachberichte Messen - Steuern - Regeln, Bd. 15): Springer, 1988

**Ding, Z.; Shao, M.; Fu, Y.: Incomplete Multisource Transfer Learning.** In: IEEE Transactions on Neural Networks and Learning Systems. 29. Jg, 2018, Nr. 2, S. 310–323

**Döbel, I.; Leis, M.; Vogelsang, M.; Neustroev, D.; Petzka, H.; Rüping, S.; Voss, A.; Wegele, M.; Welz, J.: Maschinelles Lernen.** Kompetenzen, Anwendungen und Forschungsbedarf. Fraunhofer IMW; Fraunhofer IAIS; Fraunhofer ZV, 2018. https://www.bigdata-ai.fraunhofer.de/content/dam/bigdata/de/documents/Publikationen/Fraunhofer_Studie_ML_201809.pdf, Stand: 10.06.2021

**Dombrowski, U.; Henningsen, N.: Systems of Objectives in a VUCA World Within the Lean Enterprise.** In: 2019 International Symposium on Systems, 2019, S. 1–7

**Dombrowski, U.; Mielke, T.: Ganzheitliche Produktionssysteme.** Aktueller Stand und zukünftige Entwicklungen. (Reihe: VDI-Buch). Berlin, Heidelberg: Springer, 2015

**Domingos, P.: The Master Algorithm.** How the Quest for the Ultimate Learning Machine Will Remake Our World. New York: Basic Books, a member of the Perseus Books Group, 2015

**Drucker, P. F.: The Age of Discontinuity.** Guidelines to our Changing Society. 7. Auflage. New Brunswick (USA): Transaction Pubs, 2007

**Duden: Stichwort "Modell",** 2019. https://www.duden.de/rechtschreibung/Modell, Stand: 13.11.2019

**Duden: Stichwort "Aufgabe",** 2020. https://www.duden.de/rechtschreibung/Aufgabe, Stand: 19.05.2020

**Duden: Stichwort "konstituieren",** 2020. https://www.duden.de/rechtschreibung/konstituieren, Stand: 10.05.2020

**Duden: Stichwort "Umfeld",** 2020. https://www.duden.de/rechtschreibung/Umfeld, Stand: 20.05.2020

**Duden: Stichwort: "Analyse",** 2020. https://www.duden.de/rechtschreibung/Analyse, Stand: 10.04.2020

**Duden: Stichwort: "Herausforderung"**, 2020. https://www.duden.de/rechtschreibung/Herausforderung, Stand: 19.05.2020

**Duden: Stichwort: "Typ"**, 2020. https://www.duden.de/rechtschreibung/Typ, Stand: 15.12.2020

**Dyckhoff, H.: Grundzüge der Produktionswirtschaft.** (Reihe: Springer-Lehrbuch). 4. Auflage. Berlin, Heidelberg: Springer, 2003

**Dyckhoff, H.; Spengler, T. S.: Produktionswirtschaft.** Eine Einführung. (Reihe: Springer-Lehrbuch). 3. Auflage. Berlin: Springer, 2010

**Ehrlenspiel, K.; Meerkamm, H.: Integrierte Produktentwicklung.** Denkabläufe, Methodeneinsatz, Zusammenarbeit. 5.Auflage. München: Hanser Verlag, 2013

**Elgabry, O.: The Ultimate Guide to Data Cleaning,** 2019. https://towardsdatascience.com/the-ultimate-guide-to-data-cleaning-3969843991d4, Stand: 25.02.2020

**Engelbrecht, A. P.: Computational intelligence.** An Introduction. Chichester, England: John Wiley & Sons, 2002

**Engelmann, F.; Großmann, C.: Was wissen wir über Information?** In: Hildebrand, K.; Gebauer, M.; Hinrichs, H.; Mielke, M. (Hrsg.) Daten- und Informationsqualität. Auf dem Weg zur Information Excellence. 2.Auflage. Wiesbaden: Vieweg +Teubner Verlag, 2011, S. 3–24

**Engels, G.: Der digitale Fußabdruck, Schatten oder Zwilling von Maschinen und Menschen**. In: Gruppe. Interaktion. Organisation. Zeitschrift für Angewandte Organisationspsychologie. 51. Jg, 2020, Nr. 3, S. 363–370

**Entrup, M. L.: Advanced Planning in Fresh Food Industries.** Integrating Shelf Life into Production Planning. Dissertation. Technische Universität BerlinHeidelberg, 2005

**Ertel, W.: Grundkurs Künstliche Intelligenz.** Eine praxisorientierte Einführung. (Reihe: Computational Intelligence). 4. Auflage. Wiesbaden: Springer Vieweg, 2016

**Even, A.; Shankaranarayanan, G.: Utility-Driven Assessment of Data Quality**. In: The DATA BASE for Advances in Information Systems. 38. Jg, 2007, Nr. 2

**Fahrmeir, L.; Heumann, C.; Künstler, R.; Pigeot, I.; Tutz, G.: Statistik.** Der Weg zur Datenanalyse. (Reihe: Springer-Lehrbuch). 8. Auflage: Springer, 2016

**Fasching, G.: Die empirisch-wissenschaftliche Sicht.** Wien: Springer, 1989

**Fayyad, U.; Piatetsky-Shapiro, G.; Smyth, P.: Knowledge Discovery and Data Mining.** Towards a Unifying Framework. In: KDD-96 Proceedings, 1996

**Feurer, M.; Klein, A.; Eggensperger, K.; Springenberg, J.; Blum, M.; Hutter, F.: Efficient and Robust Automated Machine Learning,** 2015, S. 2962–2970

**Fink, A.; Voß, S.: Anwendung von Metaheuristiken zur Lösung betrieblicher Planungsprobleme.** Potenziale und Grenzen einer softwaretechnischen Unterstützung. In: Wirtschaftsinformatik. 45. Jg, 2003, Nr. 4, S. 395–407

**Flach, P. A.: Machine Learning.** The Art and Science of Algorithms that Make Sense of Data: Cambridge University Press, 2012

**Fleischmann, A.; Oppl, S.; Schmidt, W.; Stary, C.: Ganzheitliche Digitalisierung von Prozessen.** Perspektivenwechsel - Design Thinking - Wertegeleitete Interaktion: Springer Vieweg, 2018

**Friedman, J. H.: Data Mining and Statistics: What's the Connection?** In: Computing Science and Statistics. 29. Jg, 1997, Nr. 1, S. 3–9

**Frye, M.; Schmitt, R. H.: Quality Improvement of Milling Processes Using Machine Learning-Algorithms.** In: Tagungsband zum 16th IMEKO TC10 Conference on Testing, Diagnostics and Inspection 2019. Berlin, 2019, S. 142–147

**Gabler Wirtschaftlexikon: Stichwort "Conjoint Analyse",** 2018. https://wirtschaftslexikon.gabler.de/definition/conjoint-analyse-29085/version-252702, Stand: 05.02.2020

**Gabler Wirtschaftlexikon: Stichwort "Daten".** Gabler Wirtschaftlexikon, 2018. https://wirtschaftslexikon.gabler.de/definition/daten-30636/version-254213, Stand: 26.02.2021

**Gabler Wirtschaftlexikon: Stichwort "deskriptive Statistik",** 2018. https://wirtschaftslexikon.gabler.de/definition/deskriptive-statistik-31622/version-255175, Stand: 21.04.2020

**Gabler Wirtschaftlexikon: Stichwort: "Datenanalyse"**, 2018. https://wirtschaftslexikon.gabler.de/definition/datenanalyse-30331/version-253916, Stand: 21.04.2020

**Gabler Wirtschaftlexikon: Stichwort: "Modell"**, 2018. https://wirtschaftslexikon.gabler.de/definition/modell-39245/version-262658, Stand: 21.04.2020

**Gabler Wirtschaftslexikon: Stichwort "Algorithmus"**, 2018. https://wirtschaftslexikon.gabler.de/definition/algorithmus-27106/version-250769, Stand: 21.04.2020

**Gabler Wirtschaftslexikon: Stichwort "Spieltheorie"**. Gabler Wirtschaftlexikon, 2018. https://wirtschaftslexikon.gabler.de/definition/spieltheorie-46576/version-269854, Stand: 20.06.2020

**Gabler Wirtschaftslexikon: Stichwort "Zeichen"**. Wirtschaftslexikon Gabler, 2018. https://wirtschaftslexikon.gabler.de/definition/zeichen-50624, Stand: 23.10.2019

**Gabler Wirtschaftslexikon: Stichwort: "Requirements Engineering"**. Wirtschaftslexikon Gabler, 2018. https://wirtschaftslexikon.gabler.de/definition/requirements-engineering-44113, Stand: 11.11.2019

**Gabler Wirtschaftslexikon: Stichwort: "Systemtheorie"**, 2018. https://wirtschaftslexikon.gabler.de/definition/systemtheorie-49100/version-272341, Stand: 11.11.2019

**Gabler Wirtschaftslexikon: Stichwort "Produktivität"**, 2020, Stand: 22.05.2020

**Gabler Wirtschaftslexikon: Stichwort: "Merkmal"**, 2020. https://wirtschaftslexikon.gabler.de/definition/merkmal-40152/version-263545, Stand: 15.12.2020

**Ganz, W.; Warschat, J.: Innovationsakteure stärken.** Technologieadaption erfolgreich bewältigen. Abschlussbericht des Forschungsprojekts "START" ; schnelle Technologieadaption in Hightech-Unternehmen durch Arbeitsgestaltung und Personalentwicklung. Hannover: Fraunhofer Verlag, 2012

**Gaspers, S.: Exponential Time Algorithms.** Structures, Measures, and Bounds. Saarbrücken: VDM Verlag Dr. Müller, 2010

**Ge, Z.; Song, Z.; Ding, S. X.; Huang, B.: Data Mining and Analytics in the Process Industry.** The Role of Machine Learning. In: IEEE Access. 5. Jg, 2017, Nr. 1, S. 1–27

**Geissbauer, R.; Schrauf, S.; Berttram, P.: Digital Factories 2020.** Shaping the Future of Manufacturing. PricewaterhouseCoopers GmbH Wirtschaftsprüfungsgesellschaft

(PwC), 2017. https://www.pwc.de/de/digitale-transformation/digital-factories-2020-shaping-the-future-of-manufacturing.pdf, Stand: 25.05.2021

**Géron, A.: Hands-on Machine Learning with Scikit-Learn and TensorFlow.** Concepts, Tools, and Techniques to Build Intelligent Systems. 1. Auflage. Sebastopol: O'Reilly Media, 2017

**Ghoshal, T.; Bedeley, R. T.; Iyer, L. S.; Bhadury, J.: Business Analytics Capabilities and Use: A Value Chain Perspective**. In: Deokar, A. V.; Gupta, A.; Iyer, L. S.; Jones, M. C. (Hrsg.) Analytics and Data Science. Advances in Research and Pedagogy. (Reihe: Annals of Information Systems, Bd. 21). Cham: Springer International Publishing, 2018, S. 41–54

**Gijsbers, P.; LeDell, E.; Thomas, J.; Poirier, S.; Bischl, B.; Vanschoren, J.: An Open Source AutoML Benchmark,** 2019

**Gölzer, P.: Big Data in Industrie 4.0.** Eine strukturierte Aufarbeitung von Anforderungen, Anwendungsfällen und deren Umsetzung. Dissertation. Friedrich-Alexander-UniversitätErlangen, 2017

**Gonfalonieri, A.: Why Machine Learning Models Degrade in Production,** 2020. https://towardsdatascience.com/why-machine-learning-models-degrade-in-production-d0f2108e9214, Stand: 07.06.2020

**Goodfellow, I.; Bengio, Y.; Courville, A.: Deep Learning**. Cambridge, Massachusetts: MIT Press, 2016

**Google Cloud: Datenvorverarbeitung für maschinelles Lernen.** Optionen und Empfehlungen, 2020. https://cloud.google.com/solutions/machine-learning/data-preprocessing-for-ml-with-tf-transform-pt1?hl=de, Stand: 22.03.2021

**Görz, G.; Rollinger, C.; Schneeberger, J.: Einführung in die künstliche Intelligenz,** 1995

**Görz, G.; Schmid, U.; Wachsmuth, I.: Einleitung zu Görz et al. (Hrsg.), Handbuch der Künstlichen Intelligenz**. In: Görz, G.; Schmid, U.; Schneeberger, J. (Hrsg.) Handbuch der Künstlichen Intelligenz: Oldenbourg Wissenschaftsverlag, 2013, S. 1–18

**Gray, D.; Vander Wal, T.: The Connected Company**. Sebastopol: O'Reilly Media, 2012

**Grosan, C.; Abraham, A.: Intelligent Systems.** A Modern Approach. (Reihe: Intelligent Systems Reference Library, Bd. 17). Berlin, Heidelberg: Springer-Verlag Berlin Heidelberg, 2011

**Grus, J.: Data Science from Scratch.** First Principles with Python. Sebastopol: O'Reilly Media, 2015

**Gursch, H.; Wuttei, A.; Gangloff, T.: Learning Systems for Manufacturing Management Support**. In: Tagungsband zum 1st International Workshop on Science, Application and Methods in Industry 4.0 - co-located with the International Conference on Knowledge Technologies and Data-driven Business. Graz, 2016

**Gutenberg, E.: Unternehmensführung.** Organisation und Entscheidungen. (Reihe: Die Wirtschaftswissenschaften, Bd. 4). Wiesbaden: Gabler Verlag, 2013

**Haberfellner, R.; Fricke, E.; Weck, O. d.; Vössner, S.: Systems Engineering**. 12. Aufl. Zürich: Industrielle Organisation, 2012

**Hair, J.; Black, W.; Babin, B.; Anderson, R.: Multivariate Data Analysis**. 7. Auflage: Pearson, 2009

**Hamedi, M.; Shariatpanahi, M.; Mansourzadeh, A.: Optimizing Spot Welding Parameters in a Sheet Metal Assembly by Neural Networks and Genetic Algorithm**. In: Proceedings of the Institution of Mechanical Engineers, Part B: Journal of Engineering Manufacture. 221. Jg, 2007, Nr. 7, S. 1175–1184

**Hand, D. J.: Principles of Data Mining.** 30. Jg, 2007, Nr. 7, S. 621–622

**Hannig, U.: Knowledge Management und Business Intelligence**. Berlin, Heidelberg: Springer, 2002

**Harding, J. A.; Shahbaz, M.; Srinivas; Kusiak, A.: Data Mining in Manufacturing.** A Review. In: Journal of Manufacturing Science and Engineering. 128. Jg, 2006, Nr. 4, S. 969–976

**Harrach, S.: Neugierige Strukturvorschläge.** Eine techniknahe interdisziplinäre Einführung in maschinelles Lernen und dessen Selbstorganisationsprinzipien. Dissertation. TU DarmstadtDarmstadt, 2013

**He, Q. P.; Wang, J.: Fault Detection Using the k-Nearest Neighbor Rule for Semiconductor Manufacturing Processes.** In: IEEE Trans. Semicond. Manufact. 20. Jg, 2007, Nr. 4, S. 345–354

**He, S.; Wang, G. A.; Zhang, M.; Cook, D. F.: Multivariate Process Monitoring and Fault Identification Using Multiple Decision Tree Classifiers.** In: International Journal of Production Research. 51. Jg, 2013, Nr. 11, S. 3355–3371

**Hebb, D. O.: The Organization of Behavior.** A Neuropsychological Theory. Mahwah: Lawrence Erlbaum Associates Inc, 1949

**Hedderich, J.; Sachs, L.: Angewandte Statistik.** Methodensammlung mit R. 15. Auflage: Springer Spektrum, 2016

**Helmis, S.; Hollmann, R.: Webbasierte Datenintegration.** Ansätze zur Messung und Sicherung der Informationsqualität in heterogenen Datenbeständen unter Verwendung eines vollständig webbasierten Werkzeuges. (Reihe: Ausgezeichnete Arbeiten zur Informationsqualität). Wiesbaden: Vieweg+Teubner Verlag, 2009

**Hempel, C. G.; Oppenheim, P.: Der Typusbegriff im Lichte der neuen Logik.** Wissenschaftstheoretische Untersuchungen zur Konstitutionsforschung und Psychologie. Leiden, 1936

**Henke, N.; Bughin, J.; Chui, M.; Manyika, J.; Saleh, T.; Wiseman, B.; Sethupathy, G.: The Age of Analytics.** Competing in a Data-Driven World. McKinsey Global Institute, 2016. https://www.mckinsey.com/business-functions/mckinsey-analytics/our-insights/the-age-of-analytics-competing-in-a-data-driven-world#, Stand: 25.05.2021

**Hinssen, P.: The Network Always Wins.** How to Influence Customers, Stay Relevant, and Transform your Organization to Move Faster than the Market. New York: McGraw-Hill, 2015

**Hirt, K.: PPS beim Einsatz flexibler Fertigungssysteme.** Voraussetzungen und Gestaltungshinweise für eine effiziente Auftragsabwicklung. (Bd. 30). Berlin, Heidelberg: Springer Berlin Heidelberg, 1990

**Hong, Q.; Wallace, R.; Krueger, G.: Connected vs. Automated Vehicles as Generators of Useful Data.** In: Center for Automotive Research, 2014

**Hood, C.; Fichtinger, S.; Pautz, U.; Wiedemann, S.: Requirements Management.** The Interface Between Requirements Development and All Other Systems Engineering Processes. Berlin, Heidelberg: Springer, 2008

**Hoppe, T.: Kriterien zur Auswahl maschineller Lernverfahren.** In: Informatik-Spektrum. 19. Jg, 1996, Nr. 1, S. 12–19

**Howarth, R. J.: A History of Regression and Related Model-Fitting in the Earth Sciences.** In: Natural Resources Research. 10. Jg, 2001, Nr. 4, S. 241–286

**Hromkovic, J.: Theoretische Informatik.** Berechenbarkeit, Komplexitätstheorie, Algorithmik, Kryptographie. Eine Einführung: Springer, 2002

**Hull, E.; Jackson, K.; Dick, J.: Requirements Engineering.** 2.Auflage. London: Springer Science & Business Media, 2005

**Hüllermeier, E.: Fuzzy Methods in Machine Learning and Data Mining.** Status and Prospects. In: Fuzzy Sets and Systems. 156. Jg, 2005, Nr. 3, S. 387–406

**Hungenberg, H.; Wulf, T.: Grundlagen der Unternehmensführung.** Einführung für Bachelorstudierende. (Reihe: Springer-Lehrbuch). 4. Auflage. Berlin, Heidelberg: Springer-Verlag Berlin Heidelberg, 2011

**Hutter, M.: Towards a Universal Theory of Artificial Intelligence Based on Algorithmic Probability and Sequential Decisions.** In: Hutter, F.; Kotthoff, L.; Vanschoren, J. (Hrsg.) Automated Machine Learning. Methods, Systems, Challenges. (Reihe: The Springer Series on Challenges in Machine Learning): Springer, 2019, S. 226–238

**Hwang, T.: Computational Power and the Social Impact of Artificial Intelligence,** 2018. https://arxiv.org/abs/1803.08971, Stand: 17.05.2021

**IEEE Standards Board: IEEE Standard Glossary of Software Engineering Terminology,** 1990

**Industrial AI: KI ist wichtig, die Umsetzung läuft noch schleppend,** 2020. https://www.ind-ai.net/kuenstliche-intelligenz/ki-ist-wichtig-die-umsetzung-laeuft-noch-schleppend/, Stand: 17.06.2020

**International Center for Networked Adaptive Production: Produktionssysteme und Wertschöpfungsketten im Sinne der Industrie 4.0,** 2020. https://www.vernetzte-adaptive-produktion.de/

**Ippolito, P. P.: Game Theory in Artificial Intelligence,** 2019. https://towardsdatascience.com/game-theory-in-artificial-intelligence-57a7937e1b88, Stand: 01.07.2020

**Iqbal, R.; Doctor, F.; More, B.; Mahmud, S.; Yousuf, U.: Big Data Analytics.** Computational Intelligence Techniques and Application Areas. In: Technological Forecasting and Social Change. 153. Jg, 2018, S. 119–253

**Jagadish, H. V.; Gehrke, J.; Labrinidis, A.; Papakonstantinou, Y.; Patel, J. M.; Ramakrishnan, R.; Shahabi, C.: Big Data and Its Technical Challenges.** In: COMMUNICATIONS OF THE ACM. 57. Jg, 2014, Nr. 7, S. 86–94

**James, G.; Witten, D.; Hastie, T.; Tibshirani, R.: An Introduction to Statistical Learning with Applications in R.** (Reihe: Springer Texts in Statistics): Springer, 2013

**Jeschke, S.; Brecher, C.; Song, H.; Rawat, D. B.: Industrial Internet of Things.** Cybermanufacturing Systems. In: Jeschke, S.; Brecher, C.; Song, H.; Rawat, D. B. (Hrsg.). (Reihe: Springer Series in Wireless Technology): Springer International Publishing, 2017

**Jesse, N.: Internet of Things and Big Data.** The Disruption of the Value Chain and the Rise of New Software Ecosystems. In: AI & Society Journal of Knowledge, Culture and Communication. 33. Jg, 2018, Nr. 2, S. 229–239

**Jin, R.; Li, J.; Shi, J.: Quality Prediction and Control in Rolling Processes Using Logistic Regression.** In: Tagungsband zum 35th North American Manufacturing Research Conference, NAMRC 35. Ann Arbor, 2007, S. 113–120

**Jockisch, M.; Rosendahl, J.: Klassifikation von Modellen.** In: Bandow, G.; Holzmüller, H. H. (Hrsg.) "Das ist gar kein Modell!". Unterschiedliche Modelle und Modellierungen in Betriebswirtschaftslehre und Ingenieurwissenschaften. (Reihe: Gabler Research). 1. Auflage. Wiesbaden: Gabler Research, 2010, S. 23–54

**Jodlbauer, H.: Produktionsoptimierung.** Wertschaffende sowie kundenorientierte Planung und Steuerung. (Reihe: Springers Kurzlehrbücher der Wirtschaftswissenschaften). 2. Auflage. Wien: Springer-Verlag, 2008

**Johansen, R.: Get There Early.** Sensing the Future to Compete in the Present. 1. Auflage. San Francisco: McGraw-Hill, 2007

**Jordan, M. I.; Mitchell, T. M.: Machine Learning: Trends, Perspectives, and Prospects.** In: Science. 349. Jg, 2015, Nr. 6245, S. 255–260

**Juarez-Orozco, L. E.; Martinez-Manzanera, O.; Nesterov, S. V.; Kajander, S.; Knuuti, J.: The Machine Learning Horizon in Cardiac Hybrid Imaging.** In: European Journal of Hybrid Imaging. 2. Jg, 2018, Nr. 1, S. 1–15

**Kanawaday, A.; Sane, A.: Machine Learning for Predictive Maintenance of Industrial Machines Using IoT Sensor Data.** In: 2017 8th IEEE International Conference 2017, S. 87–90

**Kendal, S. L.; Creen, M.: An Introduction to Knowledge Engineering.** London: Springer, 2007

**Keogh, E.; Mueen, A.: Curse of Dimensionality.** Encyclopedia of Machine Learning and Data Mining, 2017. https://link.springer.com/referenceworkentry/10.1007%2F978-1-4899-7687-1_192, Stand: 21.05.2020

**Khan, A.; Turowski, K.: A Survey of Current Challenges in Manufacturing Industry and Preparation for Industry 4.0.** In: Proceedings of the First International Scientific Conference Intelligent Information Technologies for Industry, S. 15–26

**Khan, M.; Wu, X.; Xu, X.; Dou, W.: Big Data Challenges and Opportunities in the Hype of Industry 4.0.** In: IEEE International Conference 2017, S. 1–6

**Kim, I.-S.; Son, J.-S.; Yarlagadda, P. K.D.V.: A Study on the Quality Improvement of Robotic GMA Welding Process.** In: Robotics and Computer-Integrated Manufacturing. 19. Jg, 2003, Nr. 6, S. 567–572

**Kitchin, R.; McArdle, G.: What Makes Big Data, Big Data.** Exploring the Ontological Characteristics of 26 Datasets. In: Big Data & Society. 3. Jg, 2016, S. 1–10

**Kluge, S.: Empirisch begründete Typenbildung.** Zur Konstruktion von Typen und Typologien in der qualitativen Sozialforschung. Wiesbaden: VS Verlag für Sozialwissenschaften, 1999

**Knoblich, H.: Betriebswirtschaftliche Warentypologie.** Grundlagen und Anwendungen. (Reihe: Information Engineering und IV-Controlling, Bd. 32). Wiesbaden: VS Verlag für Sozialwissenschaften, 1969

**Konovalov, P.: How Machine Learning Helps Analytics to Be Proactive,** 2018. https://sigma.software/about/media/how-machine-learning-helps-analytics-be-proactive, Stand: 21.05.2020

**Kotsiantis, S. B.; Kanellopoulus, D.; Pintelas, P. E.: Data Preprocessing for Supervised Learning.** In: International Journal of Computer Science. 1. Jg, 2006, Nr. 2, S. 111–117

**Kotsiantis, S. B.; Zaharakis, I.; Pintelas, P.: Supervised Machine Learning.** A Review Classification Techniques. In: Informatica. 31. Jg, 2007, S. 249–268

**Kotter, J. P.: Leading Change.** Boston: Harvard Business Review Press, 2012

**Kozyrkov, C.: When Not to Use Machine Learning or AI,** 2020. https://towardsdatascience.com/when-not-to-use-machine-learning-or-ai-8185650f6a29, Stand: 05.06.2020

**Krasnopolsky, V. M.; Fox-Rabinovitz, M. S.: Complex Hybrid Models Combining Deterministic and Machine Learning Components for Numerical Climate Modeling and Weather Prediction.** In: Neural Networks. 19. Jg, 2006, Nr. 2, S. 122–134

**Krauß, J.; Dorißen, J.; Mende, H.; Frye, M.; Schmitt, R. H.: Maschinelles Lernen in der Produktion.** Anwendungsgebiete und frei verfügbare Datensätze. In: Industrie 4.0 Management. 35. Jg, 2019, Nr. 4, S. 39–42

**Krauß, J.; Frye, M.; Beck, G. T. D.; Schmitt, R. H.: Selection and Application of Machine Learning.** Algorithms in Production Quality. In: Beyerer, J.; Kühnert, C.; Niggemann, O. (Hrsg.) Machine Learning for Cyber Physical Systems. (Reihe: Technologien für die intelligente Automation). Berlin, Heidelberg: Springer Berlin Heidelberg, 2019, S. 46–57

**Krimpenis, A.; Benardos, P. G.; Vosniakos, G.-C.; Koukouvitaki, A.: Simulation-Based Selection of Optimum Pressure Die-Casting Process Parameters Using Neural Nets and Genetic Algorithms.** In: International Journal of Advanced Manufacturing Technology. 27. Jg, 2006, 5-6, S. 509–517

**Krüger, N.: Three Dilemmas of Signal- and Symbol-Based Representations in Computer Vision.** In: Hutchison, D.; Kanade, T.; Kittler, J.; Kleinberg, J. M.; Mattern, F.; Mitchell, J. C.; Naor, M.; Nierstrasz, O.; Pandu Rangan, C.; Steffen, B.; Sudan, M.; Terzopoulos, D.; Tygar, D.; Vardi, M. Y.; Weikum, G.; Gregorio, M. de; Di Maio, V.; Frucci, M.; Musio, C. (Hrsg.) Brain, Vision, and Artificial Intelligence. (Reihe: Image Processing, Computer Vision, Pattern Recognition, and Graphics). Berlin, Heidelberg: Springer Berlin Heidelberg, 2005, S. 167–176

**Kubicek, H.: Heuristische Bezugsrahmen und heuristisch angelegte Forschungsdesign als Elemente einer Konstruktionsstrategie empirischer Forschung.** In: Köhler, R. (Hrsg.) Empirische und handlungstheoretische Forschungskonzeptionen in der Betriebswirtschaftslehre. Stuttgart: C. E. Poeschel, 1977, S. 3–36

**Kuckartz, U.: Zwischen Singularität und Allgemeingültigkeit.** Typenbildung als qualitative Strategie der Verallgemeinerung. Frankfurt am Main: Campus Verl., 2006

**Kumra, S.; Kanan, C.: Robotic Grasp Detection Using Deep Convolutional Neural Networks.** In: Tagungsband zum, 2017, S. 769–776

**Kurek, J.; Kruk, M.; Osowski, S.; Hoser, P.; Wieczorek, G.; Jegorowa, A.; Górski, J.; Wilkowski, J.; Śmietańska, K.; Kossakowska, J.: Developing Automatic Recognition System of Drill Wear in Standard Laminated Chipboard Drilling Process.** In: Bulletin of the Polish Academy of Sciences Technical Sciences. 64. Jg, 2016, Nr. 3, S. 633–640

**Labrinidis, A.; Jagadish, H. V.: Challenges and Opportunities with Big Data.** In: Proc. VLDB Endow. 5. Jg, 2012, Nr. 12, S. 2032–2033

**Lake, B.; Salakhutdinov, R.; Tenenbaum; Joshua: Human-Level Concept Learning Through Probabilistic Program Induction.** In: Science. 350. Jg, 2015, Nr. 6266, S. 1332–1338

**Laney, D.: 3D Data Management: Controlling Data Volume, Velocity, and Variety,** 2001. https://blogs.gartner.com/doug-laney/files/2012/01/ad949-3D-Data-Management-Controlling-Data-Volume-Velocity-and-Variety.pdf

**Lantz, B.: Machine Learning with R.** Birmingham: Packt Publishing, 2013

**Larranaga, A.; Garcia, E.: Approaching the Reduction of Uncertainty in Production System Design through Discrete-Event Simulation.** In: Wenzel, S.; Peter, T.

(Hrsg.) Simulation in Produktion und Logistik: Kassel University Press, 2017, S. 229–238

**LeCun, Y. A.; Bottou, L.; Orr, G. B.; Müller, K.-R.: Efficient BackProp.** In: Montavon, G.; Orr, G. O.; Müller, K. (Hrsg.) Neural Networks. Tricks of the Trade. (Reihe: Lecture notes in computer science). 2.Auflage: Springer, Berlin, Heidelberg, 2012, S. 9–48

**Lee, J.; Lapira, E.; Bagheri, B.; Kao, H.-a.: Recent Advances and Trends in Predictive Manufacturing Systems in Big Data Environment.** In: Manufacturing Letters. 1. Jg, 2013, Nr. 1, S. 38–41

**Lee, K.-F.: AI Superpowers.** China, Silicon Valley, and the New World Order. Boston: Houghton Mifflin Harcourt, 2018

**Lehmann, C.: Typ vs. Klasse,** 2019. https://www.christianlehmann.eu/ling/typ/typ_vs_klasse.php, Stand: 03.12.2019

**Les, Z.; Les, M.: Shape Understanding System.** Knowledge Implementation and Learning. In: Les, Z.; Les, M. (Hrsg.). (Reihe: Studies in Computational Intelligence, Bd. 425). Berlin Heidelberg: Springer, 2013

**Levinson, J.; Askeland, J.; Becker, J.; Dolson, J.; Held, D.; Kammel, S.; Kolter, J. Z.; Langer, D.; Pink, O.; Pratt, V.; Sokolsky, M.; Stanek, G.; Stavens, D.; Teichman, A.; Werling, M.; Thrun, S.: Towards Fully Autonomous Driving.** Systems and Algorithms. In: IEEE Intelligent Vehicles Symposium. 4. Jg, 2011, S. 163–168

**Libbrecht, M. W.; Noble, W. S.: Machine Learning Applications in Genetics and Genomics.** In: Nature Reviews Genetics. 16. Jg, 2015, Nr. 6, S. 321–332

**Lieber, D.; Stolpe, M.; Konrad, B.; Deuse, J.; Morik, K.: Quality Prediction in Interlinked Manufacturing Processes based on Supervised & Unsupervised Machine Learning.** In: Procedia CIRP. 7. Jg, 2013, S. 193–198

**Littmann, P.; Jansen, S. A.: Oszillodox.** Virtualisierung. Die permanente Neuerfindung der Organisation. (Reihe: /Management - Die blaue Reihe]). Stuttgart: Klett-Cotta, 2000

**Liu, Z.; Ang, M. H.; Khoon, W. K. G.: Multi-Robot Concurrent Learning in Museum Problem.** In: Distributed Autonomous Robotic Systems. 6. Jg, 2007, S. 65–74

**Lödding, H.: Verfahren der Fertigungssteuerung.** Grundlagen, Beschreibung, Konfiguration. (Reihe: VDI-Buch). 3. Auflage. Berlin: Springer Vieweg, 2016

**Louis, P.: Manufacturing Execution Systems.** Grundlagen und Auswahl. Wiesbaden: Gabler Verlag, 2009

**Lucic, M.; Tschannen, M.; Ritter, M.; Zhai, X.; Bachem, O.; Gelly, S.: High-Fidelity Image Generation With Fewer Labels.** In: Tagungsband zum Proceedings of Machine Learning Research, 2019, S. 4183–4192

**Ma, K.-L.: Machine Learning to Boost the Next Generation of Visualization Technology.** In: IEEE Computer Graphics and Applications. 27. Jg, 2007, Nr. 5, S. 6–9

**Mack, O.; Khare, A.; Krämer, A.; Burgartz, T.: Managing in a VUCA World**: Springer International Publishing, 2016

**Mahdavinejad, M. S.; Rezvan, M.; Barekatain, M.; Adibi, P.; Barnaghi, P.; Sheth, A. P.: Machine Learning for Internet of Things Data Analysis.** A Survey. In: Digital Communications and Networks. 4. Jg, 2018, Nr. 3, S. 161–175

**Makridakis, S.; Spiliotis, E.; Assimakopoulus, V.: The Accuracy of Machine Learning Forecasting Methods versus Statistical Ones.** Extending the Results of the M3-Competition, 2017

**Manyika, J.; Chui, M.; Brown, B.; Bughin, J.; Dobbs, R.; Roxburgh, C.; Hung Byers, A.: Big Data.** The next Frontier for Innovation, Competition, and Productivity. McKinsey Global Institute, 2011. https://ci.nii.ac.jp/naid/20001705886/, Stand: 17.05.2021

**Marsland, S.: Machine Learning.** An Algorithmic Perspective. (Reihe: Chapman & Hall / CRC machine learning & pattern recognition series). 2. Auflage. Boca Raton: CRC Press, 2015

**Mättig, B.; Kretschmer, V.: Einsatz digitaler Assistenzsysteme in der Logistik 4.0**. In: Hompel, M. t.; Vogel-Heuser, B.; Bauernhansl, T. (Hrsg.) Handbuch Industrie 4.0. Produktion. (Reihe: VDI Springer Reference). 2.Auflage. Berlin, Heidelberg: Springer Vieweg, 2017, S. 1–25

**Mayr, A.; Kißkalt, D.; Meiners, M.; Lutz, B.; Schäfer, F.; Seidel, R.; Selmaier, A.; Fuchs, J.; Metzner, M.; Blank, A.; Franke, J.: Machine Learning in Production.**

Potentials, Challenges and Exemplary Applications. In: Procedia CIRP. 86. Jg, 2019, S. 49–54

**Mayring, P.**: **Qualitative Inhaltsanalyse**. In: Mey, G.; Mruck, K. (Hrsg.) Handbuch Qualitative Forschung in der Psychologie. Wiesbaden: VS Verlag für Sozialwissenschaften, 2010, S. 601–613

**Meidan, Y.; Lerner, B.; Rabinowitz, G.; Hassoun, M.**: **Cycle-Time Key Factor Identification and Prediction in Semiconductor Manufacturing Using Machine Learning and Data Mining**. In: IEEE Trans. Semicond. Manufact. 24. Jg, 2011, Nr. 2, S. 237–248

**Melis, E.**: **Beweisen durch Analogie**. In: Kognitionswissenschaft. 6. Jg, 1997, Nr. 3, S. 115–126

**Mertens, P.; Bodendorf, F.; König, W.; Schumann, M.; Hess, T.; Busmann, P.**: **Grundzüge der Wirtschaftsinformatik**. 12.Auflage. Berlin: Springer Gabler, 2017

**Mewald, C.**: **Data.** A Key Requirement for Your Machine Learning (ML) Product, 2018. https://medium.com/thelaunchpad/data-a-key-requirement-for-your-machine-learning-ml-product-9195ace977d4, Stand: 05.06.2020

**Meyer, J.-U.**: **Die Innovationsfähigkeit von Unternehmen.** Messen, analysieren und steigern: Business Village, 2015

**Michalewicz, Z.**: **Adaptative Business Intelligence**. Berlin Heidelberg: Springer, 2006

**Microsoft**: **Was ist automatisiertes maschinelles Lernen (AutoML)?**, 2020. https://docs.microsoft.com/de-de/azure/machine-learning/concept-automated-ml, Stand: 22.05.2020

**Mittal, S.; Khan, M. A.; Romero, D.; Wuest, T.**: **Smart Manufacturing.** Characteristics, Technologies and Enabling Factors. In: Proceedings of the Institution of Mechanical Engineers, Part B: Journal of Engineering Manufacture. 233. Jg, 2019, Nr. 5, S. 1342–1361

**Mittelmann, A.**: **Morphologischer Kasten**, 2005. https://www.artm-friends.at/am/km/WM-Methoden/WM-Methoden-285.htm, Stand: 03.12.2019

**Monostori, L.; Markus, A.; van Brussel, H.; Westkämpfer, E.**: **Machine Learning Approaches to Manufacturing**. In: CIRP. 45. Jg, 1996, Nr. 2, S. 675–712

**Nilsson, N. J.: Human-Level Artificial Intelligence?** Be Serious! In: AI Magazine. 26. Jg, 2005, Nr. 4, S. 68

**Nisioti, E.: Automated Machine Learning.** A Different Notion of Deep, 2018. https://towardsdatascience.com/automated-machine-learning-a-different-notion-of-deep-e0f7e5c06fb2, Stand: 01.06.2020

**Nushi, B.: How to Build Effective Human-AI Interaction.** Considerations for Machine Learning and Software Engineering, 2020. https://towardsdatascience.com/how-to-build-effective-human-ai-interaction-considerations-for-machine-learning-and-software-409838d9b358

**Obermaier, R.: Industrie 4.0 als unternehmerische Gestaltungsaufgabe.** Betriebswirtschaftliche, technische und rechtliche Herausforderungen: Gabler Verlag, 2017

**O'Connor, B.: Statistics vs. Machine Learning, Fight!,** 2008. http://brenocon.com/blog/2008/12/statistics-vs-machine-learning-fight/, Stand: 21.05.2020

**Ōno, T.; Hof, W.; Stotko, E. C.; Rother, M.: Das Toyota-Produktionssystem.** Das Standardwerk zur Lean Production. (Reihe: Produktion). 3. Auflage. Frankfurt am Main: Campus-Verlag, 2013

**Ottmann, T.; Widmayer, P.: Algorithmen und Datenstrukturen.** 6.Auflage: Springer Vieweg, 2017

**Otto, B.; Auer, S.; Cirullies, J.; Jürjens, J.; Menz, N.; Schon, J.; Wenzel, S.: Industrial Data Space - Digitale Souveränität über Daten,** 2016

**Öztürk, A.; Kayalıgil, S.; Özdemirel, N. E.: Manufacturing Lead Time Estimation Using Data Mining.** In: European Journal of Operational Research. 173. Jg, 2006, Nr. 2, S. 683–700

**Pahl, G.; Beitz, W.; Feldhusen, J.; Grote, K.-H.: Konstruktionslehre.** Grundlagen erfolgreicher Produktentwicklung. Methoden und Anwendung. 7. Auflage. Berlin: Springer, 2007

**Pan, S. J.; Yang, Q.: A Survey on Transfer Learning.** In: IEEE Trans. Knowl. Data Eng. 22. Jg, 2010, Nr. 10, S. 1345–1359

**Parul Pandey: Interpretable Machine Learning.** Extracting Human Understandable Insights from any Machine Learning Model, 2019. https://towardsdatascience.com/interpretable-machine-learning-1dec0f2f3e6b, Stand: 20.05.2020

**Patzak, G.: Systemtechnik - Planung komplexer innovativer Systeme.** Grundlagen, Methoden, Techniken: Springer, Berlin, 1982

**Petković, D.: Prediction of Laser Welding Quality by Computational Intelligence Approaches.** In: Optik. 140. Jg, 2017, S. 597–600

**Pfeifer, T.: Autonome Produktionszellen.** Komplexe Produktionsprozesse flexibel automatisieren. Berlin: Springer, 2006

**Piller, F. T.: Mass Customization.** Ein wettbewerbsstrategisches Konzept im Informationszeitalter. Dissertation. Universität WürzburgWiesbaden, 2006

**Poeschl, H.: Strategische Unternehmensführung zwischen Shareholder-Value und Stakeholder-Value.** Wiesbaden: Springer-Gabler, 2013

**Pohl, K.: Requirements Engineering.** Grundlagen, Prinzipien, Techniken. 2.Auflage: dpunkt.verlag, 2008

**Poole, D. L.; Mackworth, A. K.: Artificial Intelligence.** Foundations of Computational Agents: Cambridge University Press, 2010

**Poole, M. A.; O'Farrell, P. N.: The Assumptions of the Linear Regression Model.** In: Transactions of the Institute of British Geographers, 1971, S. 145–158

**Porter, M. E.; Heppelmann, J. E.: How Smart, Connected Products Are Transforming Competition.** In: Harvard Business Review. 92. Jg, 2014, Nr. 11, S. 1–48

**Porter, M. E.; Heppelmann, J. E.: How Smart, Connected Products Are Transforming Companies.** In: Harvard Business Review. 93. Jg, 2015, Nr. 10, S. 1–9

**Promberger, M.: Typenbildung mit quantitativen und qualitativen Daten.** Methodologische Überlegungen. Hg. v. Institut für Arbeitsmarkt- und Berufsforschung der Bundesagentur für Arbeit. Forschungsinstitut der Bundesagentur für Arbeit. Nürnberg (IAB-Discussion Paper), 2011. http://doku.iab.de/discussionpapers/2011/dp1211.pdf, Stand: 23.11.2020

**Qin, S. J.: Process Data Analytics in the Era of Big Data**. In: AIChE Journal. 60. Jg, 2014, Nr. 9, S. 3092–3100

**Qiu, J.; Wu, Q.; Ding, G.; Xu, Y.; Feng, S.: A Survey of Machine Learning for Big Data Processing**. In: Journal on Advances in Signal Processing. 1. Jg, 2016, S. 1–16

**Qu, Y. J.; Ming, X. G.; Liu, Z. W.; Zhang, X. Y.; Hou, Z. T.: Smart Manufacturing Systems.** State of the Art and Future Trends. In: The International Journal of Advanced Manufacturing Technology. 103. Jg, 2019, 9-12, S. 3751–3768

**Rammer, C.; Bertschek, I.; Schuck, B.; Demary, V.; Goecke, H.: Einsatz von Künstlicher Intelligenz in der Deutschen Wirtschaft.** Stand der KI-Nutzung im Jahr 2019. Hg. v. Bundesminsterium für Wirtschaft und Energie (BMWi). Berlin, 2020

**Raschka, S.; Patterson, J.; Nolet, C.: Machine Learning in Python.** Main Developments and Technology Trends in Data Science, Machine Learning, and Artificial Intelligence. In: Information. 11. Jg, 2020, Nr. 4, S. 193

**Ravanshad, A.: How to Choose Machine Learning Algorithms?,** 2018. https://medium.com/@aravanshad/how-to-choose-machine-learning-algorithms-9a92a448e0df, Stand: 15.05.2020

**Rohrback, T.: Führungskräfte bremsen digitale Transformation aus,** 2017. https://www.scope-online.de/smart-industry/industrie-4-0--fuehrungskraefte-bremsen-digitale-transformation-aus.htm, Stand: 17.06.2020

**Rohweder, J. P.; Kasten, G.; Malzahn, D.; Piro, A.; Schmid, J.: Informationsqualität.** Definitionen, Dimensionen und Begriffe. In: Hildebrand, K.; Gebauer, M.; Hinrichs, H.; Mielke, M. (Hrsg.) Daten- und Informationsqualität. Auf dem Weg zur Information Excellence. 2.Auflage. Wiesbaden: Vieweg +Teubner Verlag, 2011, S. 25–46

**Rojek, I.: Technological Process Planning by the Use of Neural Networks**. In: AIEDAM. 31. Jg, 2017, Nr. 1, S. 1–15

**Rowley, J.: The Wisdom Hierarchy.** Representations of the DIKW Hierarchy. In: Journal of Information Science. 33. Jg, 2007, Nr. 2, S. 163–180

**Rüegg-Stürm, J.: The New St. Gallen Management Model.** Basic Categories of an Approach to Integrated Management. Houndmills: Palgrave Macmillan, 2005

**Rummler, G. A.; Brache, A. P.: Improving Performance.** How to Manage the White Space on the Organization Chart. 3. Auflage. San Francisco, CA: Jossey-Bass, 2013

**Russell, S.; Norvig, P.: Artificial Intelligence.** A Modern Approach. 3. Auflage: Pearson Education, Inc., 2010

**Russom, P.: Big Data Analytics.** In: TDWI Best Practices Report. 19. Jg, 2011, Nr. 4, S. 1–34

**Russom, P.: Data Requirements for Machine Learning,** 2018. https://tdwi.org/articles/2018/09/14/adv-all-data-requirements-for-machine-learning.aspx, Stand: 05.06.2020

**Saadallah, A.; Finkeldey, F.; Morik, K.; Wiederkehr, P.: Stability Prediction in Milling Processes Using a Simulation-based Machine Learning Approach.** In: Procedia CIRP. 72. Jg, 2018, S. 1493–1498

**Sachs, L.: Angewandte Statistik.** Anwendung statistischer Methoden: Springer-Verlag, 2013

**Saha, B.; Srivastava, D.: Data Quality.** The Other Face of Big Data. In: Tagungsband zum 2014 IEEE 30th International Conference on Data Engineering. Chicago: IEEE, S. 1294–1297

**Sangwan, K. S.; Kant, G.: Optimization of Machining Parameters for Improving Energy Efficiency using Integrated Response Surface Methodology and Genetic Algorithm Approach.** In: Procedia CIRP. 61. Jg, 2017, S. 517–522

**Sarkar, D.: A Comprehensive Hands-on Guide to Transfer Learning with Real-World Applications in Deep Learning,** 2018. https://towardsdatascience.com/a-comprehensive-hands-on-guide-to-transfer-learning-with-real-world-applications-in-deep-learning-212bf3b2f27a, Stand: 23.05.2020

**Scharei, K.; Heidecker, F.; Bieshaar, M.: Knowledge Representations in Technical Systems.** A Taxonomy. http://arxiv.org/pdf/2001.04835v2, Stand: 14.01.2020

**Schmidt, G.: Informationsmanagement.** Modelle, Methoden, Techniken. 2.Auflage: Springer Berlin Heidelberg, 1999

**Schmitt, R.; Pfeifer, T.: Qualitätsmanagement.** Strategien, Methoden, Techniken. 4. Auflage: Carl Hanser Fachbuchverlag, 2010

**Schorr, S.; Möller, M.; Heib, J.; Bähre, D.: Quality Prediction of Drilled and Reamed Bores Based on Torque Measurements and the Machine Learning Method of Random Forest.** In: Procedia Manufacturing. 48. Jg, 2020, S. 894–901

**Schuh; Anderl; Gausemeier; ten Hompe; Wahlster: Industrie 4.0 Maturity Index.** Die digitale Transformation von Unternehmen gestalten. acatech STUDIE. Deutsche Akademie der Technikwissenschaften, 2020a. https://www.acatech.de/publikation/industrie-4-0-maturity-index-update-2020/, Stand: 17.05.2021

**Schuh, G.; Anderl, R.; Gausemeier, J.; ten Hompel, M.; Wahlster, W.: Industrie 4.0 Maturity Index.** Die digitale Transformation von Unternehmen gestalten, 2020b. https://i40mc.de/wp-content/uploads/sites/22/2016/11/acatech_STUDIE_Maturity_Index_de_WEB.pdf, Stand: 03.05.2020

**Schuh, G.; Brecher, C.; Klocke, F.; Schmitt, R.: Engineering Valley.** Internet of Production auf dem RWTH Aachen Campus. In: Schuh, G.; Brecher, C.; Klocke, F.; Schmitt, R. (Hrsg.). Festschrift für Univ.-Prof. em. Dr.-Ing. Dipl.-Wirt. Ing. Dr. h.c. mult. Walter Eversheim. 1. Auflage. Aachen: Apprimus Verlag, 2017

**Schuh, G.; Prote, J.-P.; Molitor, M.; Cremer, S.: Internet of Production - Steigerung des Wertschöpfungsanteils durch domänenübergreifende Kollaboration.** In: Hompel, M. t.; Vogel-Heuser, B.; Bauernhansl, T. (Hrsg.) Handbuch Industrie 4.0. Produktion. (Reihe: VDI Springer Reference). 2.Auflage. Berlin, Heidelberg: Springer Vieweg, 2017, S. 1–34

**Schuh, G.; Prote, J.-P.; Molitor, M.; Wlecke, S.: Produktivitätsbaukasten 4.0.** In: Zeitschrift für wirtschaftlichen Fabrikbetrieb. 114. Jg, 2019, Nr. 6, S. 408–411

**Schuh, G.; Reinhart, G.; Prote, J.-P.; Sauermann, Frederick Horsthofer, Julia; Oppolzera, F.; Knoll, D.: Data Mining Definitions and Applications in Production Management.** In: Procedia CIRP. 81. Jg, 2019, S. 874–879

**Schuh, G.; Riesener, M.; Prote, J.-P.; Dölle, C.; Molitor, M.; Schloesser, S.; Liu, Y.; Tittel, J.: Industrie 4.0.** Agile Entwicklung und Produktion im Internet of Production. In: Frenz, W. (Hrsg.) Handbuch Industrie 4.0. Recht, Technik, Gesellschaft. Berlin, Heidelberg: Springer Berlin Heidelberg, 2020, S. 467–488

**Schuh, G.; Schmidt, C.: Produktionsmanagement.** Handbuch Produktion und Management 5. 2. Auflage. Berlin, Heidelberg: Springer, 2014

**Schuh, G.; Scholz, P.: Development of a Framework for the Systematic Identification of AI Application Patterns in the Manufacturing Industry.** In: Tagungsband zum, 2019, S. 1–8

**Schuh, G.; Scholz, P.; Burger, T.: Derivation of Constituent Problem Characteristics for the Application of Machine Learning,** 2020

**Schuh, G.; Scholz, P.; Haase, S.: Types of Machine Learning Systems for the Connected, Adaptive Production,** 2021

**Schuh, G.; Scholz, P.; Leich, T.; May, R.: Identifying and Analyzing Data Model Requirements and Technology Potentials of Machine Learning Systems in the Manufacturing Industry of the Future.** In: Tagungsband zum International Scientific Conference on Information Technology and Management Science of Riga Technical University (ITMS). Riga, Latvia, 2020

**Schuh, G.; Scholz, P.; Nadicksbernd, M.: Identification and Characterization of Challenges in the Future of Manufacturing for the Application of Machine Learning.** In: International Scientific Conference on Information Technology and Management Science of Riga Technical University (ITMS), 2020, Nr. 61

**Schuh, G.; Scholz, P.; Portik, J.: Identification and Analysis of Patterns of Machine Learning Systems in the Connected Adaptive Production,** 2021

**Schuh, G.; Scholz, P.; Schorr, S.; Harman, D.; Möller, M.; Heib, J.; Bähre, D.: Prediction of Workpiece Quality.** An Application of Machine Learning in Manufacturing Industry, 2019

**Schuh, G.; Scholz, P.; Zabelberg, M.: Design Requirements of Machine Learning Systems for Complex Application Domains,** 2020

**Schulz, H.-J.; Nocke, T.: Maschinelle Datenanalyse im Informationszeitalter.** Können oder müssen wir ihr vertrauen? In: Langner, R.; Luks, T. (Hrsg.) Ordnungen des Denkens. Debatten um Wissenschaftstheorie und Erkenntniskritik (Verhandlungen mit der Gegenwart): LIT Verlag, 2007

**Serban, I. V.; Sankar, C.; Germain, M.; Zhang, S.; Lin, Z.; Subramanian, S.; Kim, T.; Pieper, M.; Chandar, S.; Ke, N. R.; Rajeshwar, S.; Brebisson, A.** de; **Sotelo, J. M. R.; Suhubdy, D.; Michalski, V.; Nguyen, A.; Pineau, J.; Bengio, Y.: A Deep Reinforcement Learning Chatbot,** 2017. https://arxiv.org/pdf/1709.02349.pdf

**Shalev-Shwartz, S.; Ben-David, S.: Understanding Machine Learning.** From Theory to Algorithms. 2.Auflage: Cambridge University Press, 2014

**Shi, X.; Schillings, P.; Boyd, D.: Applying Artificial Neural Networks and Virtual Experimental Design to Quality Improvement of Two Industrial Processes.** In: International Journal of Production Research. 42. Jg, 2004, Nr. 1, S. 101–118

**Sondergaard, P.: Data Analytics,** 2011. https://www.causeweb.org/cause/resources/library/r2493#:~:text=%22Information%20is%20the%20oil%20of,of%20data%20and%20data%20analytics., Stand: 23.07.2020

**Song, Y.-Y.; Lu, Y.: Decision Tree Methods.** Applications for Classification and Prediction. In: Shanghai Archives of Psychiatry. 27. Jg, 2015, Nr. 2, S. 130–135

**Spath, D.: Ganzheitlich produzieren.** Innovative Organisation und Führung. In: Spath, D. (Hrsg.). Stuttgart: LOG_X Verl., 2003

**Stachowiak, H.: Allgemeine Modelltheorie.** Wien: Springer, 1973

**Stack Exchange: What Is a Meta Algorithm?,** 2019. https://cs.stackexchange.com/questions/107003/what-is-a-meta-algorithm, Stand: 12.06.2020

**Staehle, W. H.: Management.** Eine verhaltenswissenschaftliche Perspektive. (Reihe: Vahlens Handbücher der Wirtschafts- und Sozialwissenschaften). 8. Auflage. München: Verlag Franz Vahlen, 1999

**Steegmüller, D.; Zürn, M.: Wandlungsfähige Produktionssysteme für den Automobilbau der Zukunft.** In: Hompel, M. t.; Vogel-Heuser, B.; Bauernhansl, T. (Hrsg.) Handbuch Industrie 4.0. Produktion. (Reihe: VDI Springer Reference). 2.Auflage. Berlin, Heidelberg: Springer Vieweg, 2017, S. 103–119

**Steinruecken, C.; Smith, E.; Janz, D.; Lloyd, J.; Ghahramani, Z.: The Automatic Statistician.** In: Hutter, F.; Kotthoff, L.; Vanschoren, J. (Hrsg.) Automated Machine Learning. Methods, Systems, Challenges. (Reihe: The Springer Series on Challenges in Machine Learning): Springer, 2019, S. 161–173

**Stewart, M.: Introduction to Neural Networks,** 2019. https://towardsdatascience.com/simple-introduction-to-neural-networks-ac1d7c3d7a2c, Stand: 18.06.2020

**Stewart, M.: The Actual Difference Between Statistics and Machine Learning.** Towards Data Science, 2019. https://towardsdatascience.com/the-actual-difference-between-statistics-and-machine-learning-64b49f07ea3, Stand: 26.03.2021

**Subramanyam, J.: Prediction Models.** Traditional versus Machine Learning. Gartner Blog Network, 2019. https://blogs.gartner.com/jitendra-subramanyam/prediction-models-traditional-versus-machine-learning/, Stand: 08.05.2020

**Subramanyam, J.: When Machine Learning Predicition Excels.** Gartner Blog Network, 2019. https://blogs.gartner.com/jitendra-subramanyam/when-machine-learning-prediction-excels/, Stand: 08.05.2020

**Susto, G. A.; Schirru, A.; Pampuri, S.; McLoone, S.; Beghi, A.: Machine Learning for Predictive Maintenance.** A Multiple Classifier Approach. In: IEEE Transactions on Industrial Informatics. 11. Jg, 2015, Nr. 3, S. 812–820

**Tan, C.; Sun, F.; Kong, T.; Zhang, W.; Yang, C.; Liu, C.: A Survey on Deep Transfer Learning.** In: Proceedings of International Conference on Artificial Neural Networks. Rhodes: Springer International Publishing, 2018, S. 270–279

**Tayi, G. K.; Ballou, D.: Examing Data Quality in Context.** In: COMMUNICATIONS OF THE ACM. 41. Jg, 1998, Nr. 2

**The Past, Present and Future of Edge Machine Learning,** 2019. https://www.imagimob.com/blog/the-past-present-and-future-of-edge-machine-learning

**Töllner, A.; Jungmann, T.; Bücker, M.; Brutscheck, T.: Modelle und Modellierung.** In: Bandow, G.; Holzmüller, H. H. (Hrsg.) "Das ist gar kein Modell!". Unterschiedliche Modelle und Modellierungen in Betriebswirtschaftslehre und Ingenieurwissenschaften. (Reihe: Gabler Research). 1. Auflage. Wiesbaden: Gabler Research, 2010, S. 3–22

**Towards Data Science: Reinforcement Learning.** January Edition, 2020. https://towardsdatascience.com/january-edition-reinforcement-learning-c4501b6e854a, Stand: 22.05.2020

**Truong, A.; Walters, A.; Goodsitt, J.; Hines, K.; Bruss, C. B.; Farivar, R.: Towards Automated Machine Learning.** Evaluation and Comparison of AutoML Approaches and Tools, 2019

**Ulrich, H.; Fluri, E.: Management.** (Reihe: Unternehmung und Unternehmensführung, Bd. 13). Bern, Stuttgart: Haupt Verlag, 1984

**Ulrich, H.; Schwaninger, M.: Systemorientiertes Management.** In: Ulrich, H.; Schwaninger, M. (Hrsg.). Bern: Haupt Verlag, 2001

**Ulrich, P.; Hill, W.: Wissenschaftstheoretische Grundlagen der Betriebswirtschaftslehre.** Teil 1. In: Wirtschaftswissenschaftliches Studium: Zeitschrift für Ausbildung und Hochschulkontakt. 5. Jg, 1976, Nr. 7, S. 304–309

**Vahrenkamp, R.; Siepermann, C.: Produktionsmanagement.** 2.Auflage: Oldenbourg Wissenschaftsverlag, 2008

**Vainio, F.; Maier, M.; Knuutila, T.; Alhoniemi, E.; Johnsson, M.; Nevalainen, O. S.: Estimating Printed Circuit Board Assembly Times.** Using Neural Networks. In: International Journal of Production Research. 48. Jg, 2010, Nr. 8, S. 2201–2218

**Vazan, P.; Janikova, D.; Tanuska, P.; Kebisek, M.; Cervenanska, Z.: Using Data Mining Methods for Manufacturing Process Control.** In: IFAC-PapersOnLine. 50. Jg, 2017, Nr. 1, S. 6178–6183

**Verband Deutscher Ingenieure: Norm 2870,** 2012

**Verband Deutscher Ingenieure: Norm 5600.** Blatt 5, 2015

**Veregin, H.: Data Quality Parameters.** Chapter 12. In: Longley, P. A.; Goodchild, M. F.; Maguire, D. J.; Rhind, D. W. (Hrsg.) Geographical Information Systems. Principles, Techniques, Management and Applications: John Wiley & Sons, 1998, S. 177–189

**Wang, J.; Kusiak, A.: Computational Intelligence in Manufacturing Handbook.** Boca Raton: CRC Press, 2000

**Wang, J.; Ma, Y.; Zhang, L.; Gao, R. X.; Wu, D.: Deep Learning for Smart Manufacturing.** Methods and Applications. In: Journal of Manufacturing Systems. 48. Jg, 2018, S. 144–156

**Wang, K.: Applying Data Mining to Manufacturing.** The Nature and Implications. In: Journal of Intelligent Manufacturing. 18. Jg, 2007, Nr. 4, S. 487–495

**Wang, R. Y.; Strong, D. M.: Beyond Accuracy.** What Data Quality Means to Data Consumers. In: Journal of Management Information Systems,. 12. Jg, 1996, Nr. 4, S. 5–33

**Wang, S.-C.: Artificial Neural Network.** In: Wang, S. (Hrsg.) Interdisciplinary Computing in Java Programming Language. (Reihe: The Springer International Series in Engineering and Computer Science, Bd. 743). New York: Springer Science & Business Media, 2003, S. 81–86

**Waschneck, B.; Reichstaller, A.; Belzner, L.; Altenmüller, T.; Bauernhansl, T.; Knapp, A.; Kyek, A.: Optimization of Global Production Scheduling With Deep Reinforcement Learning**. In: Procedia CIRP. 72. Jg, 2018, Nr. 1, S. 1264–1269

**Webb, G.; Pazzani, M.; Billsus, D.: Machine Learning for User Modeling**. In: User Modeling and User-Adapted Interaction volume. 11. Jg, 2001, S. 19–29

**Webb, G. I.; Sammut, C.; Perlich, C.; Horváth, T.; Wrobel, S.; Korb, K. B.; Noble, W. S.; Leslie, C.; Lagoudakis, M. G.; Quadrianto, N.; Buntine, W. L.; Getoor, L.; Namata, G.; Han, X. J. J.; Ting, J.-A.; Vijayakumar, S.; Schaal, S.; Raedt, L.** de: **Lazy Learning**, 2020. https://link.springer.com/referenceworkentry/10.1007%2F978-0-387-30164-8_443

**Welter, M.: Die Forschungsmethode der Typisierung**. In: Wirtschaftswissenschaftliches Studium: Zeitschrift für Ausbildung und Hochschulkontakt. 35. Jg, 2006, Nr. 2, S. 113–116

**Westkämper, E.; Spath, D.; Constantinescu, C.; Lentes, J.: Digitale Produktion**. In: Westkämper, E.; Spath, D.; Constantinescu, C.; Lentes, J. (Hrsg.). Berlin, Heidelberg: Springer Berlin Heidelberg, 2013

**Wiendahl, H.-P.: Betriebsorganisation für Ingenieure**. 8. Auflage. München: Hanser, 2014

**Wikipedia: Ensemble Learning**. https://en.wikipedia.org/wiki/Ensemble_learning, Stand: 10.04.2021

**Wirtschaftslexikon: Stichwort "Datenanalyseverfahren"**. Wirtschaftslexikon, 2016. http://www.daswirtschaftslexikon.com/d/datenanalyseverfahren/datenanalyse-verfahren.htm, Stand: 21.05.2020

**Witten, I. H.; Frank, E.; Hall, M. A.: Data Mining.** Practical Machine Learning Tools and Techniques. (Reihe: The Morgan Kaufmann Series in Data Management Systems). 3rd ed. Burlington: Morgan Kaufmann, 2011

**Wortbedeutung: Stichwort "Daten".** Onlinewörterbuch Wortbedeutung, 2019. https://www.wortbedeutung.info/Daten/, Stand: 16.10.2019

**Wu, Q.: Product Demand Forecasts Using Wavelet Kernel Support Vector Machine and Particle Swarm Optimization in Manufacture System.** In: Journal of Computational and Applied Mathematics. 233. Jg, 2010, Nr. 10, S. 2481–2491

**Wüst, T.; Weimer, D.; Irgens, C.; Thoben, K.-D.: Machine Learning in Manufacturing.** Advantages, Challenges, and Applications. In: Production & Manufacturing Research. 4. Jg, 2016, Nr. 1, S. 23–45

**Xu, L.-f.; Li, W.; Zhang, M.; Xu, S.-x.; Li, J.: A Model of Basic Oxygen Furnace (BOF) End-point Prediction Based on Spectrum Information of the Furnace Flame with Support Vector Machine (SVM).** In: International Journal for Light and Electron Optics. 122. Jg, 2011, Nr. 7, S. 594–598

**Yahia, N. B.; Fnaiech, F.; Abid, S.; Sassi, B. H.: Manufacturing Process Planning Application using Artificial Neural Networks.** In: Tagungsband zum SMC2002: IEEE International Conference on Systems, Man and Cybernetics. Yasmine Hammamet, 2002, S. 1–6

**Yao, X.; Zhou, J.; Zhang, J.; Boer, C. R.: From Intelligent Manufacturing to Smart Manufacturing for Industry 4.0 Driven by Next Generation Artificial Intelligence and Further On.** In: Tagungsband zum 2017 5th International Conference on Enterprise Systems (ES). Beijing. Piscataway, 2017, S. 311–318

**You, D.; Gao, X.; Katayama, S.: WPD-PCA-Based Laser Welding Process Monitoring and Defects Diagnosis by Using FNN and SVM.** In: IEEE Transactions on Industrial Electronics. 62. Jg, 2015, Nr. 1, S. 628–636

**Zhang; Tsai, J. J.P.: Machine Learning and Software Engineering.** In: Software Quality Journal,. 11. Jg, 2003, S. 87–119

**Zhang, Y.; Zhang, R.; Wang, Y.; Guo, H.; Zhong, R. Y.; Qu, T.; Li, Z.: Big Data Driven Decision-making for Batch-based Production Systems.** In: Procedia CIRP. 83. Jg, 2019, S. 814–818

**Zhong, G.; Wang, L.-N.; Ling, X.; Dong, J.: An Overview on Data Representation Learning.** From Traditional Feature Learning to Recent Deep Learning. In: The Journal of Finance and Data Science. 2. Jg, 2016, Nr. 4, S. 265–278

**Zhou, L.; Pan, S.; Wang, J.; Vasilakos, A. V.: Machine Learning on Big Data: Opportunities and Challenges**. In: Neurocomputing. 237. Jg, 2017, S. 350–361

**Zhou, Y.; Hao, J.-K.; Duval, B.: Reinforcement Learning Based Local Search for Grouping Problems.** A Case Study on Graph Coloring. In: Expert Systems with Applications. 64. Jg, 2016, S. 412–422

**Zhu, X.; Goldberg, A. B.: Introduction to Semi-Supervised Learning**. In: Synthesis Lectures on Artificial Intelligence and Machine Learning. 3. Jg, 2009, Nr. 1, S. 1–130

# A. Anhang

## A.1 Fortgeschrittene Verfahren des maschinellen Lernens

Fortgeschrittene ML-Verfahren sind Sonderformen einfacher ML-Verfahren. Sie weisen KI-typische Eigenschaften eher auf als einfache ML-Verfahren (z. B. einen hohen Grad an Autonomie, vgl Kapitel 4.2.1). Meist handelt sich um Verfahren, die mehrere ML-Verfahren miteinander oder mit anderen wissenschaftlichen Verfahren kombinieren sowie um die Verfahren des Deep und Reinforcement Learning. Eine genaue Abgrenzung zu den einfachen ML-Verfahren aus Kapitel 2.3.3 ist Gegenstand dieses Kapitels. Nachfolgend werden die fortgeschrittenen ML-Verfahren vorgestellt.

### Deep Learning

*Deep Learning* beschreibt künstliche neuronale Netze mit mehreren Zwischenschichten (engl.: Hidden Layers). Durch die Vielzahl an Schichten können mehrere Ebenen an Features mit steigendem Abstraktionsgrad gelernt werden[868]. Aus Rohdaten in der Eingabeschicht werden in jeder Zwischenschicht Werte der vorhergehenden Schicht kombiniert – so können kompliziertere Funktionen dargestellt werden[869]. Der Abstraktionsgrad der Merkmale steigt mit der Tiefe des Netzes. In der Ausgabeschicht können so abstraktere Konzepte dargestellt werden, wie bspw. die Zuordnung eines Bilds zu einem Gegenstand bei der Bilderkennung (vgl. Abbildung A-1). Eben dieses automatische Lernen von Features auf mehreren Abstraktionsebenen ermöglicht es Systemen, komplexe Funktionen darzustellen. Direkt ausgehend von den Daten bilden sie den Input auf den Output ab, ohne auf manuell erstellte Features angewiesen zu sein. Diese Netzwerkarchitektur tiefer neuronaler Netze ist besonders wertvoll für Abstraktionen höherer Ebene, die der Mensch oft nicht explizit in Bezug auf den rohen sensorischen Input zu spezifizieren weiß.[870]

[868] vgl. Alpaydin (Introduction to Machine Learning), 2014, S. 307 f.
[869] vgl. Alpaydin (Introduction to Machine Learning), 2014, S. 307.
[870] vgl. Bengio (Learning Deep Architectures for AI), 2009, S. 5.

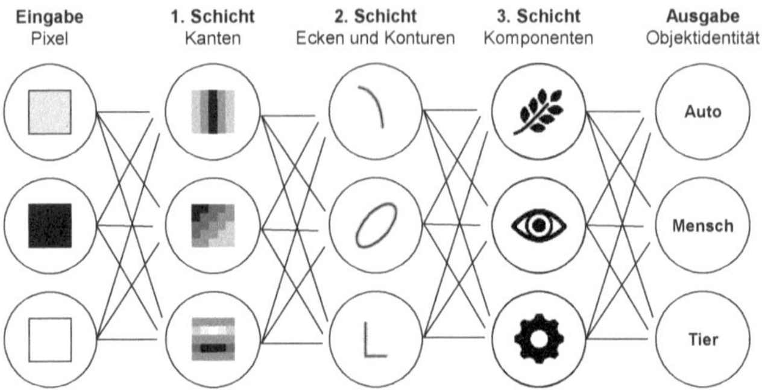


**Abbildung A-1: Bilderkennung mittels Deep Learning**[871]

Weiterhin folgen neuronale Netze dem sogenannten universellen Approximationssatz, welcher besagt, dass bei unendlicher Anzahl von Neuronen in einem neuronalen Netz eine beliebig komplexe kontinuierliche Funktion exakt dargestellt werden kann. Diese bedeutende Eigenschaft ermöglicht (bei ausreichender Rechenleistung) prinzipiell die Approximation jeder beliebigen Funktion. Dieses mächtige theoretische Potenzial wird in der Realität jedoch von einigen Faktoren eingeschränkt. U. a. ist dies die begrenzte Datengrundlage, welche die Genauigkeit der Annäherung limitiert, sowie die begrenzte Rechenleistung gegenwärtiger Computer, die den Umgang mit hochkomplexen Netzwerkarchitekturen nur bedingt ermöglicht.[872] In der Praxis werden tiefe neuronale Netze darüber hinaus häufig in Kombination mit anderen ML-Verfahren verwendet. Neuronale Netze ermöglichen die Erstellung einer abstrakteren Repräsentation der Eingabedaten, nach welcher diese Featuredarstellung z. B. von einem überwachten Lernverfahren verwendet werden kann, um bessere Ergebnisse zu erzielen.[873]

## Meta-Algorithmen

Meta-Algorithmen verwenden eine Reihe anderer (i. d. R. einfacherer) Algorithmen, um eine Aufgabe zu erledigen. Meta-Algorithmen kombinieren und gewichten die Ausgaben der untergeordneten Algorithmen und erstellen somit einen neuen Output.[874] Nachfolgend werden die für das ML relevantesten Meta-Algorithmen vorgestellt.

[871] vgl. Goodfellow et al. (Deep Learning), 2016, S. 6.
[872] vgl. Stewart (Introduction to Neural Networks), 2019.
[873] vgl. Iqbal et al. (Big Data Analytics), 2018, S. 17.
[874] vgl. Stack Exchange (What Is a Meta Algorithm?), 2019.

### *Ensemble Learning*

Bis hierher wurden ausschließlich Lernmethoden vorgestellt, welche eine einzelne, aus einem Hypothesenraum ausgewählte Hypothese zur Erstellung von Prognosen verwenden. *Ensemble Learning* dagegen folgt der Idee, eine Auswahl an Hypothesen aus dem Hypothesenraum zu wählen und ihre Vorhersagen zu kombinieren. Bspw. können so viele verschiedene Entscheidungsbäume generiert werden und über die beste Klassifizierung für ein neues Beispiel abstimmen. Beim *Boosting* (der wohl bekanntesten Ensemblemethode) wird mit einem gewichteten Trainingsset gearbeitet, bei welchem einzelnen Datenpunkten unterschiedliche Gewichte zugeordnet sind. Mehrere Hypothesen mit qualitativ unterschiedlichen Vorhersagen werden durch Variation der Gewichte des Trainingssets erstellt. Um eine höhere Genauigkeit zu erzielen, kombiniert der Boosting-Algorithmus die einzelnen Hypothesen und gewichtet diese nach ihrer Güte. Durch Kombination einer ausreichend großen Anzahl an Hypothesen kann auch für schwache Lernalgorithmen eine hohe Vorhersagegenauigkeit erzielt werden.[875] Ensemble-Techniken werden z. B. verwendet, um die Modellleistung zu erhöhen oder das Verzerrung-Varianz-Dilemma zu kontrollieren[876].

### *AutoML*

Um ML-Projekte schrittweise durchzuführen, bieten herkömmliche ML-Bibliotheken Anwendern Werkzeuge. Im Gegensatz dazu bieten AutoML-Tools wie z. B. *Google Cloud AutoML* oder *Azure Automated ML* die Möglichkeit, eine oder mehrere Stufen des ML zu automatisieren.[877] AutoML ist dabei kein spezifisches Verfahren. Es ist der Überbegriff für unterschiedliche Meta-Algorithmen, die eine (Teil-)Automatisierung des ML-Prozesses ermöglichen. AutoML-Methoden unterscheiden sich u. a. in ihren Optimierungsmethoden, der Algorithmenauswahl, der Anwendung von Transfer Learning oder der Nachverarbeitung der Ergebnisse[878].

### *Transfer Learning*

*Transfer Learning* nutzt Synergieeffekte zwischen verschiedenen ML-Anwendungen. Es hat zum Ziel, das für eine Aufgabe erworbene Wissen zu übertragen und zur Lösung

---

[875] vgl. Wikipedia (Ensemble Learning).

[876] vgl. Raschka et al. (Machine Learning in Python), 2020, S. 8.

[877] vgl. Raschka et al. (Machine Learning in Python), 2020, S. 10.

[878] vgl. Gijsbers et al. (An Open Source AutoML Benchmark), 2019, S. 2.

einer anderen, verwandten Aufgabe zu nutzen[879]. Der Vergleich des traditionellen ML-Lernprozesses mit dem des Transfer Learnings ist in Abbildung A-2 dargestellt.

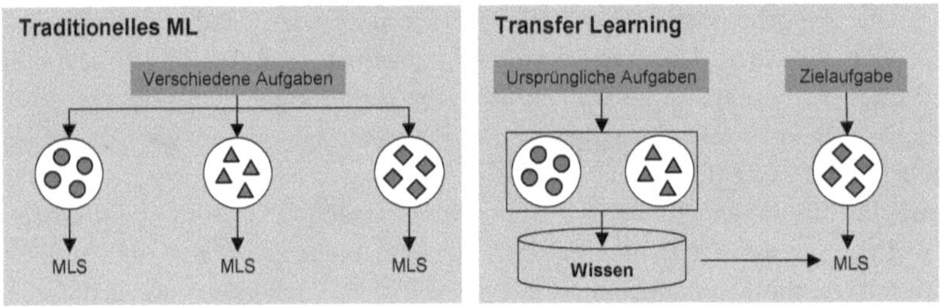


**Abbildung A-2: Vergleich des Lernprozesses einfacher Machine Learning-Verfahren mit dem Lernprozess des Transfer Learnings[880]**

Transfer Learning ermöglicht so die Lösung von Aufgaben, für die nur eine unzureichende Menge an Trainingsdaten zur Verfügung steht[881]. Es werden dabei vortrainierte Teilmodelle für das Modell einer neuen Zielaufgabe verwendet, wodurch dieses Modell nicht komplett neu aufgebaut werden muss[882]. Die Trainingszeit wird verkürzt und der Bedarf an Trainingsdaten reduziert. Es kann dabei nach dem Teil der ursprünglichen Aufgabe, der auf die Zielaufgabe übertragen wird, differenziert werden:

- Instanzen: Beim Lernen verwandter Aufgaben können Teile der ursprünglichen Trainingsdaten, also einzelne Instanzen, wiederverwendet werden. Die Gewichtung der markierten Daten der ursprünglichen Aufgabe wird dabei angepasst, um den Einsatz in der Zielaufgabe zu ermöglichen.
- Features: Durch das Nutzen von Featurerepräsentationen aus früheren Anwendungen kann Verzerrungen der spezifischen Anwendung (Bias) in der Featureselektion vorgebeugt werden.
- Parameter: Der Parametertransfer folgt der Annahme, dass Modelle zur Erfüllung verwandter Aufgaben zu einem gewissen Grad gleiche (Hyper-)Parameter aufweisen. Transfer Learning Algorithmen nutzen diese Zusammenhänge, um die Leistung der Zielaufgabe zu verbessern.
- Relationales Wissen: Diese Transfer Learning-Verfahren dienen der Identifikation struktureller Zusammenhänge in der ursprünglichen Aufgabe, welche

[879] vgl. Sarkar (A Comprehensive Hands-on Guide to Transfer Learning with Real-World Applications in Deep Learning), 2018.
[880] vgl. Pan; Yang (A Survey on Transfer Learning), 2010, S. 1346.
[881] vgl. Tan et al. (A Survey on Deep Transfer Learning), 2018, S. 2.
[882] vgl. Pan; Yang (A Survey on Transfer Learning), 2010, S. 1345.

auf die Zielaufgabe übertragbar sind. Dadurch können Gesetzmäßigkeiten der ursprünglichen Aufgabe in der Zielaufgabe angewandt werden.[883]

Da Deep Learning mehr Trainingszeit und -daten benötigt als einfache ML-Verfahren, hat Transfer Learning dort besonderes Potenzial[884]. Dabei etabliert ist das teilweise Wiederverwenden bereits trainierter Netzwerkstrukturen. Dabei werden die niedrigen Abstraktionsebenen eines Modells für ein neues Modell wiederverwendet[885].

***Multi-Task Learning***

*Multi-Task Learning* kann als Ausprägung des Transfer Learning verstanden werden, bei dem Wissen nicht von älteren Aufgaben auf eine neue Aufgabe übertragen wird. Es werden vielmehr mehrere Aufgaben gleichzeitig gelernt, welche dann gelerntes Wissen miteinander austauschen.

***Metaheuristiken***

Metaheuristiken sind Algorithmen zur näherungsweisen Lösung eines Optimierungsproblems und definieren abstrakte Schrittfolgen, die auf beliebige Problemstellungen anwendbar sind[886]. Im ML werden sie insbesondere zur Lösung technologiespezifischer Probleme eingesetzt, z. B. zur automatischen Anpassung der Hyperparameter. Es gibt eine Vielzahl unterschiedlicher Metaheuristiken. Einige davon, wie bspw. die *Schwarmintelligenz*, sind von der Natur inspiriert[887]. Zu den bekanntesten Metaheuristiken gehören außerdem *evolutionäre Algorithmen* und *lokale Suchalgorithmen*.

- Bei evolutionären Algorithmen werden zufällige Lösungen generiert, die besten daraus ausgewählt und weiterverfolgt, um globale Optima zu identifizieren[888]. Sie werden bereits zur Optimierung einer Vielzahl ML-bezogener Probleme eingesetzt, z. B. im Clustering oder der Featureselektion[889].
- Methoden der Schwarmintelligenz weisen besonders hohe Robustheit und Flexibilität auf und bieten sich für Problemstellungen mit einem hohen Grad an Komplexität an. Die Fähigkeit zur Selbstorganisation ohne zentrale Kon-

[883] vgl. Pan; Yang (A Survey on Transfer Learning), 2010, S. 1349 f.
[884] vgl. Sarkar (A Comprehensive Hands-on Guide to Transfer Learning with Real-World Applications in Deep Learning), 2018.
[885] vgl. Tan et al. (A Survey on Deep Transfer Learning), 2018, S. 6.
[886] vgl. Fink; Voß (Anwendung von Metaheuristiken zur Lösung betrieblicher Planungsprobleme), 2003, S. 2.
[887] vgl. Engelbrecht (Computational intelligence), 2002, S. 10.
[888] vgl. Wang; Kusiak (Computational Intelligence in Manufacturing Handbook), 2000, S. 3-27 ff.
[889] vgl. Iqbal et al. (Big Data Analytics), 2018, S. 4.

trollinstanz zeichnet sie aus. Die Agenten des Schwarms agieren und kommunizieren dabei nach dem Vorbild des in der Natur gefundenen kollektiven Verhaltens von Tiergruppen wie Vogel- oder Fischschwärmen.[890]

- Lokale Suchalgorithmen identifizieren durch lokale Änderung der aktuellen Lösung eine bessere Lösung in der gerade betrachteten Nachbarschaft. Durch schrittweise kleine Änderungen wird sich einer optimalen Lösung angenähert.[891] Z. B. in Verbindung mit Reinforcement Learning werden lokale Suchverfahren verwendet, um komplexe Probleme zu lösen[892].

Metaheuristiken werden in Kombination mit ML-Methoden verwendet, um Lösungen zu finden, die zwar suboptimal, aber zufriedenstellend sind. Im Vergleich zu alleinstehenden ML-Verfahren sind sie jedoch in akzeptabler Rechenzeit umsetzbar[893].

### *Fuzzy Logic*

*Fuzzy Logic* ist eine Theorie zur präzisen Erfassung unpräziser Zustände und wird auch als approximatives Denken bezeichnet. Fuzzy Logic erlaubt es, mit unsicheren Fakten zu argumentieren und daraus neue Fakten abzuleiten, und zwar mit einem gewissen Grad an, mit jedem Fakt verbundener, Sicherheit. In gewissem Sinne stellt Fuzzy Logic also die Modellierung des gesunden Menschenverstands dar. Standardmäßig wird sie in der Regelungstechnik, der Steuerung von Aufzügen, Haushaltsgeräten und Verkehrssignalen sowie vielen weiteren Bereichen angewendet.[894] Der Einsatz von Fuzzy Logic im Kontext von ML kann einer erhöhten Generalisierungsfähigkeit und Modellgenauigkeit des ML-Modells zuträglich sein[895].

### *Spieltheorie*

Die Spieltheorie ist eine Methode der Mathematik. Sie dient der Ableitung rationalen Entscheidungsverhaltens in sozialen Konfliktsituationen, in denen der Erfolg des Einzelnen nicht ausschließlich vom eigenen Handeln, sondern auch von den Aktionen der anderen Teilnehmer abhängt.[896] Z. B. durch Reinforcement Learning mit mehreren Agenten kann Spieltheorie zur Optimierung von ML-Verfahren genutzt werden[897].

---

[890] vgl. Blum; Li (Swarm Intelligence in Optimization), 2008, S. 43.

[891] vgl. Hromkovic (Theoretische Informatik), 2002, S. 279.

[892] vgl. Zhou et al. (Reinforcement Learning Based Local Search for Grouping Problems), 2016, S. 413.

[893] vgl. Zhou et al. (Reinforcement Learning Based Local Search for Grouping Problems), 2016, S. 413.

[894] vgl. Engelbrecht (Computational intelligence), 2002, S. 11.

[895] vgl. Hüllermeier (Fuzzy Methods in Machine Learning and Data Mining), 2005, S. 399.

[896] vgl. Gabler Wirtschaftslexikon (Stichwort "Spieltheorie"), 2018.

[897] vgl. Ippolito (Game Theory in Artificial Intelligence), 2019.

## A.2 Interpretationsregeln zur Charakterisierung von Anwendungsfällen

In diesem Kapitel werden in sachlogischer Fortsetzung der in Kapitel 4.4.2 dargestellten Inhalte die weiteren Interpretationsregeln zur Charakterisierung von Anwendungsfällen dargestellt. Tabelle A-1 sowie Tabelle A-2 explizieren dabei weitere relevante Eigenschaften von Herausforderungstypen der vernetzen, adaptiven Produktion. Tabelle A-3, Tabelle A-4, Tabelle A-5 sowie Tabelle A-6 widmen sich den Typen MLS.

**Tabelle A-1: Inhaltsanalytische Interpretationsregeln für das Merkmal Information**

| Ausprägung | Interpretationsregel (Zuordnung, wenn...) | Ankerbeispiel |
|---|---|---|
| Informationen aus dem direkten Umfeld der Herausforderung | Mess- und Simulationsergebnisse über Objekte mit direktem Bezug zur Herausforderung als Informationen dienen. | »Therefore, the goal is to identify quality deviations [...] by data mining on distributed sensor measurements along the process chain«.[898] |
| Anforderungen der (Teil-) Abläufe | Anforderungen der zu planenden Teilabläufe in die Planung mit einfließen. | »to choose the sequence of manufacturing operations based on the attribute of feature component«[899] |
| Einflussmöglichkeiten auf Teilsysteme | die Einflussmöglichkeiten zur Variation der Teilsysteme bekannt sind. | »A series of experiments were performed to produce sufficient training data. [...] The experiments were carried out with the parameters derived from a car manufacturer welding standard«.[900] |

**Tabelle A-2: Inhaltsanalytische Interpretationsregeln für das Merkmal Wissen**

| Ausprägung | Interpretationsregel (Zuordnung, wenn...) | Ankerbeispiel |
|---|---|---|
| Regeln, Normen und Referenzwerte | Bewertungsmaßstäbe zum Bewältigen der Herausforderung verwendet werden. | »The incoming sample is considered normal if its distance to its nearest |

---

[898] vgl. Lieber et al. (Quality Prediction in Interlinked Manufacturing Processes based on Supervised & Unsupervised Machine Learning), 2013, S. 193.

[899] vgl. Yahia et al. (Manufacturing Process Planning Application using Artificial Neural Networks), 2002, S. 1.

[900] vgl. Hamedi et al. (Optimizing Spot Welding Parameters in a Sheet Metal Assembly by Neural Networks and Genetic Algorithm), 2007, S. 1179.

| Ausprägung | Interpretationsregel (Zuordnung, wenn...) | Ankerbeispiel |
|---|---|---|
| | | neighbouring training samples is below the threshold. Otherwise, a fault is detected«.[901] |
| Auswirkung von Einflussfaktoren auf Zustände | bestehende Informationen auf die Zukunft übertragen werden. | »The underlying concept is to derive the estimation from actual information regarding real products«.[902] |
| Korrelation von Ursachen und Wirkung | Beobachtungen über gemeinsames Auftreten von Ursache und Wirkungen ausgewertet werden. | »Finally, a correlation model concerning optical features and geometrical parameters was established«.[903] |
| Verfügbare Ressourcen und Strukturen | Limitation durch verfügbare Ressourcen und nutzbare Strukturen werden in der Planung berücksichtigt. | »Process planning [...] within the limitations of the available manufacturing resources and their technological capabilities«.[904] |

Bereits die inhaltliche Diskussion in Kapitel 4.3.3 hat verdeutlicht, dass die identifizierten KI-Paradigmen stark durch die verwendeten Algorithmen geprägt sind. Häufig lassen sich beide gar zweifelsfrei einander zuordnen. Tabelle A-3 zeigt, welche Algorithmen den jeweiligen Typen MLS zugeordnet sind. Dies erlaubt folglich den Schluss von bestimmten Algorithmen auf KI-Paradigmen und kann daher zur Bestimmung von Typen MLS herangezogen werden. Dazu findet nachfolgende Regel Anwendung: Die Identifikation eines Algorithmus (welcher klar einem KI-Paradigma zugeordnet ist) ist ausreichend, um den jeweiligen Typ MLS im Anwendungsfall zu identifizieren.

**Tabelle A-3: Zuordnung von Algorithmen zu Typen maschinell lernender Systeme**

| Typ MLS | Zugeordnete Algorithmen |
|---|---|
| **Analogiebasiert lernende Systeme** | k-Nearest Neighbour; k-means; Support Vector Machine |

[901] vgl. He; Wang (Fault Detection Using the k-Nearest Neighbor Rule for Semiconductor Manufacturing Processes), 2007, S. 346.

[902] vgl. Cavalieri et al. (Parametric vs. Neural Network Models for the Estimation of Production Costs), 2004, S. 168.

[903] vgl. You et al. (WPD-PCA-Based Laser Welding Process Monitoring and Defects Diagnosis by Using FNN and SVM), 2015, S. 628.

[904] vgl. Deb et al. (A Neural Network Based Methodology for Machining Operations Selection in Computer-Aided Process Planning for Rotationally Symmetrical Parts), 2006, S. 557.

| Typ MLS | Zugeordnete Algorithmen |
|---|---|
| Evolutionsbasiert lernende Systeme | Genetische Algorithmen |
| Symbolbasiert lernende Systeme | Entscheidungsbäume |
| Vernetzungsbasiert lernende Systeme | Neuronale Netze |
| Wahrscheinlichkeitsbasiert lernende Systeme | Naïve Bayes-Algorithmus; Markow-Ketten; Verdecktes Makowmodell |

**Tabelle A-4: Inhaltsanalytische Interpretationsregeln für das Merkmal Wissensrepräsentation**

| Ausprägung | Interpretationsregel (Zuordnung, wenn...) | Ankerbeispiel |
|---|---|---|
| Klassen ähnlicher Herausforderungen | bereits bewältigte Herausforderungen in Klassen aus vergleichbaren Herausforderungen unterschieden werden. | »In order to predict the capability of a specific process with one specific set of parameters […] datasets have to be analyzed concerning similarity«.[905] |
| Chromosomen | Wissen durch die Kombination unabhängiger Zeichenfolgen beschrieben werden kann. | »Ten-bit binary strings were used for variable coding […]. More-over, each variable participates in the chromosome […]«.[906] |
| Symbole | induktive Regeln in Form eines Entscheidungsbaums kombiniert werden. | »A DT [decision tree] is built by dividing training cases into subsets based on an attribute value test«.[907] |
| Neuronen und Verbindungen von Neuronen | künstliche Neuronen und Verbindungen zwischen diesen genutzt werden. | »[…] the status prediction model was set up with the aid of single hidden layer FNN [Feedforward Neural Network]«.[908] |
| Bedingte Wahrscheinlichkeiten | Wissen in Form bedingter Wahrscheinlichkeiten über das Zusammenspiel von Bedingung und Effekt repräsentiert wird. | »During training and using the data, the NBC [Naive Bayes Classifier] are estimated by the class-conditional probability distribution«.[909] |

[905] vgl. Denkena et al. (Data Mining Approach for Knowledge-based Process Planning), 2014, S. 413.

[906] vgl. Krimpenis et al. (Simulation-Based Selection of Optimum Pressure Die-Casting Process Parameters Using Neural Nets and Genetic Algorithms), 2006, S. 515.

[907] vgl. He et al. (Multivariate Process Monitoring and Fault Identification Using Multiple Decision Tree Classifiers), 2013, S. 3.

[908] vgl. You et al. (WPD-PCA-Based Laser Welding Process Monitoring and Defects Diagnosis by Using FNN and SVM), 2015, S. 631.

[909] vgl. Meidan et al. (Cycle-Time Key Factor Identification and Prediction in Semiconductor Manufacturing Using Machine Learning and Data Mining), 2011, S. 241.

Tabelle A-5: **Inhaltsanalytische Interpretationsregeln für das Merkmal rationaler Entscheidungsfindung**

| **Ausprägung** | **Interpretationsregel (Zuordnung, wenn…)** | **Ankerbeispiel** |
|---|---|---|
| Klassifizieren und Übernahme von Lösungen | Lösungen aus Klassen bereits bewältigter Herausforderungen übernommen werden. | »[...] those process cluster with the closest match to the specifications are selected«.[910] |
| Berücksichtigung der Zielfunktion | Entscheidungsmöglichkeiten unter Anwendung einer Zielfunktion ausgewählt werden. | »The objective function value for the optimal chromosome is [...]. After decoding the binary chromosomes back to real parameter values, the optimal process parameter values for the studied casting are obtained«.[911] |
| Befolgen von Regeln für induktive Schlussfolgerungen | Entscheidungen durch das Befolgen eines Entscheidungsbaums entstehen. | »Each path from the root node to a leaf node represents a classification rule«.[912] |
| Auswertung und Überlagerung von Neuronen | Einzelentscheidungen von Neuronen überlagert werden. | »The output signal of the model is the sum of the elements, and it is subsequently input into a nonlinear sigmoid activation function«.[913] |
| Auswertung bedingter Wahrscheinlichkeiten | bedingte Wahrscheinlichkeiten zur Auswahl von Entscheidungen herangezogen werden. | »From any BN [Bayesian Network] we can reason in any direction, querying the network about any marginal probability or any posterior probability given some evidence«.[914] |

[910] vgl. Denkena et al. (Data Mining Approach for Knowledge-based Process Planning), 2014, S. 413.

[911] vgl. Krimpenis et al. (Simulation-Based Selection of Optimum Pressure Die-Casting Process Parameters Using Neural Nets and Genetic Algorithms), 2006, S. 516.

[912] vgl. He et al. (Multivariate Process Monitoring and Fault Identification Using Multiple Decision Tree Classifiers), 2013, S. 3.

[913] vgl. Rojek (Technological Process Planning by the Use of Neural Networks), 2017, S. 3.

[914] vgl. Correa et al. (Comparison of Bayesian Networks and Artificial Neural Networks for Quality Detection in a Machining Process), 2009, S. 6.

**Tabelle A-6: Inhaltsanalytische Interpretationsregeln für das Merkmal Lernen**

| Ausprägung | Interpretationsregel (Zuordnung, wenn…) | Ankerbeispiel |
|---|---|---|
| Bilden und Anpassen von Klassen | eine Klassifizierung angepasst wird, bis ein gegebener Datensatz optimal dargestellt wird. | »a cluster analysis using k-means algorithm is applied«[915] |
| Selektion, Crossover und Mutation | bestehendes Wissen in Nachahmung einer Evolution zu neuem Wissen kombiniert wird. | »[...] was implemented for chromosome selection in the GA [genetic algorithm], with a 70 % single point crossover rate and a 2.5 % population mutation rate«.[916] |
| Anpassen von Regeln für induktive Schlüsse | neue Regeln aufgenommen und bestehende Regeln angepasst werden. | »Building a DT [decision tree] classifier includes two steps: tree construction and pruning. The construction step is a recursive process beginning with the root node. [...] The process is repeated [...] recursively. The recursion stops when the subset of a node has the same classification label. The pruning step simplifies a DT by removing redundant branches«.[917] |
| Anpassen von Verbindungen zwischen Neuronen | Gewichtungen der Verbindungen zwischen Neuronen angepasst werden. | »[learning] depends on a change in the weights of the input signals of every neuron in every layer so that the value of the error for the next learning couples contained in the learning file is minimized«.[918] |
| Berechnung bedingter Wahrscheinlichkeiten | bedingte Wahrscheinlichkeiten erkannt und berechnet werden. | »The probabilities of Eq. (2) [conditional probabilities] can be estimated […] from a training set required to build the classifier«.[919] |

915 vgl. Denkena et al. (Data Mining Approach for Knowledge-based Process Planning), 2014, S. 413.

916 vgl. Krimpenis et al. (Simulation-Based Selection of Optimum Pressure Die-Casting Process Parameters Using Neural Nets and Genetic Algorithms), 2006, S. 516.

917 vgl. He et al. (Multivariate Process Monitoring and Fault Identification Using Multiple Decision Tree Classifiers), 2013, S. 3.

918 vgl. Rojek (Technological Process Planning by the Use of Neural Networks), 2017, S. 3.

919 vgl. Correa et al. (Comparison of Bayesian Networks and Artificial Neural Networks for Quality Detection in a Machining Process), 2009, S. 3.

## A.3 Charakterisierung relevanter Anwendungsfälle

An die Analyse und Charakterisierung der Herausforderungscluster aus Kapitel 4.4.3 anknüpfend, bietet die nachfolgende Tabelle A-7 eine detaillierte Übersicht der betrachteten Anwendungsfälle.

**Tabelle A-7: Analyse von Anwendungsfällen**

| | Beschreibung | Typ des MLS | Herausforderungstyp | Cluster des Anwendungsfalls |
|---|---|---|---|---|
| 920 | Reihenfolgenplanung von Fertigungsoperationen | Vernetzungsbasiert | Planung von Abläufen | Prozessplanung |
| 921 | Vorhersage der Decknahtbreite in einem Schweißprozess unter Auswertung von Prozessparametern. Ziel: Steigerung der Produktqualität | Vernetzungsbasiert | Vorhersage von Zuständen | Vorhersage von Prozessparametern |
| 922 | Vorhersage der Prozessqualität in unterschiedlichen Prozessen (Herstellung eines Harzes und fräsende Bearbeitung von Leiterbahnen) unter Auswertung der Prozessparameter. Ziel: Steigerung der Produktqualität | Vernetzungsbasiert | Vorhersage von Zuständen | Vorhersage von Prozessparametern |
| 923 | Identifikation von Fehlerursachen in Gussprozessen | Symbolbasiert | Identifikation von Kausalitäten | Fehler-Ursachen-Analyse |
| 924 | Vorhersage der Herstellungsstückkosten für die Produktion eines neuen Bremsscheiben Modells | Vernetzungsbasiert | Vorhersage von Zuständen | Vorhersage von Kosten |
| 925 | Prozessplanung für die Herstellung rotationssymmetrischer Teile | Vernetzungsbasiert | Planung von Abläufen | Prozessplanung |
| 926-A | Vorhersage von Prozessverhalten (Defekte und Abkühlzeit) in einem Druckgussprozess | Vernetzungsbasiert | Vorhersage von Zuständen | Vorhersage von Produkteigenschaften |

[920] vgl. Yahia et al. (Manufacturing Process Planning Application using Artificial Neural Networks), 2002.
[921] vgl. Kim et al. (A Study on the Quality Improvement of Robotic GMA Welding Process), 2003.
[922] vgl. Shi et al. (Applying Artificial Neural Networks and Virtual Experimental Design to Quality Improvement of Two Industrial Processes), 2004.
[923] vgl Bakır-Batu et al. (Defect Cause Modeling with Decision Tree and Regression Analysis), 2006.
[924] vgl. Cavalieri et al. (Parametric vs. Neural Network Models for the Estimation of Production Costs), 2004.
[925] vgl. Deb et al. (A Neural Network Based Methodology for Machining Operations Selection in Computer-Aided Process Planning for Rotationally Symmetrical Parts), 2006.
[926] vgl. Krimpenis et al. (Simulation-Based Selection of Optimum Pressure Die-Casting Process Parameters Using Neural Nets and Genetic Algorithms), 2006.

| | Beschreibung | Typ des MLS | Herausforderungstyp | Cluster des Anwendungsfalls |
|---|---|---|---|---|
| 927-B | Optimierung von Prozessparametern unter Auswertung der Produktqualität in einem Druckgussprozess | Evolutionsbasiert | Abstimmung von Zielen | Prozessoptimierung |
| 928 | Vorhersage von Auftragsdurchlaufzeiten in unterschiedlichen Produktionssystemen | Symbolbasiert | Vorhersage von Zuständen | Vorhersage von Zeiten |
| 929-A | Vorhersage des Prozessverhaltens (insbesondere des Verzugs) eines Punktschweißprozesses unter Auswertung der Prozessparameter | Vernetzungsbasiert | Vorhersage von Zuständen | Vorhersage von Produkteigenschaften |
| 930-B | Optimierung des Prozessverhaltens unter Minimierung des Bauteilverzugs in einem Punktschweißprozess | Evolutionsbasiert | Abstimmung von Zielen | Prozessoptimierung |
| 931 | Fehlererkennung in der Herstellung von Halbleiterbauteilen | Analogiebasiert | Bewertung von Zuständen | Erkennen von Produktfehlern |
| 932 | Fehlerdiagnose in Walzprozessen | Wahrscheinlichkeitsbasiert | Bewertung von Zuständen | Erkennen von Prozessanomalien |
| 933 | Qualitätsdiagnose in der Montage von Vorderradaufhängungen | Symbolbasiert | Bewertung von Zuständen | Erkennen von Produktfehlern |
| 934 | Vorhersage von Oberflächenqualitäten in einem Hochgeschwindigkeits-Fräsprozess unter Auswertung der Prozessparameter | Wahrscheinlichkeitsbasiert | Vorhersage von Zuständen | Vorhersage von Produkteigenschaften |
| 935 | Abschätzen der Zykluszeit welche benötigt wird, um eine Leiterplatte mit elektrischen Bauteilen zu bestücken | Vernetzungsbasiert | Vorhersage von Zuständen | Vorhersage von Zeiten |

[927] vgl. Krimpenis et al. (Simulation-Based Selection of Optimum Pressure Die-Casting Process Parameters Using Neural Nets and Genetic Algorithms), 2006.

[928] vgl. Öztürk et al. (Manufacturing Lead Time Estimation Using Data Mining), 2006.

[929] vgl. Hamedi et al. (Optimizing Spot Welding Parameters in a Sheet Metal Assembly by Neural Networks and Genetic Algorithm), 2007.

[930] vgl. Hamedi et al. (Optimizing Spot Welding Parameters in a Sheet Metal Assembly by Neural Networks and Genetic Algorithm), 2007.

[931] vgl. He; Wang (Fault Detection Using the k-Nearest Neighbor Rule for Semiconductor Manufacturing Processes), 2007.

[932] vgl. Jin et al. (Quality Prediction and Control in Rolling Processes Using Logistic Regression), 2007.

[933] vgl. Wang (Applying Data Mining to Manufacturing), 2007.

[934] vgl. Correa et al. (Comparison of Bayesian Networks and Artificial Neural Networks for Quality Detection in a Machining Process), 2009.

[935] vgl. Vainio et al. (Estimating Printed Circuit Board Assembly Times), 2010.

| | Beschreibung | Typ des MLS | Herausforderungstyp | Cluster des Anwendungsfalls |
|---|---|---|---|---|
| 936 | Identifikation von Haupteinflussfaktoren auf Zykluszeiten in der Halbleiterproduktion | Wahrscheinlichkeitsbasiert | Identifikation von Kausalitäten | Steigerung des Prozessverständnisses |
| 937 | Echtzeitmessung des Kohlenstoffgehaltes in geschmolzenem Stahl | Analogiebasiert | Bewertung von Zuständen | Erkennen von Produktfehlern |
| 938 | Ursachenanalyse für Prozessabweichungen | Symbolbasiert | Identifikation von Kausalitäten | Steigerung des Prozessverständnisses |
| 939 | Qualitätsvorhersage für Zwischenprodukte in einem Walzwerk | Analogiebasiert | Vorhersage von Zuständen | Vorhersage von Produkteigenschaften |
| 940 | Prozessplanung für die Herstellung von Fräsbauteilen | Analogiebasiert | Planung von Abläufen | Prozessplanung |
| 941 | Prädiktive Wartung für Tungsten Filamente in der Herstellung von Halbleiterbauteilen | Analogiebasiert | Bewertung von Zuständen | Bewerten des Verschleißzustandes |
| 942-A | Identifikation von Korrelationen zwischen optischen Messungen und der Qualität von Laserschweißnähten (Umsetzung mit neuronalem Netz) | Vernetzungsbasiert | Identifikation von Kausalitäten | Steigerung des Prozessverständnisses |
| 943-B | Identifikation von Korrelationen zwischen optischen Messungen und der Qualität von Laserschweißnähten (Umsetzung mit SVM) | Analogiebasiert | Identifikation von Kausalitäten | Steigerung des Prozessverständnisses |

[936] vgl. Meidan et al. (Cycle-Time Key Factor Identification and Prediction in Semiconductor Manufacturing Using Machine Learning and Data Mining), 2011.

[937] vgl. Xu et al. (A Model of Basic Oxygen Furnace (BOF) End-point Prediction Based on Spectrum Information of the Furnace Flame with Support Vector Machine (SVM)), 2011.

[938] vgl. He et al. (Multivariate Process Monitoring and Fault Identification Using Multiple Decision Tree Classifiers), 2013.

[939] vgl. Lieber et al. (Quality Prediction in Interlinked Manufacturing Processes based on Supervised & Unsupervised Machine Learning), 2013.

[940] vgl. Denkena et al. (Data Mining Approach for Knowledge-based Process Planning), 2014.

[941] vgl. Susto et al. (Machine Learning for Predictive Maintenance), 2015.

[942] vgl. You et al. (WPD-PCA-Based Laser Welding Process Monitoring and Defects Diagnosis by Using FNN and SVM), 2015.

[943] vgl. You et al. (WPD-PCA-Based Laser Welding Process Monitoring and Defects Diagnosis by Using FNN and SVM), 2015.

| | Beschreibung | Typ des MLS | Herausforderungstyp | Cluster des Anwendungsfalls |
|---|---|---|---|---|
| 944 | Bewertung des Verschleißzustandes von Bohrern | Vernetzungsbasiert | Bewertung von Zuständen | Bewerten des Verschleißzustandes |
| 945 | Prädiktive Wartung für eine Rollenschneidmaschine | Vernetzungsbasiert | Vorhersage von Zuständen | Prädiktive Wartung |
| 946 | Bewegungsplanung zum Greifen nicht orientierter Teile | Vernetzungsbasiert | Planung von Abläufen | Planung von Bewegungen |
| 947 | Vorhersage der Qualität von Laserschweißnähten durch Auswertung von Prozessparametern | Analogiebasiert | Bewertung von Zuständen | Erkennen von Produktfehlern |
| 948 | Planung eines Herstellungsprozesses (Auswahl der Maschine, des Werkzeuges und der Prozessparameter) | Vernetzungsbasiert | Planung von Abläufen | Prozessplanung |
| 949 | Optimierung eines Drehprozesses zur Reduzierung der Leistungsaufnahme | Evolutionsbasiert | Abstimmung von Zielen | Ressourcenoptimierung |
| 950 | Identifikation von Haupteinflussfaktoren auf den Verschleiß von Maschinen | Vernetzungsbasiert | Identifikation von Kausalitäten | Steigerung des Prozessverständnisses |
| 951 | Vorhersage der Stabilität eines Fräsprozesses | Vernetzungsbasiert | Vorhersage von Zuständen | Vorhersage von Prozessparametern |
| 952 | Produktionsplanung für komplexe Werkstattfertigung | Vernetzungsbasiert | Planung von Abläufen | Produktionsablaufplanung |
| 953 | Vorhersage kritischer Prozessparameter eines Fräsprozesses unter Bezug auf Vibrationen | Vernetzungsbasiert | Vorhersage von Zuständen | Vorhersage von Prozessparametern |

944 vgl. Kurek et al. (Developing Automatic Recognition System of Drill Wear in Standard Laminated Chipboard Drilling Process), 2016.

945 vgl. Kanawaday; Sane (Machine Learning for Predictive Maintenance of Industrial Machines Using IoT Sensor Data).

946 vgl. Kumra; Kanan (Robotic Grasp Detection Using Deep Convolutional Neural Networks), 2017.

947 vgl. Petković (Prediction of Laser Welding Quality by Computational Intelligence Approaches), 2017.

948 vgl. Rojek (Technological Process Planning by the Use of Neural Networks), 2017.

949 vgl. Sangwan; Kant (Optimization of Machining Parameters for Improving Energy Efficiency using Integrated Response Surface Methodology and Genetic Algorithm Approach), 2017.

950 vgl. Vazan et al. (Using Data Mining Methods for Manufacturing Process Control), 2017.

951 vgl. Saadallah et al. (Stability Prediction in Milling Processes Using a Simulation-based Machine Learning Approach), 2018.

952 vgl. Waschneck et al. (Optimization of Global Production Scheduling With Deep Reinforcement Learning), 2018.

953 vgl. Frye; Schmitt (Quality Improvement of Milling Processes Using Machine Learning-Algorithms), 2019.

| | Beschreibung | Typ des MLS | Herausforderungstyp | Cluster des Anwendungsfalls |
|---|---|---|---|---|
| 954 | Produktionsplanung für chemische Prozesse (Vorhersage von Absatzmenge, Nachfrage und Mengenbestimmung für Produktionschargen) | Vernetzungsbasiert | Vorhersage von Zuständen | Vorhersage von Absatzmengen |
| 955 | Vorhersage der verbleibenden Standzeit von Fräswerkzeugen | Vernetzungsbasiert | Vorhersage von Zuständen | Prädiktive Wartung |
| 956 | Qualitätsbewertung anhand von Drehmomentmessungen an einer Fräsmaschine | Symbolbasiert | Bewertung von Zuständen | Erkennen von Prozessanomalien |

[954] vgl. Zhang et al. (Big Data Driven Decision-making for Batch-based Production Systems), 2019.

[955] vgl. An et al. (A Data-driven Model for Milling Tool Remaining Useful Life Prediction with Convolutional and Stacked LSTM Network), 2020.

[956] vgl. Schorr et al. (Quality Prediction of Drilled and Reamed Bores Based on Torque Measurements and the Machine Learning Method of Random Forest), 2020.

# Lebenslauf

## Persönliche Angaben

| | |
|---|---|
| Name: | Paul Florian Scholz |
| Geburtsdatum: | 22. Juni 1991 |
| Geburtsort: | Bad Berleburg |
| Familienstand: | ledig |

## Ausbildung

| | |
|---|---|
| 1997 – 2010 | Grundschule Aue-Wingeshausen, Bad Berleburg |
| 2001 – 2010 | Johannes-Althusius-Gymnasium, Bad Berleburg |
| 2010 – 2011 | Zivildienst, Baumrainklinik, Bad Berleburg |
| 2011 – 2015 | Bachelor of Science Wirtschaftsingenieurwesen Maschinenbau (Produktionstechnik), RWTH Aachen |
| 2015 – 2016 | Master of Science Industrial Engineering, Tsinghua University Beijing |
| 2015 – 2017 | Master of Science Wirtschaftsingenieurwesen Maschinenbau (Produktionstechnik), RWTH Aachen |

## Berufstätigkeit

| | |
|---|---|
| 2018 – 2021 | Wissenschaftlicher Mitarbeiter am Fraunhofer IPT |

Aachen, im Juni 2021

In der Reihe **Ergebnisse aus der Produktionstechnik** zuletzt erschienen:

Greipel, Jonathan:
**Grouping of Inspection Characteristics to Reduce Costs of Adaptive Inspection Planning in Variant Production**
ISBN: 978-3-98555-157-6
Erscheinungsdatum: 03.05.2023

Troß, Nico:
**Mehrskalenmodellierung der thermomechanischen Werkzeugbelastung beim Trockenwälzfräsen**
ISBN: 978-3-98555-158-3
Erscheinungsdatum: 19.04.2023

Nicksch, Christoph:
**Konfiguration verteilter Large-Scale Metrology Systeme in rekonfigurierbaren Montageumgebungen**
ISBN: 978-3-98555-152-1
Erscheinungsdatum: 20.03.2023

Ahmad, Mubarik:
**Anregungsgerechte Auslegung und Tolerierung schnelllaufender Getriebe unter Berücksichtigung kurz- und langwelliger Verzahnungsabweichungen**
ISBN: 978-3-98555-130-9
Erscheinungsdatum: 06.03.2023

Priwisch, Martin:
**Kontaktfreie Bahnlaufregelung zur Herstellung funktionaler Mehrlagensysteme in einem kontinuierlichen Laminierprozess**
ISBN: 978-3-98555-139-2
Erscheinungsdatum: 27.02.2023

Welsing, Martin:
**Bewertung der ökologischen Nachhaltigkeit von Produktionsnetzwerkkonfigurationen**
ISBN: 978-3-98555-155-2
Erscheinungsdatum: 19.04.2023

Beckers, Alexander:
**Auslegung wirtschaftlich-technologisch optimierter Fertigungsprozessfolgen mittels prozessübergreifender Modellierung**
ISBN: 978-3-98555-154-5
Erscheinungsdatum: 18.04.2023

Gipperich, Marius:
**Untersuchung eines Zweistrahlprozesses als Ansatz zur Prozessstabilitätserhöhung des drahtbasierten Laserauftragschweißens**
ISBN: 978-3-98555-151-4
Erscheinungsdatum: 15.03.2023

Motschke, Tobias:
**Analyse und Modellierung der Dämpfungseigenschaften von Spindellagern**
ISBN: 978-3-98555-148-4
Erscheinungsdatum: 06.03.2023

Frye, Maik:
**Recommending Data Preprocessing Pipelines for Machine Learning Applications in Production**
ISBN: 978-3-98555-147-7
Erscheinungsdatum: 15.02.2023

Edition Wissenschaft
Apprimus

Cremer, Sven:
**Controlling der Migration in Produktionsnetzwerken**
ISBN: 978-3-98555-145-3
Erscheinungsdatum: 09.02.2023

Ohlert, Marius:
**Contact between Abrasive Media and Workpiece in Robot-guided Centrifugal Finishing**
ISBN: 978-3-98555- 144-6
Erscheinungsdatum: 07.02.2023

Graberg, Tim:
**Operationalisierung von digitalen Schatten im Werkzeugbau**
ISBN: 978-3-98555-141-5
Erscheinungsdatum: 06.02.2023

Müller, Tobias:
**Modellbildung mittels Symbolischer Regression zur Messunsicherheitsbestimmung komplexer Messprozesse**
ISBN: 978-3-98555-146-0
Erscheinungsdatum: 30.01.2023

Kreß, Julian Maximilian:
**Erbringung hybrider Leistungsangebote in Wertschöpfungsnetzwerken**
ISBN: 978-3-98555-128-6
Erscheinungsdatum: 24.01.2023

Vierschilling, Sebastian Patrick:
**Automatisierung der Standortauswahl in der Fabrikplanung**
ISBN: 978-3-98555-134-7
Erscheinungsdatum: 09.01.2023

Schmidhuber, Matthias:
**Sozio-technische Problemlösungsfähigkeit von PPS-Systemen**
ISBN: 978-3-98555- 143-9
Erscheinungsdatum: 07.02.2023

Schwarberg, Thomas:
**Bestimmung der Logik von Innovationsideen für technische Systeme**
ISBN: 978-3-98555- 142-2
Erscheinungsdatum: 07.02.2023

Nienheysen, Philipp:
**Werkstattgerechte Schadensanalyse in CFK-Strukturbauteilen mit optisch georteter Ultraschallmesstechnik**
ISBN: 978-3-98555-136-1
Erscheinungsdatum: 30.01.2023

Behrens, Jan:
**Selbstkalibrierung von 5-Achs-Bearbeitungszentren mit Dreh-/Schwenktisch**
ISBN: 978-3-98555-124-8
Erscheinungsdatum: 24.01.2023

Bickendorf, Philipp:
**Tribologische und geometrische Auslegung von additiv hergestellten Werkzeug-einsätzen zur Feinblech-umformung**
ISBN: 978-3-98555-133-0
Erscheinungsdatum: 24.01.2023

Helbig, Jens:
**Typisierung und Auswahl von Referenzstrategien für den Werkzeugeinkauf**
ISBN: 978-3-98555-122-4
Erscheinungsdatum: 19.12.2022

Edition Wissenschaft
Apprimus

MIX
Papier | Fördert gute Waldnutzung
FSC® C083411

Zeitfracht Medien GmbH
Ferdinand-Jühlke-Straße 7
99095 Erfurt, Deutschland
produktsicherheit@kolibri360.de